Michael Köhler

Ätzverfahren für die Mikrotechnik

 WILEY-VCH

Michael Köhler

Ätzverfahren für die Mikrotechnik

Weinheim • New York • Chichester
Brisbane • Singapore • Toronto

Dr. Michael Köhler
Institut für Physikalische Hochtechnologie e. V. Jena
Helmholtzweg 4, D-07743 Jena

Das vorliegende Werk wurde sorgfältig erarbeitet. Dennoch übernehmen Autor und Verlag für die Richtigkeit von Angaben, Hinweisen und Ratschlägen sowie für eventuelle Druckfehler keine Haftung.

Die Deutsche Bibliothek – CIP-Einheitsaufnahme

Köhler, Michael:
Ätzverfahren für die Mikrotechnik / Michael Köhler. – Weinheim ; New York ; Chichester ; Brisbane ; Singapore ; Toronto : Wiley-VCH, 1998
ISBN 3-527-28869-4

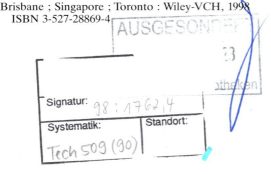

© WILEY-VCH Verlag GmbH, D-69469 Weinheim (Federal Republic of Germany). 1998

Gedruckt auf säurefreiem und chlorfrei gebleichtem Papier.

Alle Rechte, insbesondere die der Übersetzung in andere Sprachen, vorbehalten. Kein Teil dieses Buches darf ohne schriftliche Genehmigung des Verlages in irgendeiner Form – durch Photokopie, Mikroverfilmung oder irgendein anderes Verfahren – reproduziert oder in eine von Maschinen, insbesondere von Datenverarbeitungsmaschinen, verwendbare Sprache übertragen oder übersetzt werden. Die Wiedergabe von Warenbezeichnungen, Handelsnamen oder sonstigen Kennzeichen in diesem Buch berechtigt nicht zu der Annahme, daß diese von jedermann frei benutzt werden dürfen. Vielmehr kann es sich auch dann um eingetragene Warenzeichen oder sonstige gesetzlich geschützte Kennzeichen handeln, wenn sie nicht eigens als solche markiert sind.
All rights reserved (including those of translation into other languages). No part of this book may be reproduced in any form – by photoprinting, microfilm, or any other means – nor transmitted or translated into a machine language without written permission from the publishers. Registered names, trademarks, etc. used in this book, even when not specifically marked as such, are not to be considered unprotected by law.

Satz: Mitterweger Werksatz GmbH, D-68723 Plankstadt
Druck: betz-druck gmbh, D-64291 Darmstadt
Bindung: J. Schäffer GmbH & Co. KG, D-67269 Grünstadt

Printed in the Federal Republic of Germany

Vorwort

Mikrobauelemente sind in Gestalt elektronischer Chips ein fester Bestandteil unseres Alltags geworden. In den Computern, aber auch in vielen anderen Geräten haben sie sich einen festen Platz erobert. Sie sind aus Technik und Wissenschaft, aus Handel und Industrie, aus Behörden, aus der schulischen und beruflichen Ausbildung, aus vielen Haushalten und anderen Bereichen des öffentlichen, wirtschaftlichen und privaten Lebens nicht mehr wegzudenken.

Mikrobauelemente werden jedoch seit geraumer Zeit nicht nur für mikroelektronische Geräte verwendet. Miniaturisierte Meßwertaufnehmer, Sensoren aller Art, Mikroaktoren, ja komplette Mikrosysteme werden entwickelt und in immer stärkerem Maße eingesetzt. Die spezifischen Funktionen all dieser kleinsten Bauelemente hängen entscheidend von der Auswahl und Verbindung der Materialien in ihnen, deren chemischen und physikalischen Festkörpereigenschaften und ihrer Formgebung ab. Diese Formgebung erfolgt in der Regel durch lithografische Ätzverfahren. Diese Ätzverfahren nehmen daher eine Schlüsselstellung in der mikrotechnischen Fertigung ein.

Das mikrotechnische Ätzen von Funktionsstrukturen ist ein typisch interdisziplinäres Feld. Der eigentliche Materialabtrag ist in der Regel mit einer Stoffumwandlung verbunden und damit chemischer Natur. Das chemische Geschehen beim Ätzen in flüssigen Medien kann dabei am besten mit den Methoden der Koordinationschemie, der Elektrochemie und der Oberflächenchemie erfaßt werden. Bei den Trockenätzverfahren dominieren plasmaphysikalische Prozesse, plasmachemische und photochemische Vorgänge das Geschehen. Neben der Stoffwandlung ist jeder Ätzprozeß von einer Reihe physikalischer Vorgänge begleitet, die z. B. die Fluid- bzw. Gasdynamik und die Festkörperphysik betreffen. Ziel des Ätzens ist eine mikrotechnische Struktur. Für den mikrolithografischen Prozeß und seine Kontrolle werden spezielle Geräte benutzt, deren Funktionsprinzipien Gegenstand ingenieurtechnischer Arbeit sind. Chemie, Physik und Ingenieurwissenschaften liefern damit gemeinsam die Basis für die mikrotechnischen Ätzverfahren.

Das vorliegende Buch führt in die wichtigsten mikrolithografischen Ätzverfahren ein. Zentrales Anliegen ist es, die Charakteristika und Einsatzgebiete der jeweiligen Ätzverfahren darzustellen. Dazu werden – soweit notwendig – die naturwissenschaftlichen Grundlagen der wesentlichen Verfahren erklärt und in ihrer Bedeutung für das jeweilige mikrotechnische Ätzverfahren und dessen Produkt, d. h. die mikrotechnische Struktur im Bauelement behandelt. Die gemeinsame Beschreibung physikalisch-chemischer und mikrotechnischer Verfahrensmerkmale soll dabei das Verständnis für die jeweiligen Verfahren, deren Vorzüge, Anwendungsmöglichkeiten und Spezifik erleichtern.

Das Buch gliedert sich in zwei Teile. Im allgemeinen Teil werden die Naß- und die Trockenätzverfahren dargestellt. Dabei konzentriert sich das Buch auf die eigentlichen Ätzverfahren, während für angrenzende Gebiete wie die Abscheideverfahren für dünne Filme, die Resisttechnik und die Reinraumtechnik auf andere Darstellungen verwiesen werden muß. In einem zweiten, speziellen Teil des Buches sind in katalogähnlicher Form Ätzbadzusammensetzungen, Ätzvorschriften und -parameter zusammengestellt. Diese Aufstellung trägt beispielhaften Charakter und kann in keiner Weise den Anspruch auf Vollständigkeit erheben. Die angegebenen Parameter und Vorschriften sollen einerseits das Verständnis der im allgemeinen Teil behandelte Materialspezifik der Ätzverfahren unterstützen. Andererseits soll für die praktische mikrotechnische Ausbildung sowie für mikrotechnische Forschungs- und Entwicklungsarbeiten eine Übersicht über wichtige Daten gegeben und damit dem mit lithografischen Mikrotechniken Arbeitenden ein wichtiges Hilfsmittel zur Verfügung gestellt werden.

Das Buch wendet sich an Ingenieure, Techniker und Naturwissenschaftler, die im Bereich der Mikrotechniken arbeiten und dabei zwangsläufig mit mikrotechnischen Ätzverfahren in Berührung kommen oder diese direkt anwenden. Außerdem richtet sich das Buch an Studenten, vorzugsweise der Physik, der Ingenieurwissenschaften und der Chemie, deren Fachgebiete in den kommenden Jahren immer stärker durch die Anwendung von Mikrosystemen geprägt werden und aus deren zukünftigen Arbeitsgebieten neue spezifische Lösungen für künftige mikrotechnische Entwicklungen erwartet werden.

An dieser Stelle möchte der Autor all jenen danken, die zum Werden dieses Buches beigetragen haben, insbesondere H. Dintner, A. Lerm, G. Mayer und T. Schulz für zahlreiche Anregungen und Diskussionen sowie P. Pertsch, W. Pilz, G. Köhler und A. Wiegand für kritische Hinweise zum Manuskript.

Jena, im Januar 1998

Inhalt

Vorwort V
Inhaltsverzeichnis VII
Symbole und Formelzeichen XI
Abkürzungen XV

1 Einführung 1

2 Besonderheiten mikrotechnischer Ätzverfahren 5
2.1 Ätzen als formgebendes Verfahren 5
2.1.1 Grenzen additiver mikrotechnischer Strukturerzeugung 6
2.1.2 Subtraktive Strukturerzeugung 7
2.2 Ätzrate und Selektivität 9
2.2.1 Ätzrate und Zeitbedarf 9
2.2.2 Der Ätzvorgang 10
2.2.3 Transportprozesse 11
2.2.4 Prozeßgeschwindigkeiten 12
2.3 Isotropes und anisotropes Ätzen 16
2.4 Flankengeometrie und Kantenrauhigkeit 20
2.4.1 Abweichung von der idealen Geometrie 20
2.4.2 Flankengeometrie beim isotropen Ätzen 20
2.4.3 Herstellung flacher Flankenwinkel durch isotropes Ätzen 21
2.4.4 Flankengeometrie beim anisotropen Ätzen 24
2.4.5 Einstellung der Flankengeometrie durch partiell anisotropes Ätzen 25
2.5 Maßhaltigkeit 26
2.6 Monitoring von Ätzprozessen 29

3 Naßätzverfahren 33
3.1 Abtrag an der Grenzfläche fest-flüssig 33

3.2	Vorbereitung der Oberfläche	35
3.2.1	Oberflächenbeschaffenheit	35
3.2.2	Reinigung	37
3.2.3	Digitales Ätzen	39
3.3	Ätzen von dielektrischen Materialien	40
3.3.1	Naßätzen durch physikalische Auflösung	40
3.3.2	Naßchemisches Ätzen von Nichtmetallen	43
3.4	Ätzen von Metallen und Halbleitern	48
3.4.1	Außenstromloses Ätzen	48
3.4.2	Selektivität beim außenstromlosen Ätzen	62
3.4.3	Ätzen von Mehrschichtsystemen unter Bildung von Lokalelementen	69
3.4.4	Geometrieabhängige Ätzraten	72
3.4.5	Geometrieabhängige Passivierung	79
3.4.6	Elektrochemisches Ätzen	82
3.4.7	Photochemisches Naßätzen	90
3.4.8	Photoelektrochemisches Ätzen (Photoelectrochemical Etching, PEC)	92
3.5	Kristallografisches Ätzen	96
3.5.1	Naßchemischer Materialabtrag an Einkristalloberflächen	96
3.5.2	Anisotropes Ätzen von einkristallinen Metallen	100
3.5.3	Anisotropes Ätzen von Silizium	101
3.5.4	Anisotropes Elektrochemisches und photoelektrochemisches Ätzen	113
3.5.5	Poröses Silizium	114
3.5.6	Anisotropes Ätzen von Verbindungshalbleitern	118
3.6	Herstellung freitragender Mikrostrukturen	120
3.6.1	Oberflächenmikromechanik	120
3.6.2	Substrat-Mikromechanik („Bulk-Mikromechanik")	123
3.6.3	Poröses Silizium als Opferschichtmaterial	124
4	**Trockenätzverfahren**	**127**
4.1	Abtrag an der Grenzfläche fest-gasförmig	127
4.2	Plasmafreies chemisches Ätzen in der Gasphase	133
4.2.1	Plasmafreies Trockenätzen mit reaktiven Gasen	133
4.2.2	Photogestütztes Trockenätzen mit reaktiven Gasen	135
4.2.3	Direktschreibende Mikrostrukturierung durch Laserscanning-Ätzen	136
4.2.4	Elektronenstrahlgestütztes Dampfätzen	138
4.3	Plasma-Ätzverfahren	140
4.3.1	Materialabtrag durch Reaktionen mit Plasmaspezies	140
4.3.2	Plasmaerzeugung	143
4.3.3	Plasmaätzen im Rohrreaktor	145

4.3.4	Plasmaätzen im Downstream-Reaktor	147
4.3.5	Plasmaätzen im Planarreaktor	148
4.3.6	Magnetfeldgestütztes Plasmaätzen	149
4.3.7	Plasmaätzen bei niedrigem Druck und hoher Ionendichte	149
4.3.8	Ausbildung der Ätzstrukturen beim Plasmaätzen	150
4.3.9	Geometrie-Einfluß auf das Plasmaätzen	151
4.3.10	Plasma-Jet-Ätzen (Plasma Jet Etching; PJE)	152
4.3.11	Anwendungen des Plasmaätzens	153
4.4	Ätzen mit energetischen Teilchen	157
4.4.1	Sputterätzen	157
4.4.2	Reaktives Ionenätzen (Reactive Ion Etching; RIE)	166
4.4.3	Magnetrongestütztes Reaktives Ionenätzen (Magnetic Field Enhanced Reactive Ion Etching; MERIE)	172
4.4.4	Ionenstrahlätzen (Ion Beam Etching; IBE)	172
4.4.5	Reaktives Ionenstrahlätzen (Reactive Ion Beam Etching; RIBE)	178
4.4.6	Magnetfeldgestütztes reaktives Ionenstrahlätzen (Magnetic Field Enhanced Reactive Ion Beam Etching; MERIBE)	179
4.4.7	Chemisch unterstütztes Ionenstrahlätzen (Chemical Assisted Ion Beam Etching; CAIBE)	180
4.4.8	Reaktives Ätzen mit Anregung aus mehreren Quellen	181
4.4.9	Elektronenstrahlgestütztes reaktives Ätzen (Electron Beam supported Reactive Etching; EBRE)	181
4.4.10	Reaktives Ätzen mit fokussierten Ionenstrahlen (Focused Ion Beam Etching; FIB)	183
4.4.11	Nanoteilchen-Strahlätzen (Nano-particle Beam Etching; NPBE)	184
4.4.12	Ausbildung der Strukturflanken-Geometrie beim Ionenstrahlätzen	186
4.4.13	Materialschäden beim Ätzen mit energetischen Teilchen	194
4.4.14	Anwendung der Ätzverfahren mit energetischen Teilchen	196

5 Mikroformgebung durch Ätzen von lokal verändertem Material ... 199

5.1	Prinzip der Formgebung durch lokale Materialveränderung	199
5.2	Anorganische Resists	200
5.3	Ätzen von photostrukturierbaren Gläsern	201
5.4	Ätzen von Photoschädigungszonen	202
5.5	Ätzen von Ionenstrahlschädigungszonen	202
5.6	Teilchenspurätzen	203

6 Ausgewählte Vorschriften ... 207

6.1	Erläuterung zur Vorschriftensammlung	207

X   *Inhalt*

6.2   Vorschriftensammlung 209

Ag	GaN	Pd
Al	GaP	PSG (Phosphosilikatglas)
Al(Ti)	GaSb	Pt
(Al,Ga)As	Ge	RuO_2
(Al,Ga)P	Ge_2Si	Sb
(Al,Ga,In)P	Hf	Si
(Al,In)As	HgTe	SiC
AlInN	InAs	Si_3N_4
(Al,In)P	(In,Ga)N	SiO_2
AlN	InN	$Si_xO_yN_z$
Al_2O_3	InP	Sn
AsSG (Arsenosilikatglas)	InSb	SnO_2
Au	In_2Te_3	Ta
Bi	(In,Sn)	TaN
BSG (Borosilikatglas)	(In,Sn)O	Ta_2O_5
C (amorph)	(ITO, Indium-Zinn-Oxid)	$TaSi_2$
C (Diamant)	$KTiOPO_4$(KTP)	(Ta,Si)N
(C,H,(O,N))-Polymere	$LiAlO_2$	Te
CdS	$LiGaO_2$	Ti
CdTe	$LiNbO_3$	TiN
(Co,Cr)	Mg	TiO_2
(Co,Nb,Zr)	Mo	V
Co_2Si	$MoSi_2$	W
Cr	Nb	WO_3
Cu	NbN	WSi_2
Fe (Fe,C)	Ni	$(Y,Ba)CuO_2$ (YBCO)
(Fe,Ni)	(Ni,Cr)	Zn
GaAs	Pb	ZnO
(Ga,In)As	PbS	ZnS
(Ga,In)P	$(Pb,La,Zr)TiO_3$(PLZT)	ZnSe
	$(Pb,Zr)TiO_3$(PZT)	

Literatur 371

Register 387

Symbole und Formelzeichen

A – Fläche, Elektrodenfläche
A_B – dem Ätzen unterliegender Flächenanteil
A_{ges} – Gesamtfläche
A_+ – anodisch wirksame Elektrodenfläche
A_- – kathodisch wirksame Elektrodenfläche
a – chemische Aktivität
a_i – chemische Aktivität der Teilchensorte i

B – Bedeckungsgrad
B| – Base, Ligand
b – Strukturbreite

C,c – Konzentration
C_0 – Konzentration im Lösungsinneren
C_{OF} – Konzentration in unmittelbarer Nähe der Oberfläche
c_0 - Ausgangskonzentration

D – Diffusionskoeffizient
DS↓ – Niederschlag
d – Diffusionsschichtdicke
d' – scheinbare Diffusionsschichtdicke
d_g – Diffusionsgrenzschichtdicke

E – Potential
E – Elektrische Feldstärke
E_0 – Normalpotential
E_B – bias-Feldstärke
E_f – float-Potential
E_i – Ionenenergie
e^- – Elektron, negative Elementarladung

F – Faradaykonstante

h – Schichtdicke, Strukturhöhe
$h_{ätz}$ – Ätztiefe
$h_{ätz/pass}$ – Materialabtrag bis zur Passivierung

XII *Symbole und Formelzeichen*

I – Stromstärke
I_+ – anodische Stromstärke
I_- – kathodische Stromstärke
I_{-0} – kathodische Partialstromstärke auf ausgedehnten Flächen im außenstromlosen Fall
i – Stromdichte
i_+ – anodische Stromdichte
i_- – kathodische Stromdichte
i_{-0} – kathodische Partialstromdichte auf ausgedehnten Flächen im außenstromlosen Fall

K – Gleichgewichtskonstante
K_B – Komplexbildungs-Gleichgewichtskonstante
K_L – Löslichkeitsprodukt
K_+ – chronopotentiometrische Konstante
k – Konstante
k – Boltzmannkonstante

L – ungeladener Ligand
l – Länge, Strukturbreite
l_u – Unterätzung

M – Metall oder Halbleiter
M_w – Molare Masse, Atomgewicht
m – Masse
m – Stöchiometriefaktor
m_e – Elektronenmasse
m_i – Ionenmasse

N_0 – Avogadrosche Zahl
n – Zählvariable
n – Molzahl

OM – Oxidationsmittel

P_e – Peclet-Zahl
PR- – Polymermolekülrest (Polymerrumpf, Polymerradikal)

R – Allgemeine Gaskonstante
R-, R· – Radikal
r – Ätzrate
r_B – Bruttoätzrate
r_d – mittlere Ätzrate
r_{el} – elektrochemische Ätzrate
r_h – Ätzrate einer Hilfsschicht
r_H – horizontale Ätzrate

r_m – Ätzrate der Maske
r_n – gesamtflächengrößen-abhängige Ätzrate
r_p – Penetrationsrate (Ätzrate einer Grenzfläche)
r_{res} – Abtragsrate von nicht zu ätzendem Material
r_0 – Radius eines Rohrreaktors

$S_{ätz}$ – Ätzselektivität

T – absolute Temperatur
T_e – Elektronentemperatur
t – Zeit
$t_{ätz}$ – Ätzzeit
t_v – Überätzzeit
t_0 – Ätzzeit bis zum vollständigen Abtrag einer Schicht

V – Volumen, Plasmavolumen
v – Geschwindigkeit
v_0 – Strömungsgeschwindigkeit eines Gases im Einlaßbereich einer Apparatur
v_e – Geschwindigkeit energetischer Teilchen

w – Strukturabstand
w_f – Flankenweite

X^- – einwertiges Säureanion, einwertig negativ geladener Ligand
x – Ortskoordinate
x – Stöchiometriefaktor

Y – Ligand, ungeladen
y – Stöchiometriefaktor

Z – Säurerestion
z – Stöchiometriefaktor,
z – elektrochemische Wertigkeit
z_+ – anodische elektrochemische Wertigkeit
z_- – kathodische elektrochemische Wertigkeit

α – Winkel, Flankenwinkel
α_{GF} – Flankenwinkel beim bevorzugten Ätzen einer Grenzfläche
α_m – Flankenwinkel der Ätzmaske

β – Reaktivitätsfaktor beim Plasmaätzen

γ – Anisotropiegrad

ν – Frequenz
ν_i – Stöchiometriefaktor der Teilchensorte i

XIV *Symbole und Formelzeichen*

ε – Potential
ε_0 – Ruhepotential

ϱ – Dichte (spezifische Masse)

Σ – Summe

τ – Transitionszeit
τ – Lebensdauer reaktiver Plasmaspezies
τ_0 – Transitionszeit im außenstromlosen Zustand

Abkürzungen

ARDE (Aspect Ratio Dependent Etching) – Aspektverhältnis-abhängiges Ätzen
AsSG – Arsenosilikatglas

CAIBE (Chemical Assisted Ion Beam Etching) – Chemisch unterstütztes Ionenstrahlätzen

EBRE (Electron Beam supported Rective Ion Etching) – Elektronenstrahl-gestütztes reaktives Ionenätzen
ECM (Electrochemical Machining) - Elektrochemisches Formätzen
ECR (Electron Cyclotron Resonance) – Elektron-Zyklotron-Resonanz
EDTA – Ethylendiamintetraessigsäure
EMM (Electrochemical Micromachining) – Elektrochemisches Formätzen
ERIBE (Electron Beam Enhanced Ion Beam Etching) – Elektronenstrahlgestütztes reaktives Ionenstrahlätzen

FIB (Focused Ion Beam Etching) – Ätzen mit fokussiertem Ionenstrahl
HF – Hochfrequenz

IBE (Ion Beam Etching) – Ionenstrahlätzen
IBAE (Ion Beam Assisted Etching) – Reaktives Ätzen mit Unterstützung niederenergetischer Ionenstrahlen
ITO (Indium Tin Oxide) – Indiumzinnoxid

JEM (Jet Electrochemical Micromachining) – Elektrochemisches Strahlätzen

KTP – Kaliumtitanylphosphat (Kaliumtitanatphosphat)

LPCVD (Low Pressure Chemical Vapour Deposition) – Chemische Niederdruck-Gasphasenabscheidung

M – Metall, Halbleiter
MIE (Magnetron Enhanced Ion Etching) – siehe MERIE
MERIBE (Magnetron Enhanced Reactive Ion Beam Etching) – Magnetfeldgestütztes reaktives Ionenstrahlätzen

MERIE (Magnetron Field Enhanced Reactive Ion Etching) – Magnetfeldgestütztes reaktives Ionenätzen

NA – Numerische Apertur
NPBE (Nano-particle Beam Etching) – Nanoteilchenstrahl-Ätzen

OF – Oberfläche
OM – Oxidationsmittel

m_e – Elektronenmasse

P_a – adsorbiertes Produkt
P_d – desorbiertes Produkt
PE (Plasma Etching) – Plasmaätzen
PEC (Photoelectrochemical Etching) – Photoelektrochemisches Ätzen
PJE (Plasma Jet Etching) – Plasmastrahlätzen
PMMA – Polymethylmethacrylat
PSG – Phosphosilikatglas
PZLT – Bleilanthanzirkonattitanat
PZT – Bleizirkonyltitanat, Bleizirkonattitanat

R – Radikal
RIBE (Reactive Ion Bean Etching) – Reaktives Ionenstrahlätzen
RIE (Reactive Ion Etching) – Reaktives Ionenätzen
RNE (Reactive Neutral Gas Etching) – Reaktives Neutralteilchen-Ätzen)
rf (radio frequency) – Radiofrequenz (= HF – Hochfrequenz)

SCE (Satturated Calomel Electrode) – Gesättigte Kalomel-Elektrode
SECM (Scanning Electrochemical Microscope) – Elektrochemisches Rastersondenmikroskop

T_{en} – energetisches Teilchen
T_r – thermalisiertes reaktives Teilchen

UME – Ultramikroelektrode
UV – Ultraviolett

YBCO – Yttriumbariumcuprat

1 Einführung

Die mikrotechnischen Strukturierungsverfahren beschäftigen sich mit der Herstellung von Bauelementen, die mit klassischen mechanischen Verfahren nicht mehr hergestellt werden können. Die präzise Formgebung unterschiedlichster Materialien ist eine ganz wesentliche Voraussetzung für die Herstellung von Mikro-Bauelementen. Die Mikrostrukturierung von Substraten und Schichten, aus denen diese Bauelemente bestehen, ist deshalb ein elementarer Prozeß der physikalischen Mikrotechnik. Während in der feinmechanischen Formgebung spanende Verfahren dominieren, spielen sie in der Mikrotechnik nur eine untergeordnete Rolle. Ätzverfahren bilden an ihrer Stelle die wichtigste Verfahrensgruppe zur Formgebung im Mikrobereich. In Kombination mit der Elektronenstrahl- und vor allem der Photolithografie sind die Ätzverfahren zum zentralen Werkzeug der mikrotechnischen Fertigung geworden. Neben einer breiten Gruppe von Standardverfahren, bei denen lithografische Masken zur Formgebung benutzt werden, sind zahlreiche Spezialverfahren entwickelt worden, die teils mit, teils ohne Verwendung von Masken arbeiten.

Gegenstand dieses Buches sind lithografische Ätzverfahren. Ätzprozesse spielen seit langem in der mikrokristallografischen Materialanalyse eine große Rolle. Sie wurden vor allem in der Anfangsphase der Halbleitertechnik zur Charakterisierung der halbleitenden Festkörper entwickelt. Die Ätzbäder sind dabei zumeist auf die Sichtbarmachung einzelner morphologischer Charakteristika, wie z. B. der Kristallitstruktur, von Gitterstörungen oder Dotierungsgrenzen optimiert worden. Einige dieser Verfahren finden heute noch in originaler oder leicht modifizierter Form für die mikrotechnische Formgebung mit Hilfe mikrolithografischer Verfahren Verwendung. Nicht berücksichtigt werden hier solche Ätzmethoden, die ausschließlich dazu benutzt werden, um Texturen in Festkörpern sichtbar zu machen.

Obwohl die Anwendung von Ätztechniken in der Mikroelektronik und der Mikrosystemtechnik ein junges Gebiet ist, wird das Zusammenwirken von Ätztechnik und Resisttechnik bereits seit langem benutzt. Die Verwendung aggressiver Flüssigkeiten aus der Natur, wie z. B. Milchsäure, Zitronensäure oder Essig zur Behandlung von Materialien reicht wahrscheinlich in die Vorgeschichte zurück. Aber erst nach der erstmaligen Herstellung der hochkorrosiven starken Mineralsäuren (Salzsäure, Schwefelsäure und Salpetersäure) durch arabische und europäische Alchimisten öffnete sich der Weg zur systematischen Bearbeitung von Oberflächen durch Ätzprozesse. Solche Ätzprozesse fanden im Mittelalter vor allem im Bereich der Kunst und des Kunsthandwerks Anwendung. Das Anätzen von Metalloberflächen, die partiell mit Harzen abgedeckt waren, wurde im späten Mittelalter in breitem Umfang zur Verzierung von Waffen und Panzerrüstungen, den Harnischen, verwendet. Die in die Harzschicht eingravierten Muster konnten durch den Ätzprozeß dauerhaft in das Panzermaterial übertragen werden. Ätzen wurde auch außerhalb der Metallverzierung zu einer der wichtigsten Techniken in der bildende Kunst. Beim künstlerischen Ätzen wurde analog zum Harnisch-Ätzen eine Metallplatte, meist gehämmertes Kupfer mit einer dünnen Firnisschicht überzogen. In diese Schicht wurde dann mit einer Nadel ein Muster eingraviert. Dabei mußte das eingravierte Muster ein Negativ des später abzudruckenden Bildes darstellen. Durch den anschließenden Ätzprozeß konnte das Muster in Form von Vertiefungen in die Metallplatte übertragen werden. Durch die Wahl der Zusammensetzung des Ätzbades oder einer Ätzpaste ließ sich die Tiefe bzw. Breite der entstandenen Ätzstrukturen steuern. Nach dem Ablösen der Firnisschicht und dem Aufbringen von Farbe wurde im letzten Arbeitsgang das Bild von der Metallplatte auf eine Vorlage, z. B. Papier übertragen. Schon alte Meister wie Dürer und vor allem Rembrandt benutzten die Technik des Ätzens.

Im Gegensatz zu allen spanenden oder gravierenden Verfahren erlaubte die Ätztechnik die Herstellung gefälliger Muster ohne Randwulste, Spanreste und Grate. In den Prozessen des kunsthandwerklichen und künstlerischen Ätzens finden wir mit der Verwendung eines Harzes als widerstandsfähiger Schicht, d. h. einem Resist, einer primären Strukturerzeugung im Resist und der Strukturübertragung durch die lokale Auflösung eines Metalls bereits alle wesentlichen Komponenten der späteren mikrolithografischen Ätztechnik.

Nach der Entdeckung der Flußsäure durch Scheele 1771 war der Weg zum Ätzen sehr vieler Materialien offen. Die Flußsäure wurde bald auch zum Ätzen von Mustern in Glas eingesetzt. Damit konnte erstmals ein reaktionsträges nichtmetallisches Material der Formgebung durch Ätzen zugänglich gemacht werden.

Einen weiteren entscheidenden Impuls erhielt die Ätztechnik durch die Entdeckung der Aushärtung von manchen Harzen und Bitumen durch Sonnenlicht (Senebier 1792) und die Verwendung dieses Verfahrens zur Speicherung von Bildern (Heliographie, Niépce 1822). Die Entdeckungen von Senebier und Niépce wurden zur Herstellung von Druckplatten für den Steindruck verwendet. Das Ätzen der Steinplatten hat auch der Lithografie ihren Namen gegeben (griechisch: lithos-Stein). Die Übertragung von photographischen Bildern auf Steinplatten erlaubte über das Abdrucken des Steines eine bequeme Vervielfältigung. Nachteilig war dabei, daß Tonwerte nur schwarz und weiß übertragen werden konnten. Als vorteilhaft zur Wiedergabe von Photografien erwiesen sich seit 1936 in kleinen Rastern aufgebaute Druckplatten, mit denen auch Halbtonbilder gedruckt werden konnten. Das Verhältnis der Breite der Rasterpunkte zu den freigeätzen Zwischenräumen bestimmt den Grauwert.

Das wesentliche Grundprinzip besteht bei allen lithografischen Verfahren in der Erzeugung eines Reliefs durch Ätzen unter Verwendung einer Maske, die gegen das Ätzmittel resistent ist. Dazu erhält die Schicht des Maskenmaterials auf der Werkstückoberfläche zunächst durch ein Verfahren wie Gravur oder Photolacktechnik eine bestimmte, in zwei Dimensionen festgelegte Gestalt. Diese Gestalt wird durch den Ätzprozeß in das darunterliegende Material übertragen, wobei eine dreidimensionale Struktur, ein Relief, entsteht. Dieses relieferzeugende Verfahren wurde seit der Mitte des 20. Jahrhunderts industriell eingesetzt. Schon bevor mikroskopisch kleine Bauelemente hergestellt werden mußten, erwies sich das Ätzen als geeignete Methode zur präzisen dreidimensionalen Formgebung metallischer Bauteile, insbesondere, wenn kompliziert geformte Werkstücke exakt bearbeitet werden sollten. Für die Ätzverfahren in der industriellen Technik wurde der Begriff des „chemical milling" (chemisches Fräsen) gebräuchlich. Bei der Verwendung von photostrukturierten Ätzmasken spricht man vom „photochemical milling" oder Photoätzen. Das naßchemische Ätzen in der Planarätztechnik für Leiterplatten und integrierte Festkörperschaltkreise etablierte sich als ein Spezialgebiet der lithografischen Ätztechnik. Diese in der Mikroelektronik-Technologie weiterentwickelten und ausgefeilten Verfahren werden im Rahmen der Mikrosystemtechnik auf die Entwicklung und Herstellung von Mikrobauelementen angewendet und immer neuen geometrischen Formen angepaßt. Die Anforderungen an Zuverlässigkeit und Standardisierbarkeit der Bauelemente, aber auch an die Flexibilität der Technologie sind dabei sehr hoch, weil das Spektrum der Mikrobauelemente rasch wächst.

Heute werden Ätzverfahren in der Mikrotechnik für einen sehr weiten Bereich von Materialien und eine Fülle von Materialkombinationen eingesetzt. Der überwiegende Teil der Metalle und Halbleiter sowie zahlreiche Legierungen und nicht-metallische Verbindungen werden mikrotechnisch durch Ätzprozesse bearbeitet. Die dabei erzeugten Strukturen haben Abmessungen zwischen einigen Millimetern und wenigen Mikrometern bei vielen mikromechanischen Bauelementen. In der Mikroelektronik werden standardmäßig Strukturen im Submikrometerbereich erzeugt (0.5 µm bis 0.3 µm). Durch die Kombination von Elektronenstrahllithografie mit Trockenätztechniken lassen sich aber auch Einzelstrukturen mit Breiten unterhalb von 0.1 µm, zum Teil bis zum 10-nm-Niveau erzeugen, die allerdings bislang im wesentlichen für die Forschung, vor allem für die Untersuchung elektronischer Quanteneffekte, genutzt werden.

Ätzverfahren haben sich in der Mikrotechnik auch bei extremer Miniaturisierung bewährt. Das hat seine Ursache im Charakter des Materialabtrags. Während beispielsweise bei den mechanischen Abtragsverfahren immer Stücke eines Materials, d.h. selbst bei kleinsten Spänen eine extrem große Anzahl von Atomen oder Molekülen gleichzeitig vom Festkörper abgetrennt und abtransportiert wird, entfernt ein Ätzprozeß Molekül für Molekül und oft Atom für Atom einzeln von der Festkörperoberfläche. Ätzprozesse sind daher ihrem Charakter nach extrem hochauflösend. Sie stoßen erst mit der Annäherung an die molekularen bzw. atomaren Dimensionen an ihre prinzipielle Grenze. Deshalb sind sie auch für die Bearbeitung der kleinsten vorstellbaren Festkörper geeignet.

2 Besonderheiten mikrotechnischer Ätzprozesse

2.1 Ätzen als formgebendes Verfahren

Wie praktisch alle physikalisch arbeitenden Technologien setzen auch in der Mikrotechnik die Bearbeitungsschritte von einer Oberfläche aus an. Im Gegensatz zur Feinmechanik, die auch gekrümmte Oberflächen bearbeiten kann und bevorzugt auf kreisrunden Oberflächen arbeitet, werden die meisten mikrotechnischen Verfahrensschritte auf ebene Oberflächen angewendet. Das hat zum einen seine Ursache darin, daß der Aufbau und der Abtrag von Material in der Mikrotechnik vorzugsweise durch flächig wirkende Prozesse vorgenommen wird, die oft nur auf ebenen Oberflächen mit hoher Homogenität ablaufen, während in der spanenden Feinmechanik ein spezielles Werkzeug lokal angreift. Weitgehend ebene Oberflächen der zu bearbeitenden Festkörper sind oft auch die Voraussetzung für die primäre Erzeugung von Formen in den Ätzmasken durch abbildende lithografische Verfahren. Der zweite wichtige Unterschied zu den spanenden und den umformenden Verfahren der Formgebung betrifft den Charakter des Verfahrensablaufs. Auch bei der Erzeugung von sehr kleinen Spänen entspricht das abgetragene Material in seinen stofflichen Eigenschaften ganz dem Ausgangsmaterial. In der Ätztechnik geschieht der Abtragungsprozeß durch den Übertritt einzelner Atome oder Moleküle, bestenfalls jedoch von Clustern mit einer kleinen Anzahl von Atomen (< 100) aus der festen in eine bewegliche Phase. Der Übertritt ist mit einer stofflichen Veränderung der Materials, zumindest mit einem Phasenübergang, meistens jedoch mit chemischen Veränderungen, verbunden. Der Transport von Material aus einem Festkörper durch eine Phasengrenze in eine bewegliche Phase ist das zentrale Charakteristikum aller Ätzprozesse.

Die Strukturen werden in der Mikrotechnik in der Regel über eine Maskentechnik hergestellt. Dabei erzeugt man zunächst eine maskierende Deckschicht auf der zu bearbeitenden Oberfläche des hier Substrat genannten Werkstückes. Diese Deckschicht hat in der Regel eine Dicke zwischen wenigen hundert Nanometern und mehreren Mikrometern. In der Mikrotechnik werden bevorzugt Maskendicken im Bereich von etwa 1 µm verwendet. Diese Maskenschicht wird durch mikrolithografische Verfahren stukturiert, d.h. in bestimmten Teilbereichen wird die Maskenschicht abgetragen, in anderen bleibt sie erhalten. Die geometrischen Abmessungen der Strukturen in der

Maskenschicht entsprechen den späteren lateralen Abmessungen der auf dem Substrat erzeugten Bauelemente und liegen von daher ebenfalls zwischen dem Millimeter- und dem sub-Mikrometer-Bereich. Nach der Art der Strukturübertragung unterscheidet man unter anderem die Photolithographie (Verwendung von sichtbarem Licht und einem photoempfindlichen Lack als Maskenschicht), die UV-Lithografie (bei Verwendung von ultraviolettem Licht), die Röntgen- und die Elektronenstrahllithografie (Verwendung von kurzwelliger elektromagnetischer Strahlung bzw. von energiereichen Elektronen zur Strukturerzeugung mit einem Strahlenlack als maskierende Schicht). Die Übertragung des Urbildes in die Maskenschicht kann bei den meisten mikrolithografischen Verfahren nur auf ebene Oberflächen erfolgen. So liegen die Ebenheitstoleranzen z. B. bei der Photolithographie von höchstintegrierten elektronischen Schaltkreisen (ULSI-Technik) unterhalb von 1 µm.

2.1.1 Grenzen additiver mikrotechnischer Strukturerzeugung

Formgebung ist auch im Mikrobereich prinzipiell durch die lokale Aufbringung von Material möglich. Werden Strukturen durch lokales Hinzufügen von Material auf einem Substrat erzeugt, so spricht man von additiven Verfahren der Formgebung. Die additive Strukturerzeugung ist an einschränkende Randbedingungen geknüpft, wenn – wie in der Mikrotechnik zumeist üblich – die Materialschichten flächendeckend abgeschieden werden. Es müssen dann auch bei einer additiven Strukturerzeugung Masken eingesetzt werden. Will man nur in den Öffnungen der Maskenschicht Strukturen erzeugen, so müssen selektive Prozesse die Beschränkung der Schichtabscheidung auf diesen Bereich ermöglichen. Eine solche Selektivität kann z. B. durch eine mikrogalvanische Abscheidung erreicht werden, wenn eine isolierende Maskenschicht auf einem leitfähigen Substrat eingesetzt wird. Bei der galvanischen Abscheidung muß als zusätzliche Randbedingung die zu erzeugende Funktionsschicht elektrisch leitfähig sein.

Wenn die gesamte Oberfläche des Substrates einschließlich der Oberfläche der Maskenschicht von Material einer zu strukturierenden Funktionsschicht bedeckt ist, so kann lokal mit dem Abtragen der Maskenschicht gleichzeitig auch das Material der Funktionsschicht entfernt werden. Das Funktionsschichtmaterial wird in den Bereichen, in denen Maskenmaterial vorhanden ist, abgehoben („geliftet"). Dieses lift-off-Verfahren setzt voraus, daß die Flächenelemente der Maskenschicht trotz des darauf abgeschiedenen Materials abgelöst werden können. Diese Voraussetzung ist insbesondere dann nicht erfüllt, wenn während des Abscheideprozesses die Seitenflächen der Strukturen in der Maskenschicht bedeckt werden und das Lösemittel der Maskenschicht diese wegen der vollständigen Bedeckung mit Material der Funktionsschicht nicht angreifen kann. Bei großen zusammenhängenden Flächenelementen der Maskenschicht kann der nur von den Flanken aus ablaufende Löseprozeß längere Zeit in Anspruch nehmen oder ganz zum Erliegen kommen. Außerdem bilden im lift-off-Verfahren die abgelösten Materialreste der

Funktionsschicht Flitter im Lösebad der Maskenschicht, die das Substrat verunreinigen und nachfolgende Prozesse beeinträchtigen können. Die einschränkenden Randbedingungen für die additive Erzeugung von Mikrostrukturen führen dazu, daß additive Prozesse nur eine Nebenrolle in der mikrolithografischen Strukturerzeugung spielen.

2.1.2 Subtraktive Strukturerzeugung

Wird von einem geschlossen vorhandenen oder abgeschiedenen Funktionsmaterial lokal ein Teil entfernt, so handelt es sich um eine subtraktive Strukturerzeugung. Subtraktive Strukturierung ist entweder durch eine Sondentechnik möglich, die direkt lokal Material entfernt, oder sie bedient sich einer Maske, die die nicht abzutragenden Bereiche vor einem flächig wirkenden Angriff schützt. Eine solche Maske wird durch ein Strukturerzeugungsverfahren aus einem Datensatz generiert (z. B. bei der Herstellung von photolithografischen Masken durch einen Pattern-Generator oder einen Elektronenstrahlbelichter). Meistens werden diese Masken jedoch durch ein primäres Strukturübertragungsverfahren aus einem Urbild, z. B. der photolithografischen Maske (Schablone, Retikel, Photomaske) erzeugt, in dem dieses in eine sensitive Schicht (z. B. Photolack) abgebildet und anschließend entwickelt wird.

Bei den subtraktiv arbeitenden Maskenverfahren bedeckt die Maskenschicht aus der primären Strukturübertragung alle jene Bereiche der Oberfläche eines Funktionsmaterials, die unverändert bleiben sollen, und gibt die zu bearbeitenden Bereiche frei. Alle Verfahren der subtraktiven Strukturerzeugung mit Hilfe einer mikrostrukturierten Maskenschicht zählen zum mikrotechnischen Ätzen.

Es können grundsätzlich alle Materialien durch Ätzprozesse strukturiert werden. Das mikrotechnische Ätzen ist deshalb im Unterschied zur additiven Strukturerzeugung ein allgemein anwendbares Verfahren. Die Wahl des jeweiligen Ätzverfahrens muß jedoch unter Berücksichtigung der chemischen Eigenschaften des abzutragenden Materials und der anderen beim Ätzprozeß freiliegenden und nicht abzutragenden Materialien erfolgen. Die Wahl des Ätzverfahrens wiederum wirkt sich nicht nur auf die Geschwindigkeit der Auflösung der jeweiligen Schichtmaterialien aus, sondern bedingt auch bestimmte Geometrien bzw. geometrische Abweichungen gegenüber der Gestalt der lithografischen Maske. Die Rate und die Selektivität des Abtrages einerseits und die sich im Verlauf des Ätzens ergebenden Geometrien andererseits sind die wesentlichen Kriterien, die die Wahl der Ätzverfahren bestimmen.

Die Ätzverfahren werden in zwei große Gruppen eingeteilt, die sogenannten Naßätzverfahren und die Trockenätzverfahren (Abb. 1). Diese beiden Verfahrensgruppen unterscheiden sich durch die bewegliche Phase, die als Ätzmedium wirkt, bzw. in welche die aus dem Festkörper abgetragenen Teilchen hindurchtreten und in der sie von der Oberfläche abtransportiert wer-

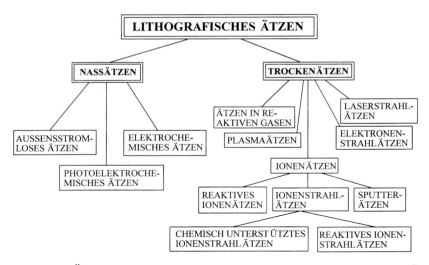

Abb. 2-1. Übersicht über die wichtigsten Klassen mikrolithografischer Ätzverfahren

den. Bei den Naßätzverfahren wird der Materialabtrag durch die Wechselwirkung mit einer Flüssigkeit, dem Ätzbad, bewerkstelligt. Je nachdem, ob Redoxprozesse ohne oder mit äußerer Stromquelle bzw. Lichtunterstützung ablaufen, unterscheidet man neben den außenstromlosen Ätzverfahren elektrochemische, photo- und photoelektrochemische Ätzverfahren. Die naßchemischen Ätzverfahren werden außer durch das Ätzmedium auch durch die Geometrie der gebildeten Ätzgruben klassifiziert. Von den normalerweise isotrop wirkenden Naßätzverfahren werden dabei die kristallografisch oder anisotrop arbeitenden Verfahren unterschieden, die häufig für das Ätzen von einkristallinen Materialien eingesetzt werden.

Bei den Trockenätzverfahren kommt der Materialabtrag durch eine Materialübertragung in die Gasphase zustande. Neben dem Ätzen in reaktiven Dämpfen sind vor allem die durch Plasma oder beschleunigte Ionen aktivierten Ätzprozesse verfahrenstechnisch bedeutsam geworden. Die Ätzverfahren, die mit der Einwirkung schneller Ionen arbeiten, werden weiter in Sputterätzverfahren, Reaktives Ionenätzen und verschiedene Ionenstrahlätzverfahren unterteilt. Außer den beschleunigten Ionen können auch andere Quellen zur Aktivierung von Ätzprozessen in die Gasphase eingesetzt werden, wie z. B. Elektronenstrahlen oder Licht.

Ein eigener Zweig des mikrotechnischen Ätzens hat sich im Zuge der Mikromechanik herausgebildet. Der Begriff der Mikromechanik wird dabei mit zweierlei Bedeutung gebraucht. Zum einen belegt er das Gebiet der miniaturisierten mechanischen Bauelemente, zum anderen umfaßt die Mikromechanik als Verfahrensgruppe alle jene Methoden, die für eine Formgebung im Mikrobereich mit Strukturtiefen, die über die Dünnschichttechnik, d. h. wenige Mikrometer, hinausgehen oder insbesondere zur Herstellung von beweglichen Mikrostrukturen geeignet sind. Auch für die Mikromechanik als Verfahrensgruppe hat die Ätztechnik eine ganz entscheidende Bedeutung. So dominieren die mikrotechnischen Ätzverfahren auch in diesem Feld deutlich über miniaturisierten spanenden Abtragsverfahren. Die Verfahren der ätztechnischen Mikromechanik werden nach dem geätzten Material und der Ätztiefe in Oberflächen- und in Bulk- (Substrat-) Mikromechanik unterschieden.

Alle Ätzverfahren unterliegen einer Reihe gemeinsamer Kriterien, die unabhängig vom abzutragenden Material, von der Art des Ätzmediums und dem Anwendungsfall sind. Es sind die zentralen Parameter Ätzrate und Selektivität und die formbestimmenden Parameter Anisotropiegrad und Flankenprofilausbildung, die im wesentlichen die Leistungsfähigkeit jedes Ätzprozesses bestimmen. Diese allgemeinen Kenngrößen sollen deshalb im folgenden eingeführt werden, bevor anschließend die einzelnen Verfahrensgruppen behandelt werden.

2.2 Ätzrate und Selektivität

2.2.1 Ätzrate und Zeitbedarf

Mikrotechnisches Ätzen muß innerhalb technisch vernünftiger Zeiten erfolgen. Schon um den Zeitbedarf für die Herstellung eines gesamten Bauelementes nicht zu groß werden zu lassen, müssen die einzelnen Verfahrensschritte rasch ablaufen. Deshalb sollten auch die einzelnen Ätzprozesse den Zeitbedarf anderer Technologieschritte nach Möglichkeit nicht wesentlich übersteigen. Die „Nachbarprozesse" etwa aus der Photolacktechnik liegen im Zeitbereich von einigen 10 s bis etwa 1 min. Diese Zeiten sind beim Abtrag dünner Schichten (Schichtdicken um 1 µm) durch die Wahl eines geeigneten Ätzmediums und geeigneter Ätzbedingungen ebenfalls zu erreichen, wenn naßchemische Ätzverfahren zum Einsatz kommen. Dagegen gibt es grundsätzliche physikalisch-chemische Grenzen für die Ätzzeit bei größeren Materialstärken und bei Trockenätzprozessen.

Die Prozesse an der Phasengrenze und die Transportvorgänge von und zur Phasengrenze können nicht mit beliebig großer Geschwindigkeit ablaufen. Deshalb müssen beim Abtrag von Schicht- und Substratmaterial im Dickenbereich oberhalb etwa 10 µm und vor allem beim sogenannten Tiefenätzen von Substraten (Ätztiefe zwischen etwa 10 µm und 1 mm) unter Umständen wesentlich längere Ätzzeiten in Kauf genommen werden. Dasselbe gilt für die Strukturierung vieler Materialien mit Trockenätzprozessen, bei denen häufig nur Ätzraten zwischen 1 und 10 nm/s, manchmal sogar nur deutlich unterhalb von 1nm/s, erreicht werden, so daß für die Strukturierung einer beispielsweise 1 µm dicken Schicht ca. 3–30 min benötigt werden.

Bei abzutragenden Materialstärken, die im Nanometer-Bereich liegen, lassen sich natürlich auch bei geringen Ätzraten leicht Ätzzeiten weit unterhalb einer Minute realisieren. Im Interesse einer guten Kontrollierbarkeit und Reproduzierbarkeit von Ätzprozessen sollte die Dauer des Ätzvorganges in der Regel aber auch bei dünnen Schichten nicht zu kurz sein. Die Start- und Schlußphase des Ätzens sind besonders anfällig gegenüber Störungen. Die Qualität des Ätzprozesses wird immer schwerer kontrollierbar, wenn die eigentliche Ätzzeit kurz im Vergleich mit der Anfangs- und Endphase des Ätzprozesses, etwa der Entfernung von kontaminierenden Deckschichten, dem Ein- und Austauchen eines Substrates oder dem An- und dem Abschalten eines Plasmas, wird. Deshalb sollte die Ätzzeit in der Regel auch nicht zu kurz sein. Für dünne Schichten haben sich Ätzzeiten in der Größenordnung von 1 Minute bewährt.

2.2.2 Der Ätzvorgang

Im Gegensatz zu den feinmechanischen und ultrafeinmechanischen Abtragsprozessen wird beim mikrotechnischen Ätzen das Material in Form einzelner Atome oder Moleküle von der festen in die flüssige oder die Gasphase (bewegliche Phasen) überführt. Jeder Ätzprozeß ist deshalb ein Prozeß, bei dem Material durch eine Phasengrenze tritt. Wegen des Abtrags einzelner Atome oder Moleküle in den Elementarschritten des Ätzens können im Prinzip sehr hohe Genauigkeiten erreicht werden. Der Elementarprozeß des Abtrags wird erst auf der molekularen bzw. atomaren Skala für die Genauigkeit der Formgebung begrenzend.

Die zentrale technische Größe für die subtraktive Strukturerzeugung in einem mikrotechnisch zu bearbeitenden Material ist die Ätzrate r. Sie ist durch das Verhältnis von abgetragener Materialdicke $h_{ätz}$ zur Einwirkungsdauer des Ätzprozesses $t_{ätz}$ gegeben:

$$r = h_{ätz}/t_{ätz} \qquad (1)$$

Die Ätzrate kann auch als durchschnittliche (mittlere) Ätzrate r_d für die Abtragung einer gesamten Schicht der Dicke h angegeben werden, wobei der Ätzprozeß durch das Verschwinden der Schicht nach der Ätzzeit t_0 beendet wird:

$$r_d = h/t_0 \qquad (2)$$

Die augenblickliche Ätzrate r(t) weicht häufig erheblich von der mittleren Ätzrate r_d ab. Sie wird durch den Differentialquotienten von Schichtdicke und Zeit bestimmt:

$$r(t) = dh/dt \qquad (3)$$

Der Durchtritt durch die Phasengrenze läßt sich nur bei der direkten Abspaltung von Atomen oder Molekülen durch eine mechanische Impulsübertragung als rein physikalischer Prozeß verstehen. Das ist beim Ablösen von festem Material nur durch die ausschließlich mechanische Einwirkung energiereicher Teilchen auf Festkörperoberflächen der Fall (Sputtereffekt – siehe Abschnitt 4.4.1). Aber auch in diesem wie in allen anderen Fällen ist das Ablösen der Teilchen von der Oberfläche mit einer Änderung der Wechselwirkung der Teilchen innerhalb der Oberfläche, d. h. ihrer untereinander wirkenden kohäsiven und chemischen Bindungen, verbunden.

Die chemische Komponente dominiert außer beim Sputtereffekt in fast allen mikrotechnischen Ätzprozessen im eigentlichen Vorgang des Phasendurchtritts. Gleichgültig, ob es sich um Ätzprozesse in flüssigen oder gasförmigen Medien handelt, wird ein Ätzabtrag erreicht, indem Teilchen aus der beweglichen Phase so mit den an der Oberfläche des Festkörpers befindlichen Teilchen in Wechselwirkung treten, daß diese den Festkörper verlassen. In der molekularen bzw. atomaren Umgebung werden dabei die Nachbaratome oder -moleküle des herausgelösten Oberflächenteilchens durch Teilchen der beweglichen Phase ersetzt (Substitutionsprozeß) oder die Wechselwirkung zwischen dem herauszulösenden Oberflächenteilchen und den Teilchen der Umgebung so weit herabgesetzt, daß durch eine thermische Aktivierung das Oberflächenteilchen bzw. sein Reaktionsprodukt spontan in die bewegliche Phase übertritt. Bei Naßätzprozessen ist der Prozeß der Änderung der molekularen Wechselwirkungen in der Umgebung des aus der Festkörperoberfläche herauszulösenden Teilchens z. B. mit einer chemischen Umwandlung, dem Aufbau einer Hülle von Lösemittelmolekülen (Solvatation), einer Hülle von Liganden (Komplexbildung), einem Ladungsdurchtritt (Redoxreaktion) oder einer Kombination derartiger Prozesse verbunden.

2.2.3 Transportprozesse

Der Abtransport der Teilchen von der Grenzfläche in das Innere der beweglichen Phase ist physikalischer Natur. Er kommt entweder durch gerichtete Bewegung auf Grund von Impulsübertragung zustande (vorherrschend bei Ätzprozessen im Vakuum) oder wird durch die Brownsche Molekularbewegung in einem Konzentrationsgradienten (Diffusion) verursacht. Bei der Impulsübertragung durch energiereiche Teilchen ist die Geschwindigkeit des Ätzprozesses unabhängig von der Geschwindigkeit, mit der sich das einzelne Teilchen von der Festkörperoberfläche wegbewegt. Die Ätzgeschwindigkeit wird in diesem Fall von der Anzahl der einfallenden energiereichen Teilchen und der Anzahl der dadurch abgelösten Festkörperteilchen bestimmt.

Der Transport durch Diffusion läuft um so schneller ab, je größer der Konzentrationsunterschied pro Längeneinheit (Konzentrationsgradient) ist. Bei den diffusionsbestimmten Ätzprozessen wird die Ätzrate um so höher,

– je größer die molekulare Beweglichkeit der zu transportierenden Teilchen ist,
– je höher deren Konzentration an der Festkörperoberfläche,
– je niedriger ihre Konzentration im Inneren der beweglichen Phase und

– je kürzer der Weg zwischen der Festkörperoberfläche und den innern Bereichen der beweglichen Phase (Diffusionsweg) ist.

Der Transportprozeß kann durch eine spontane oder erzwungene Bewegung in der beweglichen Phase (Konvektion) beschleunigt werden. Dieser Beschleunigungseffekt beruht darauf, daß durch die Relativbewegung von Festkörperoberfläche und oberflächennahen Bereichen der fluiden Phase die Konzentrationsgradienten vergrößert werden und damit die Diffusion effektiver abläuft. Im Ausnahmefall unterstützt ein Feld den Transportprozeß, etwa durch Bewegung von geladenen Teilchen (Ionen) im elektrischen Feld (elektrische Migration).

Bei allen Auflösungsprozessen in flüssigen Medien, aber auch bei den Ätzprozessen in einem reaktiven Plasma, geht der Reaktion an der Phasengrenze ein Transportprozeß der Reaktionspartner aus der beweglichen Phase voraus. Die für den Phasendurchtritt erforderlichen Atome oder Moleküle müssen aus dem Inneren der fluiden Phase zur Oberfläche gelangen, um dort reagieren zu können. Wenn man den Weg energiereicher Teilchen zur Oberfläche, aus der rein mechanisch Teilchen herausgeschlagen werden, ebenfalls als Transportprozeß verstehen möchte, so gilt für alle Ätzprozesse, daß ein Antransportprozeß zur Phasengrenze dem eigentlichen Phasendurchtrittsprozeß vorangehen muß. Daraus resultiert die allgemeine dreiteilige Abfolge der Einzelschritte bei allen Ätzprozessen:

1. Transport der den Ätzvorgang auslösenden Teilchen aus der beweglichen Phase zur Festkörperoberfläche
2. Durchtrittsprozeß an der Festkörperoberfläche
3. Transportprozeß der abgelösten Teilchen von der Festkörperoberfläche in das Innere der beweglichen Phase

2.2.4 Prozeßgeschwindigkeiten

Da die drei allgemeinen Prozeßschritte nacheinander folgen, wird die Geschwindigkeit eines Ätzprozesses durch den langsamsten Schritt bestimmt. Deshalb unterscheidet man transportkontrollierte Ätzprozesse von grenzflächen-kontrollierten Ätzprozessen. Die Transportkontrolle kann wiederum im Antransport der Reaktionspartner zur Festkörperoberfläche oder im Abtransport von der Festkörperoberfläche begründet liegen. Diffusionskontrollierte Ätzprozesse spielen vor allem bei vielen Naßätzverfahren eine entscheidende Rolle.

Die Transportkontrolle durch Diffusion läßt sich durch das 1. Ficksche Gesetz beschreiben:

$$dc/dt = - D \cdot dc/dx \qquad (4)$$

Der Stofftransport wird dabei durch die zeitliche Änderung der Konzentration (dc/dt) erfaßt. Diese erfolgt umso schneller, je größer die spezifische Diffusionskonstante und je größer der örtliche Konzentrationsgradient (dc/dx) ist. Unter den meisten hydrodynamischen Bedingungen stellt sich in einer Flüssigkeit in der Nähe einer Festkörperoberfläche eine charakteristische Diffusionsschichtdicke ein. In dieser Schicht wird der Transport allein durch die Diffusion bestimmt. Außerhalb der Schicht leisten Strömungen den entscheidenden Beitrag zum Materialtransport. Unter stationären Verhältnissen, das heißt, einem konstanten Materialfluß in der Diffusionsschicht, ist auch der Konzentrationsgradient örtlich und zeitlich konstant. In diesem Fall ist dc/dx gleich dem Quotienten der Differenz zwischen der Konzentration im Lösungsinneren C_0 und der Konzentration an der Grenzfläche C_{OF} und der Dicke der Diffusionsschicht d:

$$dc/dx = (C_0 - C_{OF})/d \qquad (5)$$

Für eine Transportkontrolle im Antransport zur Festkörperoberfläche lassen sich demzufolge hohe Ätzraten durch hohe Konzentrationen der limitierenden Spezies in der Lösung erreichen. Bei einer Geschwindigkeitskontrolle durch den diffusiven Abtransport ist es selbstverständlich, daß die Konzentration der betreffenden Reaktionsprodukte im Lösungsinneren möglichst niedrig sein sollte, um hohe Ätzraten zu erreichen.

Gleichung (2) zeigt, daß über eine Verminderung der Diffusionsschichtdicke der Transportprozeß effizient beschleunigt werden kann, da bei gleichem Konzentrationsunterschied der Konzentrationsgradient mit abnehmender Diffusionsschichtdicke naturgemäß wächst und damit auch die Diffusionsgeschwindigkeit zunimmt. Die Dicke der Diffusionsschicht hängt von der Viskosität der Lösung und von deren Konvektion ab. Mit zunehmender Konvektion verringert sich die Diffusionsschichtdicke. Deshalb können transportkontrollierte Ätzprozesse durch Bewegung des Substrates im Ätzmedium, durch Rühren, durch Ultraschall oder andere die Konvektion fördernde Maßnahmen beschleunigt werden. Besonders effektiv ist es, mit schnell rotierenden Substraten zu arbeiten und das Ätzmedium über eine Sprühvorrichtung dem Substrat zuzuführen. Nach der Levic-Gleichung sinkt an rotierenden Scheiben die Diffusionsschichtdicke der angrenzenden Flüssigkeitsschicht mit der Quadratwurzel der Drehzahl ω:

$$d = k \cdot 1/\sqrt{\omega} \qquad (6)$$

Ohne erzwungene Konvektion liegen die typischen Diffusionsschichtdicken in wäßrigen Lösungen zwischen ca. 50 und 500 μm[1]. Diese Werte resultieren aus der spontanen Konvektion in Flüssigkeiten, die durch kleine Temperatur- und damit Dichtegradienten verursacht werden. In offenen Ätzbädern werden kleine Temperatur- und damit Dichteunterschiede bereits durch die Verdampfungskühlung an der Flüssigkeitsoberfläche ausgelöst. Da Ätzprozesse

---

[1] vgl. z. B. K. Vetter (1962)

zumeist exotherm sind, trägt auch die Materialauflösung selbst zur Ausbildung kleiner lokaler Temperaturgradienten bei.

Bei der Auflösung von Material ändert sich außerdem praktisch immer die Dichte der oberflächennahen Lösung aufgrund der durch den Ätzvorgang veränderten chemischen Zusammensetzung. Dieser reaktionsbedingte Dichteunterschied kann bereits einen spürbaren Beitrag zur Intensivierung der spontanen Konvektion und damit zur Verminderung der Diffusionsschichtdicke leisten. Reaktionsbedingte Konvektionen können die Diffusionsschichtdicken bereits auf unter 100 µm vermindern. Eine wesentlich weitergehende Verminderung der Diffusionsschichtdicke und damit eine erhebliche Intensivierung naßchemischer Ätzprozesse kann durch eine von außen herbeigeführte Konvektion erzwungen werden. Bei intensiv bewegten Flüssigkeiten oder beim Ätzen von rasch bewegten Substraten können die Diffusionsschichtdicken auf ca. 10–5 µm abgesenkt werden. Transportkontrollierte Ätzprozesse können auf diese Weise durch eine erzwungene Konvektion um 1 bis 2 Größenordnungen beschleunigt werden.

Die Wirkungskette konvektiver Vorgänge auf die Rate transportkontrollierter Ätzprozesse wird durch folgendes Schema illustriert:

Konvektion → Verminderung der Diffusionsschichtdicke → Erhöhung des Konzentrationsgradienten → Vergrößerung der Diffusionsgeschwindigkeit → Erhöhung der Ätzrate

Die Raten von Ätzprozessen mit einer Geschwindigkeitskontrolle im Phasendurchtritt sind durch den jeweiligen spezifischen Grenzflächenprozeß (z. B. Redoxreaktion oder Komplexbildung) bestimmt. Während die Geschwindigkeitskontrolle in einem Transportschritt allgemeinen Charakter für alle Ätzprozesse hat, sind die Ätzprozesse, deren Geschwindigkeit durch spezifische Grenzflächenprozesse bestimmt wird, ganz entscheidend vom Charakter des jeweiligen Grenzflächenprozesses abhängig. Beim naßchemischen Ätzen sind das z. B. Quell- und Solvatations- bzw. Komplexbildungsvorgänge sowie elektrochemische Vorgänge, beim Trockenätzen plasmachemische sowie stoßinduzierte Reaktionen an Oberflächen sowie Reaktionen, die zur Bildung leicht desorbierbarer Spezies führen. Diese spezifischen Prozesse werden in den Kapiteln 3 und 4 behandelt.

Ätzratenverhältnisse

Da Ätzprozesse in der Regel an Bearbeitungsobjekten aus zwei oder mehreren Materialien durchgeführt werden und in den meisten Fällen zusätzlich zumindest ein Maskenmaterial verwendet wird, sind nicht nur die absoluten Ätzraten des abzutragenden Materials für die Ätztechnologie wichtig. Genauso wichtig oder oft wichtiger für die Qualität eines Ätzprozesses ist es, welchem Abtrag die anderen Materialien in dem betreffenden Ätzmedium unterliegen. Die Durchführbarkeit eines bestimmten Ätzschrittes oder die Wahl von alternativen Verfahren hängen daher stark von den Verhältnissen der Ätzraten der verschiedenen Materialien ab. Wenn mit keinem Ätzverfahren die erforderlichen Ätzratenverhältnisse für die Strukturierung eines einzelnen Materials innerhalb einer bestimmten Materialkombination gefunden werden können, so kann selbst der Eingriff in die Materialzusammensetzung des Schichtsystems notwendig werden, um ein bestimmtes mikrotechnisches Funktionselement zu realisieren. In anderen Fällen müssen Hilfsschichten oder Hilfsstrukturen einbezogen werden, um einen unerwünschten Materialabtrag zu vermeiden oder zu reduzieren.

Selektivität

Technologisch günstig sind Ätzverfahren, bei denen innerhalb des Materialspektrums eines Bauelementes wirklich nur eine Komponente von einem Ätzmedium angegriffen wird. Ein naßchemisches Ätzbad oder ein reaktives Plasma, das nur das eine, mit ihm zu ätzende Material abträgt und in dem alle anderen Komponenten keinen Verlust erleiden, wird spezifisch wirkendes Ätzmedium genannt.

Auch unter raffiniert eingestellten chemisch differenzierenden Bedingungen wirken die meisten Ätzbäder nicht für ein einziges Material spezifisch, sondern besitzen eine mehr oder weniger stark ausgeprägte Selektivität. Ein spezifisch wirkender Abtrag ist aber in den meisten Fällen auch gar nicht notwendig. Die für den technischen Prozeß des formgebenden Ätzens erforderliche Selektivität muß immer im Zusammenhang mit den chemischen Eigenschaften der anderen Materialien in einem Bauelement gesehen werden. So kann in einem bestimmten Bauelement auch ein wenig spezifisch wirkendes Ätzmedium selektiv sein, wenn die anderen Materialien nicht von ihm angegriffen werden. In einem anderen Fall kann ein vergleichsweise spezifisch auf ein bestimmtes Material wirkendes Medium doch nicht selektiv wirken, wenn im selben Bauelement sehr nah verwandte Materialien zum Einsatz gelangen. Die Ätz-Selektivität $S_{ätz}$ kann durch den Quotienten der Ätzraten des zu strukturierenden Materials r und des nicht abzutragenden Materials r_{res} beschrieben werden:

$$S_{ätz} = r/r_{res} \tag{7}$$

Für eine allgemeine Entwicklung von Ätzmedien ist die Material-Spezifität des Abtrags ein wichtiges Kriterium. Bei der Entwicklung oder Anpassung von Ätzmedien an die Strukturierungstechnologie von konkreten Bauelementen werden jedoch Ätzverfahren mit hoher Selektivität innerhalb des dem Ätzbad auszusetzenden Materialspektrums gesucht, was eine Abstimmung des Abtragsverhaltens aller relevanten Materialien des Systems mit allen zum Einsatz kommenden Medien voraussetzt.

Für die Beurteilung der Eignung von Ätzmedien für eine selektive Strukturierung müssen neben den chemischen Eigenschaften der Materialien außerdem noch einige Spezifika der Mikrostrukturtechnik berücksichtigt werden. Erleichternd wirkt, daß tiefer liegende Materialien z. T. wirksam durch darüberliegende Schichten bedeckt und dadurch dem Angriff eines Ätzmediums entzogen sind. Allerdings können oft bereits submikroskopisch kleine Poren

16 2 Besonderheiten mikrotechnischer Ätzprozesse

in Deckschichten, die für die mikrotechnische Funktion des Bauelementes unerheblich sind, den Schutzeffekt einschränken oder völlig zunichte machen. Die Eigenschaften von Dünnschichtmaterial unterscheiden sich oft erheblich von massivem Material (bulk), so daß Ätzratenverhältnisse an Dünnschichtmaterial häufig von den an Bulk-Material gewonnen Meßergebnissen abweichen. Ätzraten und damit auch Ätzratenverhältnisse sind häufig von der Morphologie des Materials (Korngrenzen, Korngrößen und Textur) und von der Geometrie der Strukturelemente (Größe, Lage und Anordnung von Strukturelementen) abhängig (siehe Abschnitte 3.4.4, 3.4.5 und 4.3.9). Außerdem beschränkt sich die Wechselwirkung zwischen Materialien beim Ätzen nicht auf die Ätzratenverhältnisse schlechthin. Zusätzlich können unterschiedliche Materialien auch gegenseitig ihre absoluten Ätzraten beeinflussen, z. B. durch galvanische Effekte (siehe Abschnitt 3.4.3). Im allgemeinen gilt jedoch, daß sich diese gegenseitigen Beeinflussungen verstehen lassen und beherrscht oder wenigstens soweit eingeschätzt werden können, daß auch bei komplizierter Materialzusammensetzung eines Bauelementes geeignete Ätzverfahren für eine erfolgreiche Strukturierung gefunden werden können.

2.3 Isotropes und anisotropes Ätzen

Die Ätzverfahren werden bezüglich ihrer Geschwindigkeit in den Raumrichtungen in zwei Klassen eingeteilt: Isotrope und anisotrope Ätzverfahren. Bei den isotropen Ätzverfahren kommt es zu keiner Bevorzugung einer Raumrichtung, d. h. die Ätzrate ist in allen Raumrichtungen gleich groß. Bei den anisotropen Ätzverfahren werden bestimmte Raumrichtungen gegenüber anderen bevorzugt abgetragen. Es gibt in diesem Fall richtungsabhängige Ätzraten. Anisotropes Ätzen kann seine Ursache entweder in der Raumrichtungsabhängigkeit von Oberflächenprozessen oder in der Richtungsbevorzugung der Bewegung reaktiver Teilchen in der beweglichen Phase haben. Der wichtigste Fall von anisotropem Ätzen aufgrund raumrichtungsorientierter Oberflächenprozesse ist das kristallografische Ätzen, insbesondere an einkristallinen Materialien (siehe Abschnitt 3.5). Anisotropes Ätzen aufgrund einer bevorzugten Bewegungsrichtung von Teilchen in der beweglichen Phase wird vor allem bei den Ionenätzverfahren genutzt (Abschnitt 4.4).

Die Geschwindigkeit von Abtragsprozessen, für die die spontane, thermisch aktivierte Bewegung der Moleküle und Atome in der beweglichen Phase geschwindigkeitsbestimmend ist, ist in allen Raumrichtungen gleich. Deshalb ist in diesem Fall auch die Ätzrate in allen Raumrichtungen gleich. Die Bewegung von Atomen und Molekülen in der Nähe von Oberflächen wird normalerweise durch die Diffusion bestimmt. Bei der Diffusion gibt es in isotropen Medien, also solche die in ihrer Struktur keine Bevorzugung einer Raumrichtung aufweisen, auch keine Vorzugsrichtung der Teilchenbewegung.

Deshalb sind die meisten transportkontrollierten Ätzprozesse in flüssigen Medien isotrop.

Isotropes Ätzen führt zu einem Materialverlust unterhalb der Maskenkanten, dem sogenannten Unterätzen. Bei ideal isotropem Ätzen läuft der Ätzprozeß in allen Raumrichtungen mit gleicher Geschwindigkeit ab. Die Ätzrate unter der Maskenkante r_H ist in horizontaler Richtung deshalb genauso groß wie in die Ätzrate in Normalenrichtung r:

$$r_H = r \tag{8}$$
(isotropes Ätzen)

Die Unterätzung l_u ist in diesem Fall gleich der Ätztiefe $h_{ätz}$:

$$l_u = h_{ätz} \tag{9}$$
(isotropes Ätzen)

Isotropes und anisotropes Ätzen unterscheiden sich durch die Form der Ätzgrube, die sich unter einem Fenster der Ätzmaske bildet. Bei ideal isotropem Ätzen entsteht entlang einer Maskenkante als neue Oberfläche ein Viertel eines Zylindermantels (Abb. 2), an Innenecken einer Maske bildet sich als Oberflächengeometrie ein Achtel einer Kugeloberfläche. Gekrümmte Oberflächen mit lokal veränderlichem Krümmungsradius entstehen, wenn sich bei fortschreitendem Ätzen zunächst getrennte Fenster aufgrund der fortschreitenden Unterätzung berühren und schließlich überschneiden.

Beim isotropen Abtrag von Schichten werden die einfachen geometrischen Formen der zunächst ausgebildeten Ätzflächen komplizierter, wenn die Schicht in einem Maskenfenster vollständig abgetragen ist und sich Grenzlinien der Materialflanken mit dem darunter liegenden Material ausbilden. Von diesem Zeitpunkt an ändert sich die Konzentrationsverteilung und damit auch das lokale Muster von Transportprozessen dramatisch. Die Strukturkanten der geätzten Schicht steilen auf (vgl. Abschnitt 2.4).

Wenn isotropes Ätzen vorliegt, können keine beliebig tiefe und zugleich schmale Ätzgräben erhalten werden. Wegen der Unterätzung der Maskenkanten kann die Strukturtiefe maximal die Hälfte der Weite einer Struktur betragen, das Verhältnis von Tiefe zu Weite (Aspektverhältnis) ist beim isotropen Ätzen höchstens gleich 0.5. Diese Randbedingung ist relativ unkritisch, so lange die Schichtdicken wesentlich kleiner als die lateralen Strukturabmessungen sind. Viele mikrotechnische Bauelemente bestehen heute jedoch aus Strukturkomponenten, deren laterale Abmessungen geringer als ihre Höhe sind (Aspektverhältnisse >1). Für deren Strukturierung müssen anisotrope Ätzprozesse angewendet werden. Diese Umstand hat dazu geführt, daß heute z.B. in der Fertigung von höchstintegrierten Festkörperschaltkreisen praktisch ausschließlich Trockenätzverfahren zum Einsatz kommen, die einen hohen Anisotropiegrad besitzen.

Das Fortschreiten von Ätzprozessen kann für bestimmte mikrotechnische Probleme bei genügend hoher Selektivität jedoch auch praktische Vorteile

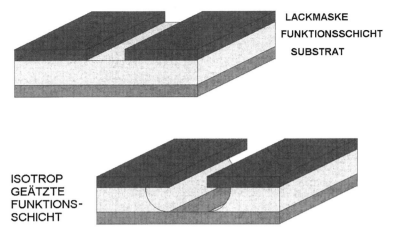

Abb. 2-2. Ausbildung eines runden Flankenprofils beim isotropen Ätzen einer Funktionsschicht

bieten. So können durch selektives isotropes Ätzen Opferschichten unter Funktionsschichten entfernt werden, um diese von ihrer Unterlage freizustellen. Solche Opferschichttechniken sind eine wesentliche Voraussetzung zur Herstellung freitragender Mikrostrukturen, wie sie vor allem in mikromechanischen Bauelementen mit beweglichen Strukturelementen benötigt werden. Neben dem isotropen Ätzen von dünnen Opferschichten wird auch der Abtrag von Substratmaterial zur Herstellung beweglicher mikromechanischer Strukturen eingesetzt (vgl. Abschnitt 3.6).

Unter ideal anisotropem Ätzen im engeren Sinne wird ein vernachlässigbarer Ätzabtrag in lateraler Richtung verstanden. Die Ätzfront dringt bei einem ideal anisotropen Abtrag nur in einer Richtung, häufig in der Normalenrichtung, zur Substratebene, in das abzutragende Material vor. In diesem Fall entstehen steile Strukturkanten unmittelbar unter den Kanten der Maske (Abb. 3). Das zweidimensionale Bild der Ätzmaske wird direkt als Relief in das zu ätzende Material abgebildet, wobei alle lateralen Abmessungen der Maske in diesem Relief wiedererscheinen. Theoretisch können die Strukturen, die nach dem Ätzen stehenbleiben, sehr viel höher als breit sein, d. h. es können beliebig große Aspektverhältnisse erreicht werden. Tatsächlich werden mit speziellen Verfahren, wie z. B. dem anisotropen kristallographischen Silizium-Ätzen (siehe Abschnitt 3.5) Aspektverhältnisse von über 100 erreicht.

Die Anisotropie beim Ätzen wird quantitativ durch den Anisotropiegrad γ beschrieben. Wenn die Geschwindigkeit der lateralen Unterätzung unter einer Maskenkante r_u gleich der Ätzrate in Normalenrichtung r ist, so ist der Anisotropiegrad 0. Wenn r_u gegen Null geht, so ist $\gamma = 1$.

$$\gamma = 1 - r_u/r \qquad (\text{für } r_u \leq r) \tag{10}$$

2.3 Isotropes und anisotropes Ätzen

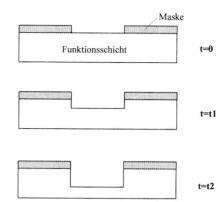

Abb. 2-3. Erzeugung senkrechter Flanken beim anisotropen Ätzen durch das Fenster einer Maske (Querschnitt)

$$\gamma = 0 \quad (\text{wenn } r_u > r) \qquad (11)$$

Nach Gleichung (5) läßt sich für partiell anisotrope Ätzprozesse ($0 < \gamma < 1$) die absolute Unterätzung l_u anhand der Schichtdicke h bzw. der Ätztiefe $h_{ätz}$ einer zu ätzenden Schicht abschätzen:

$$l_u = (1 - \gamma) \cdot h \qquad (12)$$

Im weiteren Sinne sind alle Ätzverfahren anisotrop, bei denen Raten irgendeine Richtungsbevorzugung haben. Die Richtungsbevorzugung beim Ätzen kann ihre Ursache entweder in der Richtung des Angriffs des Ätzmediums oder aber in den strukturellen Eigenschaften des zu ätzenden Materials haben. In diese zweite Gruppe fallen insbesondere alle kristallografischen Ätzverfahren an einkristallinen Materialien. Bei den kristallografischen Ätzverfahren ist für die Richtung und die Geschwindigkeit des Abtrags entscheidend, welche Kristallebene an der Substratoberfläche liegt. Je nach Schnittrichtung von Einkristallen bei der Herstellung der Substrate können ganz verschiedene kristallografische Ebenen die Substratoberfläche bilden, und dementsprechend verschieden ist auch die räumliche Verteilung der Ätzraten. Die erreichbaren Aspektverhältnisse werden beim kristallografischen Ätzen nicht primär durch die Ätzratenverhältnisse bestimmt, sondern durch die Kristallgeometrie und die Schnittrichtung der Substrate, d.h. die Orientierung der Substratoberflächen relativ zur Orientierung der kristallografischen Ebenen.

2.4 Flankengeometrie und Kantenrauhigkeit

2.4.1 Abweichungen von der idealen Geometrie

Ätzprozesse liefern nur im Ausnahmefall völlig glatte oder gar ideal runde oder steile Kanten. Fluktuationen oder Störungen im Festkörper, im Ätzbad oder im Prozeßablauf bewirken lokale Abweichungen der real ausgebildeten Strukturen von den Sollabmessungen. Zu diesen zählen Abweichungen in der Maskengeometrie genauso wie Korngrenzen, Kristallitgrößenverteilungen und Kristallfehler im zu ätzenden Material. Andere Abweichungen kommen durch Fluktuationen im ätzenden Medium, z. B. aufgrund lokal veränderlicher Konvektionen, durch Partikel und andere stochastisch wirkende Einflüsse und unter Umständen auch durch spontan strukturbildende Prozesse (z. B. hydrodynamische Wirbel oder oszillierende chemische Vorgänge) zustande. Deshalb besitzen reale Ätzstrukturen sehr selten ideal glatte Kanten. Stattdessen sind sie in den allermeisten Fällen durch eine endliche Kantenrauhigkeit und eine reale Flankengeometrie charakterisiert.

Die Kantenrauhigkeit ist ein Maß für die Breitenschwankung lithografischer Strukturen. Sie läßt sich als mittlere Abweichung der lokalen Kantenlage von der mittleren Kantenlage erfassen. Kantenrauhigkeiten haben ihre Ursache oft in lokalen Unterschieden im Materialaufbau, so etwa der Lage oder Dichte von Kristallfehlern oder der Dichte bzw. Position von Korngrenzen in kristallinem oder auch amorphem Material. Solche lokalen Materialunterschiede wirken sich auf die Geschwindigkeit von Oberflächenprozessen am jeweiligen Reaktionsort aus.

Die beim Ätzprozeß unter einer Maskenkante herausgebildete Flanke ist in ihrer Geometrie sowohl von den globalen Eigenheiten des Ätzverfahrens als auch von den lokalen Materialeigenschaften bestimmt. Letztere wirken sich auf die Flankengeometrie ähnlich aus wie auf die Kantenrauhigkeit. Örtliche Abweichungen in der Flankengeometrie bilden sich direkt in der Kantenrauhigkeit ab.

2.4.2 Flankengeometrie beim isotropen Ätzen

Jede lithografisch erzeugte Struktur ist durch die Gestalt ihrer Flanken gekennzeichnet. Im einfachsten Fall kann die Flanke im Querschnitt näherungsweise durch eine Gerade beschrieben werden. Die Neigung der Geraden und damit der Flanke ist dann durch den Flankenwinkel α gekennzeichnet. Liegt der Fußpunkt der Flanke direkt unter der Maskenkante, so wird dieser Flankenwinkel durch die Ätztiefe $h_{ätz}$ und die Unterätzung l_u bestimmt:

$$\tan \alpha = h_{ätz}/l_u \qquad (13)$$
(gerade Flanke, kein Überätzen)

Beim isotropem Ätzen bilden sich jedoch im allgemeinen keine geraden, sondern gekrümmte Flankenquerschnitte aus, die im Idealfall kreisbogenförmig sind. Der Kreisbogen berührt dabei die Maskenunterseite immer senkrecht. Der Radius des Kreisbogens wächst mit fortschreitender Ätzzeit.

Die Geometrie der Strukturflanke kann jedoch bei isotropem Ätzen in gewissen Grenzen gezielt eingestellt werden. Aufgesteilte Ätzflanken können durch Überätzen erreicht werden: Der Radius der bei isotropem Ätzen im Profil erhaltenen Kreisbögen ist gleich der Ätztiefe und wächst demzufolge mit fortschreitender Ätzzeit. Der Anstieg des Krümmungsradius' von isotrop geätzten Flanken setzt sich beim Ätzen von Schichtmaterial auch unter der Maskenkante fort, wenn die Ätztiefe die Schichtdicke erreicht und das darunterliegende Material nicht angegriffen wird (Abb. 4). Da der Ansatz der Flanke unter der Maske erhalten bleibt, steilt die Flanke auch beim isotropen Ätzen mit fortschreitendem Unterätzen immer mehr auf. Die Flankenweite w_f gehorcht dabei annähernd dem folgenden idealisierten Ansatz:

$$w_f = h_{ätz} - \sqrt{(h_{ätz}^2 - h^2)} \qquad (14)$$
($h_{ätz}$ = Ätztiefe, h = Schichtdicke; $h_{ätz} > h$)

Die Ätztiefe $h_{ätz}$ ist auch durch das Verhältnis der Ätzzeit bis zum vollständigen Abtrag der Schicht t_0 zur Überätzzeit t_v charakterisiert. Deshalb kann die Flankenweite auch anhand der Überätzzeit abgeschätzt werden:

$$w_f = h \left[\left(1 + \frac{t_v}{t_0}\right) - \sqrt{2\frac{t_v}{t_0} + \left(\frac{t_v}{t_0}\right)^2} \right] \qquad (15)$$

Nähert man den Flankenwinkel α durch eine Gerade vom Fußpunkt zum Kontaktpunkt der Flanke mit der Maske an, so gilt für den resultierenden Flankenwinkel α:

$$\alpha = \arctan(h/w_f) \qquad (16)$$

2.4.3 Herstellung flacher Flankenwinkel durch isotropes Ätzen

Durch isotropes Ätzen lassen sich flache Flankenwinkel einstellen, wenn man eine Hilfsschicht verwendet (Abb. 5). Diese Hilfsschicht muß ebenfalls isotrop geätzt werden und im Ätzbad eine höhere Ätzrate als die eigentlich abzutragende Schicht aufzuweisen[2]. Durch die sukzessive Entfernung der Hilfsschicht werden immer mehr Schichtelemente von oben freigegeben, von denen aus ein zusätzlicher Angriff des Ätzmediums auf das Schichtmaterial erfolgen kann. Daraus resultiert ein annähernd gerades Flankenprofil mit geringer Neigung. Je schneller die Hilfsschicht abgetragen wird, umso flacher ist die ausgebildete Flanke (Abb. 6). Der Flankenwinkel β wird dabei einfach

---
[2] J.J.Kelly und G.J.Koel (1978)

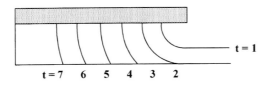

Abb. 2-4. Aufsteilung des Flankenprofils während des Unterätzens einer Funktionsschicht unter einer Maskenkante bei isotropem Ätzen. Die Linienfolge gibt das Kantenprofil mit zunehmender Ätzzeit in willkürlichen Einheiten an.

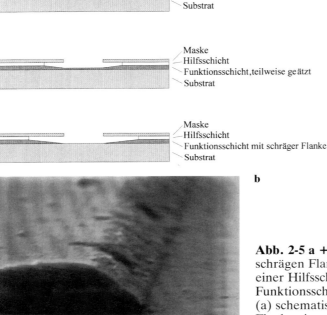

Abb. 2-5 a + b. Herstellung einer schrägen Flanke durch Verwendung einer Hilfsschicht mit gegenüber der Funktionsschicht erhöhter Ätzrate: (a) schematisch; (b) Beispiel: schräge Flanke einer dünnen Aluminiumschicht, geätzt mit erhöhtem Abtrag an der Grenzfläche Metall/Lack

durch das Verhältnis der Ätzraten von abzutragender Schicht r und Hilfsschicht r_h bestimmt:

$$\beta = \arctan(r/r_h) \tag{17}$$

Der Preis für eine Einstellung von Flankenwinkeln beim isotropen Ätzen ist die Unterätzung, die gleichbedeutend mit einer Maßverschiebung ist. Das maximal erreichbare Aspektverhältnis verringert sich mit abnehmendem Winkel β bis weit unterhalb von 1/2.

Im einfachsten Fall wirkt die Grenzfläche zwischen der Ätzmaske und dem abzutragenden Funktionsschichtmaterial als schnell ätzender Bereich. In diesem Fall kann man nicht von einer Ätzrate im eigentlichen Sinne sprechen.

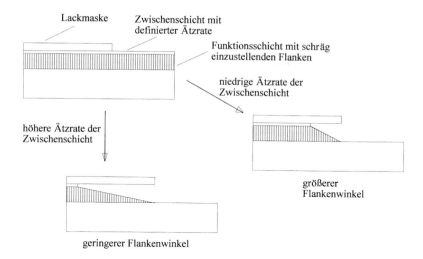

Abb. 2-6. Einstellung des Winkels einer mit flachem Flankenprofil herzustellenden Funktionsschicht durch Wahl der Ätzrate der Hilfsschicht

Das Ätzmittel penetriert im Bereich der Grenzfläche und erzeugt einen Spalt, von dem aus das Ätzbad ungehindert auf die abzutragende Schicht einwirken kann. Die Flanke einer Struktur wird um so flacher, je höher diese Penetrationsrate r_p im Verhältnis zur Ätzgeschwindigkeit des abzutragenden Materials r_0 ist. Für die Einstellung des Flankenwinkels α_{GF} gilt näherungsweise:

$$\tan(\alpha_{GF}) = r_0/r_p \tag{18}$$

Dieser Winkel konnte z. B. beim Ätzen von SiO_2 durch Wahl der Temperatur und der Zusammensetzung des Ätzbades (NH_4F/HF-Verhältnis) in weitem Bereich eingestellt werden[3]. Flache Flankenwinkel können z. T. auch beim Naßätzen von Schichtmaterialien erzielt werden, wenn die Schichten hohe mechanische Druckspannungen aufweisen. Wahrscheinlich führen dabei ebenfalls erhöhte Raten im Grenzflächenbereich zur Ausbildung der flachen Flanken[4].

---

[3] G. I. Parisi et al. (1977)
[4] so z. B. bei gesputterten Mo-Schichten (K. Kato und T. Wada (1991))

2.4.4 Flankengeometrien beim anisotropen Ätzen

Je nach Material und Führung des Ätzprozesses können durch anisotropes Ätzen sehr unterschiedliche Flankengeometrien eingestellt werden. Während beim kristallografischen Ätzen der Kristallaufbau und der Substratschnitt die Formbildung festlegen, bestehen beim Ätzen mit gerichteten energetischen Teilchen (Ionenätzen) weitergehende Freiräume in der Ausformung von Ätzgruben.

Die Einstellung bestimmter Flankenwinkel gelingt bei einem ideal anisotropen Ätzen durch geeignete Ätzratenverhältnisse zwischen abzutragender und Maskenschicht. Bei vollständiger Selektivität ergeben sich ideal senkrechte Kanten, unabhängig davon, welchen Flankenwinkel die Maskenstrukturen besitzen. Im Falle eines endlichen Ätzratenverhältnisses wird der Flankenwinkel der Maske in den Flankenwinkel der abzutragenden Schicht projiziert. Je größer der Ätzratenunterschied ist, umso steiler wird die Ätzflanke gegenüber der Maskenflanke ausgebildet (Abb. 7). Will man umgekehrt einen flacheren Flankenwinkel als in der Maske erreichen, so muß die Ätzrate der abzutragenden Schicht geringer als die Ätzrate der Maske sein und natürlich dementsprechend auch die Maske dicker als die abzutragende Schicht gewählt werden. Die Aufsteilung oder Abflachung des erhaltenen Flankenwinkels α gegenüber dem Flankenwinkel der Ätzmaske α_m ist direkt dem Verhältnis der Ätzraten von Funktionsschicht r und Maskenmaterial r_m proportional:

$$\tan \alpha = \tan \alpha_m \cdot r/r_m \qquad (19)$$

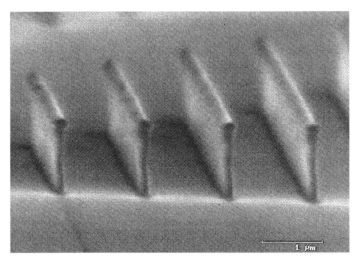

Abb. 2-7. Ausbildung einer senkrechten Strukturkante beim ideal anisotropen Ätzen (REM-Abbildung einer Polymerschicht)

Die Einstellung der Ätzratenverhältnisse und die Ausbildung der Flankengeometrie beim Trockenätzen hängt sehr stark vom Gasdruck, der Gaszusammensetzung, der Oberflächentemperatur und der Prozeßführung ab (vgl. Abschnitt 4.4.12).

Die Nutzung der Übertragung, der Aufsteilung oder Abflachung von Flankenwinkeln ist zur Generierung dreidimensionaler (3D-) Strukturen interessant. Diese werden z. B. im Zusammenhang mit 3D-Maskenstrukturen genutzt, die mit der Methode variabler Dosen erzeugt werden und die vor allem in der Mikrooptik zum Einsatz kommen[5]. Bei gleichen Ätzraten von Maskenmaterial und Funktionsmaterial werden die 3D-Strukturen der Maske 1:1 in das Funktionsmaterial abgebildet. Liegt die Ätzrate des Maskenmaterials über der Ätzrate des Funktionsmaterials, so wird die Geometrie in Noralenrichtung gestaucht, sind die Ätzratenverhältnisse umgekehrt, so wird die resultierende Struktur gegenüber der Maskenstruktur gestreckt.

2.4.5 Einstellung der Flankengeometrie durch partiell anisotropes Ätzen

Während beim ideal anisotropen wie auch beim ideal isotropen Ätzen die Flankenwinkel durch die Ätzratenverhältnisse von Maske und abzutragendem Material eingestellt werden können, lassen sich durch partiell anisotropes Ätzen auch bei sehr hoher Maskenstabilität Ätzflanken mit unterschiedlichen Kantenprofilen erzeugen. Allerdings werden bei diesen Verfahren nicht immer gerade Flanken eingestellt. Je nach der Führung des Prozesses wird bei der partiellen Unterätzung der Maskenkanten ein weiter Bereich von Aspektverhältnissen, Winkeln und Krümmungen im Kantenprofil erreicht. Im allgemeinen wächst die Unterätzung mit abnehmendem Anisotropiegrad des Ätzverfahrens. Der Anisotropiegrad ist jedoch bei vielen partiell anisotrop geführten Prozessen keine Konstante sondern hängt z. B. vom Aspektverhältnis, der Strukturgröße und dem Ätzstadium ab.

Die Herstellung sehr flacher Profile gelingt durch den Einsatz spezieller Ätzmasken, die nicht direkt als Haftschicht auf der Oberfläche aufgebracht sind, sondern einen Zwischenraum zwischen der Maske und dem abzutragenden Material einstellen und nur eine begrenzte Zutrittsöffnung des Ätzmediums zur Oberfläche besitzen (Abb. 8). Wird eine Oberfläche mit einer solchen Maske abgedeckt und einem Ätzprozeß mit gasförmigem Ätzmedium ausgesetzt, so können lokal abgestufte Ätzraten erreicht werden, indem direkt unter der Zutrittsöffnung in der Maske hohe Reaktionsraten auftreten, mit zunehmendem Abstand der Oberflächenbereiche von der Zutrittsöffnung der Maske die Ätzgeschwindigkeit jedoch immer kleiner wird[6]. Mit diesem Verfahren können Ätzprofile mit Flankenwinkeln bis unter 1° wohldefiniert

---

[5] E.B. Kley et al. (1993)
[6] A. Bertz, S. Schubert, Th. Werner (1994)

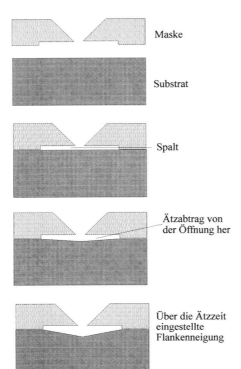

Abb. 2-8. Herstellung von Strukturflanken mit extrem flachem Böschungswinkel durch isotropes Ätzen aus der Gasphase unter Verwendung einer mikromechanisch hergestellten Spaltmaske

hergestellt werden. Dafür muß der zusätzliche Aufwand zur Herstellung spezieller Maskensubstrate in Kauf genommen werden.

2.5 Maßhaltigkeit

Mit zunehmender Miniaturisierung von Strukturelementen wachsen auch die Anforderungen an die Genauigkeit der Strukturübertragung. Im Idealfall sollten die im Design festgelegten Daten exakt bis in die lithografische Struktur übertragen werden. In der Realität gibt es jedoch in praktisch jedem Arbeitsschritt Abweichungen, die sich in der lithografisch erzeugten Struktur als Maßabweichung äußern.

Grundsätzlich sind Maßverschiebungen in beiden Richtungen möglich, d.h. sowohl Gräben als auch Stege können breiter oder schmaler ausfallen. Beim Ätzen bedeuten Unterätzungen unter der Maskenkante jedoch grundsätzlich Kantenverschiebungen in einer Richtung: Gräben werden breiter und Stege schmaler. Isotrope Ätzprozesse, die stets mit Unterätzungen einhergehen, schließen deshalb auch immer Maßverschiebungen in dieser Richtung ein. Zusätzlich zu der Unterätzung der Maskenkante während des eigentlichen Abtrags einer Funktionsschicht verursacht auch die technologisch bedingte Mindestüberätzzeit (z. B. zum Ausgleich von lokalen Ätzrateunterschieden und Materialdickeschwankungen) eine weitere Maßverschiebung. Da die laterale Ätzrate bei Naßätzprozessen, die die Unterätzung unter der Maskenkante bestimmt, in der Endphase eines Ätzprozesses häufig zunimmt, sind die Unterätzungen unter der Maskenkante oft erheblich größer als die Dicke der geätzten Funktionsschicht.

Neben dem Unterätzen tragen auch die anderen Arbeitsschritte, die zwischen dem Erstellen eines Entwurfs-Datensatzes und der fertig geätzten Struktur der Funktionsschicht liegen, zu Maßverschiebungen bei. Der Weg vom Design zur fertig geätzten Mikrostruktur verläuft im wesentlichen über folgende Stufen:

- Bauelemente-Design
- Layout der einzelnen lithografischen Ebene
- Herstellung eines Urbildes (Schablone, Retikel)
- Abbildung des Urbildes in eine Haftmaskenschicht (z. B. Photolackmaske)
- Entwicklung und Stabilisierung der Photolackmaske
- Übertragung der Struktur aus der Photolackmaske in die Funktionsschicht (Ätzen)

Aufgrund der geringen Abmessungen mikrolithografischer Strukturen bedeuten kleine absolute Verschiebungen von Kanten oft erhebliche relative Fehler. Diese können sich zum Teil dramatisch auf die Funktion von Bauelementen auswirken. So bedeutet z. B. die isotrope Unterätzung der beiden Kanten einer Struktur in einer 1 µm dicken Schicht bereits eine Maßabweichung von je 1 µm pro Kante und damit 2 µm pro Einzelstruktur. Treten z. B. an einer 5 µm breiten Maske weitere Maßverschiebungen in der gleichen Richtung auf, etwa durch eine technologisch bedingte Überätzphase mit je 0.5 µm Unterätzung je Kante, so reduziert sich das Linienmaß im Ergebnis auf 2 µm (5 µm − 2 · (1 µm + 0.5 µm)), d. h. der Linienbreitenverlust beträgt 60 %.

Bei Kenntnis der systematischen Maßabweichungen in den einzelnen Arbeitsschritten lassen sich diese bereits bei der Erstellung der Daten für das Layout der jeweiligen lithografischen Ebene berücksichtigen. Dadurch kann häufig ein wesentlicher Betrag der systematischen Maßverschiebung kompensiert werden. Für hohe Genauigkeitsanforderungen bei den physikalischen Funktionsparametern der Bauelemente ist die Berücksichtigung technologischer Maßverschiebungen beim Entwurf der Maskengeometrien unerläßlich. Leider ist nur ein Teil der Maßabweichungen, wie etwa die Unterätzung, in Richtung und annäherndem Betrag vorhersehbar, so daß er durch das Maskenmaß kompensiert werden kann. Auch der Weite einer möglichen Kompensation durch Maßvorhalt sind Grenzen gesetzt. Bei jeder Grabenweiten kann der Vorhalt nur maximal bis knapp unter die Hälfte der Grabenbreite ausgedehnt werden, weil sonst die Struktur verschlossen wird. In der Regel ist eine Mindestöffnungsweite der Maske erforderlich, um einwandfreies Ätzen zu erreichen.

Sowohl in der Lackmaskentechnik als auch der Ätztechnik treten neben den global wirkenden Maßverschiebungen auch lokal unterschiedliche Maßverschiebungen auf (z. B. durch den sogenannten Proximity-Effekt in der Elektronenstrahl- und der Photolithographie und topologieabhängige Ätzraten). Im Maskenentwurf können auch solche systematische Maßverschiebungen, die topologiebedingt sind, also von den lokalen geometrischen Verhältnissen abhängen (siehe Abschnitt 3.4.4), berücksichtigt werden. Prinzipiell können auch solche lokalen systematischen Maßabweichungen durch die Maskenmaße kompensiert werden. Da es sich um positionsabhängige oder strukturgrößenabhängige Abweichungen handelt, muß die Kompensation für die Maßverschiebung jeder einzelnen Strukturkante berechnet werden. Oft ergeben sich ungenügende lokale Kompensationen oder Überkompensationen aus der Unsicherheit bei der Quantifizierung der lokalen Effekte (Tabelle 1).

Deutliche Maßverschiebungen werden beim gezielten Unterätzen durch Verlängerung der Ätzzeit in Kauf genommen. Größere Strecken werden z. B. unterätzt, wenn in der Mikromechanik mit Hilfe der sogenannten Opferverfahren freistehende, bewegliche Mikrostrukturen durch das vollständige Herausätzen des Opfermaterials aus dem Zwischenraum zwischen Funktionsschicht und Substrat präpariert werden. Bei dieser Verfahrensweise werden natürlich auch angrenzende Bereiche der Opferschicht, die von größeren Flächen des Funktionsschichtmaterials bedeckt sind, unterätzt. Solche Maßverschiebungen lassen sich nur vermeiden, wenn die Opferschichten bereits vorstrukturiert sind.

Die Forderung nach exakter Maßhaltigkeit oder zumindest nur geringfügigen oder exakt reproduzierbaren Maßverschiebungen zieht die Suche nach anisotropen Ätzverfahren mit möglichst exakter Übertragung der Sollgeometrie von der Maske in das zu ätzende Material nach sich. Die Trockenätzverfahren und insbesondere die Ionenstrahlätzverfahren haben sich als die Verfahren mit den geringsten Maßverschiebungen bewährt. Da sie auf Grund der geringen lateralen Ätzrate auch die Herstellung von Strukturen mit großen Aspektverhältnissen ermöglichen, werden sie bevorzugt zur Herstellung kleiner lithografischer Strukturen (vor allem bei Abmessungen unter 5 µm) und zur Herstellung von Strukturen, deren Höhe der lateralen Strukturbreite vergleichbar ist oder diese übertrifft, eingesetzt.

Die Einhaltung bestimmter Maßhaltigkeitsforderungen kann eine erhebliche Steigerung im Aufwand lithografischer Verfahren bedeuten. Schon im Design von Bauelementen, vor allem aber im Zusammenhang mit der Wahl der Technologieschritte sollten Maßhaltigkeitsforderungen gestellt werden, die für die Verwirklichung der vorgesehenen Funktionen mikrotechnischer Bauelemente sinnvoll sind. Bei komplizierter aufgebauten Elementen ist die Abstimmung von Maßhaltigkeitsforderungen mit der Kompatibilität der Technologieschritte untereinander ein zentrales Moment der Technologieplanung bzw. Technologieentwicklung.

Tab. 2-1. Quellen für Maßabweichungen beim Ätzen am Beispiel einer photolithographisch-naßchemisch strukturierten Schicht

Prozeß	Quelle für Maßabweichung
Schichtherstellung	Schichtzusammensetzung
	Schichtdickenrichtigkeit und -homogenität
Lithografisches Urbild (Schablone)	Maßabweichung in den Maskenstrukturen
Photolithografische Lackmaske	Lackdicke, Lackdickenhomogenität
	Lackempfindlichkeit (Charge, Alter)
	Lichtdosis, Dosisverteilung
	Lack-Entwickler (Konzentration, Temperatur, Konvektion)
Ätzen	Ätzbadkonzentrationen
	Ätzbadtemperatur
	Ätzbadkonvektion
	Haftung der Lackmaske
	Anisotropiegrad des Abtrags
	Haftung der Schicht auf dem Untergrund
	Ätzzeitkontrolle, Überätzzeit

2.6 Monitoring von Ätzprozessen

Das Monitoring von Ätzprozessen kann sowohl aus wissenschaftlicher Sicht als auch aus technologischer Sicht wichtig sein. Der Ätzprozeß wird z. B. häufig in seinem zeitlichen Verlauf verfolgt, um kinetische Daten über den Prozeß und über den Einfluß von Prozeß- und Materialparametern auf die Ätzraten oder Änderungen von Ätzraten zu gewinnen. Hauptsächlich dient das Monitoring jedoch dazu, eine gewünschte Ätztiefe in einem Material zu erreichen und einen unerwünschten Angriff auf nicht zu ätzende Bereiche des Bearbeitungsgegenstandes möglichst gering zu halten. Da die Ätztiefen in der Mikrotechnik im Nanometer- bis Mikrometerbereich, in einigen Fällen der Mikromechanik auch im sub-Millimeter-Bereich liegen, müssen mikroskopische oder spezielle chemisch-differenzierende Methoden für das Monitoring von Ätzprozessen eingesetzt werden.

Der zeitliche Verlauf des Ätzens muß gut bekannt sein, wenn ein Material in einem Strukturierungsprozeß nicht vollständig, d. h. bis zur Grenzfläche zu einem unter ihm befindlichen anderen Material, abgetragen wird. In diesem Fall wird das Ätzen nach einer bestimmten Zeit abgebrochen. Für die Einstellung einer bestimmten Ätztiefe ist in diesem Fall die genaue Kenntnis der Ätzrate wichtig. Die erforderliche Ätzzeit $t_{ätz}$ ist dabei aus der abzutragenden Materialdicke $d_{ätz}$ und der Ätzrate r gegeben:

$$t_{ätz} = d_{ätz}/r \tag{20}$$

Da die Ätzrate immer nur mit einer begrenzten Genauigkeit ermittelt werden kann und außerdem in der Start- und der Endphase des Ätzens der absolute Abtrag nicht gut reproduzierbar ist, wird in vielen Fällen nicht einfach nach einer bestimmten, vorher festgelegten Zeit geätzt, sondern der Ätzprozeß wird auch in standardisierten technischen Verfahren in seinem zeitlichen Verlauf verfolgt. Damit können schlecht kontrollierbare Einflüsse auf den absoluten Materialabtrag, z. B. beim Naßätzen durch den Eintauchvorgang ins Ätzbad sowie durch die Auflösung von Passivierungsschichten und damit verbundene Verzögerungszeiten berücksichtigt werden. Auch Instabilitäten beim Einschalten von Plasmen oder die Einstellung von homogenen Oberflächenzusammensetzungen beim Trockenätzen können auf diese Weise berücksichtigt werden.

Das Monitoring von Ätzprozessen ist vor allem dann erforderlich, wenn der Ätzabtrag nicht oder nicht ausreichend selektiv zum unterliegenden Material abläuft. Besonders wichtig ist das exakte Beenden eines Ätzvorganges, wenn empfindliche dünne Schichten unter dem abzutragenden Material liegen, die erhalten bleiben müssen. Das Monitoring ist bei Trockenätzprozessen bedeutsamer als bei Naßätzprozessen, da beim Trockenätzen in der Regel geringere Selektivitäten beim Abtrag erreicht werden.

Es gibt zwei grundsätzlich verschiedene Wege, den Ätzabtrag zu verfolgen. Entweder kontrolliert man den Materialabtrag durch eine in-situ-Messung der Schichtdicke, oder man bestimmt diejenigen Ätzprodukte, welche verraten, aus welchem Schichtmaterial sie gebildet worden sind.

Die in-situ-Kontrolle von Schichtdicken bietet sich beim Ätzen optisch transparenter Schichten an. Bei dieser Gruppe vom Materialien kann man durch Interferenz- oder ellipsometrische Messungen die Verringerung der Schichtdicke verfolgen und auf diese Weise den Ätzprozeß sehr genau kontrollieren. Voraussetzung ist lediglich, daß die abzutragende Schicht durch einen Brechzahlsprung bzw. eine reflektierende Grenzfläche optisch vom darunterliegenden Material unterschieden werden kann. Mit diesen optischen Methoden können Schichtdickenunterschiede bis herunter zu wenigen oder sogar nur einem Nanometer aufgelöst werden.

Beim Abtrag elektrisch leitfähiger Materialien auf isolierender Unterlage können auch Leitfähigkeitsmessungen zum Monitoring eingesetzt werden. Sie haben aber mehrere Nachteile, wie die Notwendigkeit der Kontaktierung und die Tatsache, daß noch Materialreste vorhanden sein können, wenn bereits eine Unterbrechung des Stromflusses gemessen wird.

Für nicht-transparente Materialien bieten sich Produktmessungen für das Monitoring an. Bei Plasmaätzprozessen kann dafür das Emissionslicht aus dem Plasma selbst benutzt werden. Jede Spezies des Gasraumes unterliegt ja den Stoßprozessen im Plasma, so daß auch von praktisch allen Ätzprodukten elektronisch angeregte Moleküle oder Molekülfragmente gebildet werden, deren Emissionslinien im Plasmaspektrum beobachtet werden können. Das Auftauchen neuer Emissionslinien während eines Plasmaätzprozesses zeigt den Abtrag eines neuen Materials an. Das Verschwinden von Emissionslinien zeigt an, daß ein bestimmtes Material im Gasraum nicht mehr vorhanden ist, d. h., auch nicht mehr gebildet wird. Dadurch kann die Spektroskopie als Endpunktkontrolle eingesetzt werden. Ist das Eigenleuchten der Ätzprodukte zu schwach, so kann auch über intensives eingestrahltes Licht Fluoreszenz ausgelöst und dadurch die Ätzprodukte bestimmt werden.

Als Alternative zu den optisch-spektroskopischen Verfahren werden bevorzugt massenspektroskopische Messungen zur Endpunktbestimmung eingesetzt. Sie haben gegenüber den optisch-spektroskopischen Verfahren den Nachteil, daß nur längerlebige Spezies erfaßt werden, da die Bestandteile des Plasmas für die Massenspektroskopie differentiell aus dem Reaktor abgesaugt werden müssen und sehr reaktive Spezies durch Zerfall oder Wandkontakt in dieser Zeit aus dem Gasraum verschwinden können. Der Vorteil der Massenspektroskopie zur Endpunktbestimmung liegt in der besseren Eindeutigkeit bei der Ermittlung der Ätzprodukte, die durch ihr Masse/Ladungs-Verhältnis in der Regel sehr viel eindeutiger definiert sind als durch eine Emissionslinie. Außerdem können durch die Massenspektroskopie auch sehr niedrige Konzentrationen an Ätzprodukten noch nachgewiesen werden, so daß Endpunkte von Ätzprozessen sehr empfindlich angezeigt werden können.

Auch beim naßchemischen Ätzen ist eine Endpunktkontrolle über die Bestimmung von Ätzprodukten prinzipiell möglich. Neben der Absorptionsspektroskopie bieten sich vor allem elektrochemische Methoden für ein Monitoring an. Allerdings sind die Bestimmungen nicht so empfindlich wie bei der Spektroskopie im Plasma. Dafür besteht jedoch bei den Naßätzprozessen wegen der in der Regel gut einzustellenden Selektivitäten oder der zumindest sehr gut bekannten oder bestimmbaren Ätzraten auch weniger Bedarf an einer hochempfindlichen Endpunktkontrolle.

Ätzratebestimmungen

Beim Monitoring während des Ätzens transparenter Schichten durch ein Verfahren, das die Schichtdicke mißt, wie z. B. Interferenzspektroskopie oder Ellipsometrie, werden Schichtdicken und Zeiten gemeinsam registriert, so daß nicht nur die Bruttoätzrate, sondern auch der Ätzratenverlauf für jeden Zeitpunkt und über den ganzen Prozeßverlauf bestimmt werden kann.

Wenn die Bruttoätzraten r_B aus einem solchen Monitoring heraus nicht mit genügender Genauigkeit ermittelt werden können, werden sie meist nachträglich aus der abgetragenen Dicke des geätzten Materials und der Zeit des Einwirkens des Ätzmediums $t_{ätz}$ ermittelt.

$$r_B = d_{ätz}/t_{ätz} \tag{21}$$

Die Ratebestimmung wird damit auf die Messung von Zeiten und Schichtdicken zurückgeführt. Die Genauigkeit der Ratenermittlung wird im wesentlichen durch die Genauigkeit der Ätztiefenmessung bestimmt. Für die Ätzratenbestimmung werden meist Strukturkanten benutzt, die dadurch entstehen, daß die abzutragende Schicht partiell mit einer Maske abgedeckt ist. Die

Höhe der beim Ätzen gebildeten Ätzstufe kann nach Ablösen der Maske mit einem mechanischen Profilometer (Tastschnittgerät), einem optischen Profilometer (z. B. Fokus-Meßsysteme), einem Atomkraftmikroskop oder einem Elektronenmikroskop ausgemessen werden.

Nach Gleichung (20) kann die Ätzrate auch anhand der Zeit bestimmt werden, die zum vollständigen Abtrag einer Schicht benötigt wird. In diesem Fall genügt die Kenntnis der Schichtdicke und die Messung der Ätzzeit.

Grundsätzlich kann die abgetragene Materialmenge auch anhand einer Wägung bestimmt werden. Da die abgetragenen Schichten meistens weniger als 0.1 % der Substratmasse ausmachen, ist ein solches gravimetrisches Verfahren auch bei vergleichsweise hoher absoluter Genauigkeit mit einem erheblichen relativen Fehler behaftet, so daß es kaum zur Anwendung kommt. Eine besonders einfache Bestimmung von Ätzraten ist beim elektrochemischen Ätzen möglich. Nach dem Faradayschen Gesetz (vgl. auch Abschnitte 3.4.1 und 3.4.6) ist die absolute abgetragene Menge eines Materials beim elektrochemischen Ätzen einer Ladungsmenge äqivalent. Der pro Zeiteinheit abgetragenen Materialmenge entspricht ein Strom, die Ätzrate ist durch die dazugehörige Stromdichte (Strom/Fläche) eindeutig charakterisiert. Da sich die elektrischen Größen gut messen lassen, ist die Ätzrate bei Kenntnis der Dichte und der elektrochemischen Wertigkeit des Materials leicht zugänglich.

3 Naßätzverfahren

3.1 Abtrag an der Grenzfläche fest-flüssig

Alle Ätzverfahren mit einem mikrolithografischen Abtrag an der Phasengrenzfläche fest-flüssig werden unter dem Begriff des „Naßätzens" zusammengefaßt. Naßätzverfahren für die Strukturierung sind im Rahmen der klassischen Lithografie schon lange vor dem Beginn der Mikrotechnik eingeführt worden. So haben sie vor allem in der Drucktechnik zur Herstellung der Druckplatten und später bei der Herstellung von Leiterplatten Anwendung gefunden. Sie nehmen heute in der Mikrotechnik eine Schlüsselfunktion ein. Die Gruppe der Naßätzverfahren unterscheiden sich von den sogenannten Trockenätzverfahren durch eine in der Regel höhere Selektivität. Die höhere Selektivität hat ihre Ursache darin, daß die spezifischen Wechselwirkungen zwischen den Bestandteilen der Flüssigkeit und dem Festkörper die Auflösungsrate bestimmen bzw. festlegen, ob ein Material überhaupt von einem Ätzmedium angriffen wird.

Naßchemisches Ätzen unter Verwendung photolithographischer Masken wird nicht nur in der Dünnschichttechnik eingesetzt. Flache Objekte werden durch naßchemisches Ätzen auch dreidimensional bearbeitet, wenn ihre Dicke weit über der typischen Dicke dünner Schichten liegt, d.h. von einigen 10 µm bis zu 1 mm reicht. Die Ätztechniken für eine ganze Reihe von Materialien, die mikrotechnisch bedeutsam sind, wurden im Rahmen der sogenannten PCM-Technik („Photochemical Machining" oder „Photochemical Milling") entwickelt[1]. Diese Technik ist keine eigentliche photochemische Ätztechnik. Ihr Name steht lediglich für die Verbindung von Photo- Maskentechnik mit der dreidimensionalen Formgebung von Bauelementen mit Hilfe von naßchemischem Ätzen. Von dieser Technik sind als Spezialgruppe solche Verfahren zu unterscheiden, bei denen Licht zur Auslösung bzw. Beschleunigung des Ätzvorganges selbst im Sinne eines wirklichen photochemischen Prozesses Anwendung findet (siehe Abschnitt 3.4.7).

Beim Abtrag eines festen Materials durch Einwirkung einer Flüssigkeit werden die Bestandteile des festen Materials aus der festen in die flüssige Phase überführt. Dazu müssen die Bindungskräfte zwischen den Teilchen des

---
[1] Vgl. z.B. A.F. Bogenschütz et al. (1975); D.M.Allen et al. (1986); D.M.Allen (1987)

Festkörpers überwunden werden. Die Festkörperbestandteile werden in lösliche chemische Verbindungen umgewandelt, deren Teilchen durch Diffusion und Konvektion von der Oberfläche weg in das Innere des Ätzbades transportiert werden können. An die Stelle der Wechselwirkungen zwischen den Teilchen im Festkörper treten dabei die Wechselwirkungen zwischen den Festkörperteilchen und Teilchen der Flüssigkeit. Im einfachsten Fall bilden die Lösungsmittelmoleküle selbst eine Hülle, die Solvathülle, um das gelöste Teilchen. Die so solvatisierten Teilchen sind durch Diffusion im Solvens, d.h. der flüssigen Phase, gut beweglich.

Bei den allermeisten Ätzverfahren wird Wasser als Lösungsmittel verwendet. Die Solvathülle, welche sich um die sich lösenden Teilchen aufbaut, ist in diesen Fällen eine „Hydrathülle". Wenn das zu ätzende Material molekular aufgebaut ist, kann es häufig durch einen einfachen physikalischen Löseprozeß geätzt werden (Abschnitt 3.3.1). Neben den physikalischen Löseprozessen sind jedoch auch für molekular aufgebaute Materialien chemische Ätzverfahren in Gebrauch, wobei das Material des Festkörpers an der Grenzfläche einer chemischen Reaktion unterworfen wird (Abschnitt 3.3.2). Im Falle von Metallen und Halbleitern muß der Phasendurchtritt mit einer Elektronenübertragung einhergehen, da die Metalle nicht atomar, sondern nur ionisch in die Lösung übertreten können. Das Ätzen von Metallen und Halbleitern ist daher ein elektrochemischer Prozeß, die Teilschritte unterliegen den Gesetzen der Elektrochemie (Abschnitt 3.4). Metalle und Halbleiter werden bei Ätzprozessen häufig nicht als nackte Ionen, sondern in Form von Komplexverbindungen in Lösung gebracht. In diesen Komplexen bilden kleinere Moleküle oder Ionen (Liganden) eine chemisch gebundene primäre Hülle um das Zentralion, und der so gebildete Komplex wird außen durch Lösungsmittelmoleküle wie z.B. Wasser solvatisiert. Die Liganden werden in den Ätzbädern ebenfalls der flüssigen Phase zugesetzt. Sie bilden zumeist einen wichtigen Bestandteil von Ätzbädern für Metalle. Nur in einigen Spezialfällen von Ätzprozessen stammen die Liganden aus Oberflächenschichten auf dem zu ätzenden Festkörper.

Naßätzverfahren können sehr effektiv ablaufen, da die für einen Abtrag erforderlichen Reaktionspartner in einer hohen Konzentration an der Festkörperoberfläche angeboten werden können. Durch sehr hohe Konzentrationen von Hydroxidionen oder Wasserstoffionen (extreme pH-Werte) können viele Ätzprozesse in wäßriger Lösung effizient gemacht werden. Mit der Verminderung der Konzentration ratebestimmender Komponenten, aber auch durch andere Einflußfaktoren wie Temperatur, Viskosität und Konvektion der Flüssigkeit kann die Abtragsrate in der Regel über weite Bereich eingestellt werden. Die drei letztgenannten Faktoren wirken jedoch im Gegensatz zu den spezifisch wirkenden Bestandteilen eines Ätzbades als unspezifische Parameter, die meist alle Ätzraten eines Systems gleichsinnig beeinflussen.

Bei den Naßätzverfahren werden die Ätzprodukte in der Ätzflüssigkeit angereichert. Gleichzeitig sinkt mit fortschreitendem Ätzprozeß der Gehalt von Reaktionspartnern für den Ätzprozeß. Damit kommt es in der Regel zu einer Verringerung der Ätzraten. Unter Umständen kann der Ätzprozeß überhaupt nicht mehr mit befriedigender Homogenität durchgeführt werden. Mitunter verschieben sich mit dem Badverbrauch auch Ätzratenverhältnisse, d. h. es ändern sich Selektivitäten. Die Einstellung gut definierter Badbedingungen unter Berücksichtigung der maximal zulässigen Anreicherung der Ätzprodukte ist eine wesentliche Voraussetzung für reproduzierbare mikrolithografische Ätzergebnisse.

3.2 Vorbereitung der Oberfläche

3.2.1 Oberflächenbeschaffenheit

Der Zustand der Oberfläche des zu ätzenden Materials bestimmt wesentlich sein Ätzverhalten. Bereits in konventionellen Technologien ist der Oberflächenzustand für Oberflächenprozesse, z. B. für Löten und Kleben, ausschlaggebend für Prozeßverlauf und -ergebnis. Das gilt umso mehr für Mikroverfahren, bei denen die Oberflächenstrukturen und Deckschichten geometrisch und erst recht von ihren chemischen Eigenschaften her nicht gegenüber dem zu bearbeitenden Material vernachlässigt werden können.

Der Einfluß von Oberflächenverunreinigungen, Partikeln oder sonstigen Störungen kann sehr unterschiedlich sein. Im günstigsten Falle weisen die Störungen höhere oder wenigstens ebenso hohe Ätzraten wie das zu strukturierende Material auf. In diesem Fall werden sie leicht mitabgetragen und erfordern höchstens eine ihrer Dicke angemessene Verlängerung der Ätzzeit. Ungünstiger ist die Situation, wenn die störenden Materialien an der Oberfläche eine deutlich geringere Ätzrate besitzen. In diesem Fall muß eine deutlich erhöhte Ätzzeit mit allen Folgeerscheinungen, wie z. B. größere Unterätzungen, stärkerer Angriff auf nicht zu ätzende Schichtsystemkomponenten, größere lokale Linienbreiteschwankungen und ggf. erhöhte Kantenrauhigkeit in Kauf genommen werden. Fatal können Oberflächenstörungen werden, die sich durch das eigentliche Ätzverfahren der zu strukturierenden Schicht gar nicht ätzen lassen. Als flächiger Belag können solche Störungen das Ätzen überhaupt verhindern. Als lokale Störung wirken solche Beläge wie eine Ätzmaske und verursachen dadurch im Ätzprozeß lokale Rückstände des eigentlich abzutragenden Materials. Dieser Effekt macht sich vor allem bei anisotropen Trockenätzverfahren sehr störend bemerkbar, da diese auch gegenüber Kontaminationen mit sehr geringen lateralen Abmessungen empfindlich sind. Die Sensitivität stark anistroper Ätzprozesse gegenüber Partikelkontaminationen erklärt sich daraus, daß Partikel im Vergleich zu isotropen Ätzprozessen nicht durch die lateral wirkende Ätzkomponente unterätzt und damit entfernt werden.

Der Oberflächenzustand praktisch aller Materialien ist während des Ätzprozesses verschieden vom Zustand unter der normalen Atmosphäre. Die Oberflächenbeschaffenheit unter atmosphärischen Bedingungen wird durch die Wechselwirkung des Materials mit den reaktiven Bestandteilen der Atmosphäre bestimmt. Zu diesen reaktiven Bestandteilen sind der Luftsauerstoff und der atmosphärische Wasserdampf, die Luftfeuchtigkeit, zu rechnen, die zwar allgegenwärtig und damit für uns alltäglich und gewohnt sind, die aber ihrer chemischen Natur nach sehr reaktionsfreudig sind und daher mit sehr vielen Materialien bereits bei Raumtemperatur reagieren. Diese Reaktionen können bekanntermaßen zu immer weiter fortschreitender Korrosion oder aber – z. B. bei vielen Metallen – zum Aufbau von stabilen Passivierungsschichten führen. Auch das in reiner Luft nur in ca. 0.035 % enthaltene Kohlendioxid reagiert mit vielen Materialien, z. B. mit Metallionen unter Carbonatbildung. Besonders aggressiv wirken einige ebenfalls in der normalen Raumluft vorkommende Gase, deren Konzentration allerdings stark von der Luftqualität abhängt, wie Schwefeldioxid, Chlorwasserstoff, Ammoniak, nitrose Gase, Ozon oder Schwefelwasserstoff. Letzterer tritt immer in der Raumluft auf, wenn Menschen zugegen sind. Schwefelwasserstoff bildet auf Oberflächen vieler Metalle Kontaminationen in Form von Sulfiden. Viele Sulfide sind schwerlöslich und werden dabei bei einfachen Spülprozessen oder auch einer Behandlung in nicht-oxidierenden Säuren nicht entfernt.

Die in kleinen Konzentrationen in belasteter Luft vorkommenden sauer oder basisch wirkenden Gase sind in Wasser löslich und reichern sich deshalb auch in den Oberflächenfilmen von physisorbiertem Wasser an, die sich auf vielen Festkörpern bilden. Sie gehen mit sehr vielen Materialien, insbesondere in Anwesenheit von Wasser, Reaktionen ein, die zur Bildung von Salzen und Komplexverbindungen, aber auch von Oxiden und Hydroxiden auf der Oberfläche führen.

Sowohl bei der Korrosion als auch bei der Passivierung bilden sich auf der Oberfläche der Materialien Deckschichten, die den Zutritt zum Ätzbad behindern. Häufig hängen Dicke und Zusammensetzung solcher Deckschichten von den Entstehungsbedingungen wie der Dauer der Lagerung an freier Atmosphäre, Temperatur und Luftfeuchtigkeit ab. Daneben können auch in geringer Konzentration vorhandene Verunreinigungen wie Partikel oder Salzreste aus vorangegangenen Prozeßschritten die Deckschichtbildung beeinflussen. Spuren von Salzen, aber auch von oberflächenaktiven Substanzen, wirken manchmal katalytisch, so daß kleinste Mengen einer Verunreinigung im Laufe der Zeit die Deckschichtbildung auf größeren Flächen beeinflussen können.

Spezielle Kontaminationen von Oberflächen entstehen in Vakuumprozessen. Die Verdampfungsgeschwindigkeit auch schwer flüchtiger Materialien wächst mit abnehmendem Druck. Bei typischen Drucken zwischen 10^{-3} und 10^{-7} torr, wie sie bei Beschichtungs- und Trockenätzprozessen in Vakuumanlagen üblich sind, besitzen selbst schwerer flüchtige Verbindungen oft eine erhebliche Verdampfungsrate. Deshalb gelangen u. a. an Oberflächen vorhandene Ölfilme als Öldampf in die Gasphase, der sich auf den Substraten niederschlagen kann. Neben der eigentlichen Deckschichtbildung auf den Substraten und Schichtmaterialien treten u. U. weitere Kontaminationen durch unsachgemäße Lagerung, Transport und Handhabung der mikrotechnischen Bearbeitungsgegenstände ein. Die Partikelsedimentation kann durch konsequente Handhabung in Reinräumen oder Reinluftboxen weitgehend vermieden werden. Fettfilme und Salzablagerungen, die ihren Ursprung in der menschlichen Haut haben, treten nur auf, wenn die Oberflächen direkt mit den Händen berührt werden. Kontaminationen durch kleine Tröpfchen von Körperflüssigkeit wie z. B. aus Speichel, die neben organischen Bestandteilen auch aggressive Anionen wie Chlorid und Sulfat enthalten, lassen sich durch die Benutzung von Mundschutz unterdrücken.

3.2.2 Reinigung

Reinigungsprozesse sind vor mikrotechnischen Ätzschritten nicht immer erforderlich. Die Entscheidung über durchzuführende Reinigungsschritte hängt von der Art des zu bearbeitenden Materials, dem verwendeten Ätzmittel und ganz wesentlich von der erwarteten vorangegangenen Kontamination der zu ätzenden Oberfläche, d. h. ganz wesentlich von den vorangegangenen Prozeßschritten und den Bedingungen der Zwischenlagerung und des Transportes ab.

Für die Entfernung locker anhaftender Partikel genügt oft eine Reinigung mit partikelfreier Druckluft oder einem sauberen Inertgas. Fester haftende Partikel und lockere Deckschichten können meistens durch rein mechanische Reinigungen, wie Hochdruck-Flüssigkeits-Verfahren (vorzugsweise mit Wasser) oder eine Bürstenreinigung (Scrubbern) beseitigt werden. Bei extremer Verunreinigung oder Korrosion können aber auch Schleif- und Polierschritte erforderlich sein. Mechanische Reinigungsschritte sind immer sinnvoll, wenn fest anhaftende Partikel-Kontaminationen auftreten oder dickere Oberflächenbeläge ungleich auf der Oberfläche verteilt sind. Leichter flüchtige Bestandteile, darunter auch physi- und chemisorbiertes Wasser lassen sich durch eine einfache thermische Behandlung entfernen. Durch einen solchen Temperschritt vor einer Beschichtung wird die Haftung abzuscheidender Schichten, auch von Ätzmasken, oft bereits entscheidend verbessert.

Organische Bestandteile, wie z. B. Reste von Polymeren oder Fettfilme sind in wäßrigen Lösungen meistens nicht löslich. Der Zusatz von oberflächenaktiven Substanzen (Tensiden) kann die Entfernung organischer Partikel oder Filme unterstützen. Oft reicht ein Spülen in einem tensidhaltigen Bad jedoch nicht aus, um die Oberfläche von organischen Kontaminationen zu befreien. Organische Kontaminationen können durch die Behandlung in Lösungsmittelbädern reduziert oder beseitigt werden. Lösungsmittelbäder sind meistens schonend für die darunterliegende Oberfläche. Lediglich bei freiliegenden Polymerschichten oder Polymersubstraten muß auf die Wahl des Lösungsmittels geachtet werden, um die Festkörperoberfläche nicht anzulösen. Reinigungsverfahren mit organischen Lösungsmitteln haben den Nachteil, daß häufig geringe Mengen der abzulösenden Verunreinigung durch bevorzugte Wechselwirkung mit der Oberfläche oder auch einfach als Rückstand beim Verdampfen von Resten des Lösungsmittels auf der Oberfläche zurückbleiben. Solche Rückstände lassen sich durch Kaskaden von Spülbädern verringern, da von Spülbad zu Spülbad die Restkonzentration innerhalb der Kaskade entsprechend den Volumenverhältnissen von am Substrat anhaftender Flüssigkeit und Spülbadvolumen vermindert wird. Bei Bearbeitung vieler Substrate in der gleichen Kaskade kann jedoch ein erheblicher Verschleppungseffekt auftreten. Die Spülkaskade vermindert ebenso nur geringfügig die Konzentration spezifisch adsorbierter Moleküle, so daß oft keine hundertprozentige Befreiung der Oberfläche von jeder organischen Verunreinigung erreicht wird.

Eine vollständige Entfernung von organischen Resten gelingt durch Verfahren, bei denen die organischen Moleküle chemisch abgebaut werden. Naturgemäß sind solche Reinigungsschritte aggressiv, oft auch belastend für die darunterliegende Oberfläche des mikrotechnisch zu bearbeitenden Elements. Dafür lassen sich unerwünschte Kontaminationen oft vollständig entfernen. Mit stark oxidierenden Bädern werden Kontaminationsfilme chemisch bis zu den kleinen anorganischen Molekülen Wasser, CO und CO_2 abgebaut. Stark schwefelsaure Chromatlösungen (Chromschwefelsäure) ist als fettabbauendes Oxidationsmittel sehr wirksam und wurde daher in der Vergangenheit häufig verwendet. Chromate sind aber arbeits- und umweltschutztechnisch bedenklich und werden deshalb heute nur noch selten zur Reinigung eingesetzt. Stattdessen werden frisch bereitete Mischungen aus anorganischen Säuren, vorzugsweise Schwefelsäure, und Wasserstoffperoxid verwendet. Durch die Kombination einer solchen chemischen Reinigung mit mechanischen Operationen (Hochdruckreinigung, Scrubbern) ergibt sich ein sehr effizientes Reinigungsverfahren.

Nicht zu mächtige Deckschichten können sehr wirksam durch Ionenstrahlen oder Plasmen entfernt werden. Durch den Einschlag von energetischen Teilchen (Atomen oder Ionen) mit kinetischen Energien von einigen Dutzend oder mehr Elektronenvolt auf der zu reinigenden Oberfläche werden chemische Bindungen unspezifisch gebrochen und kleine Molekülfragmente, Atome oder Ionen von der Festkörperoberfläche in den Gasraum überführt. Dieses Reinigungsverfahren nutzt den „Sputtereffekt", der auch für das mikrotechnische Ätzen eingesetzt wird (Abschnitt 4.4.1). Der unspezifische Materialabtrag wirkt natürlich ebenfalls auf das darunterliegende Material, so daß dessen eventuelle Oberflächenschädigung oder auch eine Schädigung der oberflächennahen Bereiche des Festkörpergitters toleriert werden muß. Sauerstoffplasmen bauen sehr effizient und vergleichsweise selektiv organische Bestandteile ab und sind deshalb für die Entfernung dünner Fettfilme auf Oberflächen geeignet. Metalle und Halbleiter bilden im Sauerstoffplasma jedoch oxidische Deckschichten, die oft dicker und chemisch widerstandsfähiger als die unter Normalbedingungen gebildeten Deckschichten sind.

Durch die Anwesenheit von Kohlenstoff oder Stickstoff können sich u. U. bei Einwirkung energiereicher Teilchen auch Nitride oder Carbide bilden, die sich sehr schwer wieder entfernen lassen. Für den Abtrag solcher Deckschichten sind physikalische Sputterprozesse geeignet. Eine Erhöhung der Sputterraten wird häufig durch Chlor oder Fluor spendende reaktive Zusätze im Plasma erreicht, da dann bei den meisten relevanten Elementen leichter flüchtige Chloride, Oxichloride oder Fluoride gebildet werden können.

Die chemischen und physikalischen Prozesse beim Abtrag der Kontaminationsschichten entsprechen den Verhältnissen beim Ätzen von mikrotechnischen Schichten gleicher Zusammensetzung. Im Unterschied zu den Ätzprozessen hat man es aber bei den Reinigungsprozessen oft mit Stoffen zu tun, deren chemische Zusammensetzung unbekannt oder an verschiedenen Stellen der Oberfläche unterschiedlich ist und deren Dicke stark schwankt. Kontaminationsschichten sind im allgemeinen dünner als Funktionsschichten, oft handelt es sich nur um sub-molekulare Bedeckungen. Bei der Entfernung solcher dünnen Schichten auf deutlich dickeren Funktionsschichten kann manchmal ein gewisser Abtrag darunter liegenden Funktionsschichtmaterials toleriert werden. Die Zulässigkeit der Anwendung eines Ätzbades als Reinigungsmedium hängt von der zulässigen Dickenabweichung der zu reinigenden Funktionsschicht und dem Produkt von Ätzrate der Funktionsschicht und notwendiger Einwirkungszeit des Reinigungsmediums ab.

Bei der Wahl des Reinigungsverfahrens sollte die Breite möglicher verunreinigender Materialien berücksichtigt werden. Je universeller der Abtragsmechanismus des Reinigungsverfahrens ist, desto effektiver wird auch ein breiteres Spektrum von Kontaminationen entfernt. Umso eher wird aber auch Funktionsschichtmaterial angegriffen. Umgekehrt kann ein vermeintlich selektiv wirkendes Reinigungsmittel leicht unwirksam sein, wenn die Verunreinigung andere Eigenschaften hat als erwartet. Der Einsatz universell wirkender und damit auch besonders aggressiver Reinigungsverfahren wird mit der zunehmenden Komplexität von mikrotechnischen Bauelementen immer problematischer. In der Regel nimmt die Anzahl unterschiedlicher Materialkomponenten eines Bauelementes mit wachsender Komplexität zu. Auch im Laufe eines Fertigungsprozesses nimmt die Anzahl der im Bauelement vorhandenen Materialien und damit die Empfindlichkeit gegenüber Reinigungsprozessen zu. Effiziente Reinigungsschritte werden damit immer komplizierter, kostenaufwendiger und wirken immer stärker auch ausbeutesenkend. Deshalb gewinnt die Vermeidung von Kontaminationen immer höhere Priorität gegenüber Reinigungsprozessen. Die Vermeidung von Kontaminationen ist deshalb auch ein ganz wesentliches Motiv für die extreme Automatisierung in mikrotechnischen Fertigungsstrecken.

3.2.3 Digitales Ätzen

Die Bildung von Deckschichten kann, wenn sie reproduzierbar beherrscht wird, auch Bestandteil eines mikrolithografischen Ätzprozesses sein. Diese Deckschichten dürfen nicht zu einer raschen Passivierung führen. Poröse Deckschichten und langsamer aufgebaute passivierende Deckschichten, die in einem anderen Bad leicht löslich sind, können dagegen toleriert werden.

Während bestimmter Ätzprozesse werden solche Deckschichtbildungen in Kauf genommen. Die Schichten werden in einem zweiten Ätzbad mit ganz anderer Zusammensetzung abgelöst, so daß durch Wechsel zwischen zwei Bädern immer wieder der Ausgangszustand der Oberfläche hergestellt wird. Das Verfahren wird z. B. beim alkalischen Ätzen von $NiCrO_x$- oder $NiCrSiO_x$-Schichten eingesetzt[2]. Da in jedem Ätzzyklus eine bestimmte konstante Teilschicht abgetragen wird, aber u. U. sehr viele Zyklen durchlaufen werden müssen, um ein Material vollständig zu strukturieren, kann die Ätztiefe durch die Anzahl der Ätzzyklen exakt definiert werden. Deshalb wurde für eine solche Verfahrensweise beim Ätzen von GaAs der Begriff des „Digitalen Ätzens" eingeführt[3].

Relativ unproblematisch ist das Digitale Ätzen an Einzelschichten auszuführen. Der Wechsel zwischen zwei korrosiven Medien wirkt aber in Zwei- und Mehrschichtsystemen häufig der notwendigen Selektivität von Ätzprozessen entgegen, da alle nicht zu ätzenden Materialien gegen beide Bäder des Prozesses inert sein müssen.

3.3 Ätzen von dielektrischen Materialien

3.3.1 Naßätzen durch physikalische Auflösung

In Festkörpern können mehrere Klassen von Bindungskräften auftreten. Die Eigenschaften der Festkörper, die auch ganz entscheidend deren Ätzverhalten beeinflussen, hängen von der Dichte der energiereichen Bindungen und von deren Topologie ab. In molekular aufgebauten Materialien treten neben den starken innermolekularen Bindungskräften, die meist auf kovalenter Bindung beruhen, schwache zwischenmolekulare Bindungen auf. Diese schwächeren zwischenmolekularen Kräfte werden häufig von den unspezifischen Wechselwirkungen der Elektronenhüllen (den van-der-Waals- Kräften) dominiert. Daneben stabilisieren Dipol-Dipol- Wechselwirkungen und Wasserstoffbrückenbindungen häufig molekulare Festkörper zusätzlich. Die Topologie der energiereichen Bindungen reicht von quasi-nulldimensionaler Anordnung bei kleinen Molekülen bis hin zu 3-dimensionaler Anordnung bei polymeren Verbindungsfestkörpern, bei denen zwischen allen nächsten Nachbaratomen energiereiche Wechselwirkungen bestehen, wie z. B. in SiO_2 oder salzartigen Ionenkristallen. Dazwischen liegen annähernd eindimensionale Gefüge im Falle von Festkörpern aus linearen Hochpolymeren und annähernd zweidimensionale Gefüge im Falle von Schichtstrukturen vor, wie sie bei manchen mehrkomponentigen einkristallinen Materialien auftreten. Verzweigte Polymere und teilvernetzte Polymere bilden im Festkörper Bindungs-

---

[2] A. Wiegand et al. (o.J.)
[3] G.C. DeSalvo et al. (1996)

gefüge, die quasi als gebrochen-dimensionale Bindungstopologie verstanden werden können.

Das Ätzen von molekularen Festkörpern ohne Veränderung der chemischen Bindungen innerhalb der Moleküle kann als physikalischer Löseprozeß aufgefaßt werden. Bei derartigen Strukturierungsprozessen werden durch das Ätzbad die schwachen intermolekularen Wechselwirkungen aufgehoben und durch die Wechselwirkung mit Solvatmolekülen ersetzt, während die stärkeren innermolekularen Kräfte (kovalente, koordinative, metallische oder ionische Bindungen) nicht zerstört werden. Rein physikalische Naßätzverfahren sind nur auf molekular aufgebaute Materialien mit niedriger Dimensionalität der Topologie der energiereichen Bindungen anwendbar. Auch solche molekularen Festkörper können jedoch unterschiedliche Ordnung der Teilchen aufweisen, z. B. ein- oder polykristallin oder glasartig aufgebaut sein. Während kristalline Schichten vor allem bei niedermolekularen Materialien, die mit nicht zu hoher Rate abgeschieden wurden, anzutreffen sind, bilden sehr rasch abgeschiedene oder aus größeren linearen oder verzweigten Ketten bestehende Moleküle eher eine glasartige Matrix.

Auflösung von Materialien aus kleinen Molekülen

Die Strukturierung aus kleinen Molekülen bestehender Funktionsschichten spielt bisher in der angewandten Mikrotechnik nur eine untergeordnete Rolle. Schichten aus organischen Molekülen kommen z. B. in Gestalt von Farbstoffschichten vor, die durch Sublimation abscheidbar sind. Neuerdings werden z. B. molekulare Schichten auch für Untersuchungen zum Elektronentransfer (u. a. durch Einzelektronentunnelung) an mikrostrukturierten ultradünnen molekularen Barrieren bzw. zu spektroskopischen Untersuchungen eingesetzt. Die Molekülschichten werden dabei häufig durch sogenannte selbst-assemblierende Technik (self-assemblies) oder Langmuir-Blodgett-Technik (LB-Technik) aufgebaut. Die molekulare Ordnung dieser meist molekular geschichteten oder monomolekularen Materialien ist mit denen flüssiger Kristalle (LCs) vergleichbar und nimmt damit eine intermediäre Stellung zwischen kristallinen und amorphen Festkörpern ein. Diese Schichten können bereits durch Lösungsmittel strukturiert werden, deren Solvatationseigenschaften der betreffenden Verbindungsklasse angepaßt sind. Eine hohe Qualität der Mikrostrukturierung, d. h. geringe Kantenrauhigkeit und geringe Unterätzung können bei diesen Materialien nur durch Trockenätzprozesse erreicht werden.

Problematischer als die Wahl eines geeigneten Lösungsmittels ist häufig der Aufbau einer geeigneten Ätzmaske, da die Lösungsmittel der konventionellen Photolacke auch häufig aggressiv gegenüber interessanten organischen Molekülschichten sind, weil diese oft ähnliche Löseeigenschaften wie die Polymermoleküle der Photolackmatrix aufweisen. Dieses Problem pflanzt sich auch in der Entfernung der Ätzmaske nach dem Ätzen fort. Bei diesem „Strippen" muß die Maske selektiv gegenüber der strukturierten Funktionsschicht entfernt werden muß. Bei der Wahl des Ätzbades müssen deshalb die

Löseeigenschaften der einzusetzenden Lackmaske angepaßt werden. Gegebenenfalls ist statt den meist üblichen Positivphotolacken auf Phenolharzbasis (aromatisches, protisches Polymer) ein Negativlack auf Alkylesterbasis (aliphatisches, aprotisches Polymer) einzusetzen und der Entwicklungsprozeß und der Strippprozeß zu modifizieren. Kann keine Selektivität erreicht werden, empfiehlt sich der Einsatz von Hilfsmasken, z. B. aus wasserlöslichen Polymeren (Polyvinylpyrrolidon, Polyvinylalkohol u. a.) oder Metallschichten, soweit diese ohne Zerstörung der organischen Funktionsschicht abgeschieden und entfernt werden können.

Auflösung von Materialien aus linearen und vernetzten Polymeren

Die Strukturierung von Schichten aus organischen Polymeren hat in den letzten Jahren beträchtlich an Bedeutung gewonnen. Solche Schichten werden nicht nur als Isolationsschichten in elektrischen Bauelementen eingesetzt. Sie finden auch als Elemente mit dielektrischen Funktionen, als Sensorschichten, als optische Spezialmaterialien oder organische Leiter Verwendung. In der Regel bestehen organisch-polymere Funktionsschichten aus unvernetzten Kettenmolekülen, die physikalisch in Lösung gebracht werden können. Im Falle vernetzter Polymerketten scheiden physikalische Löseprozesse aus, und es muß ein abbauendes naßchemisches Ätzverfahren oder ein reaktives Gasphasen-Ätzverfahren eingesetzt werden.

Auflösungsvorgänge an Polymeren unterscheiden sich von Ätzprozessen an niedermolekularen Festkörpern dadurch, daß die Polymerketten nicht durch einen einzigen Ablöseschritt vom Festkörper in die Ätzflüssigkeit freigesetzt werden. Stattdessen gewinnen im Laufe eines Ablösevorganges die Molekülketten allmählich an Beweglichkeit, bis sie schließlich die Festkörperoberfläche verlassen und in das Innere der flüssigen Phase diffundieren. Ein wichtiger Grund für diesen allmählicheren bzw. schrittweisen Verlauf des Ablösens von langen Molekülketten ist deren Verknäuelung im Festkörper. Bei allen amorphen Polymeren liegen die Molekülketten statistisch verknäult in der Matrix vor. Das hat zur Folge, daß an einer Oberfläche zunächst immer nur ein kleiner Abschnitt eines Polymermoleküls mit den Solvatmolekülen in Berührung kommt und durch Solvatation beweglich wird. Erst durch die Solvatation benachbart liegender Abschnitte anderer Moleküle kommen auch die anschließenden tieferliegende Bereiche des Moleküls mit dem Lösungsmittel in Berührung und gewinnen an Beweglichkeit. Während des Auflösungsprozesses stellt sich auf diese Weise ein oberflächennaher Bereich ein, der weder als voll bewegliche Flüssigkeit noch als starrer Festkörper beschrieben werden kann. In dieser gelartigen Zone, deren Ausdehnung mit der Länge der Polymermoleküle korreliert ist, ragen die beweglichen solvatisierten Teile von Polymerketten in die Lösung, während die entgegengesetzten Enden noch fest in der Schicht verankert sind. Während des Schichtabtrags werden die in die Lösung hineinragenden Molekülteile immer länger. Das im Festkörper ankernde Ende verkürzt sich, bis sich das Kettenmolekül schließlich von der Oberfläche ablöst.

Neben dem Aufbau der gelartigen Oberflächenschicht kann es während der Auflösung von Polymeren auch zu einer Eindiffusion der kleinen Solvatmoleküle in den festen Polymerverband kommen. Dadurch wächst dessen Volumen, und die langen Molekülketten werden auch im Inneren des Festkörpers immer beweglicher. Solche Quellprozesse spielen vor allem bei verzweigten und teilweise vernetzten Polymermolekülen eine Rolle, bei denen die Beweglichkeiten der Molekülketten durch kovalente Bindungen zusätzlich eingeschränkt ist.

An der Grenze zu den naßchemischen Ätzverfahren stehen Strukturierungsprozesse, bei denen schwächere, aber spezifische Wechselwirkungskräfte zwischen den Molekülen aufgebrochen werden müssen. Zu solchen Bindungen innerhalb einer molekularen Festkörpermatrix sind die Wasserstoffbrückenbindungen und Dipol-Dipol-Wechselwirkungen zwischen Molekülteilen zu rechnen. Diese Wechselwirkungen müssen insbesondere bei der Strukturierung von Polymeren mit polaren und besonders mit protischen funktionellen Gruppen überwunden werden. Die Auflösung von Molekülschichten mit solchen schwach vernetzenden Bindungen gelingt meist ebenfalls durch einfache Solvatation, wobei für die Auflösung von Polymeren mit protischen funktionellen Gruppen in der Regel auch ein protisches Solvens erforderlich ist. Bei der Auflösung wird zwar die Vernetzung solcher Polymermoleküle über die Wasserstoffbrückenbindungen aufgebrochen, dabei das Gerüst der makromolekularen Kette aus kovalenten Bindungen jedoch nicht zerstört.

Auflösung salzartiger Materialien

Salzartige Materialien spielen z. B. als Fenster für die Infrarot-Spektroskopie (Alkalihalogenide) eine Rolle. Salze, die aus Ionen aufgebaut sind, die in Wasser gut solvatisiert werden, können bereits in Wasser geätzt werden. Im Normalfall müssen deshalb Bauelemente aus solchen Materialien unter Wasserausschluß bzw. unter einer Atmosphäre niedrigen Wasserdampfpartialdrucks aufbewahrt werden. Für die Entfernung der Lackmasken darf bei diesen Materialien kein alkalischer Lackentferner (Stripper), sondern nur ein organischer Stripper verwendet werden.

3.3.2 Naßchemisches Ätzen von Nichtmetallen

Für die meisten Materialien gibt es keinen rein physikalischen Auflösungsprozeß, der Moleküle oder Atome aus dem Festkörper in die flüssige Phase überführt. Naßätzen ist nur dann möglich, wenn die Auflösung mit einer chemischen Veränderung des Materials aus dem zu strukturierenden Festkörper einhergeht.

Nahezu alle mikrotechnisch relevanten Materialien können durch chemische Reaktion in einer Flüssigkeit strukturiert werden. Naßchemische Verfahren können zumeist recht materialspezifisch gestaltet werden, so daß auch ein weites Spektrum von Materialkombinationen der selektiven naßchemischen Mikrostrukturierung offensteht. Bei besonders reaktionsträgen Materialien oder bei hohen Anforderungen an die Anisotropie und Maßhaltigkeit mikrolithografischer Strukturen werden in Alternative zu den naßchemischen Verfahren Trockenätzverfahren eingesetzt (Kapitel 4).

Unter den naßchemischen Ätzverfahren sollen hier alle Ätzverfahren an der Grenzfläche fest/flüssig verstanden werden, die mit einer Änderung chemischer Bindungen im eigentlichen Sinne einhergehen. Neben diesen naßchemischen Ätzprozessen im engeren Sinne werden im praktischen Sprachgebrauch unter naßchemischen Ätzverfahren häufig auch die physikalischen Löseprozesse an molekular aufgebauten Materialien subsummiert, bei denen Bindungen innerhalb von Molekülen nicht zerstört werden (Abschnitt 3.3.1). Als mikrotechnisch besonders wichtiger Spezialfall der naßchemischen Strukturierung wird das Ätzen von Metallen und Halbleitern in einem größeren separaten Abschnitt 3.4 behandelt.

Ätzen durch Säure-Basen-Reaktion

Auflösungsprozesse in wäßrigem Milieu können sich der Eigenschaft des Wassers, in Hydroxid- und Wasserstoffionen zu dissoziieren, bedienen. Die Konzentrationen an diesen beiden Ionen (gekennzeichnet durch den pH-Wert) lassen sich leicht über ca. 15 Zehnerpotenzen einstellen und durch geeignete Puffer auch gegenüber prozeßbedingten Konzentrationsverschiebungen robust machen.

Säure-Basen-Reaktionen sind für Strukturierungsprozesse geeignet, wenn das abzutragende Material reaktiv gegenüber H^+ oder OH^- – Ionen ist. Für die Mikrostrukturierung von Oxiden und Salzen ist vor allem das Ätzen bei niedrigem pH-Wert von Interesse, da sich Oxide häufig in stark saurem Milieu unter Freisetzung von Kationen auflösen lassen. Solche Ätzprozesse sind insbesondere auch auf die Oxide und die Hydroxide von Metallen und Halbleitern anwendbar:

$$M_xO_y + 2y\ H^+ \rightleftarrows x\ M^{2y/x+} + y\ H_2O \qquad (22)$$

$$M(OH)_x + x\ H^+ \rightleftarrows M^{x+} + x\ H_2O \qquad (23)$$

M = Metall oder Halbleiter (z.B. Cu, Si)

Die Kationen werden durch Wasser als stark polares Lösungsmittel solvatisiert und können dadurch rasch in das Lösungsinnere abdiffundieren. Dadurch werden die Gleichgewichte (22) und (23) zu den Produkten hin verschoben. Sind die Ätzraten durch die Oberflächenreaktion kontrolliert, so können sie durch die Wahl des pH-Wertes quantitativ beeinflußt werden.

Analog können auch Reaktionen an Salzen schwacher Säuren ablaufen, wenn diese als Schichtmaterial strukturiert oder entfernt werden müssen:

3.3 Ätzen von dielektrischen Materialien

$$M_xZ_y + y \cdot n\, H^+ \rightarrow y\, H_nZ + x\, M^{y \cdot n/x-} \tag{24}$$

Z = Säureanion (z. B. Acetat)

Bei diesen Reaktionen werden die in der Regel kristallinen Oxide und Salze von ihren Oberflächen her aufgelöst. Die Reaktionsgeschwindigkeit ist dabei oft durch den Oberflächenprozeß kontrolliert. Die Mikro- und Nanomorphologie der Kristalle bestimmt deshalb wegen der Größe der spezifischen Oberfläche entscheidend die Ätzgeschwindigkeit.

Säure-Basen-Reaktionen sind auch für die Mikrostrukturierung von organischen Polymeren interessant, wenn diese mit protischen oder protonierbaren Gruppen funktionalisiert sind. Durch OH-Gruppen oder Carboxylgruppen funktionalisierte Polymere besitzen saure Eigenschaften und sind deshalb häufig bei hohem pH-Wert löslich:

$$PR\text{-}OH \rightleftarrows PR\text{-}O^- + H^+ \tag{25}$$

$$PR\text{-}OH + OH^- \rightarrow PR\text{-}O^- + H_2O \tag{26}$$

PR = Polymermolekülrumpf

So lassen sich z. B. Phenolharze, Polymere mit Carboxyl- oder Sulfonsäuregruppen, aber auch polymere Alkohole im alkalischen Milieu auflösen. Oft sind diese Verbindung bereits im neutralen Bereich wasserlöslich, wenn die Dichte der OH-Gruppen genügend groß ist.

Alkalisch funktionalisierte Polymere sind hingegen im sauren Bereich strukturierbar. Zu diesen Polymeren gehören insbesondere solche, die Stickstoff in reduzierter Form enthalten wie z. B. Amine, Purine, Pyrimidine, Imide und Imidazole. Wegen des freien Elektronenpaares am Stickstoff haben diese Gruppen eine hohe Affinität zu Protonen, wodurch Ionen gebildet werden, die wiederum leicht durch Wasser solvatisiert werden:

$$PR\text{-}NH_2 + H^+ \rightarrow PR\text{-}NH_3^+ \tag{27}$$

Die Löslichkeit und die Lösegeschwindigkeit hängt bei diesen alkalisch funktionalisierten Polymeren einerseits vom Molekulargewicht und andererseits von der Basizität der funktionellen Gruppen und ihrer Dichte im Molekül ab.

Neben rein alkalisch oder sauer funktionalisierten Polymeren kommen auch gemischt funktionalisierte, amphotere organische Materialien für die Mikrotechnik in Frage. Neben Copolymeren sind zu dieser Gruppe insbesondere auch Polypeptide zu rechnen, die wahrscheinlich im Rahmen mikrobiotechnischer Produkte, wie z. B. Trägern für miniaturisierte Substanzbibliotheken, für Affinitätstests, in Mikroenzymreaktoren oder Biosensoren in Zukunft wachsende Bedeutung erlangen werden. Solche gemischt funktionalisierten organischen Verbindungen sind aufgrund ihrer zwitterionischen Natur oft über einen weiteren pH-Bereich löslich und dementsprechend strukturierbar.

Nichtoxidatives Ätzen unter Komplexbildung

Bei sehr hohem pH-Wert bilden einige Metalle und Halbleiter stabile Hydroxokomplexe – z. B. entsteht aus Siliziumdioxid der Hexahydroxokomplex – die aufgrund ihrer ionischen Natur von Wasser gut solvatisiert werden und dementsprechend hohe Ätzraten ermöglichen:

$$SiO_2 + 2\ H_2O + 2\ OH^- \rightarrow [Si(OH)_6]^{2-} \tag{28}$$

Die Bildung von Hydroxokomplexen ist ein Spezialfall des nichtoxidativen Ätzens unter Komplexbildung.

Anstelle der Hydroxidionen können auch Säureanionen wie z. B. Cl^- und F^- oder neutrale Moleküle als Liganden L fungieren:

$$M_xO_y + z\ Z^{n-} + y\ H_2O \rightarrow \times [MZ_z]^{(2y/x-z\cdot n)} + 2y\ OH^- \tag{29}$$

$$M_xO_y + z\ L + y\ H_2O \rightarrow [ML_z]^{2y/x+} + 2y\ OH^- \tag{30}$$

Ein typisches Beispiel für die nichtoxidierende Auflösung aus der Mikrotechnik ist das Ätzen von SiO_2 in HF-haltigen Bädern[4].

Die Komplexbildung ist nicht auf die Auflösung oxidischer Materialien beschränkt. Auch salzartige Deckschichten können durch Komplexbildung aufgelöst werden. Dabei können auch die Anionen eines schwerlöslichen Salzes selbst als Ligand wirken und mit dem Metallion lösliche Komplexe bilden. Auf diesem Weg sind z. B. Filme aus Kupfer(I)chlorid in neutraler KCl-Lösung strukturierbar:

$$CuCl + 2\ Cl^- \rightarrow [CuCl_3]^- \tag{31}$$

Die Nutzung der Komplexbildung von Metallionen wird im Zusammenhang mit der Metall-Strukturierung näher ausgeführt (Abschnitt 3.4.1).

Oxidatives Ätzen

Die oxidative Auflösung leitfähiger anorganischer Verbindungen ist wie das Ätzen von Metallen und Legierungen ein komplexer elektrochemischer Prozeß (Abschnitt 3.4) Manche organischen Verbindungen, insbesondere vernetzte Polymere können weder durch physikalische Löseprozesse noch durch Säure-Basen-Reaktionen strukturiert werden. Wenn man nicht Trockenätzverfahren benutzen will, kommen für solche Materialien nur Ätzprozesse in Frage, bei denen das Bindungsgerüst selbst durch ein stark oxidierendes Ätzbad abgebaut wird. Ein solcher Abbau führt dabei in der Regel zu einem vollständigen Abbau der organischen Moleküle, d. h. die Endprodukte von polymeren Kohlenwasserstoffen sind Kohlendioxid und Wasser.

---

[4] Ch.Ch. Mai und J.C. Looney (1966)

Als Ätzbäder werden dazu stark oxidierende Flüssigkeiten oder Lösungen starker Oxidationsmittel eingesetzt. Bevorzugt kommen dabei konzentrierte Schwefelsäure, schwefelsaure Wasserstoffperoxidlösung, Peroxodisulfatlösung oder saure Lösungen von Oxoanionen mit Metallen in entsprechend hohen Oxidationsstufen wie z. B. Chromate oder Manganate zum Einsatz. Oxidierende Salzlösungen besitzen meistens niedrigere Ätzraten als die konzentrierte Schwefelsäure oder stark saure Wasserstoffperoxidlösungen. Sie sind aber besser handhabbar und liefern in der Regel auch bessere Strukturkanten. Auch ist die Haftung der Ätzmaske bei diesen Lösungen weniger kritisch.

Daneben gibt es Spezialrezepturen, die zu Ätz- und Reinigungszwecken bei organischen Schichten und Oberflächenkontaminationen eingesetzt werden, die aus organischen Lösungsmitteln als der einen Komponente und starken Oxidationsmitteln als der anderen Komponente bestehen. Derartige Mischungen können wirkungsvolle Ätz- und Reinigungsbäder sein. Sie besitzen jedoch den Nachteil, daß sie häufig nicht stabil sind, da sich auch das Lösungsmittel unter dem Einfluß des Oxidationsmittels zersetzt. Aus Sicht der Arbeitssicherheit sollten solche Mischungen nur bei reichlichem Wasserüberschuß verwendet werden, um die Geschwindigkeit der Selbstzersetzung und die damit verbundene Wärme- und Gasentwicklung gering zu halten. Ausdrücklich gewarnt sei vor der Mischung von Alkoholen mit sauren Nitraten, Salpetersäure oder anderen stark oxidierenden Substanzen, da sich besonders in solchen Zusammensetzungen explosive Verbindungen bilden können.

Enzymatische Ätzprozesse

Durch Katalysatoren können viele sonst sehr langsam ablaufende Prozesse beschleunigt werden. Insbesondere können durch den Einsatz von Enzymen Reaktionen zwischen Festkörperschichten und geeigneten Lösungen so stark beschleunigt werden, daß die Prozesse als Ätzverfahren in der Mikrotechnik eingesetzt werden können. Prinzipiell lassen sich sehr viele Materialien enzymatisch strukturieren. Die Natur bietet ein Spektrum von Biokatalysatoren, das von auflösenden Redoxprozessen an festen Metallen und deren Verbindungen bis zum selektiven Abbau von organisch-synthetischen und biogenen Polymeren reicht[5]. Ein wesentlicher Vorteil der Verwendung von Enzymen liegt in der hohen Spezifität, die dabei für Ätzprozesse eingestellt werden kann. So wird durch eine enzymatische Strukturierung auch eine Unterscheidung von Bindungszuständen in Auflöseprozessen zwischen verwandten Typen von organischen Substanzen möglich, die sich mit konventionellem Ätztechniken nicht selektiv zueinander strukturieren lassen. Enzyme arbeiten in physiologischem Milieu, d. h. unter sehr milden Bedingungen, die im Vergleich mit anderen Ätzbädern sehr schonend sind. Die Arbeitstemperaturen liegen bei Raumtemperatur oder wenig darüber, die pH-Werte liegen im neu-

---

[5] E. Ermantraut et al. (1996)

tralen Bereich oder weichen nur moderat vom pH 7 ab. Dadurch können enzymatische Bäder zum einen sehr schonend gegenüber nicht zu strukturierenden Bauelementkomponenten sein. Zum anderen sind sie arbeits- und umweltfreundlich.

Enzyme sind vor allem für die Strukturierung von biogenen, modifizierten biogenen und bioanalogen Polymeren prädestiniert. So lassen sich z. B. Gelatineschichten (Kollagen) auch nach synthetischer Vernetzung sehr schonend gegenüber anderen Schichtsystemkomponenten durch proteolytische Enzyme (Proteasen) abbauen. Die Strukturqualität ist dabei anderen mikrotechnischen Ätzprozessen durchaus vergleichbar. Die Kantenrauhigkeiten liegen unterhalb von 1 µm, so daß auch Linienbreiten von wenigen µm realisiert werden können.

Die Nutzung enzymatischer Ätzprozesse steckt erst in den Anfängen. Es ist zu erwarten, daß mit zunehmender Bedeutung der Mikrosystemtechnik in der Chemie, Biochemie, Molekularbiologie und Medizin mehr und mehr organische Polymere und Biopolymere in Mikrobauelemente integriert werden und damit die Bedeutung von hochselektiv wirkenden biochemischen Bearbeitungsverfahren wachsen wird.

3.4 Ätzen von Metallen und Halbleitern

3.4.1 Außenstromloses Ätzen

Partialprozesse

Die außenstromlosen Ätzverfahren bilden die wichtigste Gruppe naßchemischer Ätzverfahren für Metalle und Halbleiter. Bei diesen Verfahren werden die in elementarer Form oder als Legierungen vorliegenden Materialien in eine ionische Form überführt. Die Oxidationsreaktion des Metalles oder Halbleiters M ist der zentrale Schritt des eigentlichen Ätzprozesses, in dem die ionische Form des abzutragenden Materials gebildet wird:

$$M \rightleftarrows M^{n+} + n \cdot e^- \qquad (32)$$
(Anodischer Partialprozeß)

Die Anzahl der bei der Bildung der Ionen freigesetzten Elektronen e^- ist gleich der Ladung der gebildeten Metallionen n. Dieser Teilprozeß stellt eine anodische Elektrodenreaktion dar. Der Prozeß läuft an jeder Metalloberfläche ab, die in einen Elektrolyten eintaucht. Allerdings kommt der Prozeß sehr rasch zum Erliegen, wenn die zurückgelassenen Elektronen nicht abgeführt werden. In diesem Fall bildet sich ein Elektrodenpotential aus, das der weiteren Bildung von Metallionen entgegenwirkt. Das negative Potential vergrößert sich betragsmäßig mit der Anzahl freigesetzter Metallionen, bis das

Elektrodenpotential so groß ist, daß keine weiteren Metallatome als Kationen in die Lösung übertreten können. Wird dieses negative Elektrodenpotential durch einen äußeren Stromfluß abgebaut, so kann die Bildung von Metallionen weiter fortschreiten. In diesem Fall wird das Ätzen durch die äußere Stromquelle betrieben. Es liegt dann ein elektrochemisches Ätzen vor (siehe Abschnitt 3.4.6).

Ohne äußere Stromquelle kann der Auflösungprozeß fortschreiten, wenn das Elektrodenpotential durch einen zweiten chemischen Redoxprozeß in entgegengesetzte Richtung verändert wird. Dieses Prinzip wird beim außenstromlosen Metall- und Halbleiterätzen genutzt. Die im anodischen Teilprozeß freigesetzten Elektronen werden auf ein Oxidationsmittel OM übertragen:

$$OM + n\,e^- \rightleftarrows OM^{n-} \tag{33}$$
(Kathodischer Partialprozeß)

Es resultiert folgende Brutto-Reaktion (anodischer und kathodischer Partialprozeß):

$$M + OM \rightleftarrows M^{n+} + OM^{n-} \tag{34}$$

Da die zu ätzenden Materialien leitfähig sind, müssen die Elektronen nicht unmittelbar vom Metallatom auf das Oxidationsmittel übertragen werden. Statt dessen laufen zwei separate Elektrodenprozesse ab (Abb. 9). Die chemischen Vorgänge in beiden Elektrodenprozessen können völlig verschiedene Reaktionspartner und Reaktionsprodukte einschließen. Kathodischer und anodischer Partialprozeß sind dann nur über das gemeinsame Elektrodenpotential miteinander gekoppelt. Ist die Summe der im anodischen Teilprozeß freigesetzten Elektronen gleich der im kathodischen Teilprozeß verbrauchten, so bleibt das Elektrodenpotential konstant. Ein Ätzprozeß findet statt, wenn bei dem spontan eingestellten Elektrodenpotential beide Teilprozesse ablaufen können.

Die Ätzrate eines Metalls wird durch die Intensität des anodischen Teilprozesses eindeutig bestimmt (Gleichung (35)). Da das Metall beim naßchemischen Ätzen in Form seiner Ionen abgetragen wird, entspricht die Ätzrate der pro Zeiteinheit an der Elektrodenoberfläche gebildeten Zahl von Metallionen. Sie ist demzufolge proportional zu dem über die ätzende Oberfläche A_+ getauschten anodischen Teilstrom I_+ oder der flächenunabhängigen Teilstromdichte i_+:

$$r \sim i_+ \tag{35}$$

$$i_+ = I_+/A_+ \tag{36}$$

Den Zusammenhang zwischen dem anodischen Teilstrom und der abgetragenen Materialmenge erklärt die Ladungsbilanz, die durch das Faradaysche Ge-

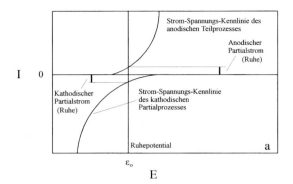

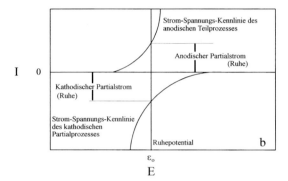

Abb. 3-9. Strom-Spannungs-Kennlinie beim außenstromlosen Ätzen. Einstellung des Ätzpotentials ε_o durch Überlagerung von anodischem und kathodischem Partialstrom. Das Ätzpotential stellt sich so ein, daß die beiden elektrochemischen Partialprozesse betragsmäßig gleiche Intensität haben.
a) niedrige Ätzrate;
b) hohe Ätzrate

setz beschrieben wird. Das Produkt aus anodischem Teilstrom I_+ und Ätzzeit t ist danach gleich dem Produkt aus der Stoffmenge n (Ionenmenge), der Ionenwertigkeit z (Ladung) und der Faradayschen Konstante F, die die Ladungsmenge eines Mol Elektronen ausdrückt:

$$I_+ \cdot t = n \cdot z_+ \cdot F \tag{37}$$

Aus dieser Beziehung läßt sich die Ätzrate eines Materials herleiten. Die Stoffmenge ist der Quotient aus Masse m und Atommasse des abzutragenden Materials M, wobei die Masse durch das abgetragene Volumen V und die Dichte des Materials ϱ ausgedrückt werden kann:

$$n = m / M = \varrho \cdot V/M \tag{38}$$

Setzt man diese Beziehung in die Faradaysche Gleichung ein, so erhält man:

$$i_+ \cdot A_+ \cdot t = \varrho \cdot \left(\frac{V}{M}\right) \cdot z_+ \cdot F \tag{39}$$

Die abgetragene Schichtdicke h ist der Quotient aus Volumen V und ätzender (d.h. anodisch wirksamer) Oberfläche A_+:

3.4 Ätzen von Metallen und Halbleitern

$$h = V/A_+ \tag{40}$$

Die Ätzrate r kann als Funktion eines elektrochemischen Terms und eines Materialterms ausgedrückt werden:

$$(i_+ / (z_+ \cdot F)) \cdot (M/\varrho) = h/t \tag{41}$$

und

$$r = (i_+ / F) \cdot (M/(z_+ \cdot \varrho)) \tag{42}$$

Das Molekulargewicht, die Dichte und die Wertigkeit der Ionen sind materialspezifische Größen. Da die Faradaykonstante ein fester Wert ist, bleibt als einzige variable Größe die anodische Stromdichte i_+. Deren Wert hängt vom Standardpotential der Elektrodenreaktion und dem Elektrodenpotential ab.

Ätzprozesse sind chemische Vorgänge, die zum Teil erheblich vom chemischen Gleichgewicht entfernt ablaufen. Das Elektrodenpotential ist von den Normalpotentialen der beteiligten Elektrodenreaktionen, den Lösungsaktivitäten der beteiligten Spezies und der Temperatur T abhängig. Die Gleichgewichtsspannung einer Elektrodenreaktion ε_0 wird durch die Nernstsche Gleichung beschrieben, in die als weiterer Parameter noch die allgemeine Gaskonstante R eingeht:

$$\varepsilon_0 = E_0 + [R \cdot T/(z_+ \cdot F)] \cdot \Sigma [v_i \cdot \ln(a_i)] \tag{43}$$

E_0 ist das Normalpotential der Elektrodenreaktion, a_i bezeichnet die Aktivitäten der an der Reaktion beteiligten Spezies (Aktivität ist das Produkt aus Konzentration und Aktivitätskoeffizient), und v_i ist der Stöchiometriekoeffizient, dessen Betrag den jeweiligen Stöchiometriefaktor der an der Reaktion beteiligten chemischen Spezies beschreibt und dessen Vorzeichen von der Richtung des Elektronenflusses abhängt (positives Vorzeichen bedeutet, daß die jeweilige Spezies in die oxidierende Richtung des Gleichgewichts eingeht, negatives Vorzeichen steht für die reduzierende Richtung des Gleichgewichts).

Der kathodische Teilprozeß gehorcht dem gleichen Gesetz wie der anodische Partialprozeß. Er unterscheidet sich vom anodischen Partialprozeß nur durch die anderen charakteristischen Normalpotentiale und die anderen in die Gleichgewichtskonstante der Elektrodenreaktion eingehenden Spezies. Wird von außen eine Spannung an eine Elektrode angelegt, so kann es zu einem Stromfluß kommen. Der für die Metallauflösung relevante anodische Stromfluß ist dabei um so größer, je höher das Potential ist.

Für das außenstromlose Ätzen gilt, daß für alle an der Elektrodenoberfläche ablaufenden Elektrodenprozesse ein einheitliches Elektrodenpotential vorliegt. Dieses einheitliche Potential wird durch das Wechselspiel von anodischem und kathodischem Partialprozeß eingestellt. Das Potential stellt sich gerade so ein, daß anodischer Partialstrom I_+ und kathodischer Partialstrom I_- betragsmäßig gleich sind:

$$|I_+| = |I_-| \tag{44}$$

Diese Strombilanz gilt für alle außenstromlosen Ätzprozesse. Beim Ätzen einer einheitlichen Metalloberfläche sind auch die Flächen, auf denen der anodische und der kathodische Partialprozeß ablaufen, gleich, so daß auch die Partialstromdichten gleich sind:

$$\text{mit } A_+ = A_- \text{ gilt auch } |i_+| = |i_-| \tag{45}$$

Dieser Sachverhalt wird durch die Lage des außenstromlosen Ätzpotentials (Ruhepotentials) bei der Überlagerung des anodischen und des kathodischen Partialprozesses in der Strom-Spannungs-Kennlinie bei genau jenem Wert charakterisiert, an dem die Teilströme in beiden Ästen betragsmäßig gleich sind (Abb. 9).

Bei Beteiligung mehrerer Materialien mit unterschiedlichen chemischen und damit auch elektrochemischen Eigenschaften können dagegen trotz Fehlen eines äußeren Stromflusses lokal sehr unterschiedliche Stromdichten in den verschiedenen Partialprozessen auftreten. Diese sind verantwortlich dafür, daß trotz gleicher Badbedingungen zum Teil lokal und zeitlich sehr verschiedene Ätzraten oder Verteilung von Reaktionsprodukten beim Ätzen auftreten. Sie werden durch lokal fließende Ströme vermittelt (vgl. Abschnitt 3.4.3).

Bildung von Komplexverbindungen

Für die elektrochemischen Verhältnisse bei der Metallauflösung sind die eigentlichen Elektrodenreaktionen verantwortlich. Nur in den wenigsten Ätzbädern geht das Metall als einfacher Solvatokomplex in Lösung. Bei den meisten Ätzprozessen werden Ätzbäder verwendet, die Moleküle oder Ionen enthalten, die als Liganden mit den zu bildenden Metallionen eine koordinative Bindung eingehen. In Koordinationsverbindungen (=Komplexverbindungen) wird das bindende Elektronenpaar vom Liganden in die Bindung eingebracht. Die Liganden gehen in die potentialbestimmende anodische Reaktion mit ein. Neben ungeladenen Liganden (Y) werden in der Ätztechnik auch häufig anionische Liganden (X^-) genutzt. In der Elektrodenreaktion wird dann anstelle des Metallions ein entsprechender Komplex (Koordinationsverbindung) gebildet, z. B.:

$$M + 4Y \rightleftarrows > [MY_4]^+ + e^- \tag{46}$$

Metallionen bilden allgemein Komplexe nach der folgenden Bildungsgleichung

$$M^+ + mY \rightleftarrows [MY_m]^+ \tag{47}$$

Je größer die Anzahl der Liganden im Komplex ist, um so stärker geht die Ligandenkonzentration in die Komplexbildung ein. Der Stöchiometriefaktor der Liganden erscheint als Exponent m in der Komplexbildungsgleichung. Die Komplexbildungskonstante K_B legt für den Gleichgewichtsfall das Verhältnis der Konzentrationen der an der Komplexbildung beteiligten Spezies (Zentralion, Liganden und Komplex) fest:

$$K_B = \frac{[MY]_m^+}{[M^+] \cdot [Y]^m} \quad (48)$$

Wenn anionische Liganden in die Elektrodenreaktion eingehen, kann der entstehende Metallkomplex auch negativ geladen sein, z. B.:

$$M + 2\,X^- <=> [MX_2]^- + e^- \quad (49)$$

Da in der koordinativen Bindung die Liganden Elektronendichte auf das Metallion übertragen, wirkt sich die Bildung der Komplexverbindung in der Elektrodenreaktion durch eine Verschiebung des Elektrodenpotentials zu niedrigeren Werten aus. Das Elektrodenpotential sinkt mit zunehmender Konzentration der Liganden. Für den Gleichgewichtsfall wird die Verschiebung des Elektrodenpotentials quantitativ durch die Nernstsche Gleichung beschrieben, für die oben angegebene Reaktionsgleichung z. B. folgendermaßen:

$$\varepsilon_0 = E_0 + [R \cdot T / (z_+ \cdot F)] \cdot \ln(a_{[MX2]^-}/a_{X^-}^2) \quad (50)$$

Die Liganden gehen als Reaktionspartner auf der Seite der Edukte (reduzierter Zustand) ein. Deshalb stehen sie im Nenner der Gleichgewichtskonstante. Eine Konzentrationserhöhung bewirkt demzufolge eine Potentialerniedrigung. Da die Anzahl der Liganden in der potentialbildenden Reaktion exponentiell in die Konstante für das Redoxgleichgewicht eingeht, verschiebt sich vor allem bei Mehrligandenkomplexen das Potential des anodischen Teilprozesses oft sehr drastisch zu negativeren Potentialen, wenn die Ligandenkonzentration erhöht wird.

Die Verschiebung der anodischen Strom-Spannungs-Kennlinie zu niedrigeren Potentialen durch Zusatz von Liganden wirkt sich häufig in einer Erhöhung der Ätzrate aus. Dieser Effekt tritt stets auf, wenn im Bereich der Potentialverschiebung durch den Ligandenzusatz die Intensität des kathodischen Teilprozesses durch das Elektrodenpotential bestimmt wird.

Die Wahl der Liganden hängt sehr stark von den Eigenschaften des zu ätzenden Metalls und seiner Ionen ab. Da die Metallionen praktisch immer starke Lewis-Säuren darstellen, sind Liganden günstig, die selbst als starke Lewis-Basen wirken. In wäßriger Lösung werden zur Metallauflösung vorteilhafterweise Säurerestionen anorganischer und organischer Säuren eingesetzt. Ein besonders günstiger Reaktionspartner ist bei vielen Ätzprozessen das Chloridion Cl^-, das eine mäßig harte Lewis-Base darstellt, mit sehr vielen Metallen, die nicht zu harte Kationen bilden, stabile Chlorokomplexe formt und deshalb deren naßchemisches Ätzen fördert.

In wäßrigem Milieu müssen die Liganden erfolgreich mit den Hydroxidionen und dem Wasser konkurrieren, die mit Metallionen in vielen Fällen schwer lösliche Hydroxide oder Oxide bilden. Das Oxoion O^{2-} und das Hydroxidion OH^- stellen harte Lewis-Basen dar[5], d. h. ihre Elektronenhülle ist wenig polarisierbar. Solche harten Lewis-Basen wechselwirken bevorzugt mit harten Lewis-Säuren, wie sie viele Metallionen darstellen, deren Elektronenhüllen ebenfalls nur wenig polarisierbar sind. Deshalb bilden diese Metallionen bevorzugt Hydroxide oder Oxide, die ein dreidimensionales Netzwerk aus stark polaren Bindungen aufbauen. Die Bindungen tragen dabei häufig stark salzartig-ionischen Charakter. Diese Stoffe bilden auf der Oberfläche des Metalls eine Deckschicht aus, die den weiteren Abtrag verhindert, so daß der Ätzprozeß zum Erliegen kommt (siehe auch unten: zur störenden Passivierung). Während Ionen niedriger Ladungszahl häufig schon durch Wasser solvatisiert oder gut durch verschiedene Liganden koordinativ gebunden werden, stellen Metallionen in höheren Oxidationsstufen aufgrund ihrer kompakten elektronischen Hülle oft sehr harte Lewis-Säuren dar und bilden deshalb sehr stabile passivierende Deckschichten, so z. B. bei den in der folgenden Tabelle 2 angegebenen Metallen.

In sehr hohen Oxidationsstufen kommt es bei manchen Metallen aufgrund der starken Wechselwirkung zwischen dem Metallion und dem aus dem Wasser stammenden Sauerstoff zur Bildung von Oxoanionen. Diese Anionen können als besonders stabile Komplexverbindungen aufgefaßt werden, in denen der Sauerstoff als Ligand fungiert. Solche Oxoanionen sind in der Regel wieder löslich. Auf ihrer Bildung beruht der transpassive Auflösungsprozeß, wie z. B. im Falle des Chroms als Cr(VI) im Chromat.

Um Oxid- oder Hydroxidschichten aufzulösen, die nicht einfach durch eine pH-Wert-Änderung abgebaut werden können, müssen die Oxo- bzw. die Hydroxid-Ionen durch Liganden ersetzt werden, die mit dem Zentralion eine lösliche Spezies bilden. Da Sauerstoff sich durch eine hohe Elektronegativität auszeichnet, gehören OH^- und O^{2-} zu den härtesten Lewis-Basen überhaupt. Für den chemischen Abbau von schwerlöslichen Oxiden oder Hydroxiden,

Tab. 3-2. Leicht passivierende, mikrotechnisch wichtige Halbleiter und Metalle (Auswahl)

Material	Oxidationsstufe	Passivierendes Oxid oder Hydroxid
Si	+4	SiO_2
Cr	+3	Cr_2O_3
Ti	+4	TiO_2
Ni	+3	$NiOOH$, Ni_2O_3
Al	+3	$AlOOH$, Al_2O_3
Cu	+1	Cu_2O

---

[5] Vgl. dazu das Pearsonsche „HSAB"-Konzept: Hard and Soft Acids and Bases (R.G.Pearson 1969)

die Zentralatome in höheren Oxidationsstufen enthalten und damit selber sehr harte Lewis-Säuren sind, stellen die meisten anderen Liganden schlechte Konkurrenten zu O^{2-} und OH^- in Ligandenaustauschprozessen dar. Deshalb ist das Spektrum von löslichen Komplexverbindungen, die sich im Ätzbad bilden könnten begrenzt. Für sehr harte Metallionen können deshalb in wässrigem Milieu praktisch nur zwei Wege beschritten werden: Entweder geschieht die Komplexbildung, die zur Auflösung erforderlich ist, durch die harten Hydroxidionen selbst bzw. sauerstoffhaltige Chelatliganden, oder es muß der einzige noch härtere Ligand Anwendung finden, der für das naßchemische Ätzen in wäßrigem Milieu in Frage kommt, das Fluoridion F^-. Das Fluoridion ist aufgrund der extrem hohen Elektronegativität des Fluors eine sehr harte Lewis-Base, die auch mit dem Sauerstoff in Oxiden und Hydroxiden konkurrieren kann und deshalb auch in der Lage ist, oxidische Deckschichten, aber auch Schicht- und Substratmaterial aus solchen Oxiden selbst aufzulösen. Dabei werden die entsprechenden Fluorokomplexe gebildet. Auf dieser Fähigkeit beruht z. B. das Ätzen von Glas und Quarz mit Flußsäure. So lassen sich z. B. auch Titanschichten nicht einmal in Lösungen mit starken Oxidationsmitteln ätzen. Ihre Strukturierung gelingt jedoch in fluorwasserstoffhaltiger Lösung unter Bildung des wasserlöslichen Fluorokomplexes $[TiF_6]^{2-}$

$$Ti + 6\,HF \rightarrow [TiF_6]^{2-} + 2\,H^+ + 2\,H_2 \uparrow \tag{51}$$

Auch Ammoniak, Amine und aromatische Stickstoff-Heterocyclen können als vergleichsweise harte Lewisbasen in Ätzprozessen eingesetzt werden. So werden in einigen Ätzbädern z. B. Ammoniak oder Aminzusätze zum Kupferätzen benutzt, weil sie mit Cu^{2+} stabile Komplexe bilden. Dadurch wird etwa die Kupferstrukturierung im neutralen pH-Bereich möglich.

Auflösungsprozesse können durch die Bildung von Komplexverbindungen mit hoher Bildungskonstante stark beschleunigt werden. Für Metallionen mit stärker polarisierbaren Elektronenhüllen bieten sich Liganden an, die weichere Lewisbasen sind, also stärker polarisierbare Elektronenhüllen besitzen. Solche Liganden kommen vor allem bei etwas schweren Metallionen in niedrigen Oxidationsstufen zum Einsatz. Beliebte Ligandenzusätze in Ätzbädern von Metallen, die weiche Kationen bilden sind die höheren Halogenide Br^- und J^-. Nutzbar sind auch Pseudohalogenide, wie Cyanid CN^-, das hervorragende Komplexbildungseigenschaften besitzt, jedoch wegen seiner Giftigkeit für den praktischen Einsatz in Ätzbädern in den Hintergrund getreten ist.

Besonders stabile Komplexverbindungen entstehen, wenn ein Ligand über mehrere Atome Elektronenpaare für koordinative Bindungen zu einem einzelnen Zentralion beisteuern kann. Diese Fähigkeit besitzen insbesondere die Säurerestionen von mehrwertigen Carboxylsäuren über die Elektronen der Carboxylsauerstoffatome, mehrwertige Alkohole, Hydroxysäuren und mehrwertige Phenole über die benachbarten Sauerstoffatome. Daneben können auch Aminogruppen und Heterostickstoffatome sowie andere elektronenreiche funktionelle Gruppen organischer Verbindungen als Elektronenpaardonatoren fungieren. Deshalb finden Essigsäure und Perchloressigsäure, Citronensäure, Weinsäure, Bernsteinsäure und deren Salze, aber auch EDTA (Ethylendiamintetraessigsäure) und phenolische Aromaten wie o-Hydrochinon, Brenzcatechin und Gallate Anwendung als Ätzbadzusätze.

Da die geometrischen und elektronischen Eigenschaften der Liganden und der Metallionen gemeinsam die Bildungskonstante K_B der Komplexe bestimmen, wirken die einzelnen Liganden z. T. sehr selektiv bei der Auflösung der Metalle. Deshalb kann durch die Wahl der Liganden die Selektivität eines Ätzprozesses wesentlich beeinflußt werden.

In vielen Fällen muß die Komplexbildung mit einer Deckschichtbildung konkurrieren. Solche Deckschichten haben oft passivierenden Charakter. Neben Deckschichten aus mehreren oder vielen Moleküllagen beeinflussen auch häufig monomolekulare oder atomare Oberflächenschichten den Ätzprozeß. So liegt beispielsweise die Siliziumoberfläche beim Ätzen in alkalischer oder fluoridionenhaltiger Lösung weitgehend mit Wasserstoffatomen abgesättigt vor. Lösliche Fluoro- bzw. Hydroxokomplexe bilden sich durch die Substitution des Ober-flächenwasserstoffs durch die betreffenden nukleophilen anionischen Liganden OH^- bzw. F^- [6].

Störung des Ätzens durch Passivierung

Passivität wirkt sich elektrochemisch so aus, daß die anodische Stromdichte bei ständig erhöhtem Potential oberhalb eines kritischen Potentials nicht weiter wächst, sondern abnimmt und im Extremfall auf null sinkt. Bei Passivierung kann demzufolge das Material nicht oder nicht mehr in gewünschter Weise geätzt werden. Der typische Verlauf der Strom-Spannungskennlinie eines passivierenden Metalls ist in Abbildung 10 dargestellt.

Die Nicht-Monotonität der Strom-Spannungskennlinie wird durch die Ausbildung einer Deckschicht auf der Metalloberfläche verursacht, die den Durchtritt von Metallionen in die Lösung verhindert. Die Bildung einer passivierenden Deckschicht kann analog zum außenstromlosen Ätzen ebenfalls außenstromlos ablaufen. Die Geschwindigkeit der Deckschichtbildung hängt dabei vom außenstromlosen Elektrodenpotential ab, das seinerseits durch die Intensität und das Normalpotential des anodischen und des kathodischen Partialprozesses bestimmt wird. Manche passivierbaren Materialien unterliegen bei Potentialen oberhalb des Passivbereiches einem neuen Auflösungsprozeß, der durch die Bildung von Ionen oder Verbindungen des Metalls in hoher Oxidationsstufe gekennzeichnet ist. Ein typischer Vertreter eines solchen Verhaltens ist z. B. Chrom, das sich als Cr(II) aktiv auflöst, als Cr(III) eine passivierende Deckschicht bildet und sich als Cr(VI) transpassiv in Lösung bringen läßt.

Die Passivierungsschichten werden in wäßrigen Lösungen meist als Oxid-, Hydroxid- oder Oxidhydratschichten ausgebildet. Daneben können auch salzartige Deckschichten Passivierungseigenschaften besitzen. Eine sehr effi-

---

[6] vgl. M.Sc.V.Costa-Kieling (1992)

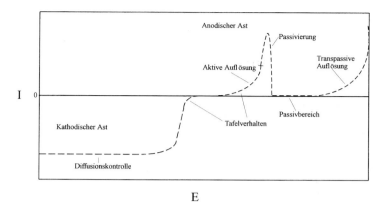

Abb. 3-10. Strom-Spannungs-Kennlinie einer Elektrode mit Passivierungsverhalten. Transpassive Auflösung tritt nicht bei allen Materialien auf.

ziente Passivierung tritt auf, wenn die passivierende Deckschicht porenfrei ist, d. h. die Metalloberfläche vor dem weiteren Angriff des Ätzbades wirksam abgeschlossen wird.

Die Ausbildung von passivierenden Deckschichten setzt die Entstehung einer Spezies voraus, die im Ätzbad schwer löslich ist oder zumindest langsamer gelöst als gebildet wird. Dabei laufen häufig konkurrierende Reaktionen ab. Allgemein entstehen Deckschichten (D) durch eine Reaktion von Ionen des Schichtmaterials (M^+) mit einer Lösungsspezies (X^-), wobei diese Reaktion in der Regel eine Gleichgewichtsreaktion ist:

$$M^+ + X^- \rightleftharpoons D \downarrow \tag{52}$$

Für Gleichgewichtsreaktionen gilt das Massenwirkungsgesetz, in dem die Konzentrationen der beteiligten Spezies durch das Löslichkeitsprodukt K_L verbunden sind:

$$K_L = [M^+] \cdot [X^-] \tag{53}$$

K_L ist indirekt proportional zur Gleichgewichtskonstante der Deckschichtbildung. Ein großes K_L bedeutet eine geringe Neigung zur Deckschichtbildung. Kleine K_L bedeuten dagegen, daß bereits bei niedrigen Konzentrationen der Metallionen und der niederschlagsbildenden Lösungsspezies die Deckschichtbildung einsetzt. Die Metallionenkonzentration hängt stark von der Auflösungsrate des Metalls ab. Der Durchtrittsprozeß durch die Elektrodenoberfläche vergrößert die Metallionendichte in der oberflächennahen Lösung. Die Diffusion ins Lösungsinnere bewirkt eine Verminderung der Metallionendichte.

Bei reaktionskontrollierten Auflösungsprozessen ist die Metallionendichte an der Oberfläche niedrig. Eine Erhöhung der Ätzrate führt in diesem Fall nur zu einem proportionalen Anstieg der Metallionenkonzentration in der oberflächennahen Lösung. Wird die Metallauflösung jedoch durch den Antransport von komplexbildenden Lösungsspezies limitiert, so führt ein aufgrund eines erhöhten Auflösungspotentials erhöhter Durchtrittsprozeß zu einem fortwährenden Anstieg der Metallionenkonzentration, so daß nach einer gewissen Zeit das Löslichkeitsprodukt für eine Deckschichtbildung überschritten wird.

Bei anteiliger Transportkontrolle macht sich eine Erhöhung des anodischen Durchtrittsprozesses durch einen überproportionalen Anstieg der stationären Metallionen-konzentration in der elektrodennahen Lösung bemerkbar. Wird z. B. die Ligandenkonzentration an der Elektrode von 20% auf 10% der Lösungskonzentration herabgesetzt, so verstärkt sich der anodische Teilprozeß aufgrund der höheren Diffusionsgeschwindigkeit im erhöhten Konzentrationsgradienten auf 9/8 (d. h. um 12.5%). Wegen der geringeren Ligandenkonzentration steigt aber die Metallionenkonzentration um ein Mehrfaches, zur Erhaltung des Konzentrationsverhältnisses eines beispielsweise aus vier Liganden gebildeten Komplexes auf den Faktor 16:

$$K_B = [ML_4]^+ / ([M^+] \cdot [L]^4) = [ML_4]^+ / (16 \cdot [M^+] \cdot ([L]/2)^4) \qquad (54)$$

Deshalb kann es auch schon unter anteiliger anodischer Transportkontrolle zum Übersteigen des Löslichkeitsproduktes von Stoffen kommen, die passivierende Deckschichten bilden, bei denen aufgrund der Komplexbildung unter Gleichgewichtsbedingungen eigentlich noch eine stationäre Konzentration von Metallionen in der oberflächennahen Lösung zu erwarten gewesen wäre.

In wäßrigem Milieu kommt dem pH-Wert für den Auflösungsvorgang und mögliche Passivierungsprozesse besondere Bedeutung bei, weil in die Bildungsgleichgewichte von Oxiden, Hydroxiden oder Oxidhydraten die H^+-Konzentration eingeht. So führt eine Erhöhung des pH-Wertes beim Vorliegen von Metallionen M^+ bzw. von deren Aquokomplexen zu einer Verschiebung des Gleichgewichts in Richtung der Niederschlagsbildung, z. B. für einwertige Metallionen:

$$M^+ + H_2O \rightleftharpoons MOH \downarrow + H^+ \qquad (55)$$
$$\text{mit } K_{\text{Hydroxid}}' = [M^+] / [H^+]$$

oder

$$2\,M^+ + H_2O \rightleftharpoons M_2O \downarrow + 2\,H^+ \qquad (56)$$
$$\text{mit } K_{\text{Oxid}}' = [M^+] / [H^+]$$

Der pH-Wert kann im Ätzbad eingestellt werden. Häufig verschiebt er sich jedoch durch die ablaufenden Prozesse beim Ätzen. Ätzbadverbrauch führt zu einem Anstieg des pH-Wertes, wenn im kathodischen Partialprozeß Protonen verbraucht werden. Dieser Fall liegt immer dann vor, wenn die Hydroxidionen selbst als Oxidationsmittel wirken (beim einfachen „Säureätzen" von

Metallen) oder wenn das Oxidationsmittel eine Oxoverbindung ist (z. B. Persulfat, Wasserstoffperoxid, Hypochlorit, Perchlorat, Bromat, Chromat, Permanganat).

Wenn der Ätzprozeß über die Bildung von Hydroxokomplexen abläuft, wirkt der pH-Wert in die entgegengesetzte Richtung. Die Passivierungstendenz wächst dann mit abnehmendem pH-Wert, wie z. B. im Falle von Tetrahydroxokomplexen eines einwertigen Metalls:

$$[M(OH)_4]^{3-} + 3\ H^+ \rightleftarrows MOH \downarrow + 3\ H_2O \qquad (57)$$
$$\text{mit } K_{Hydroxid}\text{"} = ([[M(OH)_4]^{3-}] \cdot [H^+]^3)$$

oder

$$2\ [M(OH)_4]^{3-} + 6\ H^+ \rightleftarrows M_2O \downarrow + 7\ H_2O \qquad (58)$$
$$\text{mit } K_{Oxid}\text{"} = ([[M(OH)_4]^{3-} \cdot [H^+]^3)$$

Die Erniedrigung des pH-Wertes kommt in diesem Fall durch den Verbrauch der Hydroxidionen im anodischen Partialprozeß zustande.

Unerwünschte Passivierungen können zu schwerwiegenden Störungen eines naßchemischen Ätzprozesses führen. Deshalb muß Sorge getragen werden, daß kritische Konzentrationen für die Entstehung von störenden Deckschichten nicht erreicht werden. Da hohe Ätzraten aus Gründen der Produktivität meist erwünscht sind, werden bei naßchemischen Ätzprozessen Bedingungen gewählt, bei denen die Ätzrate diffusionskontrolliert ist. Liegt diese Transportkontrolle beim Antransport von Liganden oder solvatisierenden Molekülen aus dem Lösungsinneren zur Oberfläche, so besteht das Risiko einer unerwünschten Passivierung, wenn sich Parameter ändern. So erhöht sich das Passivierungsrisiko z. B. durch folgende Faktoren:

- Abnahme der Ligandenkonzentration im Ätzbad (z. B. durch Verbrauch oder Alterung des Ätzbades)
- Abnahme des diffusiven Abtransports von Metallionen bzw. Komplexen durch Erhöhung der Metallionenkonzentration im Ätzbad (Badverbrauch)
- Abnahme des diffusiven Abtransports von Metallionen bzw. Komplexen durch Verminderung der Badkonvektion
- Unterschreitung der erforderlichen Badtemperatur
- Erhöhung des pH-Wertes des Elektrolyten infolge von Badverbrauch oder Alterung (außer bei der Bildung von Hydroxokomplexen)
- Erniedrigung des pH-Wertes im Falle der Bildung von Hydroxokomplexen infolge von Badverbrauch oder Alterung
- Erhöhung des kathodischen Partialstromes (z. B. durch relative Erhöhung der kathodisch wirksamen Oberfläche zur anodisch wirksamen Oberfläche; siehe Abschnitt 3.4.5)

Die Löslichkeitsprodukte sind materialspezifische Konstanten. Sie bestimmen maßgeblich die Tendenz zur Passivierung von Metallen. Für die mikrotechnisch besonders bedeutsamen Deckschichten aus Oxiden, Hydroxiden und Oxidhydraten sind es deren Löslichkeitsprodukte, die die Passivierungsneigung in einem Ätzprozeß bestimmen.

Bei einer Transportkontrolle im anodischen Teilprozeß tritt u. U. eine zeitliche Verzögerung der Passivierung auf (siehe Abschnitt 3.4.2). Die Passivierung von Metallen ist in der Mikrotechnik nicht nur ein Störfaktor. Sie wird in manchen Ätzbädern auch ausgenutzt, um verschiedene Metalle selektiv zueinander naßchemisch zu strukturieren (siehe Abschnitt 3.4.2).

Verknüpfung von kathodischem und anodischem Teilprozeß

Als Oxidationsmittel werden bei Ätzprozessen häufig Oxokomplexe von Metallionen oder auch Peroxoionen mit nichtmetallischem Zentralatom verwendet. Diese Verbindungen zeichnen sich häufig durch ein sehr hohes Redoxpotential und gute Löslichkeitseigenschaften aus. Deshalb lassen sich aus ihnen Ätzbäder herstellen, die mit hohen Raten ätzen und die sich nicht so rasch erschöpfen.

Die Reduktion dieser Oxokomplexe ist allerdings zum Teil kinetisch gehemmt. Das bedeutet, daß trotz hoher Konzentration des Oxidationsmittels an der Metalloberfläche und trotz niedrigem Redoxpotential im anodischen Teilprozeß der kathodische Teilprozeß nur langsam abläuft. Effektiver als mit der Metalloberfläche reagieren diese Oxoverbindungen häufig mit Metallionen oder Metallkomplexen, die in einen höheren Oxidationszustand übergehen können, während die Metallionen oder -komplexe in der oxidierten Form selbst als Oxidationsmittel in die eigentliche kathodische Teilreaktion eingehen. Deshalb können Zusätze von Metallionen oder Komplexen, die in mindestens zwei Oxidationsstufen vorliegen können und die geeignete Redoxpotentiale besitzen, in Ätzbädern katalytisch wirken, also die Ätzrate erhöhen.

Werden Metalle geätzt, die selbst Ionen in zwei oder mehreren Oxidationsstufen bilden können, so können auch diese Ionen oder Komplexe selbst als Reaktionspartner für das Oxidationsmittel des Ätzbades wirken und ihrerseits in der oxidierten Form als Oxidationsmitel in die eigentliche kathodische Elektrodenreaktion eingehen. Zu den Redoxvorgängen an der Elektrode gesellt sich dann mindestens noch ein Redoxprozeß in der oberflächennahen Lösung, z. B.:

$$M \rightleftarrows M^+ + e^- \tag{59}$$
(anodischer Partialprozeß, läuft an der Metalloberfläche ab)

$$M^+ + OM \rightleftarrows M^{2+} + OM^- \tag{60}$$
(Redoxprozeß in der oberflächennahen Lösung)

$$M^{2+} + e^- \rightleftarrows M^+ \tag{61}$$
(kathodischer Partialprozeß, läuft an der Metalloberfläche ab)

Bei einem solchen Reaktionsmechanismus wirken nicht nur Liganden beschleunigend auf die Reaktion, die das Metall in der höheren Oxidationsstufe komplexieren. Die Reaktion kann auch durch Liganden beschleunigt werden, die die Bildung von Komplexen des Metalls in der niedrigeren Oxidationsstufe ermöglichen. Falls durch diese Komplexbildung die Löslichkeit des Metalls in der niedrigeren Oxidationsstufe überhaupt erst ermöglicht wird, können sogar kleine Zusätze von Liganden die Ätzrate bereits erheblich erhöhen. Liganden haben, wenn sie bei der Oxidation der Komplexe in der niedrigeren Oxidationsstufe zu Metallionen in der höheren Oxidationsstufe wieder freigesetzt werden, eine regelrechte katalytische Wirkung, die auch bei Konzentrationen spürbar wird, die weit unter der Konzentration des Oxidationsmittels liegt. Da Metalle in der niedrigeren Oxidationsstufe weichere Lewis-Säuren darstellen als Metalle in der höheren Oxidationsstufe, wirken oft solche Liganden katalytisch, die etwas weichere Lewis-Basen sind als die normalerweise zum Ätzen eines Materials verwendeten Liganden. Diese Liganden dürfen jedoch nicht selbst einer raschen Oxidation unterliegen, da sie sonst durch das Oxidationsmittel abgebaut werden und dessen Konzentration im Ätzbad absenken.

Geometrien beim isotropen naßchemischen Ätzen

Isotrope naßchemische Ätzprozesse gestatten nicht, beliebige Aspektverhältnisse bei Grabenstrukturen zu erreichen. Aufgrund der Isotropie werden beide Kanten eines Grabens mindestens um die Höhe der zu ätzenden Schicht abgetragen. Dadurch ist der Graben mindestens doppelt so breit wie tief, d. h. das erreichbare Aspektverhältnis beträgt bei Grabenstrukturen maximal 0.5.

Anders liegen jedoch die Verhältnisse bei der Präparation erhabener Strukturen. Im Prinzip können auch Naßätzprozesse zur Herstellung sehr kleiner Strukturen in Form von Stegen benutzt werden. Es ist ein unbegründetes Vorurteil, daß nur Trockenätzprozesse für sehr kleine Strukturabmessungen verwendet werden und zur Submikrometer- und Nanometerstrukturierung eingesetzt werden können. Wenn die Unterätzung unter den Maskenkanten durch eine zeitliche Kontrolle des Ätzprozesses genügend gut kontrolliert werden kann, so lassen sich sehr schmale Strukturen auch bei größeren Ätztiefen erreichen. So wurden etwa im durch Trockenätzen hergestellte Si-Säulen von 45 nm Durchmesser durch anschließendes Ätzen in wäßriger HF-Lösung auf nur 10 nm Durchmesser abgedünnt[7]. Auch die Herstellung von Abtastspitzen für die Tunnelmikroskopie durch chemisches oder elektrochemisches Ätzen zeigt, daß durch Naßätzprozesse auch sehr kleine Strukturelemente mit hohen Aspektverhältnissen zuverlässig geformt werden können.

---

[7] P.B.Fischer et al. (1993)

3.4.2 Selektivität beim außenstromlosen Ätzen

Bei Mikrosystemen aus mehreren metallischen Materialien besteht in aller Regel die Notwendigkeit, die verschiedenen Metalle wechselweise selektiv zueinander zu ätzen. Das bedeutet, daß für jedes Material ein Ätzbad gefunden werden muß, bei dem die anodische Partialstromdichte genügend hoch für eine akzeptable Ätzrate ist, die anodischen Stromdichten der anderen Materialien klein oder gleich null sind.

Selektivität kann am einfachsten durch die Wahl eines Oxidationsmittels mit geeignetem Standardpotential erreicht werden. Die Tendenz eines Metalls, Elektronen abzugeben und dabei in den ionischen Zustand überzugehen, hängt von seiner Stellung im periodischen System der Elemente ab. Die Elemente mit geringer Zahl von Außenelektronen geben leichter Elektronen ab, Elemente mit höherer Außenelektronenzahl schwerer. Die Tendenz, Elektronen abzugeben wächst außerdem mit der Periode, d. h. schwere Elemente der gleichen Haupt- oder Nebengruppe geben leichter Elektronen ab als die leichten Elemente derselben Gruppe. Alle Metalle lassen sich bezüglich ihrer Redoxeigenschaften in einer Rangfolge ordnen. Dieser Rangfolge entspricht das Potential, das an einer Elektrode des entsprechenden Materials in einem Elektrolyten gegenüber einer standardisierten Vergleichselektrode ausgebildet wird. Deshalb wird diese Rangfolge auch „Elektrochemische Spannungsreihe" genannt.

Elektrochemische Spannungsreihe ausgewählter Metalle (Normalpotential bei Raumtemperatur in wäßriger Lösung)[8]:

Mg/Mg^{2+}	−2.38 V	Sn/Sn^{2+}	−0.14 V
Al/Al^{3+}	−1.71 V	Pb/Pb^{2+}	−0.13 V
Zn/Zn^{2+}	−0.76 V	Fe/Fe^{3+}	−0.04 V
Cr/Cr^{2+}	−0.56 V	Sb/Sb^{3+}	0.2 V
Ga/Ga^{3+}	−0.52 V	Bi/Bi^{3+}	0.2 V
Fe/Fe^{2+}	−0.44 V	As/As^{3+}	0.3 V
Tl/Tl^{2+}	−0.34 V	Cu/Cu^{2+}	0.34 V
In/In^{3+}	−0.34 V	Ag/Ag^{+}	0,80 V
Co/Co^{2+}	−0.28 V	Au/Au^{3+}	1.5 V
Ni/Ni^{2+}	−0.25 V		

Elemente, die in der elektrochemischen Spannungsreihe oben bzw. links stehen (unedlere Elemente), gehen bei niedrigerem Potential als Ionen in Lösung als weiter rechts bzw. unten stehende (edlere) Elemente. Links stehende Elemente können deshalb bei Potentialen geätzt werden, bei denen weiter rechts stehende Elemente nicht angegriffen werden. Voraussetzung ist allerdings, daß das Oxidationsmittel genau in dem Potentialbereich arbeitet, in dem das eine Metall geätzt wird, also eine endliche Anodenstromdichte

---

[8] nach J .D'Ans und E. Lax (1943), 1251 und H.-D. Jakubke und H. Jeschkeit (1987), 1059

3.4 Ätzen von Metallen und Halbleitern

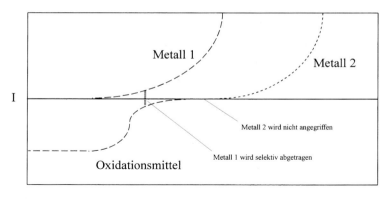

Abb. 3-11. Strom-Spannungs-Kennlinien zweier Metalle (anodische Äste) und eines Oxidationsmittels (kathodischer Ast) in einem Ätzbad, das selektiv nur das weniger edle Metall 1 ätzt

aufweist, das zweite Metall hingegen nicht. Auf diese Weise können unedlere Metalle selektiv gegenüber edleren Metallen geätzt werden. Der charakteristische Verlauf anodischer Strom-Spannungs-Kennlinien für ein derartiges Ätzverhalten ist in Abbildung 11 dargestellt. Die Oxidationsmittel können ebenso wie die Metalle nach ihrem Standardpotential angeordnet werden. Unter den in Ätzbädern häufig verwendeten Oxidationsmitteln finden sich auch Metallionen höherer Wertigkeitsstufen, Oxoanionen und Komplexionen:

Elektrochemische Spannungsreihe ausgewählter Oxidationsmittel (Normalpotential bei Raumtemperatur in wässriger Lösung)[9]:

H^+/H_2	0 V	ClO_4^-/Cl^-	1.34 V
Cu^{2+}/Cu^+	0.167 V	$Cr_2O_7^{2-}/Cr^{3+}$	1.36 V
$[Fe(CN)_6]^{3-}/[Fe(CN)_6]^{4-}$	0.466 V	Ce^{4+}/Ce^{3+}	1.44 V
I_2/I^-	0.535 V	ClO_3^-/Cl^-	1.45 V
Fe^{3+}/Fe^{2+}	0.771 V	MnO_4^-/Mn^{2+}	1.52 V
Br_2/Br^-	1.065 V	H_2O_2/H_2O	1.78 V
IO_3^-/I^-	1.085 V	$S_2O_8^{2-}/S_2O_7^{2-}$	2.18 V

Arbeitet das Oxidationsmittel dagegen auch bei höheren Potentialen, so werden beide Metalle abgetragen (Abb. 12). Das Ätzratenverhältnis hängt von mehreren Faktoren ab: Dichte und elektrochemischer Wertigkeit sowie Nor-

---

[9] nach J. D'Ans und E. Lax (1943), 1251; H.-D. Jakubke und H. Jeschkeit (1987), 1059; A.F. Holleman und E. Wiberg (1985)

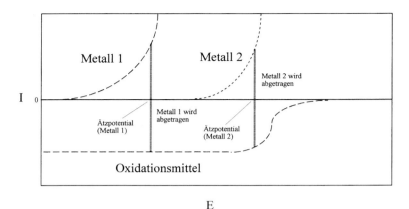

Abb. 3-12. Strom-Spannungs-Kennlinien zweier Metalle (anodische Äste) und eines Oxidationsmittels (kathodischer Ast) in einem Ätzbad, das unselektiv arbeitet, d. h. beide Metalle angreift

malpotential der Metalle, Transport- oder Potentialkontrolle in den elektrochemischen Partialprozessen, Vorliegen eines galvanischen Kontaktes zwischen den Materialien. Die Ätzraten können noch sehr unterschiedlich sein, wenn die Metalle nicht galvanisch gekoppelt sind und der kathodische Partialprozeß potentialkontrolliert abläuft oder wenn bei galvanischer Kopplung die Normalpotentiale der Metalle weit voneinander entfernt sind. In diesen Fällen hat das unedlere Metall eine höhere Ätzrate als das edlere, und es kann eine gewisse Selektivität im Ätzabtrag erreicht werden. Die Ätzraten beider Materialien sind jedoch nicht mehr wesentlich verschieden, wenn der kathodische Partialprozeß diffusionskontrolliert abläuft, also seine Intensität nicht von der Lage des Ätzpotentials abhängt und die beiden ätzenden Metalle elektrisch entkoppelt sind. Bei elektrischer Kopplung kommt es zur Bildung eines galvanischen Elementes. Eine solche Kopplung erhöht – soweit keine Passivierung auftritt – in der Regel die Ätzgeschwindigkeit der unedleren Komponente (siehe Abschnitt 3.4.3).

Selektivität durch Passivierung

Edlere Metalle können in Gegenwart unedlerer Metalle dann selektiv geätzt werden, wenn das unedlere Metall passivierbar ist und das edlere Metall sich bei Potentialen innerhalb des Passivbereichs des unedleren Metalls ätzen läßt. Für die Passivierung muß sich auf der Metalloberfläche eine dünne Deckschicht ausbilden, die den weiteren anodischen Ladungsdurchtritt verhindert. Die Passivierung tritt bei einem charakteristischen Potential, dem Passivierungspotential, ein. Bei diesem Potential entstehen die für die Deckschichtbildung verantwortlichen Spezies. Die Deckschicht bildet eine Transportbarriere für Metallkationen aus dem Metall in Richtung Lösung, d. h. für den anodischen Ladungstransport. Für das selektive Ätzen unter Passivierung

3.4 Ätzen von Metallen und Halbleitern

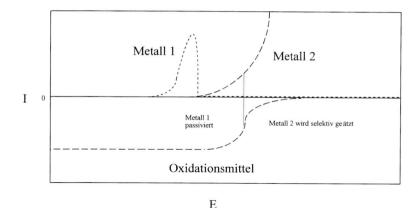

Abb. 3-13. Strom-Spannungs-Kennlinien für anodische und kathodische Partialprozesse bei einem Ätzbad, das selektiv das edlere Metall 2 löst, während das weniger edle Metall 1 passiviert

einer weniger edlen Materialkomponente muß ein Oxidationsmittel gewählt werden, das gestattet, das Ätzpotential des edleren Metalls in einem Bereich einzustellen, in dem dieses eine genügend hohe Ätzrate besitzt, während sich das unedlere Metall im Passivbereich befindet. Die Strom-Spannungs-Kennlinie für die anodischen Partialprozesse eines unedleren passivierbaren und eines edleren aktiv ätzenden Metalls sind in Abbildung 13 der Strom-Spannungs-Kennlinie des kathodische Partialprozesses schematisch gegenüber gestellt.

Durch Passivierung kann auch gegenseitige Selektivität des Ätzen von zwei Metallen erreicht werden. Während das unedlere Metalle bei niedrigem Potential aktiv geätzt wird, bleibt das edlere aufgrund seines hohen Normalpotentials in diesem ersten Ätzbad unangegriffen. Das zweite Ätzbad arbeitet bei einem Potential, bei dem das erste Metall passiviert und nur das edlere Metall geätzt wird.

Transportkontrolle während des Passivierungsprozesses

Die Passivierung eines Materials, das während des Abtrags eines zweiten Materials möglichst nicht oder wenig angegriffen werden soll, kann ablaufen, ohne daß Metallionen in die Lösung übertreten. Die Metallionen bilden in diesem Fall keine Solvatokomplexe, sondern sofort die unlösliche Spezies, die die passivierende Deckschicht bildet.

In manchen Fällen konkurriert die Deckschichtbildung während der Passivierung jedoch mit einem Auflösungsprozeß oder der Ausbildung von nichtpassivierenden Deckschichten. Letztere bilden sich z. B. aus Niederschlägen unter Beteiligung anodisch freigesetzter Metallionen auf der Elektrodenoberfläche beim Überschreiten von Löslichkeitsprodukten. Die Passivierung wird erst erreicht, wenn durch den Auflösungsprozeß eine kritische Ligandenkonzentration in der oberflächennahen Lösung unterschritten wird.

Nach dem Eintauchen des zu passivierenden Metalls in die Ätzlösung kann der konkurrierende Auflösungsprozeß noch intensiv sein, da die Konzentration an Liganden in der elektrodennahen Lösung anfangs genauso hoch ist wie im Lösungsinneren. Die lokale Liganden-Konzentration sinkt jedoch durch die Bildung der Komplexe. Dadurch baut sich ein Konzentrationsgradient vor der Oberfläche auf, in dem die Liganden durch Diffusion zur Metalloberfläche gelangen. Dieser Gradient flacht in der nächsten Prozeßphase jedoch durch die Verarmung der Lösung an Liganden ab, so daß die Konzentration an Liganden immer weiter sinkt und schließlich die kritische Konzentration erreicht, bei der die Bildung der Passivierungsschicht einsetzt. Zum Zeitpunkt der Passivierung erreicht die Diffusionsfront in das Lösungsinnere eine Dicke, die als Diffusionsgrenzschichtdicke bezeichnet wird. Die Diffusionsgrenzschichtdicke wird nicht von der äußeren Konvektion, sondern nur von der Diffusion der Liganden, ihrer Lösungskonzentration und ihrem Verbrauch an der Metalloberfläche bestimmt. Sie ist geringer als die konvektionsbedingte Diffusionsschichtdicke. Das Elektrodenpotential durchläuft bei einer solchen Passivierung einen transienten Bereich. Das Potential des transienten Bereichs wird durch die aktive Auflösung des Materials, d.h. das Ablaufen des anodischen Partialprozesses bestimmt. Am Ende des transienten Bereichs wird über einen raschen Potentialanstieg das Passivpotential erreicht (Abb. 14). Unter Umständen müssen mehrere aufeinanderfolgende Redoxprozesse durchlaufen werden, bevor es zur Passivierung kommt. Das ist der Fall, wenn mehrere potentialbildende Elektrodenprozesse ablaufen können, etwa, wenn das Metall Ionen in mehreren Wertigkeitsstufen bildet. In solchen Fällen werden bis zur Passivierung dementsprechend mehrere aufeinanderfolgende transiente Potentiale beobachtet, wobei das jeweilige tran-

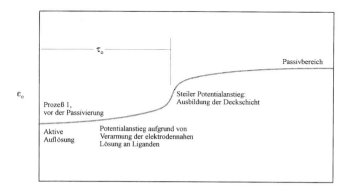

Abb. 3-14. Verlauf des außenstromlosen Potentials ε_o während der spontanen Passivierung (schematisch) eines Metalls in einem Ätzbad, τ_o charakterisiert die außenstromlose Transitionszeit.

siente Potential für den jeweiligen Anodenprozeß charakteristisch ist. Die Dauer der transienten Zustände wird durch die chemischen Geschwindigkeits-konstanten, die Konzentrationen und die – soweit für die transportkontrollierten Teilschritten maßgeblichen – Diffusionsraten der beteiligten Spezies bestimmt.

Die Transitionszeit τ_o vom Eintauchen des Materials in den Elektrolyten bis zur Passivierung wächst mit zunehmender Ligandenkonzentration im Ätzbad und sinkt mit zunehmender anodischer Partialstromdichte. Der zeitliche Verlauf läßt sich gut mit der Methode der Chronopotentiometrie beschreiben, wenn während der Passivierung ein annähernd konstanter (d.h. in erster Näherung in diesem Bereich potentialunabhängiger) kathodischer Partialstrom fließt. Diese Bedingung ist für den häufig auftretenden Fall gut erfüllt, daß der kathodische Partialprozeß ebenfalls diffusionskontrolliert abläuft.

Dieser transportkontrollierte Passivierungsprozeß läßt sich durch die chronopotentiometrische Gleichung beschreiben:

$$\tau_o = (K_+ / i_+)^2 \tag{62}$$

K_+ ist dabei die chronopotentiometrische Konstante, die für den Auflösungsprozeß, die vorliegenden Ligandenkonzentrationen und deren Beweglichkeit in der Lösung charakteristisch ist. Eine Erhöhung der Ligandenkonzentration bedeutet in der Regel eine Verschiebung des Komplexbildungsgleichgewichtes in Richtung des Komplexes und damit eine bevorzugte Auflösung. Diese ist durch eine entsprechend erhöhte chronopotentiometrische Konstante K_+ gekennzeichnet. Die anodische Partialstromdichte i_+ ist im außenstromlosen Fall und bei Vernachlässigung von Lokalströmen gleich der kathodischen Partialstromdichte i_-, die allein von der Intensität dieses Teilprozesses abhängt.

Während der Transitionszeit wird Material des zu passivierenden Metalls abgetragen. Diese abgetragene Materialmenge kann durch Verknüpfung des Faradayschen Gesetzes mit der chronopotentiometrischen Gleichung ermittelt werden.

$$i_+ = \varrho \cdot (V / M) \cdot z \cdot F/(A_+ \cdot t) \tag{63}$$

Die bis zur Passivierung abgetragene Schichtdicke $h_{\text{ätz,pass}}$ läßt sich näherungsweise nach den Gleichsetzungen

$$h_{\text{ätz,pass}} = V/A_+ \tag{64}$$

$$i_+ = |i_-| \tag{65}$$

und

$$t = \tau_o \tag{66}$$

folgendermaßen ermitteln:

$$h_{\text{ätz,pass}} = MK_+^2 / (\varrho \cdot z \cdot F \cdot |i_-|) \tag{67}$$

Die Gleichung (67) zeigt, daß bei erhöhter kathodischer Partialstromdichte i_- trotz erhöhter anodischer Partialstromdichte und damit höherer Ätzrate des zu passivierenden Materials während der Transitionszeit die insgesamt bis zur Passivierung abgetragene Materialmenge sinkt. Dieses Verhalten wird durch die indirekt quadratische Abhängigkeit der Transitionszeit von der anodischen Stromdichte verursacht.

Die Intensität des kathodischen Partialprozesses wird häufig durch die Konzentration des Oxidationsmittels in der Lösung bestimmt. Eine Erhöhung der Oxidationsmittelkonzentration führt entsprechend der chronopotentiometrischen Gleichung zu einer Beschleunigung der Passivierung, wobei aufgrund des quadratischen Zusammenhanges bereits kleine Konzentrationsänderungen größere Änderungen in der Transitionszeit hervorrufen. Umgekehrt bedeutet eine sinkende Oxidationsmittelkonzentration aufgrund von Badverbrauch oder Alterung u. U. eine deutliche Erhöhung der Transitionszeiten und damit eine Verzögerung der Passivierung. Eine sinkende Konzentration von Oxidationsmittel z. B. durch Verdünnungseffekte durch Verschleppung oder auch einfach durch den Verbrauch an Oxidationsmittel wirkt sich deshalb unter Umständen kritisch auf die Selektivität von Ätzprozessen aus. Es sinkt in solchen Fällen nicht nur die Ätzrate des zu strukturierenden Metalls. Gleichzeitig kann es auch zu einer Verzögerung oder zu einem Ausbleiben der Passivierung des zu erhaltenden Materials kommen, so daß das Ätzbad nicht mehr selektiv arbeitet.

Im Falle einer Transportlimitierung im kathodischen Partialprozeß wirkt sich auch die Konvektion des Bades auf die Transitionszeit bis zur Passivierung aus. Je höher die Konvektion des Bades ist, um so intensiver läuft dann der kathodische Partialprozeß ab, und um so rascher tritt die Passivierung ein. Bei Temperaturerhöhung laufen die meisten chemischen Prozesse beschleunigt ab. Die Passivierungstendenz nimmt jedoch in aller Regel mit steigender Temperatur ab. Deshalb ist die Temperatur ein weiterer kritischer Parameter für selektive Ätzbäder, die die Passivierung einer Schichtsystemkomponente ausnutzen. Auch abweichende Badtemperaturen können zur Störung der Passivierung führen und dadurch ein selektives Ätzen verhindern.

Photochemische Beeinflussung der Passivierung

Neben den elektrochemischen Parametern kann auch Licht die Passivierung, den anodischen oder kathodischen Ladungsdurchtritt durch die Deckschicht oder die Auflösung von passivierenden Deckschichten beeinflussen.

Eine lichtinduzierte Verschiebung von Elektrodenpotentialen tritt vor allem bei Halbleitern auf, da diese auf Grund der gegenüber Metallen geringeren mittleren Elektronenbeweglichkeit Raumladungszonen ausbilden, wodurch es an den Grenzflächen zu einem Elektrolyten zur Verbiegung der

Bandkanten durch die Elektrodenprozesse kommt. Da durch die Absorption von Licht Elektronen vom Valenz- ins Leitungsband gehoben werden, fördert die Bestrahlung von Halbleiteroberflächen die Bildung von Kationen, was beim photoelektrochemischen Ätzen (Abschnitt 3.4.8) zur Auflösung der Schichten ausgenutzt wird. Daneben wirkt sich aber die photoneninduzierte Verschiebung des Elektrodenpotentials auch auf die Bildung und die Auflösung passivierender Deckschichten aus. So wird z. B. n-dotiertes Silizium unter Lichteinwirkung schneller passiviert, während auf p-dotiertem passivierten Silizium der Ätzprozess wieder aktiviert wird[10]. Die lokale Aktivierung von Materialoberflächen durch Licht kann zur direkten, maskenlosen, photochemisch induzierten Mikrostrukturierung genutzt werden. Das aktivierende Licht wird durch eine Maske geeigneter Form oder als fokussierter Strahl auf die in das Ätzbad eingebrachte Probe projiziert. Auf den bestrahlten Flächen kommt es zur Auflösung der Deckschicht und zum nachfolgenden Abtrag des darunter liegenden Materials. Da die Passivierung in den nichtbestrahlten Oberflächenbereichen erhalten bleibt, werden die beleuchteten Flächen selektiv geätzt.

Viele Metalloxide und -hydroxide stellen Verbindungshalbleiter dar, deren Leitfähigkeit und deren Redoxverhalten durch die Absorption von sichtbarem oder UV-Licht verändert wird. Je nach Elektrodenmaterial, und damit je nach der Zusammensetzung der passivierenden Deckschichten, kann die Lichteinwirkung deshalb entweder einen aktivierenden oder einen passivierenden Einfluß haben. Da Lichtabsorption zur Ladungstrennung in oberflächennahen Bereichen des Festkörpers führen kann, wirkt sich eine für das Ätz- oder Passivierungsverhalten relevante Bestrahlung für die anodischen Vorgänge zumeist ähnlich wie eine Erhöhung des Elektrodenpotentials aus. Durch Absorption können dadurch Metalle oder Halbleiter mit relativ hohem Normalpotential auch mit schwachen Oxidationsmitteln geätzt werden. Bestrahlung kann jedoch auch wie eine Verschiebung des außenstromlosen Elektrodenpotentials aus dem Aktivbereich über das Passivierungspotential in den Passivbereich wirken und damit die Passivierung auslösen. Die Bestrahlung von passivierten Oberflächen kann zum Erreichen des Transpassivbereiches führen.

3.4.3 Ätzen von Mehrschichtsystemen unter Bildung von Lokalelementen

Elektrodenprozesse können auf allen leitfähigen Materialien ablaufen. Deshalb sind beim Ätzen von Mehrschichtsystemen in der Beurteilung der elektrochemischen Verhältnisse beim Ätzen der zu strukturierenden Schicht auch die anderen Materialien zu berücksichtigen. In Systemen, bei denen mehrere verschiedene Materialien im Ätzbad freiliegen, kann ein lokaler Stromfluß

---

[10] R. Voß (1992)

von einem Material zum anderen Material stattfinden, wenn diese Materialien untereinander in elektrischem Kontakt stehen. Ein solcher elektrischer Kontakt zwischen unterschiedlichen Materialien ist in metallischen Mehrschichtsystemen sehr häufig der Fall. Außenstromloses Ätzen bedeutet unter solchen Verhältnissen nur, daß das Substrat insgesamt nach außen stromlos ist. Dagegen kann sehr wohl auf einem Material ein anodischer Elektrodenprozeß vorherrschen, auf einem anderen Material ein kathodischer, wenn sich nur diese Ströme durch einen Ladungsausgleich über das Substrat, durch den Lokalstrom, gegenseitig kompensieren. Die wichtigsten Aspekte der Lokalelementbildung beim außenstromlosen Ätzen sollen im folgenden anhand von Systemen aus zwei Materialien behandelt werden.

In der Regel verändert sich die Ätzrate eines Metalls durch Lokalelementbildung, wenn die Auflösungsrate potentialabhängig ist und ein Partialprozeß auf einem in elektrischem Kontakt befindlichen zweiten Material abläuft. Partialprozesse auf dem zweiten Material können sich auf den kathodischen Teil beschränken. Es können aber auch auf einem überwiegend kathodisch wirksamen Material gleichzeitig anodische Partialprozese ablaufen. Die Intensität der einzelnen Partialprozesse wird durch die Stromdichte-Spannungs-Charakteristik der Einzelvorgänge und das gemeinsame Elektrodenpotential bestimmt.

Am einfachsten sind die Verhältnisse, wenn auf dem zweiten Material lediglich kathodische Partialprozesse ablaufen. Diesen Fall findet man in der Regel, wenn ein unedleres Material in Gegenwart eines edleren Materials selektiv geätzt wird. Dabei liegt das im Ätzbad eingestellte Potential meist so, daß das unedlere Material angegriffen wird, das edlere dagegen nicht. Auf beiden Metallen liegt aber das gemeinsame Elektrodenpotential an, bei dem das Oxidationsmittel aus der Lösung reduziert wird. Der kathodische Partialprozeß läuft deshalb auch auf dem nicht zu strukturierenden, edleren Material ab. Zum Ausgleich müssen Elektronen zugeführt werden, die durch eine entsprechende Erhöhung der Intensität des kathodischen Partialprozesses, d.h. der Bildung von Kationen des unedleren Materials, freigesetzt werden. Das Lokalelement bildet sich dann allein durch einen Elektronenfluß von dem zu ätzenden Material zu dem nur kathodisch aktiven Material. Der Abtragsprozeß wird in dem Maße intensiviert, wie Elektronen abfließen (Abb. 15). Häufig bestimmen die Flächenverhältnisse die Erhöhung der Ätzrate durch die Lokalelementbildung (siehe Abschnitt 3.4.4). Die Funktion des edleren Materials kann unter Umständen auch ein passiviertes unedleres Material übernehmen. Passivierte Materialien sind zwar anodisch nicht aktiv, können jedoch sehr wohl kathodisch aktiv sein. Dieses Verhalten hat seine Ursache in den Eigenschaften der passivierenden Deckschicht, die häufig nur die eine Richtung des Ladungsdurchtritts hemmt, also Diodeneigenschaften besitzt.

Etwas komplizierter sind die Verhältnisse, wenn auf beiden Materialien sowohl anodische als auch kathodische Prozesse ablaufen. Durch die Ausbildung des gemeinsamen Elektrodenpotentials wird sich auf dem Material mit dem ursprünglich niedrigeren Ätzpotential die anodische Prozeßintensität er-

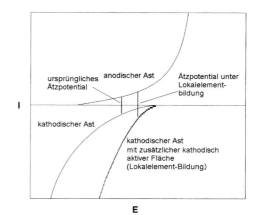

Abb. 3-15. Strom-Spannungs-Kennlinie bei vergrößerter Ätzrate durch Lokalelementbildung bei gleichbleibendem anodischen Partialprozeß

höhen, auf dem Material mit dem ursprünglich höheren Elektrodenpotential dagegen vermindern. Umgekehrt verhält es sich mit den kathodischen Teilprozessen, insofern diese im relevanten Potentialbereich potentialabhängig sind. Aufgrund des gemeinsamen Elektrodenpotentials wird es zu einer Angleichung der kathodischen Partialstromdichten kommen.

Normalerweise laufen die kathodischen Partialprozesse auf allen Elektroden mit annähernd gleicher Intensität ab, da ihr Potential im wesentlichen durch die Redoxeigenschaften des Lösungssystems gegeben ist. Deshalb können die kathodischen Partialströme und ihre Auswirkung auf die Auflösungsraten gut anhand der Flächenverhältnisse abgeschätzt werden. Es können aber auch kathodische Partialprozesse vom Elektrodenmaterial abhängig sein, z. B. wenn die Reaktionsüberspannungen von den Oberflächeneigenschaften der kathodisch aktiven Materialien bestimmt werden. Unter solchen Bedingungen kann auch der Fall auftreten, daß der kathodische Partialprozeß nur auf einem Material abläuft, anodische Prozesse dagegen auf zwei oder mehreren Materialien. Materialbedingte kathodische Überspannungen treten z. B. bei der Freisetzung eines Gases im kathodischen Partialprozeß auf. Typische Kathodenprozesse, bei denen Gase freigesetzt werden, sind in der Mikrotechnik z. B. das Ätzen in saurem Milieu oder auch stark alkalischem Milieu unter Freisetzung von Wasserstoff oder die Bildung von nitrosen Gasen beim Ätzen in salpetersauren Ätzbädern.

Ortsabhängige elektrochemische Potentiale

In mikrotechnischen Systemen können bei der Mischpotentialbildung in einem Ätzbad neben örtlich gleichen Mischpotentialen auch erhebliche Potentialgradienten auftreten. Das ist stets der Fall, wenn Lokalströme über Leitelemente mit erhöhtem elektrischem Widerstand fließen. Widerstandsschichten sind zum einen technische Funktionsschichten in entsprechenden Bauelementen, deren Oberfläche häufig bei bestimmten Ätzschritten im

Elektrolyten frei liegen. Elektrisch leitende Schichten mit einem erhöhten Widerstand sind aber zum anderen auch in den Endphasen des Ätzens von dünnen Metallschichten zu erwarten, in denen die abzutragende Schicht sehr dünn geworden oder teilweise oxidiert ist. Laterale Potentialgradienten bilden sich in diesem Fall nur kurzzeitig aus. Hohe Widerstände treten jedoch regelmäßig bei halbleitenden Materialien auf, wo sie zu durchaus erheblichen lokalen Ätzrateunterschieden und auch lokaler Passivierung führen können.

Die Größe der lokalen Potentialunterschiede hängt vom Widerstand der leitenden Elemente und der Stärke des Lokalstroms ab. Solche prozeßinduzierten Potentialgradienten werden deshalb zum einen durch die Prozeßführung (Ätzraten) und durch die Festkörpereigenschaften (Flächenwiderstand) als auch durch die technische Strukturtopologie (Lage und Anordnung von Widerstandsstrukturen) bestimmt. Lokale Potentialunterschiede wirken sich in positionsabhängigen Ätzzeiten für einzelne Strukturelemente aus. Sie können damit auch zu lokal unterschiedlichem Unterätzen führen. Im Extremfall ist auch zeitlich gestaffeltes Passivieren an verschiedenen Orten des Substrates auf Potentialgradienten aufgrund von Lokalelementbildung zurückzuführen.

3.4.4 Geometrieabhängige Ätzraten

Unter gegebenen Ätzbedingungen wie Temperatur, Badkonvektion und Ätzbad-Konzentrationen ist die Ätzrate eines Materials konstant, wenn die betrachteten Flächen ausgedehnt sind und die Ränder der Flächen vernachlässigt werden können. Die Ätzrate für ein kleines Strukturelement kann jedoch von dessen Größe und Umgebung abhängen. Das ist der Fall, wenn die Ätzraten von Transportprozessen im Ätzbad bestimmt werden und die charakteristische Länge für den Materialtransport nicht mehr vernachlässigbar klein gegenüber der Strukturabmessung ist. Derartige Verhältnisse sind bei naßchemischen Ätzprozessen zur Herstellung kleiner Strukturen keine Ausnahme. Da aus Produktivitätsgründen hohe Ätzraten gewünscht werden, sind mikrolithografische Ätzprozesse häufig durch die Transportvorgänge limitiert. Die Abmessungen der Zielstrukturen sind in der Regel so gering, daß sie vergleichbar oder sogar wesentlich kleiner als die Diffusionsschichtdicke werden, so daß diese gegenüber der Strukturausdehnung nicht vernachlässigt werden kann. Deshalb werden häufig geometrieabhängige Ätzraten beobachtet.

Reaktionskontrollierte Ätzprozesse unterscheiden sich von transportkontrollierten Ätzprozessen durch die Verteilung von Ausgangsstoffen (Edukten) und Reaktionsprodukten der Elektrodenprozesse in der oberflächennahen Lösung. Bei reaktionskontrollierten Ätzraten ist die Konzentration von Edukten und Produkten bis an die Festkörperoberfläche heran etwa gleich den Konzentrationen im Lösungsinneren (Abb. 16, links). Die Edukte werden durch die Diffusion so rasch herangeführt, daß ihr Verbrauch in der Oberflächenreaktion gegenüber der Gesamtkonzentration vernachlässigbar ist. Im Gegenzug werden die Produkte so rasch abtransportiert, daß ihre Konzentra-

3.4 Ätzen von Metallen und Halbleitern

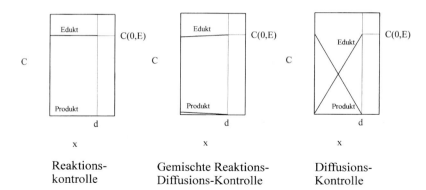

Abb. 3-16. Darstellung der Konzentration von Ausgangsstoffen (Edukten) und Produkten in einem Ätzprozeß in Abhängigkeit von der Position × innerhalb der Diffusionsschicht der Dicke d.
1. Fall „Reaktionskontrolle": keine Konzentrationsgradienten;
2. Fall „Gemischte Reaktions-Diffusion-Kontrolle": geringe Konzentrationsgradienten in der Diffusionsschicht;
3. Fall „Diffusionskontrolle": starke Konzentrationsgradienten in der Diffusionsschicht

tion an der Oberfläche so niedrig bleibt, daß sie sich nicht auf die Elektrodenprozesse auswirken. Wenn der Verbrauch von Edukten und die Entstehung von Produkten durch die Elektrodenprozesse durch die Transportvorgänge nicht vollständig kompensiert werden kann, stellt sich innerhalb der sogenannten Diffusionsschicht in der oberflächennahen Lösung ein Konzentrationsgradient ein. Die Diffusionsschicht ist durch die Dicke d gekennzeichnet, innerhalb derer der Transport der Substanzen diffusionsbestimmt abläuft. Bei gemischter Reaktions-Diffusions-Kontrolle verringert sich die Geschwindigkeit der Oberflächenprozesse aufgrund moderater Abweichungen der Edukt- bzw. Produktkonzentrationen an der Oberfläche gegenüber dem Lösungsinneren (Abb. 16, Mitte). Laufen die Oberflächenprozesse schneller ab, als der Nach- oder Abtransport über Diffusion erfolgt, so werden die an der Oberfläche ankommenden Edukte sofort verbraucht. Die Produktkonzentration kann dagegen sehr hohe Werte annehmen (Abb. 16, rechts). Letzterer Effekt führt z. B. zuweilen dazu, daß bei hohen Ätzraten auch im außenstromlosen Fall die Löslichkeitsprodukte leicht löslicher Salze überschritten werden und diese Niederschläge auf der geätzten Oberfläche bilden. Wenn der Transport über die Diffusion in der Diffusionsschicht die Ätzrate bestimmt, so liegt ein transportkontrollierter Ätzprozeß vor. Transportkontrolle durch Diffusion kann entweder im anodischen oder im kathodischen Partialprozeß auftreten. Unter bestimmten Konzentrationsverhältnissen können auch beide Partialprozesse transportkontrolliert sein. In der Regel ist jedoch nur ein Teilprozeß transportlimitiert.

Meistens sind auch Edukte und Produkte nicht gleichermaßen von der Transportkontrolle betroffen. Es treten Edukt-limitierte transportkontrollier-

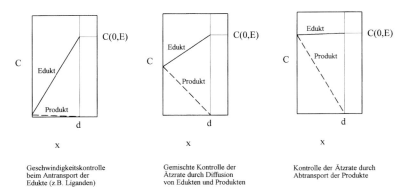

Abb. 3-17. Drei Fälle für die Verteilung der Konzentrationen von Ausgangsstoffen (Edukten) und Produkten in einem Ätzprozeß in Abhängigkeit von der Position × innerhalb der Diffusionsschicht der Dicke d bei transportkontrollierter Ätzrate

te Ätzprozesse (Abb. 17, links), Produkt-limitierte transportkontrollierte Ätzprozesse (Abb. 17, rechts), und gemischt-limitierte Ätzprozesse (Abb. 17, Mitte) auf. Häufige Fälle der Limitation sind der Antransport von Liganden für die Bildung löslicher Komplexe aus den anodisch freigesetzten Metallionen (Transportkontrolle der Edukte im anodischen Partialprozeß) oder der Antransport von Oxidationsmittelmolekülen (Transportkontrolle der Edukte im kathodischen Partialprozeß).

Größenabhängige Ätzraten (Size-Effekte)

Wenn eine Transportkontrolle für einen Ätzvorgang vorliegt, wird die Ätzrate eines kleinen Strukturelements um so größer sein, je geringer das Flächen: Kanten-Verhältnis und damit je kleiner das Strukturelement ist. Während der Transport von Edukten zur Substratoberfläche und von Produkten ins Lösungsinnere bei ausgedehnten Flächenelementen im wesentlichen senkrecht zur Substratoberfläche erfolgt, findet der Transport im Kantenbereich in einen Halbraum statt (Abb. 18). Die Ausdehnung dieses Halbraums hängt von der Diffusionsschichtdicke ab. Die Diffusionsschicht ist das Volumenelement der Lösung, das der Substratoberfläche beim Ätzen unmittelbar benachbart ist und innerhalb dessen der Stofftransport nicht durch die Konvektion, sondern nur noch durch die Diffusion bestimmt ist. Diffusion setzt Konzentrationsgradienten voraus. Diese entstehen durch den Verbrauch und die Freisetzung von chemischen Stoffen durch die Elektrodenprozesse. Die Verteilung der Konzentrationsgradienten im Raum der elektrodennahen Lösung bildet die Gestalt der Diffusionsschicht ab. An ausgedehnten Flächen und bei örtlich konstanter Diffusionschichtdicke hat die Diffusionsschicht näherungsweise prismatische Gestalt. Ihre äußere Begrenzung zum Lösungsinneren ist eine Fläche, die parallel zur Substratoberfläche verläuft. Bei ebenen Substraten ist die Begrenzung der Diffusionsschicht deshalb auch eine

Abb. 3-18. Kanteneffekt bei transportkontrollierten Ätzraten. Überwiegend senkrecht zur Substratoberfläche wirkender Materialtransport bei ausgedehnten Strukturen und überwiegend aus seitlicher Richtung und damit in einem größeren Halbraum wirkender Materialtransport bei kleinen Strukturen

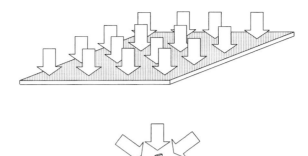

Ebene. Im Kantenbereich dagegen ist die äußere Begrenzung der Diffusionsschicht gekrümmt, da die Konzentrationsgradienten auch in den lateralen Richtungskomponenten (von der Kante weg) aufgebaut werden. Gerade Kanten besitzen deshalb einen Diffusionsschicht-Halbraum in annähernder Gestalt eines Zylinderviertels. An rechtwinkligen Ecken von Strukturen entstehen Halbräume in Form von Kugelachteln. Sehr kleine Strukturelemente, bei denen die laterale Abmessung (Breite b) gegenüber der Ausdehnung der Diffusionsschicht d vernachlässigt werden kann (b < d), besitzen einen Diffusionshalbraum in Gestalt einer Halbkugel.

Die Dicke der Diffusionsschicht wurde für freie Konvektion im Bereich zwischen 0.05 und 0.2 mm bestimmt, ist also, verglichen mit vielen Mikrostrukturen, groß. Die Diffusionsschichtdicke vermindert sich, wenn stärkere Konvektionen auftreten. Solche Konvektionen können bereits durch den Ätzprozeß selbst verursacht sein. So entstehen beim Ätzen der meisten Metallschichten Ionen mit einer hohen Atommasse, deren Verbindungen ein hohes spezifisches Gewicht haben. Die mit Ätzprodukten angereicherte oberflächennahe Lösung hat deshalb eine hohe Dichte, so daß sie durch die Schwerkraft bedingt absinkt. Dieses Absinken setzt eine durchaus wesentliche lokale Konvektion in Gang, in deren Folge die Diffusionsschichtdicke deutlich reduziert sein kann. Die Diffusionsschichtdicke kann jedoch auch durch Bewegen des Substrates, durch Rühren oder Aufsprühen des Ätzbades gesenkt und auf diese Weise der Ätzprozeß deutlich beschleunigt werden. Jede Veränderung der Konvektion bringt über die Diffusionsschicht auch eine Veränderung des Diffusionshalbraumes mit sich, die sich auf die Ätzrate einer Fläche auswirkt. Je stärker die Konvektion ist, umso kleiner sind die Flächenelemente, bei denen sich eine größenabhängige Ätzrate bemerkbar macht.

Die Erhöhung der Ätzrate mit abnehmender Flächengröße bei transportkontrollierten Ätzprozessen läßt sich auf einfache Weise abschätzen. Für sehr kleine Flächen (b << d) gilt die für die Stromstärke I von Mikroelektroden abgeleitete Gleichung[11]. Die der anodischen Partialstromdichte i_+ ($i_+ = I/b^2$) proportionale Ätzrate hängt linear von der Lösungskonzentration der ratebe-

---

[11] K. Aoki und J. Osteryoung (1981); K. Aoki et al. (1985)

stimmenden Spezies c_0, deren Wertigkeit z_+ und deren Diffusionskonstante D ab:

$$r \sim i_+ = 4 \cdot z_+ \cdot F \cdot c_0 \cdot D/b \tag{68}$$

Werden Strukturbreite b und Diffusionsschichtdicke d vergleichbar, so kann näherungsweise eine um die scheinbare Diffusionsschichtdicke d' ($d \cong d'$) vergrößerte Fläche im Kantenbereich als diffusionswirksame Fläche angenommen werden. Für die Ätzrate r gilt dann in Abhängigkeit von der Ätzrate weit ausgedehnter Flächen r_0 und der Strukturbreite b:

$$r = r_o \cdot (b + 2 \cdot d')/b \quad \text{(für Linien)} \tag{69}$$

bzw.

$$r = r_o \cdot (b + 2 \cdot d')^2 / b^2 \quad \text{(für Quadrate)} \tag{70}$$

Als Beispiel für die Strukturgrößenabhängigkeit des Ätzens einer Metallschicht ist die Rate des Kupferabtrages in einem Chloridionen-haltigen Cu^{2+}-Ätzbad in Abhängigkeit von der Strukturgröße in Abb. 19 dargestellt.

In mikrotechnischen Strukturen liegen häufig nicht nur einzelne Strukturlemente, sondern Felder (arrays) von solchen vor. Für die Ätzrate ist dann oft nicht die Größe des einzelnen Elements allein zu berücksichtigen, sondern auch der Abstand der Strukturelemente untereinander. Wenn der Abstand kleiner Strukturelemente klein gegenüber der doppelten scheinbaren Diffusionsschichtdicke ist ($b < 2*d'$), ist der Bedeckungsgrad B der Oberfläche mit Strukturen entscheidend für die Erhöhung der Ätzrate bei transportkontrollierten Prozessen. Die Ätzrate hängt dann nur vom Verhältnis der Gesamtfläche A_{ges} zur Summe der Flächenelemente der zu ätzenden Strukturen A_+ ab:

$$r = (r_0 / B) = r_0 \cdot A_{ges} / A_+ \tag{71}$$
$$(\text{für } b < 2 \cdot d')$$

Unter diesen Bedingungen ist die exakte Größe der Diffusionsschichtdicke irrelevant für die Ätzrate. Diese wird allein durch die Flächenverhältnisse auf dem Substrat bestimmt. Für kleine und dicht gepackte Strukturen bestimmt das Layout die Ätzrate. Änderungen in den Flächenverhältnissen, wie sie von Layout zu Layout vorkommen, wirken sich dann in Veränderungen der Ätzraten aus. Wenn auf ein und demselben Substrat Chips mit unterschiedlichen Bedeckungsgraden der zu ätzenden Materialien auftreten, können auch unterschiedliche Ätzraten von Chip zu Chip vorkommen. Die Abmessungen der Chips (mm-Bereich) liegen meist deutlich oberhalb der Diffusionsschichtdicken, die Abmessungen der Struktur-elemente häufig deutlich darunter. Gegebenenfalls muß durch Maßnahmen im Layout extremen lokalen Rateunterschieden vorgebeugt werden, z. B. durch die Einführung von Blindstrukturen oder die Aufspaltung größerer Flächen in kleinere, soweit solche Eingriffe

3.4 Ätzen von Metallen und Halbleitern   77

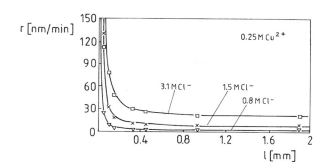

Abb. 3-19. Abhängigkeit der Ätzrate r bei der Strukturierung von Kupfer (quadratische Strukturelemente) von der Strukturbreite l

funktionell toleriert werden können. Maßkorrekturen zur Kompensation der Unterätzung (breitere Linien in der Maske) müssen unter Umständen von Layout zu Layout oder auch von Chip zu Chip verschieden groß sein.

Für das transportabhängige Ätzverhalten von Mikrostrukturen ist es wichtig, ob die Transportkontrolle im kathodischen oder im anodischen Partialprozeß auftritt. Wenn die Transportkontrolle nur den kathodischen Partialprozeß betrifft und alle Strukturelemente in elektrischem Kontakt stehen, wie das etwa bei der Strukturierung einer durchgehenden Metallschicht der Fall ist, dann bestimmt das Elektrodenpotential die gemeinsame Ätzrate. In diesem Fall können zwar die Ätzraten von Substrat zu Substrat verschieden sein, auf ein und demselben Substrat treten aber an Strukturen aller Größen und aller Bedeckungsgrade die gleichen Ätzraten auf. Die gemeinsame Ätzrate wird durch die Gesamtintensität des kathodischen Partialprozesses und das globale anodisch wirksame Elektrodenpotential bestimmt. Sind dagegen die Flächenelemente – z.B. durch einen vorher abgelaufenen Strukturierungsschritt – voneinander elektrisch isoliert, so gelten die oben aufgeführten Abhängigkeiten (Gleichungen 69–71).

Komplizierter sind die Verhältnisse bei einer Transportkontrolle im anodischen Partialprozeß. In diesem Fall werden die Randbereiche von Flächenelementen schneller abgetragen als die weiter innen liegenden Bereiche. Die Inhomogenität des Ätzabtrages verursacht deshalb nicht nur Unterschiede in der Ätzzeit zwischen Substraten, Chips und Strukturen mit verschiedener Strukturbreite oder unterschiedlichen Bedeckungsgraden. Auch einzelne Strukturen ätzen inhomogen. Bei kleineren Strukturen schreitet das Ätzen vom Rand zur Mitte natürlich in Relation zur Strukturgröße rascher fort als bei großen Strukturen.

Durch die erhöhten Ätzraten im Randbereich beginnt bei anodischer Transportkontrolle auch das Unterätzen unter den Maskenkanten besonders früh. Deshalb sind unter diesen Verhältnissen besonders hohe Maßverschiebungen durch das isotrope Unterätzen zu erwarten. Das Unterätzen wird dadurch besonders gravierend, daß die anodisch wirksamen Flächen der Strukturflanken unter der Maske im Vergleich mit den lateralen Abmessungen der zu strukturierenden Flächen meist klein sind. Aufgrund der Transportkontrolle läuft der Ätzprozeß unter den Maskenkanten deshalb besonders rasch ab.

3 Naßätzverfahren

Infolgedessen kann die Unterätzung bei solchen Strukturen ein Vielfaches der Schichtdicke betragen.

Bei anodischer Transportkontrolle wirken sich auch die Lage des Substrates im Ätzbad (Neigung gegenüber der Wirkung der Schwerkraft) und die Bewegung des Substrates auf die lokalen Ätzraten aus. Unterschiede in der lokal wirksamen Konvektion führen zu lokal abhängigen regionalen Ätzraten r_0, die ihrerseits auf die lokalen Ätzraten r zurückwirken.

Flächenverhältnisabhängige Ätzraten (Lokalelement-Effekte)

Veränderungen der Ätzrate werden auch unabhängig von der absoluten Flächengröße beobachtet, wenn es zu Lokalströmen zwischen verschiedenen Materialien kommt (Abschnitt 3.4.3). In diesem Fall ist neben der absoluten Größe der beteiligten elektrochemisch wirksamen Flächen deren Verhältnis zueinander wesentlich. Wenn auf der einen Fläche ($A_{Metall\,2}$) lediglich der kathodische Partialprozeß abläuft, auf der zu ätzenden Fläche ($A_{Metall\,1}$) jedoch kathodischer und anodischer Partialprozeß ablaufen, so ergibt sich ein Elektronenfluß von der anodisch aktiven Fläche zur ausschließlich kathodisch aktiven Fläche, der umso größer ist, je größer die kathodische Gesamtaktivität dieser Fläche ist. Wenn die Intensität des anodischen Partialprozesses auf der einen Fläche (und damit die Ätzrate) nur vom Potential abhängig ist und die Intensität des kathodischen Partialprozesses durch den Transport bestimmt wird, so bestimmt die kathodisch wirksame Fläche A_- direkt die Ätzrate:

$$r = r_0 \cdot A_- / A_+ \qquad (72)$$

mit

$$A_- = A_{Metall\,1} + A_{Metall\,2} \qquad (73)$$

und

$$A_+ = A_{Metall\,1} \qquad (74)$$

Bei gleicher anodischer Stromdichte besitzen kleine ätzende Flächenelemente, die in Kontakt mit großen, nur kathodisch aktiven Flächenelementen stehen, viel größere anodische Stromdichten und damit Ätzraten als isolierte anodisch aktive Flächen (Abb. 20). Wenn beide Partialprozesse potentialabhängig sind, so bestimmt das gemeinsame Mischpotential die Intensitäten der Teilprozesse, wobei sich die kathodischen Teilströme auf Metall 1 und Metall 2 wieder nach deren Flächenverhältnis aufteilen.

Die Erhöhung der Ätzrate durch Lokalelementbildung kann dramatisch sein, wenn in der Endphase des Ätzens die Oberfläche der zu ätzenden Schicht auf die kleinen Stirnflächen unter der Maskenkante reduziert ist, dagegen aber große Flächen eines edleren Materials im Elektrolyten freiliegen, auf denen der kathodische Partialprozeß abläuft. Das Ergebnis sind oft

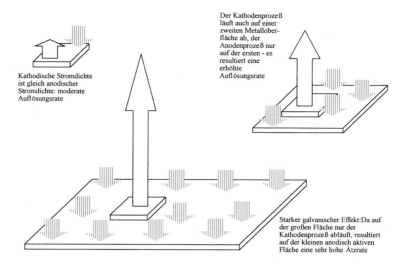

Abb. 3-20. Zunahme der anodischen Partialstromdichte bei Lokalelementbildung einer kleinen ätzenden Fläche mit einer größeren, überwiegend kathodisch wirksamen Fläche

extrem hohe Ätzraten unter den Maskenrändern und damit eine sehr hohe Unterätzung. Solche extremen Unterätzungen können vermieden werden, wenn mit Ätzbädern gearbeitet wird, bei denen der anodische Partialprozeß nicht oder nur wenig potentialabhängig ist, z. B. wenn dieser gleichfalls transportkontrolliert abläuft. Deshalb sind Ätzbäder, die sich als Polierbäder bewährt haben, auch vorteilhaft zur Mikrostrukturierung eingesetzt worden. Diese Bäder liefern trotz Ausbildung galvanischer Kontakte moderate Ätzratenunterschiede und damit auch moderate Unterätzungen[12].

3.4.5 Geometrieabhängige Passivierung

Die Passivierung einer Metalloberfläche ist ein Oberflächenprozeß, bei dem sich eine Deckschicht bildet, die den anodischen Durchtritt von Metallionen in die Lösung verhindert oder zumindest stark reduziert. Der Passivierungsprozeß wird beim mikrotechnischen Ätzen ausgenutzt, um bestimmte Materialien gegenüber dem Angriff eines Ätzbades unempfindlich zu machen, mit dem ein zweites Material in Anwesenheit des ersten selektiv geätzt werden soll (Abschnitt 3.4.2). Die Passivierung ist wie jede andere chemische Reaktion durch eine Reaktionsgeschwindigkeit gekennzeichnet. Diese Passivierungsgeschwindigkeit kann durch die Geschwindigkeit der chemischen Reak-

---

[12] J.J. Kelly und C.H. de Minjer (1975); J.J. Kelly und G.J. Koel (1979)

80   3 Naßätzverfahren

tion auf der Oberfläche bestimmt sein. So wie die chemischen Reaktionen, die die Ätzrate bestimmen, auch von den Transportverhältnissen in der oberflächennahen Lösung und damit von der Geometrie der zu erzeugenden Strukturen abhängig sein können, so können jedoch auch die zu einer Passivierung einer Metall- oder Halbleiteroberfläche erforderlichen Transportprozesse geschwindigkeitsbestimmend wirken.

Während die Diffusionsschicht eine Dicke hat, die im wesentlichen von äußeren Faktoren, wie der Konvektion bestimmt wird und eine über den ganzen Prozeßverlauf existente und zumeist konstante geometrische Größe darstellt, tritt bei der transportkontrollierten Passivierung zwischenzeitlich eine charakteristische Schichtdicke auf, die die Ausdehnung einer Diffusions- bzw. Verarmungszone zu dem Zeitpunkt angibt, zu dem die Konzentration der den nicht-passivierenden Anodenprozeß fördernden Spezies an der Festkörperoberfläche unter einen kritischen Wert abgesunken ist. Diese charakteristische Dicke wird Diffusionsgrenzschichtdicke d_g genannt. Eine Passivierung tritt ein, wenn die Diffusionsgrenzschichtdicke bei dem Verarmungsprozeß erreicht wird (Abb. 21). Die Passivierung erfolgt um so schneller, je kleiner d_g ist. Erreicht die Diffusionszone die Ausdehnung der Diffusionsschichtdicke d, so tritt keine Passivierung ein, da die Konzentrationsgradienten nun nicht weiter abflachen (Abb. 22).

Die Konzentrationen der an einer möglichen Passivierungsreaktion beteiligten Lösungsspezies bestimmen oft darüber, ob überhaupt eine Passivierungsschicht ausgebildet wird. Analog zu den transportkontrollierten Ätzprozessen hängt die Intensität der zur Passivierung führenden kathodischen Partialprozesse von der Geometrie (Strukturgröße oder Bedeckungsgrad) der zu passivierenden Strukturelemente ab, wenn der kathodische Partialprozeß

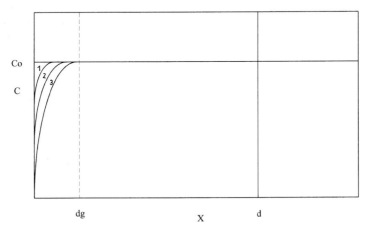

Abb. 3-21. Drei Zeitstadien für die Konzentrationsverteilung komplexierender Spezies, deren Verarmung zur Passivierung einer anodisch wirksamen Elektrode führt. Beim Erreichen der Konzentration C = 0 an der Elektrode ist die Verarmungsfront bis zur Tiefe d_g vorgedrungen. Passivierung tritt ein, weil d_g < d (Diffusionsschichtdicke)

3.4 Ätzen von Metallen und Halbleitern

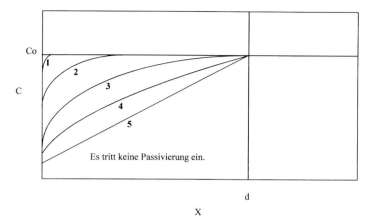

Abb. 3-22. Fünf Zeitstadien für die Konzentrationsverteilung komplexierender Spezies, deren Verarmung zur Passivierung einer anodisch wirksamen Elektrode führen könnte. Die Konzentration C sinkt an der Elektrode nicht auf 0 ab, da die Verarmungsfront vorher die Tiefe d_g erreicht. Passivierung tritt nicht ein, weil $d_g > d$ (Diffusionsschichtdicke)

transportkontrolliert ist. Kleine Flächen passivieren unter diesen Bedingungen schneller als große. Bei einer niedrigen Dichte an kleinen Strukturen (kleiner Bedeckungsgrad) tritt innerhalb einer Gesamtfläche schneller die Passivierung ein als bei einer höheren Dichte (höherer Bedeckungsgrad). Der Begriff des Bedeckungsgrades bezieht sich hier auf die elektrochemische Fläche, d. h. die Fläche, die nicht von einer Maskierung bedeckt ist.

Die Verkürzung der Transitionszeiten (Gleichung 62 in Abschnitt 3.4.2) für die transportabhängige außenstromlose Passivierung einer Fläche A_+ läßt sich durch die Berücksichtigung der scheinbaren Diffusionsschichtdicke d' in Relation zur Breite der zu passivierenden Strukturen b in der chronopotentiometrischen Grundgleichung berechnen. Für die anodische Stromdichte i_+ in der Transitionsphase gilt (nach Gleichungen (36) und (44)):

$$i_+ = |I_+| / A_+ \tag{75}$$

Durch die Diffusion im Kantenbereich steht eine durch d' scheinbar vergrößerte kathodisch wirksame Fläche A_- zur Verfügung:

$$A_{-l} = A_+ \cdot (2 \cdot d' + b)/b \quad \text{(für Linien)} \tag{76}$$

$$A_{-q} = A_+ \cdot (2 \cdot d' + b)^2 / b^2 \quad \text{(für Quadrate)} \tag{77}$$

Die für die Passivierung wirksame kathodische Stromstärke I_- leitet sich von der auf großen Flächen beobachteten kathodischen Stromdichte i_{-0} folgendermaßen ab:

$$I_{-l} = i_{-l} \cdot A_{-l} = i_{-0} \cdot A_{+} \cdot (2 \cdot d' + b)/b \text{ (für Linien)} \tag{78}$$

$$I_{-q} = i_{-q} \cdot A_{-q} = i_{-0} \cdot A_{+} \cdot (2 \cdot d' + b)^2 /b^2 \text{ (für Quadrate)} \tag{79}$$

Für die Transitionszeiten von Linien τ_{ol} und Quadraten τ_{oq} ergibt sich eine indirekte Abhängigkeit von der scheinbar vergrößerten kathodisch wirksamen Fläche:

$$\tau_{ol} = (K_{+} / (|i_{-0}| \cdot (2 \cdot d' + b)/b\,)^2 \text{ (für Linien)} \tag{80}$$

$$\tau_{oq} = K_{+}^2 / (|i_{-0}|^2 \cdot ((2 \cdot d' + b)/b)^4\,) \text{ (für Quadrate)} \tag{81}$$

Wegen der quadratischen Abhängigkeit der Transitionszeiten von der anodischen Stromdichte reduzieren sich die Transitionszeiten mit relativ zur Diffusionsschichtdicke d' kleiner werdenden Abmessungen b dramatisch. Analog reduzieren sich die Schichtverluste während der Transitionszeit.

Eine Reduzierung der Transitionszeit tritt auch bei Ausbildung eines galvanischen Kontaktes mit einer überwiegend oder ausschließlich kathodisch wirksamen Fläche eines zweiten (edleren) Materials auf. Für die Erhöhung der anodischen Partialstromdichte i_{+}, die zur Passivierung führt, gelten die gleichen Gesetze wie für die Erhöhung der Ätzrate unter Lokalstromfluß (Abschnitt 3.4.3). Die außenstromlose Transitionszeit τ_{0g} unter Lokalstromfluß zu ausschließlich kathodisch wirksamen Flächen eines zweiten Metalls hängt dann von den Flächenverhältnissen der beiden Metallen ab:

$$\tau_{0g} = (K_{+} / i_{-0}\,)^2 \cdot (A_{\text{Metall 1}} / (A_{\text{Metall 2}} + A_{\text{Metall 1}}))^2 \tag{82}$$

Veränderte Flächenverhältnisse führen auf diese Weise zu sehr unterschiedlichen Transitionszeiten. Bei kritischen Passivierungsschritten in bestimmten selektiven Ätzoperationen kann deshalb das konkrete Layout unabhängig von den Schichtmaterialien und der Wahl des Ätzbades über die Durchführbarkeit eines selektiven Ätzschrittes entscheiden. Auch der Abtrag des zu passivierenden Materials kann aufgrund lokal unterschiedlicher Transitionszeiten lokal verschieden sein. Das wirkt sich auf die Ätztechnologie als lokal wirksame Selektivitätsunterschiede aus.

3.4.6 Elektrochemisches Ätzen

Beim elektrochemischen Ätzen wird das zu strukturierende Substrat mit einer Stromquelle verbunden, in einen geeigneten Elektrolyten eingetaucht und als Anode geschaltet. Das Elektrodenpotential muß auf einen Wert gebracht werden, bei dem fortwährend Atome des zu strukturierenden Materials als Ionen durch die Oberfläche hindurchtreten. Die dabei im Festkörper zurückgelassenen Elektronen werden über den äußeren Stromkreis abgeführt (Abb. 23).

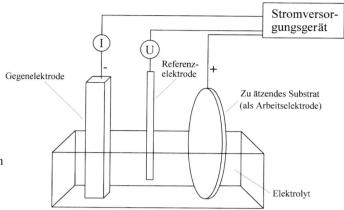

Abb. 3-23. Aufbau eines Arbeitsplatzes zum elektrochemischen Ätzen unter Potentialkontrolle (schematisch)

Während beim außenstromlosen Ätzen ein Oxidationsmittel, das in der Ätzlösung enthalten ist, mit den Elektronen reagiert und dadurch das Elektrodenpotential in dem für die Auflösung erforderlichen Bereich gehalten wird, übernimmt beim elektrochemischen Ätzen die äußere Stromquelle (Stromversorgungsgerät, Potentiostat oder Galvanostat) die Aufgabe, das anodische Elektrodenpotential aufrechtzuerhalten. Durch die freie Wahl des Potentials der zu bearbeitenden Substrates (Arbeitselektrode) können Ätzrate und ggf. Selektivitäten zu anderen Materialien einfacher abgestimmt werden als beim außenstromlosen Ätzen. Der Elektrolyt muß aber die für die – ggf. selektive – Auflösung des Materials erforderlichen Komponenten enthalten. Insbesondere muß das aufzulösende Metall oder der Halbleiter in ionischer Form bzw. als Komplex im Elektrolyten löslich sein. Ligandenkonzentrationen und pH-Wert müssen deshalb so gewählt werden, daß alle gebildeten Kationen rasch in eine lösliche Form gebracht werden und die Entstehung von störenden Deckschichten insbesondere von Passivierungsschichten vermieden wird. Die Bildung von Deckschichten schließt die Möglichkeit eines sehr inhomogenen Ätzabtrags bis hin zu Lochfraß ein, was eine mikrotechnisch nutzbare Formgebung ausschließen würde.

Die Ätzrate r_{el} ist beim elektrochemischen Ätzen durch die äußere Stromdichte bestimmt. Der quantitative Zusammenhang zwischen Ätzrate, Stromdichte und den Materialkonstanten M, z, und ϱ ist wie beim außenstromlosen Ätzen durch Gleichung (42) gegeben. Nur der äußere Strom I tritt an die Stelle des anodischen Partialstroms, da äußerer Strom und anodischer Strom beim elektrochemischen Ätzen betragsmäßig gleich sind. Bei gleichem äußeren Stromfluß ist die Ätzrate umso größer, je kleiner die zu ätzende Fläche A ist:

$$r_{el} = I/F \cdot M/(z_+ \cdot \varrho \cdot A) \tag{83}$$

Beim elektrochemischen Ätzen muß das zu ätzende Material auf dem Substrat durch eine elektrische Leitung mit dem Stromversorgungsgerät verbunden sein. Das wird am einfachsten durch eine Kontaktfläche erreicht, die im Layout am Rande des Substrates vorgesehen wird. Diese Fläche taucht nicht in das Ätzbad ein. An diese Fläche wird die Zuleitung vom Stromversorgungsgerät angeklemmt. Für den anodischen Stromfluß muß das zu ätzende Material selber elektrisch leitfähig sein. Es darf selbst keinen zu großen spezifischen Widerstand besitzen, damit während des Ätzens keine wesentlichen Potentialdifferenzen auftreten, die eine unterschiedliche Ätzrate oder u. U. das Ausbleiben des Ätzabtrages verursachen können.

Um ein störungsfreies Ätzen zu erreichen, müssen bis zum Ende des Ätzvorganges alle Teilelemente in elektrischem Kontakt bleiben. Diese Bedingung ist immer erfüllt, wenn das abzutragende Material auf einem durchgehenden und ebenfalls leitfähigen Material aufgebracht ist, das selber unter den gewählten Ätzbedingungen nicht abgetragen wird.

Liegt unter dem abzutragenden Material eine isolierende Schicht, so kommt es notwendigerweise zu Kontaktunterbrechungen, wenn nach dem Ätzen isolierte Flächenelemente stehen bleiben sollen. Beim Freiätzen der zwischen diesen Strukturelementen liegenden Flächen wird der Kontakt zwangsläufig unterbrochen, so daß das elektrochemische Ätzen der auf diese Weise isolierten Regionen zum Erliegen kommt. Um eine solche topologiebedingte Unterbrechung des Ätzprozesses zu verhindern, sollten im Layout Leitbahnen oder -schichten aus einem ätzresistenten Material vorgesehen werden, die dafür sorgen, daß während des gesamten Ätzprozesses alle Materialelemente miteinander in elektrischem Kontakt bleiben. Gegebenenfalls sind diese Hilfsstrukturen nach dem elektrochemischen Ätzen durch ein selektives außenstromloses Ätzen zu entfernen. Unterbrechungen des anodischen Stromflusses können auch auftreten, wenn Kantenbereiche freier Flächen bevorzugt abgetragen werden, so daß in der Mitte von Fenstern liegende Bereiche beim Durchätzen der kantennahen Bereiche einer zu ätzenden Fläche isoliert werden. Ein derartiges Ätzverhalten tritt bevorzugt auf, wenn die Geschwindigkeit des Ätzprozesses durch den Transport von Liganden zur Oberfläche bzw. den Abtransport der Reaktionsprodukte ins Innere der Lösung kontrolliert wird. Deshalb sind transportkontrollierte Prozesse beim elektrochemischen Ätzen von Schichten auf Isolatorschichten ungünstig. Erforderlichenfalls muß ein Ätzpotential gewählt werden, bei dem der Abtragsprozeß im wesentlichen durch das Elektrodenpotential bestimmt wird. Allerdings bedeutet dieser Verzicht auf eine zumindest partielle Transportkontrolle, daß die Oberflächeneigenschaften (Korngrenzen, Rauhigkeiten, Defekte) starken Einfluß auf den Ätzabtrag gewinnen und dadurch ein inhomogenes Ätzen der zu strukturierenden Flächen verursachen können.

Für das elektrochemische Ätzen können in gleicher Weise wie beim außenstromlosen Ätzen lithografische Masken verwendet werden. Der anodische Materialabtrag erfolgt in den Fenstern dieser Maske und gehorcht dabei allen Gesetzen des anodischen Abtrags wie sie auch für den anodischen Teilprozeß des außenstromlosen Ätzens gelten. Für diese Variante des elektrochemischen Ätzens wurde der Begriff „Elektrochemisches Maskenätzen" („Through-mask Electrochemical Machining") eingeführt. Für die entsprechende Mikrotechnik ist der Begriff des through-mask EMM („Through-mask Electrochemical Micromachining") in Gebrauch, bei der im Unterschied zur einfachen EMM anstelle eines Werkzeuges (siehe unten) die lithografische Maske eingesetzt wird. Die Technik kann u. a. zur Herstellung von Löchern in Folien benutzt werden, z. B. für die Mikrofluidik[13]. Zur Erreichung einer homogenen Ätztiefe innerhalb der einzelnen Ätzfenster, aber auch über der ganzen Fläche des Substrates muß für eine möglichst homogene Verteilung der lokalen anodischen Stromdichten gesorgt werden[14]. Neben der Form und Verteilung der Strukturen auf dem Substrat wirken sich die Strömungsverhältnisse im Elektrolyten und die Lage des Substrates im Elektrolyten auf die Stromdichteverteilung aus.

Elektrochemisches Ätzen ist besonders in Fällen vorteilhaft, in denen das Material außenstromlos nicht oder nur unter sehr extremen Bedingungen abgetragen werden kann. Das gilt z. B. für Edelmetallschichten, insbesondere auch das relativ häufig benötigte Platin. Günstiges anodisches Ätzverhalten tritt bei Platin z. B. bereits in 3-molarer Salzsäure auf. Um eine vergleichsweise hohe Ätzrate (1.3 nm/s) und eine ausreichende Selektivität gegenüber anderen Materialien wie z. B. Ti zu erreichen, hat sich ein elektrochemisches Pulsverfahren (Frequenz im 1 kHz-Bereich) bewährt. Der zeitliche Potentialverlauf (Pulsform) kann nach den Materialerfordernissen optimiert werden. Ein solches elektrochemisches Pulsverfahren ist z. B. auch erfolgreich zum Ätzen von Rhodium in Gegenwart von Titan eingesetzt worden[15].

Elektrochemisches Formätzen ECM („Electrochemical Machining")

Als Alternative zum elektrochemischen Ätzen durch Masken kann die anodische Bearbeitung von leitfähigen Werkstücken mit Gegenelektroden geeigneter Form erfolgen (Abb. 24). Bei dieser Methode wird die Gegenelektroden als „Werkzeug" in unmittelbare Nähe der zu beabeitenden Oberfläche gebracht (Elektrochemisches Formätzen – „electrochemical machining"). Die Technik wurde 1929 durch Gussef vorgeschlagen und durch Burgess 1941 erstmals demonstriert. Sie wird in der Technik seit den fünfziger Jahren dieses Jahrhunderts genutzt. Elektromachining wurde insbesondere zur Bearbeitung sehr harter metallischer Materialien wie z. B. Stählen oder Carbiden wie Widia eingesetzt. In Analogie zu den klassischen mechanischen Oberflächenbearbeitungsverfahren entwickelten sich u. a. die Methoden des elektrochemischen Polierens, Bohrens, Drehens und Schleifens[16]. Als „electrochemical micromachining" (EMM) ist diese Technik auch in das Repertoire des mikrotechnischen Ätzens eingeführt worden[17].

---

[13] M. Datta (1995)
[14] E. Rosset und D. Landolt (1989); A. C. West et al. (1992)
[15] R. P. Frankenthal und D. H. Eaton (1976)
[16] W. Gussef (1929); vgl. auch M. Hiermaier (1990)
[17] C. van Osenbruggen und C. De Regt (1985)

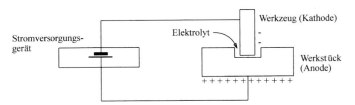

Abb. 3-24. Anordnung und Schaltung von Werkzeug und Werkstück beim Elektrochemischen Formätzen (Electrochemical Micromachining, EMM)

Die Mechanismen des ECM sind nicht in allen Einzelheiten klar. Das Verfahren beruht darauf, daß nur in dem engen Spalt zwischen dem Werkzeug, das als Kathode geschaltet ist, und dem Oberflächenelement, das abgetragen werden soll, hohe anodische Stromdichten auftreten, in der Umgebung dagegen nicht. Neben dem lokalen Elektrodenpotential müssen die lokalen Verhältnisse im Elektrolyten im Ätzspalt einerseits und der lokale Oberflächenzustand des zu bearbeitenden Materials andererseits die hohen erforderlichen lokalen Ätzrateunterschiede garantieren. Beim elektrochemischen Formätzen fließt ein sehr hoher Strom durch den Elektrolyten. Deshalb entstehen auch bei hohen Ionenkonzentrationen im Elektrolyten erhebliche Ohmsche Spannungsabfälle zwischen Arbeits- und Gegenelektrode. Die Potentialabfälle im Elektrolyten sind umso größer, je größer der Abstand zwischen Arbeits- und Gegenelektrode ist. Deshalb fließen an den Oberflächenabschnitten des Werkstückes, die sich im Bereich des engen Spaltes zwischen den Elektroden befinden, hohe Ströme, d. h. es kommt dort zu hohen Ätzraten, während die weiter entfernt liegenden Oberflächenabschnitte aufgrund des Lösungswiderstandes geringere Ätzraten aufweisen.

In Alternative oder Ergänzung zu großen Differenzen im Ohmschen Potentialabfall im Ätzbad werden auch Elektrolytzusammensetzungen gewählt, die zur Ausbildung von auflösungshemmenden Deckschichten führen. In den nicht abzutragenden Bereichen müssen diese Deckschichten im Kontext des Potentialgefälles im Elektrolyten selbst zu einer verschwindend kleinen lokalen Ätzrate führen, während im Ätzspalt der anodische Abtrag rasch vor sich gehen kann. Günstige Verhältnisse lassen sich bei transpassiv ätzbaren Materialien, wie z.B. Chrom und chromhaltigen Stählen erreichen. Bei entsprechender anodischer Polarisation wird im Ätzspalt das Transpassivpotential erreicht (Chrom geht als Cr(VI) in Lösung), während in der Umgebung die Oberfläche bei etwas niedrigerem Elektrodenpotential passiv bleibt (Chrom bildet als Cr(III) eine dichte Deckschicht).

In einigen Fällen können möglicherweise auch durch das Zusammenspiel von anodischem Partialprozeß (am Werkstück) und kathodischem Partialprozeß (am Werkzeug) Milieubedingungen entstehen, die einen raschen anodischen Abtrag gestatten, der durch das geringe Potentialgefälle innerhalb der kleinen Elektrolytstrecke im Spalt befördert wird. Insbesondere die Veränderung des pH-Wertes durch den kathodischen Partialprozeß kann sich beschleunigend auf die anodische Auflösung auswirken. Zusätzlich trägt die im Ätzspalt während der elektrochemischen Reaktion freigesetzte Wärme zu erhöhten Ätzraten bei. Den Elektrolyten werden neben den Leitsalzen und den komplexbildenden Substanzen, die mit den abzutragenden Metallen lösliche Koordinationsverbindungen bilden, z.T. auch Oxidationsmittel zugesetzt. Ein solcher Oxidationsmittelzusatz kann die Ätzrate teilweise beträchtlich erhöhen[18].

Im EMM werden Strukturdetails im Sub-Millimeterbereich hergestellt. Dieser Bereich ist sowohl durch die mechanische Feinwerktechnik (cm- bis mm-Bereich, also von größeren Abmessungen her) als auch durch die lithografische Technik (µm-Bereich, also von kleineren Abmessungen her) schlecht zugänglich. Insbesondere ist das Verfahren prädestiniert für die Formgebung von Metallen in diesem Größenbereich, da für die Metalle aufgrund ihres zumeist polykristallinen Materialaufbaus anisotrope kristallografische Tiefenätzverfahren, wie sie beim Ätzen einkristalliner Siliziumsubstrate verwendet werden, nicht in Frage kommen. Die Spaltweiten liegen typischerweise im Bereich von einigen 10 µm, sind also deutlich kleiner als die Strukturdetails. Zur Reduzierung des Abtrags im Flankenbereich werden passivierende Prozesse im Flankenbereich ausgenutzt oder das Werkzeug wird mit einer Seitenwandisolation versehen (Abb. 25).

Der Elektrolyt wird mit hohem Druck (um ca. 1 MPa) durch die ECM-Fluidzelle gepreßt. Der meist sehr gut leitfähige Elektrolyt und das kleine Elektrolytgap im Arbeitsspalt gestatten dabei hohe Stromdichten. Bei Stromdich-

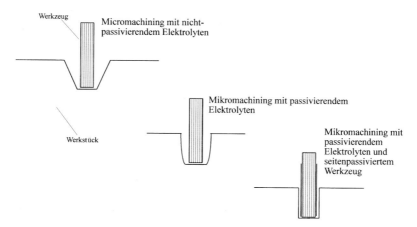

Abb. 3-25. Ausbildung der Form von Bearbeitungsgruben beim Elektrochemischen Formätzen (Electrochemical Micromachining, EMM) mit nichtpassivierendem und passivierendem Elektrolyten und bei Verwendung eines seitenwandpassivierten Werkzeugs

---

[18] Vgl. z.B. J.A.McGeough (1974)

Tab. 3-3. Theoretische Ätzraten beim anodischen Ätzen von Metallen[a]

Metall	Wertigkeit	Ätzrate (nm/s)
Aluminium	3	340
Beryllium	2	250
Chrom	6	125
Cobalt	3	230
Eisen	3	245
Kupfer	2	370
Mangan	2	380
Molybdän	3	325
	4	245
Nickel	2	350
	3	230
Niob	3	360
Silber	1	1065
Silizium	4	310
Titan	3	365
Vanadin	3	290
	5	175
Wolfram	6	160
Zink	2	475
Zinn	2	840

ten von 1 A/cm² werden typischerweise Raten im Bereich von eingen 100 nm/s erreicht (Tabelle 3). Im Einzelfall lassen sich auch Stromdichten von über 100 A/cm² einsetzen. Auf diese Weise können Abtragsraten von bis zu mehreren mm/min (ca. 10^4 bis 10^5 nm/s) erreicht werden, also mehr als das Tausendfache der üblichen Ätzraten beim naßchemischen außenstromlosen Ätzen.

Elektrochemisches Ätzen mit Nanosonden (SECM-Ätzen)

Eine spezielle ECM-Ätztechnik zur Erzeugung von Ätzgruben mit Abmessungen im Bereich von ca. 10 bis 1 µm stellt das Ätzen unter Verwendung einer elektrochemischen Mikro- oder Nanosonde dar. Dabei wird das eigentlich zur Oberflächencharakterisierung entwickelte Elektrochemische Scanning-Mikroskop (SECM; „Scanning Electrochemical Microscope") benutzt. Mit der Montage des Werkstücks auf einem rechnergesteuerten xy-Tisch mit Piezoantrieb kann das Werkstück sehr präzise unter der Sondenelektrode positioniert werden. Dabei werden Genauigkeiten von wenigen Nanometern erreicht.

Die leitfähige Sonde hat einen sehr geringen Krümmungsradius. Es wird z. B. eine Ultramikroelektrode UME mit einem Radius von 2 µm verwendet.

---

[a] bei einer Stromdichte von 1 A/cm² nach A. E. DeBarr und D. A. Oliver (1968)

3.4 Ätzen von Metallen und Halbleitern

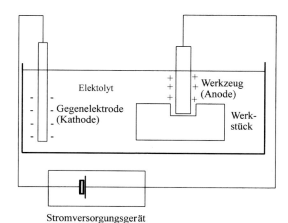

Abb. 3-26. Anodische Schaltung des Werkzeuges beim elektrochemischen Formätzen unter Verwendung von Sondenwerkzeugen, insbesondere angewendet bei der elektrochemischen Nanosonden-Technik

Die Sonde wird als Werkzeug mit Unterstützung eines in z-Richtung arbeitenden Piezoantriebs dem Werkstück nahe zugestellt. Im Gegensatz zur ECM-Technik wird die Nanosonde als Anode geschaltet (Abb. 26). Durch die Oxidation einer im Elektrolyten enthaltenen Spezies an dieser Elektrode wird eine stark korrosiv wirkende Spezies lokal erzeugt, die wegen des extrem geringen Spaltabstandes sehr schnell zur gegenüberliegenden Oberfläche diffundiert und dort den lokalen Ätzabtrag des zu strukturierenden Materials verursacht. Die Konzentration der reaktiven Spezies fällt in der unmittelbaren Umgebung der Nanosonde sehr rasch ab, da das Volumen zwischen Nanosonde und Werkstück verglichen mit dem Gesamtvolumen des Elektrolyten sehr klein ist. Dadurch kann die Wirkung der korrosiv wirkenden Spezies bereits in geringem Abstand von der Nanosonde vernachlässigt werden. Als kathodische Gegenelektrode fungiert bei dem Verfahren ein separates Element, das sich in größerem Abstand zu Sonde und Substrat befindet. Ätzgruben mit Abmessungen von wenigen µm wurden z. B. in den Verbindungshalbleitern GaAs, GaP, CdTe und (HgCd)Te hergestellt[19]. Prinzipiell sollten durch sondeninitiierte Strukturierungsprozesse Strukturgrößen bis weit unterhalb eines Mikrometers realisierbar sein. Bei besser leitfähigen Materialien wie Metallen oder sehr hoch dotierten Halbleitern ist die elektrochemische Erzeugung von Liganden an der Sonde für die lokale Intensivierung des Abtragsprozesses auf dem Werkstück sinnvoller als die Bildung des Oxidationsmittels.

Elektrochemisches Strahlätzen

Das elektrochemische Strahlätzen („Jet Electrochemical Micromachining"; JEM) ist eine besondere Form der elektrochemischen Mikrostrukturierung. Bei diesem Verfahren wird unter hohem Druck ein feiner Strahl des Ätzelek-

---

[19] D. Mandler und A.J. Bard (1990)

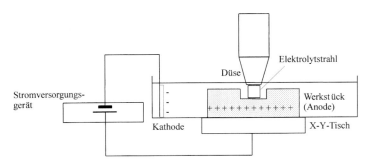

Abb. 3-27. Anordnung beim elektrochemischen Strahlätzen

trolyten durch ein Ventil auf die zu bearbeitende Substratoberfläche gerichtet. Das Werkstück ist dabei anodisch polarisiert. Je nach Benetzung des Werkstückes kann die Gegenelektrode entweder im umgebenden Elektrolyten oder in der Flüssigkeitszuleitung der Düse angeordnet sein. Wegen der hohen Geschwindigkeit der Flüssigkeit und der damit einhergehenden kleinen Diffusionsschichtdicken läuft der Ätzprozeß im Bereich des auftreffenden Strahles sehr rasch ab, während er in der weiteren Umgebung vernachlässigbar ist. Dazu ist ein geringer Abstand zwischen der Austrittsdüse und der Substratoberfläche erforderlich, der durch mechanische Zustellung in Normalenrichtung zum Substrat erreicht wird. Die Strukturtopologie wird über einen in x- und y-Richtung verstellbaren Substrattisch eingestellt[20].

Das elektrochemische Strahlätzen hat sich zum Beispiel bei der Herstellung von sub-mm-Löchern in Metallsubstraten, wie etwa Wolfram-Folien bewährt. Dabei konnten bei Ätztiefen zwischen 50 und 500 µm Löcher bis herab zu 0.4 bis 0.1 mm Durchmesser fabriziert werden[21].

3.4.7 Photochemisches Naßätzen

Beim photochemischen Ätzen wird der außenstromlose Prozeß der Auflösung von leitfähigen Materialien durch Licht unterstützt. Das Verfahren wird vorzugsweise zur Strukturierung von Halbleitern eingesetzt. Bei diesen kann die Ladungsträgerdichte in oberflächennahen Materialbereichen durch die Einstrahlung von Licht wesentlich erhöht werden. Außerdem werden sowohl das Leitungs- als auch das Valenzband energetisch angehoben. Dadurch kann die Intensität des anodischen oder auch des kathodischen Partialprozesses verstärkt werden. Die Erhöhung der Ätzrate ist dabei von der Intensität des eingestrahlten Lichtes und seiner Wellenlänge abhängig. Die bei der Absorption von Licht zurückgelassenen Defektelektronen („Löcher") im unteren Band

---

[20] M. Datta et al. (1989)
[21] S.-J. Jaw et al. (1994 und 1995)

fördern die Freisetzung von Kationen. Gleichzeitig wird die Wahrscheinlichkeit für die Übernahme von Elektronen aus dem in der Nähe der Oberfläche energetisch angehobenen Leitungsband durch ein in der Lösung enthaltenes Oxidationsmittel größer. Deshalb läßt sich die photochemische Unterstützung von Ätzprozessen gut auf das außenstromlose Ätzen anwenden. Besondere Bedeutung hat daneben das photoelektrochemische Ätzen (siehe Abschnitt 3.4.8).

Beim außenstromlosen photogestützten Ätzen werden Ätzbäder eingesetzt, die in ihrer Zusammensetzung den im Dunkeln arbeitenden Ätzbädern verwandt sind. So werden für das Siliziumätzen fluoridhaltige wäßrige Elektrolyte eingesetzt, in denen das lösliche Komplexion $[SiF_6]^{2-}$ gebildet wird[22].

Bei Verbindungshalbleitern wird das Phänomen ausgenutzt, daß die Bestrahlung bestimmter Oberflächenbereiche zu einer Erhöhung der Ätzrate in den unbestrahlten Bereichen führt. Dieser Effekt ist durch das mit zunehmender Bestrahlung zu höheren Werten verschobene elektrochemische Ruhepotential bedingt. Die Verschiebung kann durch eine Intensivierung des kathodischen Partialprozesses in den bestrahlten Bereichen erklärt werden. Der Vorgang ist durch die photoinduzierte Anhebung von Elektronen ins Leitungsband und deren nachfolgende Übernahme durch das Oxidationsmittel des Elektrolyten plausibel. Die entstehenden Defektelektroden wandern von den bestrahlten in die dunklen Bereiche der Elektrode, wo sie eine Erhöhung des Elektrodenpotentials bewirken. Beim Ätzen von GaAs in KOH wurden unter partieller Laser-Bestrahlung Ätzratenerhöhungen gegenüber dem unbestrahlten Zustand von mindestens dem Faktor 600 beobachtet[23]. Mit fokussierten Laserstrahlen wurde im gleichen System eine Ätzratenerhöhung um mehr als den Faktor 10^6 gefunden[24].

Das photoelektrochemische Ätzen kann auch zur direkten Erzeugung von Strukturen benutzt werden, ohne daß eine lithografische Maske verwendet wird. Stattdessen kann das Licht unmittelbar zur Strukturgenerierung eingesetzt werden. Intensive Bestrahlung mit fokussierten Lasern erlauben z.B. die naßchemische Herstellung von Löchern in Halbleitern wie GaAs mit Aspektverhältnissen von ca. hundert[25]. Neben Löchern können auch Linien optisch abgebildet und geätzt werden. So lassen sich z.B. optische Gitter in III/V-Halbleitersubstrate ätzen, wenn ein Beugungsgitter über einen HeNe- oder einen Ar-Laser (543,5nm bzw. 488 nm) direkt auf die in das Ätzbad eingebrachte Substratoberfläche projiziert wird. Durch die Abbildung ebener Figuren lassen sich auch kompliziertere Formen direkt strukturieren[26]. Prinzipiell könnten über eine direkte Beleuchtung auch gewölbte Substrate photoelektrochemisch geätzt werden. Voraussetzung wären die optisch scharfe

---

[22] V. Švorčik und V. Rybka (1991)
[23] J. Van den Ven und H.J.P. Nabben (1991)
[24] M. Datta und L.T. Romankiw (1989); Y. Tsao und D.J. Ehrlich (1983)
[25] M. Datta und L.T. Romankiw (1989) nach D.V. Podlesnik et al. (1984)
[26] R. Matz und J. Meiler (1990)

Abbildung der Strukturgeometrie und die homogene Ausleuchtung der zu ätzenden Fläche mit Licht genügend hoher Intensität.

Lasergestütztes Ätzen in korrosiven Bädern kann auch auf Metalle angewendet werden. Die dabei erreichbaren Rateunterschiede zwischen unbestrahlten und bestrahlten Bereichen können mehr als den Faktor 1000 betragen, wobei der Rateantieg z. T. in einem relativ engen Intervall der Leistungsdichte der Laserstrahlung auftritt[27]. Dadurch können Strukturen auch direkt geschrieben werden. Hohe Rateunterschiede zwischen bestrahlten und nichtbestrahlten Bereichen treten vor allem bei passivierbaren Materialien auf. Dabei werden passivierte Bereichen durch die Bestrahlung aktiviert. So wurden lasergestützte naßchemische Strukturierungen an leicht passivierbaren Materialien wie Stahl, Chrom, Titan und Cobalt, aber auch an Kupfer vorgenommen. Es wird angenommen, daß die Beschleunigung der Auflösung eher durch thermische als durch photochemische Aktivierung erfolgt[28].

3.4.8 Photoelektrochemisches Ätzen (Photoelectrochemical etching, PEC)

Beim photoelektrochemischen Ätzen wird der anodische Prozeß der Auflösung von leitfähigen Materialien durch Licht unterstützt. Wie die rein photochemischen Naßätzprozesse wird auch dieses Verfahren zur Strukturierung von Halbleitern eingesetzt. Insbesondere wird der anodische Materialabtrag durch die Einstrahlung von Licht deutlich erhöht.

Das photoelektrochemische Ätzen hat mit dem photochemischen Ätzen die Verwendung von Licht gemeinsam. Es unterscheidet sich von diesem jedoch dadurch, daß kein Oxidationsmittel im Elektrolyten benötigt wird, sondern der Materialabtrag wie beim elektrochemischen Ätzen durch die anodische Schaltung des Werkstückes erreicht wird (Abb. 28).

Der Einsatz von Licht zur Erhöhung von Ätzraten ist in der klassischen Bearbeitungstechnik von Metallteilen durch anodisches Ätzen bereits seit den 1920iger Jahren bekannt. So werden die häufig als Material verwendeten Metalle Aluminium, Kupfer und seine Legierungen, Gold, Silber und Stahl mit Lichtunterstützung elektrochemisch geätzt, wenn bei ausreichenden Ätzraten (von ca. 3 nm/s bis 1000 nm/s), d. h. hohen Konzentrationen an oxidierenden und komplexierenden Substanzen in den Ätzbädern (bis zu einigen 10 %), noch befriedigende Rauhigkeiten (um 1 µm bei bis zu ca. 100 µm Ätztiefe) erreicht werden sollen. Mit dieser Technik werden z. B. auch Formteile aus schwieriger zu bearbeitendem Material wie Titan, Zirkonium, Niob, Molybdän, Wolfram, Rhenium, Rhodium, Iridium, Palladium, Platin und Tantal geätzt[29]. Die bei klassischen metallischen Formteilen vorliegenden

---

[27] R. Nowak et al (1994); R. Nowak und S. Metev (1996a)
[28] Nowak und S. Metev (1996 b,c)
[29] nach D.M. Allen (1990)

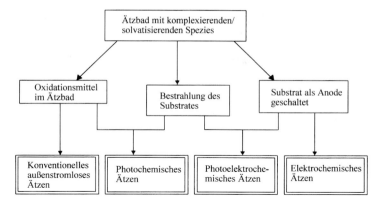

Abb. 3-28. Übersicht zu naßchemischen Ätzverfahren. Gliederung nach Anwendung von Oxidationsmitteln, anodischer Polarisation und Licht

Erfahrungen zum photoelektrochemischen Ätzen bei größeren Ätztiefen werden auch für die mikrotechnische Bearbeitung eines erweiterten Materialspektrums in der Mikrosystemtechnik genutzt. So wurde z. B. das photoelektrochemische Ätzen von Silizium und Germanium bereits in einem frühen Stadium der Mikroelektronik-Entwicklung untersucht[30].

In der gegenwärtig etablierten Mikrotechnik wird das photoelektrochemische Ätzen vorzugsweise bei der Mikrostrukturierung von Halbleitern und bei diesen wieder vor allem bei Verbindungshalbleitern eingesetzt. Aufgrund der geringeren Leitfähigkeit der Halbleiter gegenüber Metallen einerseits und der Bandlücke zwischen Valenz- und Leitungsband andererseits ist das photoelektrochemische Ätzen für Halbleiter besonders wichtig.

Halbleiter zeigen im Elektrolyten eine Verbiegung der Bandkanten in der Nähe der Oberfläche. Ursache dafür sind die veränderten elektronischen Verhältnisse an der Grenzfläche zum Elektrolyten, die durch die Ausbildung der elektrochemischen Doppelschicht zustande kommen. Die in die Lösungsseite der Phasengrenzfläche übergetretenen Kationen lassen Elektronen zurück. Bei Anlegung einer anodischen Überspannung werden diese Elektronen in das Innere des Halbleiters transportiert, wobei ein Potentialgefälle ins Innere des Halbleiters entsteht (Abb. 29 A).

Bei der Absorption von Licht werden Ladungsträger aus einem niedrigeren elektronenreichen Band in ein höheres elektronenarmes Band übertragen. Dabei wird die Leitfähigkeit sowohl durch die zurückgelassenen Defektelektronen (Löcher) im unteren Band als auch durch die vermehrten Elektronen im oberen Band erhöht. Zusätzlich vergrößert sich aufgrund der Defektelektronen im unteren Band die Tendenz, Ionen zu bilden, d. h. die anodische Durchtrittswahrscheinlichkeit für Ionen durch die Festkörperoberfläche ver-

---

[30] A. Uhlir Jr. (1956)

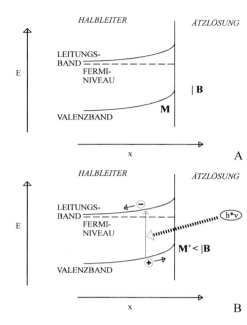

Abb. 3-29. Photoelektrochemisches Ätzen: Bandverbiegung beim Ätzen von Halbleitermaterialien ohne (A) und mit (B) strahlungsinduzierter elektronischer Anregung (nach H. Gerischer 1988)

größert sich. Die bei der durch die Lichtabsorption initiierte Ladungstrennung gebildeten Defektelektronen wandern unter den Bedingungen der anodischen Auflösung zur Elektrodenoberfläche. Dort fördern sie die Bildung von Kationen M^+, die in die flüssige Phase übertreten und dort mit einem Ligand B (Elektronenpaar-Donator) zu einer löslichen Spezies reagieren. Die Elektronen werden im anliegenden elektrischen Feld in das Innere des Halbleiters abgezogen. Infolge der lichtgestützten Ladungstrennung tritt bei gleichem Elektrodenpotential unter Bestrahlung eine erhöhte anodische Auflösung auf (Abb. 29 B).

Photoelektrochemische Ätzprozesse sind für viele Halbleitermaterialien ausgearbeitet worden. Außer Silizium[31] werden vor allem Verbindungshalbleiter wie z. B. GaAs, AlGaAs, GaSb, InP, InAs, SiC photoelektrochemisch geätzt[32].

Die Bestrahlung der Halbleiteroberfläche kann nicht von der Seite der Festkörper aus erfolgen, da diese nicht transparent sind. Statt dessen wird der Elektrolyt durchstrahlt. Dabei ist es wichtig, daß die Absorption des Elektrolyten gering gehalten wird, um einerseits das Licht nicht zu dämpfen und um andererseits den Elektrolyten nicht unnötig aufzuheizen.

---

[31] R. Voss et al. (1991)
[32] H.F. Hsieh et al. (1993); E.K. Probst et al. (1993); D. Harries et al. (1994); J.S. Shor et al. (1992); J.S. Shor und A.D. Kurtz (1994); R. Khare et al. (1993); vgl. auch J. van de Ven und H.J.P. Nabben (1990)

Da die Ätzrate mit der Intensität des eingestrahlten Lichtes wächst, werden intensiv emittierende Lichtquellen eingesetzt. Daneben ist für den Ätzprozeß eine homogene Ausleuchtung der Substratoberfläche wichtig, um Inhomogenitäten in den lokalen Ätzraten zu vermeiden. Außerdem muß die Wellenlänge des Anregungslichtes so bemessen sein, daß die Energie der Quanten mindestens so groß wie die Bandlücke des zu ätzenden Materials ist. Quanten geringerer Energie vermögen nicht, eine Ladungstrennung in den oberflächennahen Schichten des Halbleiters hervorzurufen, und sind deshalb für den Ätzprozeß wirkungslos. Diese Anforderungen werden durch LASER-Quellen in hervorragender Weise erfüllt. Diese liefern zum ersten bei Bedarf eine sehr intensive Strahlung. Sie sind zum zweiten sehr gut optisch zu führen und können deshalb zu einer sehr homogenen Ausleuchtung der zu ätzenden Fläche verwendet werden. Zum dritten liefern sie monochromatisches Licht, das in seiner Wellenlänge genau nach der Energie der Bandlücke des zu ätzenden Materials ausgewählt werden kann.

Neben den eigentlichen Halbleiterschichten wird photoelektrochemisches Ätzen auch in Fällen angewendet, bei denen auf Metallen halbleitende Deckschichten gebildet werden. Diese Deckschichten besitzen oft passivierenden Charakter, d.h. sie hemmen den anodischen Ladungsdurchtritt. Während in den Metallen das Ferminiveau bis zur Metalloberfläche ein örtlich konstantes Energieniveau darstellt, schließt sich in der Deckschicht die für Halbleiter typische Bandlücke an. In einigen Fällen bilden sich sogar zwei oder mehrere Deckschichten auf Metallen aus, die unterschiedliche Halbleitereigenschaften besitzen.

Wie massive oder Schichthalbleiter zeigen auch die Deckschichthalbleiter eine Verbiegung von Valenz- und Leitungsband in der Nähe der Grenzfläche zum Elektrolyten (Abb. 30 A). Durch die Einwirkung von Licht werden auch hier Leitungs- und Valenzband vor der Grenzfläche der Deckschicht zum Elektrolyten energetisch angehoben und auf diese Weise der Ladungsdurchtritt durch die Deckschicht begünstigt (Abb. 30 B). Diese Verbesserung des Ladungsdurchtrittes bedeutet eine Intensivierung der elektrochemischen Partialprozesse und damit auch eine Erhöhung des anodischen Materialabtrags, also der Ätzrate bei gegebenem Potential.

Photoelektrochemisches Ätzen von Metallen unter Vorhandensein von halbleitenden Deckschichten hat mikrotechnisch sowohl bei relativ unedlen Metallen, die sehr stabile, stark passivierende oxidische Deckschichten ausbilden, wie Titan, eine Bedeutung als auch bei edleren Metallen, die weniger stark passivierende, oxidische oder salzartige Deckschichten ausbilden, wie z.B. Kupfer.

Da Licht sich leicht fokussieren oder durch Blenden zu Lichtstempeln formen läßt, kann das photoelektrochemische ebenso wie das photogestützte Ätzen auch ohne Verwendung einer lithografischen Maske zur mikrotechnischen Formgebung verwendet werden. Bei der Herstellung von Grabenstrukturen in InP und GaAs wurden z.B. mit lokaler Laserbestrahlung in verdünnter Salpetersäure, Flußsäure und schwefelsaurer Wasserstoffperoxidlösung Ätzraten bis zu 50 bzw. bis zu 180 nm/s erreicht[33].

---

[33] M.N. Ruberto et al. (1991)

96   3 Naßätzverfahren

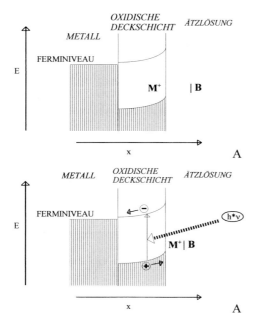

Abb. 3-30. Photoelektrochemisches Ätzen: Bandverbiegung beim Ätzen von Metallen mit halbleitenden Deckschichten ohne (A) und mit (B) strahlungsinduzierter elektronischer Anregung (nach H. Gerischer 1988)

3.5 Kristallografisches Ätzen

3.5.1 Naßchemischer Materialabtrag an Einkristalloberflächen

Naßchemische Ätzprozesse sind isotrop, solange Vorgänge dominieren, die von sich aus keine Richtungsbevorzugung besitzen. So sind alle diffusiven Transportprozesse mit isotropem Ätzverhalten verknüpft. Das zu ätzende Material selbst kann jedoch eine Richtungsbevorzugung in den Ätzvorgang hineinbringen, wenn es selbst nicht isotrop aufgebaut ist und dieser anisotrope Aufbau des Festkörpers die Geschwindigkeit des Ätzprozesses bestimmt oder zumindet mitbestimmt. Ein solcher Einfluß des Festkörperaufbaus auf den Ätzprozeß ist immer dann möglich, wenn eine an der Festkörperoberfläche ablaufende Teilreaktion des Materialabtrags geschwindigkeitsbestimmend ist.

Ätzprozesse an Metallen und Halbleitern sind, auch wenn kein äußerer Strom fließt, in der Regel mit elektrochemischen, d. h. anodischen und kathodischen Partialprozessen verknüpft (siehe Abschnitt 3.4). Der Charakter des Ätzprozesses, d. h. ob isotropes oder kristallografisch-anisotropes Ätzen vorliegt, kann durch die Wahl des Ätzmittels und der geeigneten Konzentrationen der Ätzbadkomponenten eingestellt werden. Kristallografisches Ätzen setzt voraus, daß der anodische Teilprozeß oberflächenkontrolliert abläuft, was bedeutet, daß das Angebot an Liganden an der Festkörperoberfläche so hoch sein muß, daß die Duchtrittsreaktion geschwindigkeitsbestimmend ist. Vermindert man die Ligandenkonzentration in der Lösung und damit auch das Ligandenangebot an der Grenzfläche, so kann der Antransport der Liganden aus der Lösung, d. h. deren Diffusion, geschwindigkeitsbestimmend werden und dadurch der anisotrope Ätzprozeß in einen isotropen übergehen.

Für das Auftreten von anisotropen Naßätzprozessen und die Form mikrostrukturierter Körper oder Strukturelemente ist der atomare oder molekulare Aufbau des Festkörpers entscheidend. Der Aufbau der Festkörper läßt sich im Hinblick auf deren Ordnungszustand in drei Gruppen einteilen, die für die Mikrotechnik relevant sind:

A. Festkörper, bei denen in der Anordung der Bausteine (Atome oder Moleküle) keine Richtungsbevorzugung vorliegt (glasartige und sonstige amorphe Materialien)
B. Festkörper, die aus einem einzigen Einkristall bestehen (einkristalline Materialien)
C. Festkörper, die aus einer Vielzahl von Einkristallen aufgebaut sind, die unterschiedliche Richtungen im Raum aufweisen (polykristallines Material)

Zwischen den Typen A und C gibt es als Übergangsformen das teilkristalline und das granular aufgebaute amorphe Material. Poly- und teilkristallines Material kann wiederum aus Kristalliten aufgebaut sein, in deren Raumorientierung alle Richtungen gleichberechtigt vertreten sind. Es können jedoch auch bestimmte Orientierungen häufiger als andere sein. Der letztere Fall ist durchaus wahrscheinlich für Schichtmaterialien, die durch ein Aufwachsen auf einer Oberfläche entstanden sind, d. h. für die Mehrzahl der vakuumtechnisch, etwa durch Bedampfung, Sputtern oder CVD abgeschiedenen mikrotechnischen Materialien.

Im ideal amorphen Material kommen alle Raumorientierungen bei allen Komponenten vor. Deshalb kann dieses Material keinem kristallografisch-anisotropen naßchemischen Ätzen unterworfen werden. Die anderen Typen B, C und die Übergangsformen A/C können jedoch ein Ätzverhalten aufweisen, bei dem bestimmte Raumrichtungen global oder lokal bevorzugt sind. Bei poly- oder teilkristallinem Material, in dem alle Raumrichtungen gleichermaßen vertreten sind, wird es zwar global keine Ätzratenunterschiede geben, lokal können aber sehr wohl erhebliche Ratenunterschiede auftreten. Dieses Phänomen sorgt z. B. für lokal inhomogenes Ätzen insbesondere an säulenförmigem oder auf andere Weise durch ausgeprägte Korngrenzen gekennzeichneten Materialien.

Durch unterschiedliche Ätzgeschwindigkeiten an verschiedenen Einkristalloberflächen oder durch verschiedene Ätzraten der Körner und der Korngrenzenbereiche lassen sich die in einem Material nicht ohne weiteres sichtbaren Gefügestrukturen als Mikro- oder Nanotopografie beim Anätzen auf der Oberfläche abbilden. Durch den Ätzprozeß entstehen lokale Senken in Bereichen hoher Ätzrate und lokale Gipfel im Bereich niedriger Ätzrate. Dieses

Verhalten wird seit langem zur Charakterisierung in der Materialkunde benutzt. Viele Ätzbäder wurden speziell zur kristallographischen und Gefüge-Charakterisierung von Halbleitermaterialien und -bauelementen entwickelt. Je nach Ätzverhalten bewirken diese Ätzbäder einen nach lokaler Zusammensetzung (Dotierung) oder Gefüge unterschiedlichen Materialabtrag, in dessen Folge die örtlichen Kristalleigenschaften als Relief an der Oberflläche abgebildet und damit im Lichtmikroskop sichtbar gemacht werden können[34]. In der Ätztechnologie für Mikrobauelemente ist ein solches differenzierendes Ätzverhalten meist unerwünscht, da die lokal entstehenden Inhomogenitäten stören. Dagegen ist der anisotrope Abtrag von einkristallinem Material für die Mikrotechnik und insbesondere die Mikromechanik außerordentlich bedeutsam. Durch die Wahl der kristallografischen Ebene an der Oberfläche eines Substrates und eines geeigneten Ätzprozesses können durch anisotropes naßchemisches Ätzen bestimmte kristallografische Flächen selektiv präpariert werden. Auf diese Weise ist es möglich, andere als die durch den isotropen Abtrag hervorgerufenen Kugel- oder Zylindersegmentflächen zu erzeugen. Das kristallografische Ätzen erlaubt dadurch die naßchemische Herstellung von ebenen Flächen und scharf definierten Kanten, die auch gegenüber den Kanten der Ätzmaske geneigt oder verschoben sein können. Die Lage der nach dem Ätzen erhaltenen Strukturkanten wird durch die Ätzratenverhältnisse der unterschiedlichen kristallografischen Richtungen und die relative Lage der Maskenkanten zu den kristallografischen Richtungen festgelegt. Eine besondere Bedeutung für die erreichbaren Geometrien kommt der Schnittebene des Substrates, d. h. der kristallografischen Orientierung der im Ätzbad zuerst freiliegenden Oberfläche zu.

Voraussetzung für kristallografisches Ätzen sind Ätzbäder, in denen verschiedene kristallografische Ebenen unterschiedliche Abtragsraten aufweisen. Der Aufbau der Kristallflächen bestimmt dabei die Abtragsraten. Im allgemeinen weisen Ebenen mit einer hohen Dichte von Atomen eine niedrige Ätzrate, Ebenen mit einer niedrigen Dichte von Atomen eine hohe Ätzrate auf. Wahrscheinlich spielt aber neben der absoluten Dichte der Atome in der Oberfläche auch die Zahl und Anordnung der Elektronenorbitale in der Kristallfläche eine wesentliche Rolle. Diese ist entscheidend für die chemischen Elementarprozesse, die sich an der Oberfläche abspielen, insbesondere die Anlagerung oder Abspaltung von Gruppen, die einen Abtrag der Oberfläche hemmen, wie z. B. Oxide, Salze oder auch Hydride, und für den Angriff von komplexierenden Spezies, die etwa die Herauslösung von Metallionen aus der Festkörperoberfläche durch die Bildung löslicher Koordinationsverbindungen bewirken. Die Lage und Geometrie von unbesetzten Oberflächenorbitalen dürfte vor allem für die Reaktionswahrscheinlichkeit mit sterisch anspruchsvolleren Chelat-Liganden wichtig sein.

Die Kristallstruktur und die Wahl des Kristallschnittes, der die Oberfläche des mikrotechnischen Substrates definiert, bestimmen auch die Geometrie

---

[34] für diverse Halbleitermaterialien siehe z. B. P.J. Holmes (1962); A.F. Bogenschütz (1967)

der erreichbaren Strukturen. Grundsätzlich werden durch das kristallografische naßchemische Ätzen Ebenen geringster Ätzrate präpariert. Die Geometrie, die beim Ätzen durch ein entsprechendes Maskenfenster entsteht, ist durch den Winkel zwischen der Substratoberfläche und der zuerst erreichten Netzebene, die eine niedrigere Ätzrate aufweist, festgelegt. Die Geometrie in der Tiefe ergibt sich deshalb zwangsläufig aus der Wahl des Maskenfensters und dem Kristallschnitt.

Der Aufbau des Kristallgitters legt damit sowohl die Ätzraten als auch die erreichbaren Geometrien fest. Deshalb ist es wichtig zu wissen, welcher Typ von Kristallgittern geätzt werden soll. Für die Mikrotechnik sind vor allem kubische Kristallgitter wichtig. Silizium, aber auch Galliumarsenid bilden z. B. ein kubisches Gitter. Kristalliner Quarz, der neben Quarzglas ebenfalls mikrotechnisch bedeutsam ist, kann sowohl kubisch (β-Cristobalit) als auch trigonal (α-Quarz), hexagonal (β-Tridymit, β-Quarz), rhombisch (α-Tridymit) oder tetragonal (α-Cristobalit) vorkommen. Die exakte Geometrie kristallographisch-anistrop geätzter Substrate hängt jedoch nicht nur von der Kristallstruktur ab. Neuere Untersuchungen haben gezeigt, daß in Abhängigkeit von den eingesetzten Ätzbädern (Konzentrationen und Temperaturen) Abweichungen von bis zu mehreren Graden von den erwarteten idealen Winkeln auftreten[35].

Für die Optimierung der Geometrien dreidimensional geätzter Einkristall-Mikrostrukturen, wie sie vor allem in der Mikromechanik, aber auch an vielen anderen Stellen Verwendung finden, wurden eine Reihe experimenteller Testverfahren und verschiedene Ätzsimulationsprogramme entwickelt. In der Regel werden die Ätzraten in den verschiedenen kristallografischen Richtungen empirisch ermittelt oder – soweit vorhanden – bereits tabellierten Werten entnommen. Die Maskengeometrien können dann anhand der bekannten Ätzraten und der Wahl eines geeigneten Kristallschnittes des Substrates mit Hilfe von Computerrechnungen optimiert werden, in denen der zeitliche Verlauf eines Ätzprozesses simuliert wird. Solche Simulationen schränken die Fülle geometrischer Maskenvarianten stark ein und erleichtern die Wahl geeigneter Maskengeometrien erheblich. Kleine Abweichungen in den Winkeln der Ausgangsgeometrien (Kristallschnitt, Orientierung der Maskenkanten) und Abweichungen in den Ätzratenverhältnissen können aber bei komplizierteren Geometrien, insbesondere beim Auftreten von konvexen Strukturen, zu erheblichen Abweichungen der im praktischen Ätzprozeß erhaltenen Geometrien von der berechneten Gestalt führen. Deshalb schließt sich für konkrete Bauelemente in der Regel ein empirischer Optimierungsprozeß an, in dem die günstigsten Maskengeometrien für eine gewünschte dreidimensionale Zielgeometrie ermittelt werden.

---

[35] I. Stoev (1996)

3.5.2 Anisotropes Ätzen von einkristallinen Metallen

Alle einkristallinen Materialien können anisotrop geätzt werden. Diese Eigenschaft wird in der Materialkunde von Metallen bereits seit langem ausgenutzt, um Texturen sichtbar zu machen. Dabei bleiben in der Regel auch bei den Metallen vorzugsweise niedrig indizierte kristallografische Ebenen erhalten. Diese Eigenschaft kann man sich zur anisotropen Formgebung einkristalliner metallischer Materialien im Mikrobereich zunutze machen.

Im Gegensatz zum Ätzen von Silizium können aber auch andere Flächen als (111)-Flächen die widerstandsfähigsten gegen den Angriff von Ätzbädern sein. Dabei spielt neben der Geschwindigkeit des Abtrags in Normalenrichtung zur kristallografisch einheitlichen Oberfläche auch die Geschwindigkeit des Abtrages von Kanten aus eine wesentliche Rolle. Entscheidend für das Abtragsverhalten an verschieden indizierten Flächen ist die Lage von Elektronenorbitalen, die in den anodisch gebildeten Ionen als freie Orbitale mit den freien Elektronenpaaren von Liganden der Lösung in Wechselwirkung treten können.

An Platin-Einkristallen wurde die bevorzugte Erhaltung von (110)-Flächen beim elektrochemischen Ätzen in Königswasser beobachtet. (111)-Flächen werden in diesem Beispiel zwar in Normalenrichtung langsamer angegriffen als die (110)-Flächen, sie werden jedoch von den Kanten her stärker abgetragen[36].

Im Gegensatz zu Halbleitern und piezoelektrisch aktiven dielektrischen Einkristallen oder Keramiken werden einkristalline Metalle in der Mikrotechnik bisher kaum verwendet. Anisotropes Ätzen wurde an Einkristallen im wesentlichen nur im Zusammenhang mit elektrochemischen Studien zum Verhalten der Metalle durchgeführt. Strukturtechnisch wird das anisotrope Ätzverhalten von Metallen zuweilen bei poly- oder teilkristallinen Schichten ausgenutzt, die in einer bestimmten Morphologie, d.h. bevorzugten Orientierungen von Korngrenzen und Kristalliten, aufgewachsen sind. So können z.B. durch das bevorzugte Ätzen von Korngrenzen steile Strukturkanten an säulenförmig abgeschiedenen Materialien erzeugt werden, wobei die durch das Ätzen herauspräparierten Strukturkanten die lokale Morphologie der Schicht widerspiegeln. Die steilen Flanken bezahlt der Mikrostrukturtechniker in der Regel mit einer Kantenrauhigkeit in der Dimension der lateralen Korngrenzenausdehnung und mit zeitlich inhomogenem Ätzen, da auch auf den offenen Flächen das Ätzen bevorzugt in den Korngrenzen abläuft, während das Innere der Körner im zeitlichen Ätzverlauf zurückbleibt.

---

[36] R. Caracciolo und L.D. Schmidt (1983)

3.5.3 Anisotropes Ätzen von Silizium

Das anisotrope Ätzen von einkristallinem Silizium hat im Rahmen der Silizium-Mikromechanik in den letzten Jahren eine sehr große Bedeutung erlangt. Diese Bedeutung ist weniger auf die Halbleitereigenschaften des Siliziums als auf seine mechanischen und thermischen Eigenschaften zurückzuführen und auf den Umstand, daß Silizium durch die ständige Produktion für die Mikroelektronik als einkristallines Material in hoher Qualität und vergleichsweise preiswert zur Verfügung steht und sich leicht mit gut eingeführten mikrolithografischen Methoden bearbeiten läßt. Dabei wird Silizium zum Teil selber als Funktionsmaterial genutzt, teilweise spielt es aber auch nur als Träger, Wandungs- und Opfermaterial eine Rolle. Das anisotrope Ätzen wird vor allem benutzt, um dreidimensionale Formen mit sehr exakten Abmessungen zu erzeugen. Diese Formen finden als tetragonal-pyramidische oder prismatische Löcher in den Substraten, aber auch als pyramidenstumpfförmige Ätzgruben und in Gestalt von Mikrokanälen mit dreieckigem oder trapezförmigem Querschnitt vielfältige Verwendung.

Mikromechanisch bearbeitetes Silizium wird heute für eine Reihe von mechanischen Sensoren eingesetzt, so z. B. für die Atomkraftmikroskopie in Drucksensoren und als Massenartikel in den Beschleunigungssensoren für den Airbag in Kraftfahrzeugen. Mikromechanisch geätztes Silizium findet darüber hinaus aber auch Anwendung in thermischen Sensoren, in Mikrofluid-Bauelementen, wie Pumpen und Ventilen, chemischen Mikrosensoren sowie Kapillarbauelementen für Elektrophorese und Chromatographie[37]. Es ist neuerdings auch für molekularbiologische, biochemische und mikrobiologische Applikationen in der Diskussion[38].

Silizium hat eine kubischflächenzentrierte Kristallstruktur („Diamant-Gitter"). Der hochsymmetrische Aufbau hat zur Folge, daß bei Drehung des Kristalls mehrere jeweils identische Anordnungen der Atome und damit auch der Gitterebenen erhalten werden. Deshalb sind nur drei Schnittrichtungen niedriger Indizierung für die Mikrotechnik relevant, die (111)-Richtung, die (100)-Richtung und die (110)-Richtung. Die (010)- und (001)-Richtung sind der (100)-Orientierung äquivalent und die (101)- und die (011)-Richtung entsprechen der (110)-Richtung (Abb. 31). Die Silizium-Mikromechanik benutzt vorwiegend polierte Substrate in den Orientierungen (100) und (110).

Ätzbäder und Maskentechnik

Das naßchemische anisotrope Siliziumätzen, das heute an vielen Stellen standardmäßig eingesetzt wird, entspricht in seinem Charakter weitgehend dem Ätzen von Metallen. Es ist ein außenstromloser Ätzprozeß. Im anodischen

---

[37] Übersicht: S. Büttgenbach (1994); siehe z. B. auch A. Manz et al. (1990,1993), K. Seiler (1993), D.J. Harison et al. (1993), C.S. Effenhauser et al. (1993),
[38] siehe z. B. Northrup et al. (1993, 1995); J.M. Köhler et al. (1995), A. Schober et al. (1995)

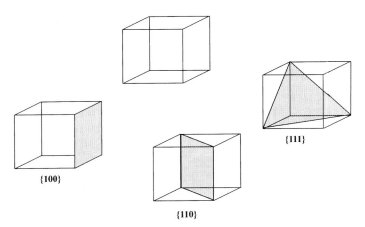

Abb. 3-31. Lage der niedrig indizierten kristallografischen Ebenen in kubischen Kristallen, wie sie für das anisotrope naßchemische Ätzen von Silizium bedeutsam sind

Partialprozeß tritt Silizium aus dem Festkörper als Si(IV) in die Lösung über. Die dabei im Festkörper freigesetzten Elektronen werden in einem kathodischen Partialprozeß auf ein Oxidationsmittel des Ätzbades übertragen. In den meisten Bädern dienen die Protonen des Wassers selbst als Oxidationsmittel, wobei gasförmiger Wasserstoff gebildet wird. Dieser Prozeß ist möglich, da das Redoxpotential der reduktiven Wasserstoffbildung über dem Redoxpotential der Siliziumelektrode liegt. Silizium entspricht in dieser Hinsicht einem unedlen Metall. In manchen Ätzbädern werden aber auch zusätzliche Oxidationsmittel zugesetzt, z. B. um die Intensität der Blasenbildung, die mit der Entstehung des Wasserstoffs einhergeht, zu unterdrücken. Eine solche Unterdrückung von Gasblasen ist insbesondere bei der Herstellung von mechanisch empfindlichen mikromechanischen Strukturen und Dünnschichtmembranen wichtig. Daneben kommt auch die Nutzung von Redoxmediatoren, z. B. der Zusatz von Metallen, die Ionen in verschiedenen Oxidationsstufen bilden, oder deren Koordinationsverbindungen vor. Wichtig bei der Auswahl der Zusätze ist die Berücksichtigung der Löslichkeitsprodukte, die auch bei relativ gut löslichen Salzen leicht überschritten werden können, da bereits durch die häufig verwendeten Alkalihydroxide das Gegen-Kation (meist K^+, Na^+ oder Li^+) in sehr hoher Konzentration vorliegt. Deshalb werden in manchen dieser Bäder zwei oder mehrere Alkaliionen nebeneinander benutzt.

Silizium löst sich unter Bildung von Verbindungen des 4-wertigen Siliziums. Wegen der relativ geringen Elektronegativität des Siliziums (1.74) kommt die Elektronendichte am Si-Zentralatom dem ionischen Zustand Si^{4+} nahe. Die beim Ätzen gebildeten löslichen Spezies können deshalb als Koordinationsverbindungen verstanden werden. Diese Vorstellung steht im Einklang mit der Tatsache, daß die koordinative Bindung von harten, d. h. wenig polarisierbaren Liganden an Siliziumatome der Oberfläche offensichtlich einen wesentlichen Schritt für die Überführung des Siliziums aus dem Festkörper ins Ätzbad darstellt. Ist die Konzentration solcher Liganden zu niedrig, so dominiert die Reaktion der Siliziumoberflächenatome mit dem Wasser unter Bildung von schwerlöslichem Siliziumoxid. Nur wenn die Bildung löslicher Komplexe mit der Bildung des Oberflächenoxids konkurrieren kann, findet ein Ätzabtrag statt. Deshalb kann Silizium nur bei relativ hohen Konzentrationen solcher Liganden gelöst werden. Neben F^-, das vor allem in den isotropen Si-Ätzbädern verwendet wird, können nur elektronenreiche elektronegative Elemente wie Stickstoff und Sauerstoff als harte Donatoren für die Bildung löslicher Siliziumkomplexe dienen. Die freien Elektronenpaare dieser beiden Atome gehen dabei in die koordinative Bindung ein. Als einfachste Spezies erfüllt das OH^--Ion die Forderung an einen reaktiven Liganden für das Siliziumätzen. Allerdings wird es in sehr hohen Konzentrationen benötigt, um einen deutlichen Ätzabtrag hervorzurufen. Deshalb werden vielfach extrem konzentrierte alkalische Lösungen zum anisotropen Siliziumätzen verwendet.

Die Konkurrenzfähigkeit von Liganden zur Bildung löslicher Komplexe mit der Oberflächenoxid-Bildung wird neben den elektronischen Eigenschaften auch durch die sterischen Eigenschaften der Liganden bestimmt. So wird die Komplexbildungswahrscheinlichkeit durch zwei oder mehrere harte Donatoratome, die zu einem Liganden, dem Chelatliganden, gehören und die auf Grund der innermolekularen Bindungen in ihrer Beweglichkeit zueinander eingeschränkt sind, wesentlich erhöht. Deshalb sind lösliche Verbindungen, die mehrere elektronenreiche Sauerstoffatome enthalten, als Ätzbadbestandteil besonders wirksam. In Chelatliganden kann auch der Stickstoff aus Aminogruppen trotz seiner gegenüber dem Sauerstoff geringeren Elektronegativität noch mit der Bildung von Oberflächenoxid konkurrieren, weshalb auch zwei- und mehrwertige Amine in einer Reihe von anisotropen Siliziumätzbädern eingesetzt werden.

Das anisotrope Ätzen von Silizium beruht auf der deutlich verminderten Ätzgeschwindigkeit der (111)-Flächen gegenüber den (110), den (100) und höher indizierten Flächen in unterschiedlichen Ätzbädern[39]. Als Ursache für die Ratenunterschiede werden sowohl die Geometrien der Orbitale der an der Oberfläche liegenden Atome und die Bildungs- und Reaktionsraten von Oberflächenkomplexen als auch die Stabilität intermediär gebildeter Oxidfilme SiO_x diskutiert[40]. Während in konzentrierten Mischungen von Salpetersäure und Flußsäure[41] ein polierendes isotropes Ätzen beobachtet wird, tritt bei niedrigeren Säurekonzentrationen partiell anisotropes Ätzen auf. Besonders deutlich ist das anisotrope Ätzverhalten in alkalischen Ätzbädern ausgeprägt. Die Ratenunterschiede betragen je nach Ätzbad und Temperatur das 100- bis 1000-fache. Sehr gute Ätzergebnisse werden bereits in warmer konzentrierter Lithium-, Natron- oder Kalilauge erreicht (s. auch Kapitel 6, Ätzvorschrift Silizium). Ätzratenverhältnisse (Si(110)/Si(111)) von bis zu 5500

---

[39] R.M. Finne und D.L. Klein (1967); D.B. Lee (1969); K.E. Bean (1978)
[40] E.D. Palik et al. (1985); H. Seidel et al. (1990)
[41] H. Robbins und B. Schwartz(1959) und (1961)

können erzielt werden, wenn Caesiumhydroxidlösungen als Ätzbad benutzt werden[42].

Um ausreichend hohe Ätzraten zu erreichen, bei denen auch ganze Substrate in vertretbaren Zeiten (einige Stunden) durchgeätzt werden können, wird mit sehr hohen Alkalikonzentrationen (meist 20–30%) und bei erhöhten Temperaturen (meist 50–80 °C) gearbeitet. Unter diesen Bedingungen stellt das Ätzbad aufgrund seiner allgemeinen Korrosivität ein sicherheitstechnisch kritisches Medium dar, weswegen spezielle Ätzbehälter verwendet werden. Außerdem ist der Flüssigkeitsverlust bei einem offenen Betrieb des beheizten Ätzbades über Stunden hinweg beträchtlich, da die Alkalikonzentration durch das Abdampfen des Wassers ständig steigt. Deshalb wird normalerweise in geschlossenen Gefäßen bzw. unter Verwendung von Kondensationseinrichtungen wie Kühlschlangen oder einem Rückflußkühler gearbeitet. Das traditionelle Laborgerätematerial Glas ist als Behältermaterial für die stark alkalischen Bäder ungeeignet, da Glas selbst in Form von Silikatkomplexen relativ rasch angegriffen wird und dadurch einerseits das Gefäß beschädigt wird und andererseits die Ätzbäder schneller altern. Deshalb werden neben Quarzglasapparaturen bevorzugt Edelstahlgefäße verwendet.

Ein schwerwiegender Nachteil der alkalischen Ätzbäder besteht in der raschen Auflösung von Lackmasken auf Novolakbasis. Damit ist diese weit entwickelte, für viele lithografische Prozesse bewährte Gruppe von Positivphotolacken für das anisotrope Siliziumätzen nicht einsetzbar. Aber auch andere organische Photolacke eignen sich schlecht als Masken im stark alkalischen Milieu. Deshalb müssen Hilfsschichten als Ätzmasken verwendet werden, die eine geringe Löslichkeit im Si-Ätzbad aufweisen, aber ihrerseits unter Verwendung von Standardresists strukturiert werden können. SiO_2, das als Hilfsmaskenschicht in Frage kommt, hat eine deutliche Auflösungsrate in starken Alkalien. So lassen sich dünne SiO_2-Schichten nur bei geringen bis mittleren Ätztiefen, nicht dagegen bei großen Ätztiefen einsetzen. Deshalb sind auch die durch thermische Oxidation der Si-Oberfläche oder CVD-Abscheidung gut herstellbaren SiO_2-Schichten nur bedingt als Ätzmasken für anisotropes Tiefenätzen geeignet. Solche Schichten lassen sich relativ günstig nur in Dicken von einigen 100 nm bis etwa 1 µm herstellen. Während bei Ätztiefen um 100 µm SiO_2-Masken mit einer Dicke um 1µm noch eingesetzt werden können, werden für Ätztiefen in der Dicke eines 4-Zoll Substrates SiO_2-Maskendicken von 5 µm oder mehr benötigt. Solche dicken Maskenschichten bedeuten einerseits einen erheblichen Aufwand in der Schichtabscheidung, ihre Unterätzung während der Übertragung der Maskenstruktur bedeutet außerdem eine Maßverschiebung, die auch die Genauigkeit der Strukturübertragung einschränkt. Deshalb werden für die anisotrope Strukturierung von Silizium in stark alkalischen Ätzbädern häufig Siliziumnitridschichten als Masken eingesetzt. Diese setzen zwar einen erheblichen Aufwand in ihrer eigenen Strukturierung voraus, da sie selbst über einen Trockenätzprozeß

---

[42] L.D. Clark et al. (1988)

oder eine Hilfsmaske wie SiO_2 strukturiert werden müssen. Aber sie haben den Vorteil, daß sie extrem widerstandsfähig gegen die heißen konzentrierten Alkalien sind. Deshalb sind wenige 100 nm dicke Si_3N_4-Schichten ausreichend, um Silizium naßchemisch in Tiefe der Substratdicke (z. B. 500 µm) zu strukturieren. Ein typischer Prozeßablauf für das Siliziumtiefenätzen, z. B. für die Herstellung von durchgehenden Öffnungen in 4-Zoll-Si-Wafern oder für die Herstellung freitragender Dünnschichtmembranen besteht aus folgenden Schritten:

1. Abscheidung der eigentlichen Ätzmaskenschicht (Si_3N_4)
2. Abscheidung der sekundären Ätzhilfsmaske (SiO_2)
3. Herstellung der primären lithografischen Lackmaske
4. Strukturübertragung aus der Lackmaske in die SiO_2-Schicht
5. Ablösen der Photolackmaske
6. Strukturübertragung von der sekundären Ätzhilfsmaske (SiO_2) in die Tiefenätzmaske (Si_3N_4)
7. Tiefenätzen
8. Gegebenenfalls Entfernung der Maskenschicht

Um diese aufwendige Prozeßfolge zu vermeiden, wurde nach Ätzbädern gesucht, in denen sich hohe Ätztiefen mit nicht zu dicken SiO_2-Masken erreichen lassen. Dazu werden Bäder eingesetzt, die aus einem Amin und einem Komplexbildner in wäßriger Lösung bestehen, wobei sich vor allem Brenzkatechin als Komplexbildner und Ethylendiamin (EDP-Ätzbad)[43] bewährt haben. Daneben werden teilweise Alkylammoniumhydroxidlösungen oder auch organische Basen verwendet, so z. B. Ätzbäder aus Wasser, Isopropanol und Hydrazin[44]. Die mehrwertigen Phenole (Brenzkatechin, Pyrogallol, Gallate[45]) fördern offensichtlich den Silizium-Abtrag über eine Chelatbildung des Si(IV). In Analogie zu den OH^--Ionen beim Ätzen in stark alkalischen Bädern wirken auch die phenolischen OH-Gruppen des Brenzkatechins bzw. die entsprechenden Phenolationen oder auch die alkoholischen OH-Gruppen als harte Donatoren und damit geeignete Liganden für das als harte Lewis-Säure aufzufassende Zentralion Si^{4+}. Diese Liganden sind offensichtlich auch gut geeignet, um die freien koordinativen Valenzen der Siliziumatome abzusättigen. So besetzen drei Brenzkatechin-Moleküle als zweiwertige Liganden drei Kanten eines Oktaeders in der sechsfachen Koordinationssphäre von Si^{4+}. Die phenolischen Liganden wirken damit analog zu den Hydroxidionen beim anisotropen Siliziumätzen in starken Alkalien[46]. Die organischen Komplexbildner haben den Nachteil, daß sie leicht oxidierbar sind und deshalb die Ätzbäder sehr empfindlich gegenüber Oxidationsmittel, auch gegenüber Luftsauerstoff machen, so daß unter Luftausschluß gearbeitet werden muß,

---
[43] R.M. Finne und D.L. Klein (1967)
[44] D.B. Lee (1969)
[45] H. Linde und L. Austin (1992)
[46] S.A. Campbell et al. (1993)

um den Abbau des Bades zu verhindern. Die geringe chemische Stabilität und die u. U. auftretende Arbeitsplatzbelastung durch die Dämpfe der Amine schränken die Benutzung dieser Gruppe von Ätzbädern ein. In der technologischen Entwicklung dominieren deshalb die Alkaliätzbäder gegenüber den auf Amin-/Phenolbasis beruhenden.

Einfluß von Badzusammensetzung und Temperatur auf die Ätzraten

In Ethylendiamin-Wasser-Brenzkatechin-Ätzbädern erhöht sich die Ätzrate mit der Brenzkatechinkonzentration im unteren Konzentrationsbereich. Mit stärker zunehmendem Brenzkatechingehalt steigt die Ätzrate jedoch nicht weiter an. So wird beim Ätzen in einem Ethylendiamin-Wasser-Gemisch von 68:32 bei 14% Brenzkatechin die maximale Ätzrate von 8.3 nm/s (110°C) erreicht. Bei der Veränderung der Wasserkonzentration geht die Ätzrate durch ein Maximum. Bei einem Gehalt von 3 g/l Brenzkatechin wird z.B. die maximale Ätzrate von 6.4 nm/s (100°C) bei einem Molenbruch Wasser von 0.6 beobachtet[47]. Die Anisotropiegrade betragen 17 für das Ätzratenverhältnis von (100)- zu (111)-Ebenen und 10 für (110)- zu (111)-Ebenen. Die Ätzgeschwindigkeiten können durch Zusätze anderer Substanzen stark erhöht werden. So katalysiert z.B. Pyrazin den Ätzprozeß. Auch p-Chinon wirkt als Katalysator. Dieser Einfluß ist insofern kritisch, als Brenzkatechin bereits durch Luftsauerstoff zu o-Chinon oxidiert wird, das sich zu p-Chinon umlagert. Dadurch treten in gealterten Ätzbädern oft stark überhöhte Ätzraten auf, die eine kontrollierte Prozeßführung erschweren oder unmöglich machen.

Die Temperatur der Ätzbäder beeinflußt die Ätzgeschwindigkeit sehr stark. Die Aktivierungsenergien für die Ätzgeschwindigkeit, die aus lateralen Ätzraten in EDP-Bädern ermittelt wurden, sind abhängig vom Winkel zwischen den Strukturkanten der Ätzmaske und den niedrig indizierten kristallographischen Ebenen des Festkörpers. Sie betragen zwischen 24 kJ/mol (0.25 eV) und ca. 53 kJ/mol (0.55 eV) in der (111)-Ebene. Diese deutlichen Unterschiede in den Aktivierungsenergien bewirken, daß bei niedriger Temperatur zwar relativ niedrige Ätzraten, dafür aber sehr hohe Selektivitäten beim Ätzen in den verschiedenen kristallographischen Richtungen realisiert werden können, sich also eine sehr hohe Anisotropie erreichen läßt. Demgegenüber führt eine Temperaturerhöhung zwar zu stark steigenden Ätzraten, gleichzeitig sinkt aber auch die Selektivität des Ätzens in den kristallographischen Richtungen. Extrapoliert man die Temperaturabhängigkeit der Ätzraten zu höheren Temperaturen, so sollten die Ätzraten für alle kristallographischen Richtungen bei etwa 400°C gleich werden, da sich die Arrheniusgeraden in diesem Bereich schneiden[48].

---

[47] H. Löwe et al. (1990) nach R.M. Finne und D.L. Klein (1967):
[48] H. Seidel et al. (1990)

Geometrien

Die beim anisotropen Siliziumätzen herstellbaren Geometrien werden durch die Wahl der Maskengeometrien einerseits und den Kristallschnitt des Substrates, d.h. die kristallografische Ebene der Substratoberflächen, bestimmt. Bevorzugt werden Siliziumwafer in den kristallografischen Schnittebenen (100) oder (110) verwendet. Die in der Mikroelektronik ebenfalls häufig verwendeten (111)-Substrate eignen sich nicht für die anisotrope Strukturierung, da hier die am langsamsten ätzende Kristallebene an der Oberfläche liegt.

Werden die Ätzmasken willkürlich zur kristallografischen Orientierung des Substrates positioniert, so ergeben sich unregelmäßige Strukturen mit oft sehr rauhen Kanten. In den Flanken der Ätzgruben dominieren die (111)-Flächen. Daneben treten auch kleinere, höher indizierte Flächen auf, die sich beim Ätzen aufgrund ihrer hohen Ätzraten jedoch rasch verschieben und auch in ihrer Form und Ausdehnung ändern. Im Ergebnis solcher Ätzprozesse werden nur sehr unpräzise Strukturen erhalten. Die Unterätzung unter den Maskenkanten ist dabei oft beträchtlich.

Bei allen anisotropen Ätzoperationen an Silizium-Einkristallen, bei denen die Maskenkanten der kristallografischen Orientierung angepaßt worden sind, werden dagegen als Ätzgruben Ausschnitte aus dem Kristallkörper erhalten, die durch langsam ätzende (111)-Flächen und gegebenenfalls eine zusätzliche Fläche begrenzt werden, die parallel zur Substratoberfläche liegt. Eine günstige Orientierung der Maske liegt vor, wenn die Maskenkanten parallel zu den (111)-Flächen verlaufen. Bei exakter Orientierung der Maskenkanten zu den (111)-Flächen kann auch die Unterätzung unter den Maskenkanten fast vollständig unterdrückt werden.

Bei (100)-Substraten stehen jeweils die Schnittlinien zweier (111)-Flächen mit der Substratebene senkrecht aufeinander. Beide (111)-Flächen schneiden die Substratoberfläche in einem Winkel von 54.7 Grad. Quadratische Maskenstrukturen, die parallel der (111)-Flächen orientiert werden, bilden beim Ätzen deshalb zunächst Gruben in Form eines Pyramidenstumpfes, dessen Seitenflächen durch die (111)-Ebenen gebildet werden (Abb. 32). Das Ätzen schreitet mit der hohen Abtragsrate der (100)-Flächen fort, bis sich die Seitenflächen des Pyramidenstumpfes in der Spitze treffen. Mit dem Erreichen dieser quadratisch-pyramidalen Form der Ätzgrube ist die (100)-Ebene verschwunden. Die niedrige Ätzrate der verbleibenden vier (111)-Flächen sorgt dafür, daß auch bei einer weiteren Einwirkung des Ätzbades die erhaltene Ätzgrube kaum noch wächst. Die Größe der Pyramide wird deshalb kaum durch die Überätzzeit, sondern fast ausschließlich durch die Größe des quadratischen Fensters der Ätzmaske festgelegt.

Ätzt man (100)-Substrate unter Verwendung rechteckiger Maskenfenster, so werden Ätzgräben mit zunächst trapezförmigem Querschnitt erhalten (Abb. 33). Mit fortschreitendem Ätzen verkürzt sich die untere Seite des Trapezes, bis sich nach dem vollständigen Verschwinden der Bodenfläche, d.h. der (100)-Ebene) ein dreieckiger Querschnitt ergibt. Diese Gräben werden auf Grund ihres Profils auch „V-Gräben" genannt.

108   3 Naßätzverfahren

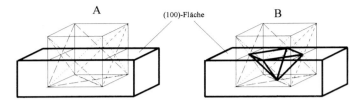

Abb. 3-32. Bildung einer kristallografischen Ätzstruktur in einem einkristallinen Chip der Orientierung (100) mit (100)- und (111)-Flächen, schematisch:
A: Der aus kräftigen Linien gebildete Quader verbildlicht ein Si-Chip, der mit schwachen Linien hineingesetzte Würfel zeigt die Orientierung der kristallografischen Einheitszelle. Die Kanten der dreieckig begrenzten (111)-Flächen sind durch gestrichelte Linien dargestellt.
B: Eine parallel zu den Schnittlinien der (111)-Flächen mit der Substratebene angeordnete quadratische Maske führt beim anisotropen Ätzen zu einer pyramidenförmigen Grube (kräftige Linien), deren Seitenflächen durch (111)-Flächen gebildet werden.

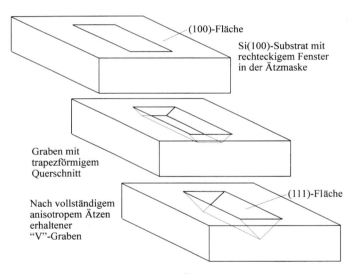

Abb. 3-33. Kristallografisches Ätzen in Si(100): Bildung einer Ätzgrube mit trapezförmigem Querschnitt und eines V-Grabens

Weicht die Ätzmaske in Form oder Orientierung von einem exakt zu den (111)-Ebenen positionierten Rechteck ab, so entstehen beim Ätzen zunächst unregelmäßige und rauhe Ätzflanken zwischen kleinen (111)-Flächen, die von den Ecken des Maskenfenstern aus gebildet werden. Im weiteren Ätzverlauf wachsen diese Flächen auf Kosten der benachbarten unregelmäßigen Flächen. Dabei wird die Ätzmaske unterätzt. Der Abtrag in den Flanken zwischen den (111)-Flächen läuft mit hoher Rate ab, bis die unregelmäßigen Flächen verschwunden sind. Die dann allein die Ätzgrube begrenzenden (111)-Flächen bilden wieder eine regelmäßige Ätzgrube mit glatten Seitenflächen in Gestalt einer Pyramide oder eines V-Grabens, die die Maske teilweise erheblich unterschneidet (Abb. 34). Die Unterschneidung ist um so größer, je mehr die Maskenkanten von der Parallelität zu einer (111)-Fläche abweichen. Sowohl bei quadratischer als auch bei runder Maske entstehen pyramidenförmige Gruben, wenn der Ätzprozeß bis zum kristallografischen Ätzstopp, den (111)-Flächen, geführt wird (Abb. 35, 36). Die resultierenden Unterschneidungen sind in manchen mikromechanischen Fertigungsschritten erwünscht, um freitragende Membranen aus dem Maskenmaterial zu erhalten.

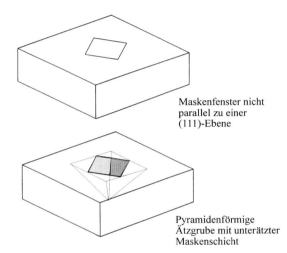

Abb. 34. Kristallografisches Ätzen in Si(100) mit gegen die (111)-Flächen gedrehter quadratischer Ätzmaske: Bildung einer kristallografisch orientierten, pyramidenförmigen Ätzgrube mit stark unterätzter Maske (schematisch)

Maskenfenster nicht parallel zu einer (111)-Ebene

Pyramidenförmige Ätzgrube mit unterätzter Maskenschicht

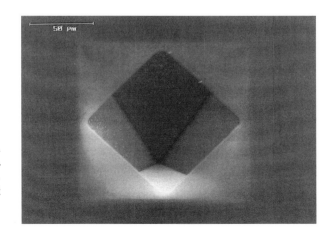

Abb. 3-35. Kristallografisches Ätzen in Si(100) mit gegen die (111)-Flächen gedrehter quadratischer Ätzmaske: Bildung einer kristallografisch orientierten, pyramidenförmigen Ätzgrube mit stark unterätzter Maske (REM-Aufnahme)

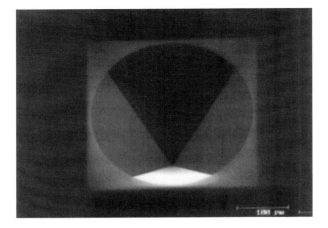

Abb. 3-36. Kristallografisches Ätzen in Si(100) mit kreisförmigen Ätzmaske: Bildung einer kristallografisch orientierten, pyramidenförmigen Ätzgrube mit stark unterätzter Maske (REM-Aufnahme)

Die Oberfläche von (110)-Substraten wird von 2 Scharen von (111)-Flächen senkrecht geschnitten (Abb. 37). Die beiden Scharen von (111)-Flächen stehen zueinander in einem Winkel von 70.53 (109.47) Grad. Werden Fenster in zwei auf den gegenüberliegenden Seiten des Substrates aufgebrachten Ätzmasken als Parallelogramme mit diesem Winkel gewählt und die Fenster parallel zu den beiden senkrecht auf der Substratebene stehenden (111)-Flächen positioniert, so lassen sich durchgehende Ätzgruben mit senkrechten Wänden erzeugen, wenn das Substrat von beiden Seiten gleichzeitig geätzt wird (Abb. 38). Wird nur von einer Seite geätzt, entstehen in den spitzen Winkeln der Parallelogramme um 35.26 Grad geneigte Seitenflächen. Die Änderungen der lateralen Ätzrate in Abhängigkeit von der Maskenorientierung können leicht durch Testmasken ermittelt werden, die aus Streifen bestehen, die jeweils um einen kleinen Winkel zueinander versetzt sind. Die Auftragung der lateralen Ätzraten über dem Streifenwinkel führt zu instruktiven Ätzratediagrammen, deren Symmetrien die Symmetrie des Kristallaufbaus widerspiegeln. In der (110)-Ebene werden zwei senkrecht aufeinander stehende Spiegelebenen ausgebildet, in der (100)-Ebene entstehen unter Winkeln von 45° vier Spiegelebenen. In der Umgebung der (010)-Richtungen treten hohe Unterätzraten auf, die sich jedoch in Abhängigkeit vom Winkel deutlich ändern. Sehr niedrige Ätzraten in Richtung der (111)-Flächen werden beim Ätzen in konzentrierten Alkalien sowohl bei (100)- als auch (110)-Substraten nur bei exakter Orientierung der Maskenkanten in (111)-Richtung erhalten. Bei kleinen Winkel-Abweichungen von der (111)-Richtung steigen die lateralen Unterätzungen sehr rasch an. So verdoppelt sich die laterale Unterätzung über die ersten Winkelgrade in beiden Richtungen etwa alle 15 Winkelminuten. Beim Ätzen in 32 %iger KOH (44 °C) vergrößert sich dadurch die Unterätzrate von 0.05 nm/s bei exakter Orientierung der Maskenkante auf 0.43 nm/s bei einer Winkelabweichung von nur 2 Grad[49].

---

[49] H. Seidel et al. (1990)

3.5 Kristallografisches Ätzen   111

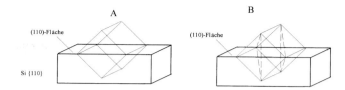

Abb. 3-37. Lage der langsam ätzenden (111)-Flächen in einem einkristallinen Si-Chip der Orientierung (110), schematisch:
A: Der aus kräftigen Linien gebildete Quader verbildlicht ein Si-Chip, der mit schwachen Linien hineingesetzte Würfel zeigt die Orientierung der kristallografischen Einheitszelle.
B: Die Kanten der dreieckig begrenzten (111)-Flächen, die senkrecht zur (110)-orientierten Oberfläche stehen, sind durch gestrichelte Linien dargestellt.

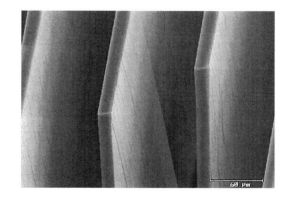

Abb. 3-38. Beispiel naßchemisch präparierter Strukturen mit extrem hohen Aspektverhältnissen, geätzt aus einem Si (110)-Wafer

Die an realen Einkristall-Substraten beobachteten Geometrien, insbesondere die Winkel zwischen langsam ätzenden Flächen, weichen zum Teil um mehrere Grad von den Erwartungswerten ab. Die Abweichungen sind außerdem bei verschiedenen Ätzbadzusammensetzungen unterschiedlich groß. In komplexer zusammengesetzten Ätzbädern wurden etwas größere Abweichungen als in KOH oder Hydrazinbädern (nur 2 Komponenten) gefunden[50]. Dieser Befund unterstreicht die Notwendigkeit, zur Erzielung exakter Geometrien beim anisotropen Silizium-Ätzen Maskenstrukturen und Ätzprozesse individuell zu optimieren.

Ätzstopp-Techniken und Dotandeneinfluß

Um den Ätzprozeß in einer bestimmten Tiefe beenden zu können, werden Substrate eingesetzt, die eine Schicht aufweisen, an der der anisotrope Ätzprozeß annähernd zum Stillstand kommt.

---

[50] I. Stoev (1996)

Als Ätzstopps werden Materialien eingesetzt, deren Abtragsrate im jeweiligen Ätzbad sehr viel geringer als die Ätzrate des zu strukturierenden Materials ist. Kann ein solches Ätzstopp-Material nicht eingesetzt werden, so muß der Ätzprozeß nach einer gewissen Ätzzeit abgebrochen werden, d. h. die Ätztiefe läßt sich dann nur über das Zeitregime kontrollieren.

Die kleinen Verhältnisse der (111)-Ätzraten zu den übrigen Ätzraten bilden die Grundlage für den kristallografisch bedingten Ätzstopp. Anisotrope Silizium-Ätzprozesse kommen zum Erliegen, wenn eine Ätzgrube soweit ausgeätzt ist, daß sie nur noch von (111)-Flächen begrenzt wird. Diese Art von Ätzstopp ist aber an die wenigen Geometrien gebunden, die die Kristallstruktur selber liefert. Möchte man Ätzstopps bei anderen Geometrien nutzen, müssen Ätzratenunterschiede durch eine geeignete Materialwahl erreicht werden.

Beim Ätzen von Halbleitermaterialien hängt die Ätzgeschwindigkeit u. U. sehr stark vom Einfluß der Dotierung ab. Das ist beim Silizium insbesondere für p-Dotierungen der Fall. Das Ende eines Ätzprozesses kann deshalb beim kristallografischen Silizium-Ätzen auch über eine Änderung der Silizium-Dotierung erreicht werden. Ein solcher Ätzstopp entspricht im Prinzip der Einführung eines gesonderten Ätzstopp-Materials. Die Besonderheit beim kristallografischen Ätzen von Silizium ist jedoch, daß relativ kleine Zusätze eines Dotanden bereits sehr wirksam die Ätzgeschwindigkeit herabsetzen. So führt eine Dotierung mit Bor oberhalb einer Konzentration von $5 \cdot 10^{19}$ Atomen/cm^3 bereits zu einer erheblichen Verminderung der Silizium-Ätzrate[51]. Bei 10^{20} Bor-Atomen/cm^3 betragen die Ätzraten nur noch etwa 1 % des undotierten Materials. Da Bor mit drei Außenelektronen ein Elektron weniger als Silizium besitzt, also eine p-Dotierung bildet, spricht man von einem p^+-Ätzstopp. Ätzstoppschichten aus bordotiertem Silizium können epitaxial in ein Siliziumschichtpaket eingebaut werden. Dadurch können in unterschiedlicher Tiefe im Substrat und in der jeweils gewünschten Abfolge ätzbare und Ätzstoppschichten miteinander kombiniert werden, ohne daß der einkristalline Charakter gestört wird.

Eine elegante Alternative zur Erzeugung von Ätzstopps durch Epitaxie sind Implantatschichten. Durch Beschuß der Silizium-Einkristall-Oberfläche mit energiereichen Boratomen können ebenfalls die für den Ätzstopp benötigten Konzentrationen im Festkörper erreicht werden. Bordotierte Oberflächenschichten werden z. B. als Membranschichten präpariert, indem von der Rückseite das nicht-dotierte Silizium des Substrates vollständig weggeätzt wird. Da bei der Implantation die Eindringtiefe der Teilchen stark von ihrer kinetischen Energie abhängt, kann eine solche Ätzstoppschicht unterschiedlich tief unter der Oberfläche deponiert werden. Auf diese Weise lassen sich sogenannte vergrabene Ätzstoppschichten realisieren. Die oberflächennahen Materialbereiche werden aufgrund der niedrigen Dotandenkonzentrationen mit hoher Rate abgetragen. Die tiefer liegende, dotandenatomreiche Schicht zeigt dagegen nur eine sehr geringe Ätzrate, so daß der Ätzabtrag zum Erliegen kommt.

---

[51] H. Seidel et al. (1990)

Bei Dotierungen mit anderen Fremdatomen kann ebenfalls eine Reduzierung der Ätzrate erreicht werden. Die Verminderung der Ätzrate tritt bei Germanium- oder Phosphordotierungen allerdings erst bei sehr hohen Dotandenkonzentrationen auf und ist wesentlich schwächer als im Fall der Bordotierung[52].

Falls anstelle p-dotierten Siliziums n-dotierte Bereiche stehen bleiben sollen, kann man sich einer elektrochemischen Ätzstopp-Methode bedienen. Wird ein p/n-Übergang mit Potentialen von ca. 0.6 bis 1 V anodisch polarisiert, so kann das p-dotierte Substratmaterial elektrochemisch abgetragen werden, während das n-dotierte Material nicht angegriffen wird.

3.5.4 Anisotropes elektrochemisches und photoelektrochemisches Ätzen

In Analogie zu anderen elektrochemischen Ätzverfahren können einkristalline Metalle oder Halbleiter in geeigneten Ätzbädern auch anisotrop elektrochemisch geätzt werden, ohne daß ein Werkzeug wie beim Micromachining benutzt werden muß. Wie beim anisotropen außenstromlosen Ätzen legt die Kristallografie des bearbeiteten Festkörpers die erreichbaren Geometrien fest. Im Unterschied zum Ätzen von Metallen spielt bei Halbleitern die Ausbildung von Raumladungszonen für den elektrochemischen Ätzprozeß zusätzlich eine wesentliche Rolle. Sie ist verantwortlich dafür, daß beim anodischen Ätzen von Halbleitern bei genügend hohen Stromdichten tiefe Ätzgruben, z.T. mit extremen Aspektverhältnissen, hergestellt werden können.

Speziell die Technik des photoelektrochemischen Ätzens reagiert empfindlich auf die kristallografischen Gegebenheiten. So treten bei vielen Materialien und diversen Ätzbädern unter ansonsten gleichen Bedingungen Ätzratenunterschiede in Abhängigkeit von der Kristallorientierung auf[53]. Dieser Zusammenhang ist verständlich, da durch die Bestrahlung die Wahrscheinlichkeit des Ladungsdurchtritts durch die Festkörperoberfläche in den Elektrolyten beeinflußt wird, indem durch die Lichtabsorption in den oberen Atomlagen des Festkörpers Elektronen aus dem Valenz- ins Leitungsband befördert werden. Der Oberflächenprozeß bestimmt die Reaktionsgeschwindigkeit insgesamt, womit eine wichtige Voraussetzung für ein anisotropes Ätzen gegeben ist.

Die Technik der Herstellung kleiner Strukturen mit hohen Aspektverhältnissen durch anodisches Ätzen von einkristallinem Material mit und ohne Lichtunterstützung wurde zuerst an Silizium systematisch ausgearbeitet und u.a. für die Herstellung von kapazitiven Mikrobauelementen vorgeschlagen. Der apparative Aufbau entspricht ganz den anderen elektro- bzw. photoelektrochemischen Verfahren (siehe Abschnitte 3.4.6 und 3.4.8). Allerdings muß

---

[52] H. Seidel et al. (1990)
[53] Für InP siehe z.B. P.A. Kohl et al. (1991)

nicht die abzutragende Oberfläche direkt bestrahlt sein. Die Technik ist verwandt mit der Herstellung von porösem Silizium (siehe Abschnitt 3.5.5).

Als Elektrolyt zum Ätzen von Silizium kann verdünnte Flußsäure (2.5 %ig) verwendet werden. In einem solchen Ätzprozeß wird z.B. n-dotiertes Silizium vorder- und rückseitig mit einer Wolfram-Lampe bestrahlt. Die Entstehung tiefer Löcher und Gräben unter vorstrukturierten Fenstern in (100)-Silizium wurde bei Stromdichten unterhalb von ca. 30 mA/cm^2 beobachtet. Während bei niedrigen Konzentrationen und geringeren Elektrodenpotentialen annähernd zylindrische Löcher mit extremen Aspektverhältnissen (z.B. 42 µm Tiefe bei 0.6 µm Durchmesser = Aspektverhältnis von 70) erhalten werden, werden mit zunehmendem Potential und zunehmender Dotandenkonzentration immer weiter verzweigte Ätzstrukturen beobachtet, wobei sekundäre Ätzkanäle vorzugsweise rechtwinklig auf den (111)- und den (100)-Flächen stehen. In Analogie zur anodischen Präparation von porösem Silizium ist die Entstehung von Strukturen mit extremen Aspektverhältnissen wahrscheinlich auf die erhöhte Ladungsträgerkonzentration im Bodenbereich der Ätzgruben und -kanäle zurückzuführen. Im Gegensatz zur Herstellung des porösen Siliziums kann die Lage jedes einzelnen Kanals durch die Vorstrukturierung mit Hilfe einer lithografischen Maske exakt festgelegt werden[54].

Die Herstellung von mikrotechnischen Ätzstrukturen mit extrem großen Aspektverhältnissen gelingt auch in anderen Halbleitermaterialien durch anisotropes photoelektrochemisches Ätzen. So wurden entsprechende Lochstrukturen auch in GaAs durch Ätzen in schwefelsaurer Wasserstoffperoxidlösung präpariert[55].

3.5.5 Poröses Silizium

Neben dem einfachen Ätzen von Siliziumschichten und einkristallinem massivem Silizium ist das elektrochemische und das photoelektrochemische Si-Ätzen insbesondere bei der Herstellung von porösem Silizium bedeutsam geworden[56]. Poröses Silizum ist sowohl für die Herstellung von Leuchtdioden[57], zur Herstellung thermischer Bauelemente[58], als auch für mikromechanische Präparationen ein außerordentlich interessantes Material.

Der Ätzprozeß zur Herstellung von porösem Silizium unterscheidet sich grundsätzlich sowohl von den isotropen Naßätzprozessen, die der Formgebung mit Hilfe von lithografischen Masken dienen, als auch von den anisotropen Ätzprozessen an einkristallinem Material. Mit der erstgenannten Gruppe der Ätzverfahren hat die Herstellung porösen Siliziums die lithografische

---

[54] V. Lehmann und H. Föll (1990); vgl. auch S.S. Cahill et al. (1993) und V. Lehmann et al. (1991)
[55] J. van de Ven und H.J.P. Nabben (1990)
[56] P. Steiner et al. (1993), W. Lang et al. (1993); R.L. Smith (1995); W. Lang (1995)
[57] Vgl. dazu z.B. A. Richter et al. (1991):
[58] A. Drost et al. (1995);

Definition eines Teils der Substratoberfläche gemeinsam, von dem aus Poren im Silizium erzeugt werden. Im Gegensatz zum konventionellen Verfahren wird das Material jedoch nur teilweise entfernt, und es bleibt ein poröser Festkörper im behandelten Substratbereich zurück. Die erzeugten Poren sind keineswegs isotrop aufgebaut und verteilt, sondern besitzen eine Vorzugsrichtungen. Die wichtigste Vorzugsrichtung liegt senkrecht zur Substratebene. Sie wird durch das elektrische Feld einerseits und die Einwirkungsrichtung des Ätzmittels andererseits bestimmt. Neben der Vorzugsrichtung entlang des elektrischen Feldvektors werden sekundäre Vorzugsrichtungen durch den Kristallaufbau des Materials bestimmt. Die Ausbreitung von Ätzporen erfolgt vorzugsweise senkrecht zu den (100)-Flächen. Der Übergang zwischen sehr fein nanoporösem Material, Material mit gröberen Poren hin bis zu regulären, ausschließlich senkrecht orientierten Löchern kann durch die Wahl von Ätzmittel, Potential und Dotandenkonzentration eingestellt werden[59].

Photoelektrochemische Präparation von porösem Silizium

Poröses Silizium wird durch die gemeinsame Wirkung eines Ätzbades, eines elektrochemischen Ladungsflusses und der Einwirkung von Licht erzeugt. Das einkristalline Substrat wird als Anode geschaltet. Die Beleuchtung erfolgt auf die vom Ätzbad bespülte zu ätzende Festkörperoberfläche, d. h. durch den Elektrolyten hindurch. Als Ätzbad werden flußsäurehaltige Medien, z. T. unter Zusatz von Netzmitteln, verwendet.

Die Ätzrate, die Form der Poren und ihre Größenverteilung werden einerseits durch die elektrochemischen Verhältnisse (Potential und Silizium-Leitfähigkeit) und andererseits durch die Zusammsetzung des Ätzbades bestimmt. Der Massenabtrag bei der elektrochemischen Herstellung des porösen Siliziums wächst linear mit dem Produkt der Konzentration komplexierender Ionen und umgesetzter elektrochemischer Leistung. Die Porosität des Materials weist jedoch ein Maximum in Abhängigkeit von diesem Produkt auf[60].

Der Mechanismus der Porenentstehung hängt wahrscheinlich mit der Ausbildung von Raumladungszonen in der Nähe der Festkörperoberfläche zusammen. Es wird angenommen, daß der elektrochemische Durchtrittsprozeß vorzugsweise in den am tiefsten gelegenen Teilen von Poren abläuft. Die positiven Ladungsträger des Festkörpers (Löcher) wandern im elektrischen Feld zu den nächstgelegenen Elektrodenbereichen an der Porenfront, während das elektrische Potential im Zwischenraum zur weiter außen gelegenen Oberfläche nur geringfügig abfällt. Daraus resultiert eine geringe anodische Partialstromdichte und damit verbundener lokaler Ladungsfluß in den äußeren Bereichen. Dieser Mechanismus hat selbstverstärkenden Charakter. Die Reduzierung der lokalen anodischen Stromdichten durch die Ausbildung mikro- und nanolokaler Raumladungszonen während des Ätzens wirkt posi-

---

[59] V. Lehmann und H. Föll (1990)
[60] L.T. Canham (1990); G.Di Francia und A. Salerno (1994)

tiv rückgekoppelt auf sich selbst. Je tiefer eine Pore ist, um so günstiger werden die elektronischen Verhältnisse für den anodischen Ladungsdurchtritt am Boden der Pore. Je länger und zerklüfteter ein zwischen Poren stehengebliebener Siliziumsteg ist, umso geringer ist der Ladungsfluß in seinem Inneren. Die diesem Modell zugrunde liegende positive Rückkopplung vermag somit die Entstehung der Poren gut zu erklären. Anfänglich sehr geringe Unterschiede in der lokalen Abtragsrate verstärken sich im Prozeßverlauf dramatisch. Der Charakter des Auflösungsprozesses ist typisch für einen spontan strukturbildenden Prozeß, der weitab vom thermodynamischen Gleichgewicht abläuft.

Einen gewissen Einblick in die geometrischen Verhältnisse der Porenbildung und den Einfluß von Material- und Prozeßparametern geben Untersuchungen zur photoelektrochemischen Erzeugung von Siliziumlöchern („Trenches") unter Benutzung von Maskenstrukturen. Im Bereich einer optimalen Dotierung und nicht zu hoher Potentiale wird die Ausbildung von tiefen Löchern beobachtet, die in Lage und Form wohldefiniert sind. Sie besitzen z.T. extrem hohe Aspektverhältnisse (weit über 10). Auch bei großen Tiefen lassen sich einzelne Löcher mit sehr geringem Durchmesser erzeugen. Der Durchmesser wächst mit zunehmender anodischer Stromdichte. Durch eine Erhöhung des Potentials wird die Bildung von Seitenporen ausgelöst, die von der Hauptpore abzweigen. Dieser Verzweigungsprozeß kann in immer weiter verästelte Seitenporen münden. Während bei wenigen Seitenporen die Porenstruktur eine Orientierung am kristallografischen Gitter erkennen läßt, mündet die Ausbildung eines Porennetzwerkes schließlich in die hochgradig fraktale Raumstruktur des porösen Siliziums. Auch die Dotandenkonzentration wirkt sich auf die Struktur der Poren aus. Bei niedrigeren Dotandenkonzentrationen findet ein Selektionsprozeß statt, bei dem Tiefe und Durchmesser größerer Poren auf Kosten kleinerer benachbarter Poren wachsen. Hohe Dotandenkonzentrationen fördern dagegen die Ausbildung von Porenverzweigungen[61].

Die Bildung von porösem Silizium kann auf sehr kleine lithografische Strukturen übertragen werden, wenn das einkristalline Silizium durch einen geeigneten Ionenbeschuß vorbehandelt wird. Durch intensiven Beschuß mit hochenergetischen Si^+-Ionen (0.1–0.175 MeV) wird eine weitgehende Amorphisierung des Siliziums erreicht. Bei Verwendung einer Metallmaske oder eines fokussierten Strahls kann dieser amorphe Bereich lokal eng begrenzt werden. Das so amorphisierte Silizium ist in einem nachfolgenden anodischen Porenätzprozeß inert gegenüber einem Abtrag und kann nach der elektrolytischen Porenbildung in den nicht-bestrahlten Nachbarbereichen durch Tempern wieder rekristallisiert werden. Bestrahlt man dagegen das einkristalline Silizium mit Edelgasatomen geringer Energie (z.B. Ar 30–50 eV), so werden nur einzelne Störstellen an der Oberfläche des Festkörpers erzeugt. Solche vorgeschädigten Si-Oberflächen bilden beim elektrolytischen Ätzen wesentlich schneller und dichter Poren aus als ungeschädigte Bereiche[62].

---

[61] V. Lehmann und H. Föll (1990)
[62] S.P. Duttagupta et al. (1995)

Selektives Ätzen von porösem Silizium

Durch eine entsprechende Maskentechnik, z. B. unter Verwendung dünner Si_3N_4-Filme, kann das poröse Silizium in wohldefinierten Teilbereichen einer Siliziumeinkristalloberfläche erzeugt werden. Die Dauer und die Art der Führung des Herstellungsprozesses des porösen Siliziums legen die Porengröße, die Art der Porenanordnung und auch die Tiefe des porösen Bereichs fest. Dadurch können dreidimensional definierte Bereiche geschaffen werden, die in nachfolgenden mikrotechnischen Arbeitsschritten Verwendung finden. Auf der Oberfläche von nanoporösem Silizium lassen sich dünne Schichten und Mehrschichtstapel abscheiden und mikrostrukturieren, aus denen nahezu beliebig geformte mikrotechnische Funktionselemente hergestellt werden können. Durch eine selektive Entfernung des porösen Siliziums können solche Anordnungen zu freitragenden, z. B. mechanisch beweglichen oder thermisch isolierten Dünnschichtstrukturen freigestellt werden. Als Maskenmaterial eignen sich z. B. Siliziumcarbid, Polysilizium oder Gold.

Das nanoporöse Silizium läßt sich mit hoher Selektivität gegenüber dem massiven Silizium ätzen. Die große Oberfläche bietet ausgezeichnete Voraussetzungen für den schnellen Angriff eines Ätzbades. Grenzflächenkontrollierte Auflösungsprozesse laufen sehr viel rascher als am massiven Material ab. Außerdem liegen in den Nanoporen sehr viele Teilflächen des Einkristalls mit anderer als (111)-Orientierung. Dazu treten zahlreiche Kanten auf, die einen raschen Ätzangriff fördern. Die Ätzstoppwirkung von zusammenhängenden (111)-Flächen tritt deshalb beim porösen Silizium nicht auf. Dieses günstige Ätzverhalten gegenüber dem massiven Material macht das poröse Silizium zu einem sehr interessanten Material für Opfertechniken, wie sie vor allem in der Mikromechanik benötigt werden (siehe auch Abschnitt 3.6.3). Je nach dem Herstellungsprozeß des porösen Siliziums lassen sich dünne Opfermaterialbereiche (wenige µm dick) oder tiefe Bereiche mit porösem Silizium erzeugen. Schon eine 1%ige KOH-Lösung erbringt bei Raumtemperatur ausreichende Ätzraten[63]. Die Ätzraten von massivem Silizium sind unter diesen Bedingungen im Vergleich zu den Raten des porösen Siliziums vernachlässigbar gering. Die nachfolgende Tabelle zeigt die extremen Rateunterschiede beim naßchemischen Ätzen von porösem Silizium in konzentrierter KOH, d. h. einem typischen Si-Tiefenätzbad, im Vergleich zu einigen anderen mikrotechnischen Materialien bei erhöhter Badtemperatur (Tabelle 4).

Poröses Silizium steht als Opfermaterial an der Grenze zwischen Oberflächen- und Bulk-Mikromechanik. Es ist zwar einerseits ein Material, das von der Oberfläche her erzeugt wird und ggf. nur als Schicht auf dem Substrat ausgebildet ist. Andererseits wird es jedoch aus dem Substratmaterial gebildet und kann den wesentlichen Dickenbereich des Substrates umfassen.

---

[63] W. Lang et al. (1993) und (1994)

Tab. 3-4. Ätzraten von porösem Silizium und einiger anderer Si-haltiger mikrotechnischer Materialien im Vergleich (40 %ige KOH, 60 °C)[a]

Material	Formel	Ätzrate
LPCVD-Nitrid	Si_3N_4	0.0004 nm/s
thermisches Oxid	SiO_2	0.02 nm/s
Silizium (100-Fläche)	Si	5.6 nm/s
Poröses Silizium	Si (porös)	> 150 nm/s

3.5.6 Anisotropes Ätzen von Verbindungshalbleitern

Das kristallografische Ätzen spielt außer für Silizium auch für die Verbindungshalbleiter, insbesondere die III/V-Materialien eine Rolle. Im Unterschied zu Silizium wurden bei diesen Materialien stark orientierungsabhängige Ätzraten in sauren Bädern gefunden, so für InP z. B. in konzentrierter Salzsäure oder in salz- und essigsaurer Lösung von Wasserstoffperoxid. Wie beim Silizium sind auch hier die Ätzraten in der (100)-Orientierung wesentlich höher als in der (111)-Richtung[64].

Aufgrund des Verbindungscharakters ist der Verlauf der Ätzrate über der Kristall-Orientierung weniger symmetrisch als beim Silizium. Bereits bei kubischen Gittern werden die Ätzratenverteilungen allein dadurch komplizierter, daß die Kristallsymmetrien gegenüber Silizium eingeschränkt sind, weil die Gitterplätze der Elementarzelle durch verschiedene Atomsorten besetzt sind. Gegenüber dem homogenen einkristallinen Material ist die Anzahl der identischen Kristallschnitte reduziert, d.h. es sind mehr unterschiedliche Kristallschnitte möglich. So gibt es im Polardiagramm der InP-Strukturierung (z. B. Ätzen mit Brommethanol) nur noch eine Spiegelachse. Die eingeschränkte Symmetrie wirkt sich bei kubischen Gittern z. B. dahingehend aus, daß die Ebenen (1'11) und (11'1) gleiche Ätzraten besitzen, aber diese Raten sehr niedrig im Vergleich mit den Raten der Ebenen (1'11') und (11'1') sind, die untereinander wiederum gleich sind.

Auch die Formen von anisotrop hergestellten Ätzgruben sind bei den Verbindungshalbleitern vielgestaltiger als beim Silizium, da die Kristallstrukuren komplexer sind. Neben den bekannten Ätzformen der kubischen Kristalle treten Kombinationen von ebenen und gerundeten Ätzflächen hinzu. Diese sind auf partiell anisotrope Ätzprozesse zurückzuführen, bei denen einerseits einzelne kristallografische Flächen selektiv herauspräpariert werden, wie z. B. die langsam ätzenden (111)-Flächen. Andererseits treten während desselben Ätzvorganges jedoch auch Ätzflächen auf, deren Form durch isotropes Ätzen verschiedener kristallografischer Flächen hervorgerufen wird, die sich

---

[a] nach G.A. Ragoisha und A.L. Rogach (1994)
[64] F. Decker et al. (1984); vg auch P. Rosch (1992)

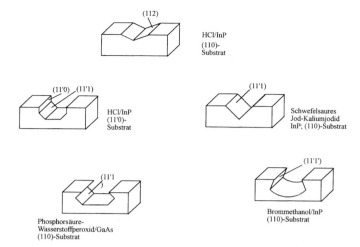

Abb. 3-39. Typische Formen von Ätzgruben, die beim anisotropen Ätzen von Verbindungshalbleitern gebildet werden (Beispiel GaAs in verschiedenen Ätzbädern, nach P. Rotsch 1992)

in ihren Ätzraten nicht oder nur geringfügig unterscheiden und deshalb zu gewölbten Begrenzungsflächen führen (Abb. 39).

Für die komplizierteren Ätzratenverhältnisse in Verbindungshalbleitern werden die elektronischen und damit die Bindungseigenschaften der verschiedenen Atome in den Kristallen diskutiert. So schichten sich in <111>-Richtung bei A(III)/B(V)-Halbleitern z. B. Ebenen dreiwertiger („A") und fünfwertiger („B") Atome alternierend aufeinander, bei anderen Schnitten liegen beide Atomsorten an der Oberfläche. Die Geometrie der Orbitale der an der Oberfläche liegenden Atome sind je nach dem Kristallschnitt für nukleophilen oder elektrophilen Angriff gut oder weniger gut zugänglich, was sich auf die Intensität des anodischen Partialprozesses (nukleophiler Angriff der Liganden) oder den kathodischen Partialprozeß (elektrophiler Angriff des Oxidationsmittels) auswirkt[65].

Bei der Bearbeitung von Verbindungshalbleitern hat das anisotrope Ätzen vor allem bei der Herstellung von optoelektronischen Bauelementen Bedeutung erlangt. Neben der Definition von Reflektorkanten ist das anisotrope Ätzen auch für die Chiptrennung und die Einbringung von Mikrofluidkanälen in Chips von Verbindungshalbleitern interessant.

Ähnlich wie beim einkristallinen Silizium kann auch beim anodischen Ätzen von Verbindungshalbleitern die Ausbildung tiefer Ätzgruben oder die Bildung von mikro- und nanoporösem Material erreicht werden. Die Entstehung von Poren wurde z. B. bei der Behandlung von InP in Salzsäure[66], von

---

[65] vgl. dazu z. B. H. Löwe et al. (1990)
[66] N.G. Ferreira et al. (1995)

GaP in Schwefelsäure[67] und von GaAs in Salzsäure[68] beobachtet. Bei der Behandlung von Si-dotiertem GaAs (100) in 0.1 M HCl werden zerklüftete Porenstrukturen mit typischen Porenweiten im sub-µm-Bereich bei einem anodischen Potential von 6 V (vs SCE) erhalten. Bruchkantenpräparationen zeigen, daß diese Poren eine Vorzugsorientierung senkrecht zur Substratoberfläche aufweisen.

3.6 Herstellung freitragender Mikrostrukturen

3.6.1 Oberflächenmikromechanik

Freitragende Mikrostrukturen finden eine breite Anwendung für unterschiedliche Bauelemente in der Mikrosystemtechnik. Freitragende Elemente werden überall dort gebraucht, wo Mikrostrukturen beweglich oder thermisch von der Umgebung isoliert sein müssen. So werden die verschiedensten Arten von miniaturisierten Kantilevern (Mikrobiegebalken), Federn usw. in einer Vielzahl von mechanischen Sensoren und Aktoren eingesetzt. Freitragende Mikrostrukturen sind auch immer dann interessant, wenn sehr geringe Massen, geringe Wärmekapazitäten, geringe Wärmeleitfähigkeiten oder ein beidseitiger Kontakt dünner Schichten mit einer gasförmigen oder flüssigen Umgebung benötigt werden, wie z. B. im Falle einer Reihe von thermischen und chemisch-sensorischen Bauelementen. Alle diese Anwendungen benutzen die Technik des Entfernens eines Opfermaterials, um freitragende Strukturen zu erhalten.

Das später freitragend zu präparierende Material wird in den meisten Fällen als Schicht auf einer Substratoberfläche abgeschieden. Wenn auch das Opfermaterial in Gestalt einer dünnen Schicht aufgebracht und von der Vorderseite des Substrates geätzt wird, so spricht man von Oberflächenmikromechanik. Mit dieser Technik lassen sich durch seitliches, meist isotropes Unterätzen der Opferschicht Brückenstrukturen und Biegebalken (Kantilever) in einer darüberliegenden Schicht herstellen.

Das Ätzbad muß eine laterale Ätzkomponente besitzen (Abb. 40). Außerdem muß das Ätzbad sehr selektiv wirken, damit das freitragende Material, das wie ein Maskenmaterial beim Opferschichtätzen wirkt, nicht angegriffen wird. Je breiter die freizustellende Struktur ist, umso länger dauert der Unterätzprozeß. Anstelle von Naßätzverfahren sind prinzipiell auch isotrop wirkende Trockenätzverfahren für die Herstellung von freitragenden Mikrostrukturen geeignet. Allerdings müssen diese mit einer sehr hohen Selektivität und einer akzeptablen Rate ablaufen, um technisch angewendet werden zu kön-

---

[67] B.H. Erne et al. (1995)
[68] P. Schmuki et al. (1996)

3.6 Herstellung freitragender Mikrostrukturen

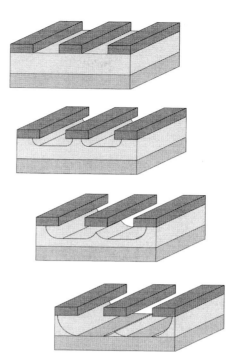

Abb. 3-40. Oberflächenmikromechanik: Beispiel der Bildung einer freitragenden Dünnschichtstruktur durch selektives isotropes Ätzen einer Opferschicht

nen. Die Herstellung von freitragenden Strukturen beinhaltet typischerweise folgende Arbeitsschritte:

1. Abscheidung der Opferschicht
2. Abscheidung der Schicht aus dem später freitragenden Material (Funktionsschicht)
3. Erzeugung einer Ätzmaske für die Funktionsschicht (Diese Maske enthält die lateralen Geometrien der späteren freitragenden Elemente, wie z.B. Mikrobrücken oder Kantilever.)
4. Ätzen der Funktionsschicht
5. Entfernen der Ätzmaske der Funktionsschicht
6. Ätzen und zeitkontrolliertes Überätzen der Opferschicht (Die Zeitdauer des Überätzens wird durch die Breite der zu unterätzenden Strukturen und die laterale Ätzrate bestimmt.)

Freitragende Mikrostrukturen, die durch Oberflächenmikromechanik hergestellt worden sind, decken fast den gesamten lithografisch möglichen Größenbereich ab. Das Materialspektrum reicht dabei von Silizium und SiO_2 über Metalle bis zu Polymeren (Abb. 41). Mikrobrücken sind mit Dicken von unterhalb 0.1 µm bis zu mehreren Mikrometern und mit Breiten bis herab in

122   3 Naßätzverfahren

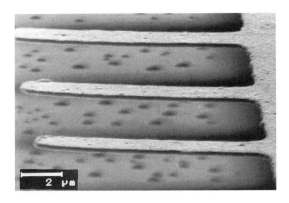

Abb. 3-41. Freitragende Dünnschichtzungen aus Titan (REM-Abbildung)

den subµm-Bereich präpariert worden[69]. Die Gestalt solcher freitragenden Strukturen und insbesondere einseitig „eingespannter" Balken, von Biegebalken, wird außer durch die Maskenabmessungen durch eventuell auftretende Spannungsgradienten in den Schichten bestimmt. Meist wirken die Spannungen senkrecht zur Substratebene, was zu einer Verbiegung in Normalenrichtung führt. Seltener treten seitliche Verwerfungen auf. Solche Verbiegungen durch Schichtspannungen sind meist unerwünscht. In einigen Fällen, insbesondere bei mechanischen Aktoren und Sensoren, werden Verspannungen aber auch absichtlich erzeugt bzw. zur Signaltransduktion ausgenutzt.

Die Herstellung beweglicher Strukturen durch naßchemische Ätzprozesse wird oft durch Anhaften auf der Substratoberfläche nach dem Opferschichtätzen erschwert. Dieses Anhaften („sticking") wird durch Adhäsionskräfte verursacht, die in der Regel deutlich stärker als die mechanischen Rückstellkräfte sind. Die Berührung einer beweglichen Mikrostruktur mit der Substratoberfläche wird durch die Kapillarkräfte der Spülflüssigkeit nach dem Opferschichtätzen vermittelt. Die letzten Flüssigkeitsreste sammeln sich beim Trocknen des Spülbades im Kapillarspalt zwischen der freitragenden Mikrostruktur und dem Substrat. Die Oberflächenspannung der Flüssigkeit kann beim Trocknen dieses letzten Flüssigkeitsvolumens die beweglichen Mikrostrukturen häufig so weit zum Substrat ziehen, daß die bewegliche Mikrostruktur das feste Substrat berührt und die adhäsiven Kräfte zwischen den beiden Festkörpern wirksam werden. Dieses Anhaften kann durch die Umgehung des Trocknungsprozesses verhindert werden. Dazu wird in der Regel der Weg über die Phasentransformation fest-gasförmig gewählt. So können Opferschichten z.B. in einem isotrop und selektiv ätzenden Dampf oder Plasma entfernt werden, so daß keine naßchemische Entfernung der Opferschicht erforderlich ist. Bei dem gebräuchlicheren naßchemischen Opferschichtätzen kann durch einen geeigneten Materialaustausch die Spülflüssigkeit durch eine Flüssigkeit ersetzt werden, die – erforderlichenfalls durch Abkühlung – erstarrt und beim Erwärmen sublimiert werden kann. Die Subli-

---
[69] J.M. Köhler (1992)

mation wird dabei vorteilhafterweise durch ein moderates Vakuum unterstützt. Dadurch wird der Kapillarspalt enleert, ohne daß die für Flüssigkeiten typischen Kapillarkräfte zur Wirkung kommen.

3.6.2 Substrat-Mikromechanik („Bulk-Mikromechanik")

Als Opfermaterial können anstelle einer speziell aufgebrachten Schicht auch Teile des Substrates selbst entfernt werden. Dabei werden meist größere Ätztiefen im Substratmaterial erzeugt. Zur Unterscheidung von der Oberflächenmikromechanik wird diese Ätztechnik „Bulk Micromachining" (Substrat-Mikromechanik) genannt. Das Ätzen in größere Tiefen des Substrates oder das vollständige Durchätzen des Substrates mit in der Regel mehreren 100 µm Dicke wird auch als „Tiefenätzen" bezeichnet (siehe auch Abschnitt 3.5.3).

Wird das Substrat isotrop geätzt, kann die freitragende Struktur ganz analog zur Oberflächenmikromechanik von der Vorderseite des Substrates freipräpariert werden (Abb. 42). Erst wenn eine Struktur vollständig unterätzt ist, kann gegebenenfalls mit einem anisotrop arbeitenden Ätzbad weitergearbeitet werden. Auf diese Weise können freitragende Strukturen durch Ätzen von der Vorderseite über eine anisotrop geätzte Grube gestellt werden. So lassen sich z. B. bei der Verwendung von Substraten aus Si(100) unter den freitragenden Strukturen glatte Grubenflanken mit den typischen Winkeln von 54.7° herstellen. Bei Verwendung von Si(110)-Substraten können sogar senkrechte Grabenflanken unter den freitragenden Strukturen präpariert werden (Abb. 43).

Häufig wird Si(100) als Substrat für mikromechanische Präparationen verwendet. Beim Freistellen mikromechanischer Strukturen durch Ätzen des

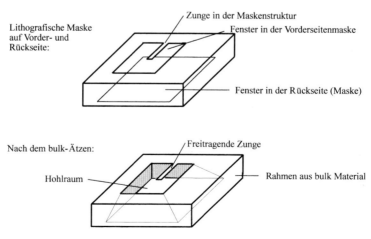

Abb. 3-42. Präparation freitragender Dünnschichtstrukturen durch Ätzen des Substrates als Opferschichtmaterial (schematisch)

SUBSTRAT MIT ÄTZMASKE

ISOTROPES UNTERÄTZEN

ANISOTROPES ÄTZEN

Abb. 3-43. Bulk-Mikromechanik: Beispiel der Bildung einer freitragenden Dünnschichtstruktur durch zunächst selektives isotropes und anschließend selektives anisotropes Ätzen von Substratmaterial (Si(110))

Si(100) von der Vorderseite sind konvexe Ecken in der Struktur eine wichtige Voraussetzung. Aus einer balkenartigen Struktur in einer Deckschicht kann bei diesem Verfahren keine freitragende Struktur erhalten werden, weil statt der Unterätzung V-Gruben entstehen und der Ätzprozeß an den (111)-Flächen zum Stehen kommt. Dagegen können Zungen leicht freitragend präpariert werden, da bei diesen immer ein Angriff von den konvexen Ecken aus mögliche ist.

Beim bulk-micromachining wird das Substrat häufig von der Rückseite der später freitragend zu erhaltenden Struktur geätzt. Dabei wird ein Maskenfenster auf der Rückseite in einer Position erzeugt, die der zu präparierenden freitragenden Struktur gegenüberliegt. Beim Ätzen durch dieses Maskenfenster wird das Substrat in den betreffenden Bereichen in seiner gesamten Dicke entfernt. Es entsteht so gewissermaßen ein Fenster im Substrat, das nur von dem freitragendem Element überzogen wird. Mit der Technik des Rückseitenätzens lassen sich auch unstrukturierte, d. h. geschlossene Dünnschicht-Membranen erzeugen. Solche Membranen finden vielseitige Verwendung, z. B. als Träger für Durchstrahlungsmasken, wie sie z. B. in der Röntgenlithografie gebraucht werden, aber auch für eine Vielzahl mikromechanischer, mikrothermischer und anderer Bauelemente (Abb. 44).

3.6.3 Poröses Silizium als Opferschichtmaterial

Poröses Silizium kann sehr vorteilhaft als Opferschichtmaterial in der Mikromechanik eingesetzt werden[70]. Die Herstellung von porösem Silizium geschieht durch einen elektrochemischen bzw. photoelektrochemischen Ätz-

---

[70] W. Lang et al. (1993) & (1994); R.L. Smith (1995)

3.6 Herstellung freitragender Mikrostrukturen

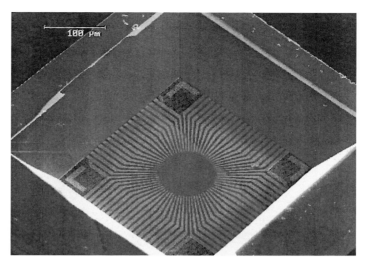

Abb. 3-44. Rückseite eines Dünnschichtsensors (thermoelektrischer IR-Strahlungssensor auf SiO$_2$/Si$_3$N$_4$/SiO$_2$-Membran) mit tiefengeätztem Fenster in einem Si-Chip

prozeß (siehe Abschnitt 3.5.6). Wegen seiner gegenüber dem massiven Silizium stark erhöhten Ätzrate kann durch die Ausdehung des porösen Bereiches des Siliziums der abzutragende Bereich in einem Siliziumsubstrat begrenzt werden, ohne daß ein strenges Zeitregime beim Ätzen eingehalten werden muß. Vielmehr können auch komplexere Geometrien im Opferbereich unabhängig von der Gestalt des freitragend zu präparierenden Materials definiert werden. Damit läßt die Verwendung porösen Siliziums mehr geometrische Gestaltungsmöglichkeiten als die übliche Bulk-Mikromechanik und die Oberflächenmikromechanik zu.

Die Arbeitsschritte bei der Herstellung von freitragenden Strukturen unter Verwendung von porösem Silizium sind folgende (Abb. 45):

1. Herstellung einer Ätzmaske mit der lateralen Gestalt des Bereiches in dem poröses Silizium erzeugt werden soll. Gegebenenfalls Berücksichtigung der seitlichen Ausweitung des porösen Silziums unter der Maskenkante in Abhängigkeit von der Ätztiefe, dem Kristallschnitt und der Prozeßführung
2. Erzeugung des porösen Siliziums durch elektro- oder photoelektrochemisches Ätzen
3. Ablösen der primären Maskenschicht. Man erhält ein Substrat, an dessen Oberfläche in den vorher geätzten Bereichen poröses Silizium freiliegt.
4. Abscheidung der Funktionsschicht aus dem später freitragenden Material über dem Substrat und damit auch dem porösen Silizium
5. Ätzen der Funktionsschicht mit Hilfe einer geeigneten Ätzmaske, ggf. Abscheidung und Strukturierung weiterer Funktionsschichten

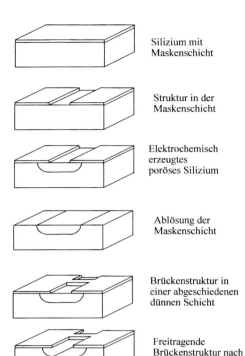

Abb. 3-45. Arbeitsschritte bei der Herstellung freitragender Dünnschichtstrukturen bei Verwendung von porösem Silizium als selektiv ätzbarem Opferschichtmaterial

6. Herauslösen des porösen Siliziums und damit Freistellung der Funktionsstrukturen

Aufgrund der hohen Selektivität des Ätzens von porösem Silizium gegenüber massivem Silizium können z. B. dünne freitragende Strukturen aus massivem Silizium durch Ätzen von porösem Silizum als Opferschichtmaterial hergestellt werden, ohne daß irgendwelche Hilfsmasken benötigt werden, so z. B. 0.5 µm hohe Luftbrücken über 80 µm tiefen gaps [71].

---

[71] W. Lang et al. (1993) & (1994); R.L. Smith (1995)

4 Trockenätzverfahren

4.1 Abtrag an der Grenzfläche fest-gasförmig

Alle Ätzverfahren, bei denen der Materialabtrag von der Oberfläche eines Festkörpers in den Gasraum erfolgt, werden unter dem Begriff der „Trockenätzverfahren" zusammengefaßt. Dazu zählen z. B. das plasmachemische Ätzen, das Sputterätzen und das Ätzen im Ionenstrahl. In diesem Sinne kann auch die thermisch aktivierte Entfernung von Material von Oberflächen durch Elektronen- oder Laserstrahlung oder durch einfaches Tempern dazu gerechnet werden. Wie beim Ätzen in Flüssigkeiten ist auch bei allen Trockenätzverfahren der Durchtritt von Festkörpermaterial durch eine Phasengrenze der entscheidende, charakteristische Prozeßschritt. Dazu muß das abzutragende Material durch einen physikalischen Prozeß oder eine chemische Umwandlung in Einzelatome bzw. Cluster, Radikale oder Moleküle mit wenigen Atomen umgewandelt werden, die durch Desorption von der Oberfläche in die bewegliche Phase gelangen.

Im Gegensatz zur flüssigen Phase sind die Teilchendichten und damit die Konzentrationen reaktiver chemischer Komponenten in der Gasphase viel geringer. Das gilt insbesondere bei niedrigen Drucken, wie sie beim Sputter- und Ionenstrahlätzen Anwendung finden. Dafür sind in der Gasphase effizientere Transportmechanismen möglich. Während beim Naßätzen zumindest in der oberflächennahen Schicht des Ätzmediums ein Diffusionsschritt erfolgen muß, können die ätzenden Teilchen aus der Gasphase auch durch gerichtete Bewegungen auf die Oberfläche gebracht werden. Voraussetzung ist lediglich, daß die gerichtete Bewegung in einem Abstand vor der Substratoberfläche erzeugt werden kann, in dem die Teilchen die Oberfläche erreichen können, ohne durch Stoß mit anderen Teilchen ihre Richtungscharakteristik zu verlieren.

Ein zweiter Vorteil des Trockenätzens besteht darin, daß ein Teilchen im Gasraum bei vermindertem Druck sehr stark beschleunigt werden kann. Solche beschleunigten Teilchen können in der Gasphase kinetische Energien erreichen, die die Energie chemischer Bindungen weit übertreffen. Die mechanische Impulsübertragung kann deshalb beim Ätzen in der Gasphase zur entscheidenden Komponente im Ätzvorgang werden. Auch für dieses Spezifikum gilt, daß die erreichbaren Energien von den freien Weglängen der

Teilchen abhängig sind und damit maßgeblich durch den Druck im Gasraum bestimmt werden.

Der Gasraum bietet gegenüber der flüssigen Phase eine dritte für die Ätztechnik wesentliche Besonderheit: In der Gasphase können durch Energieeinkopplung von außen Plasmen mit hohen Anteilen extrem reaktiver Spezies gebildet werden. Während in der flüssigen Phase durch die hohen Teilchendichten und die ständigen Stoßprozesse elektronisch angeregte Teilchen und Radikale schnell relaxieren bzw. reagieren, kann in der Gasphase ein erheblicher Anteil der überhaupt vorhandenen Teilchen in Form von sehr reaktiven Radikalen, elektronisch angeregten oder auch hoch schwingungsangeregten Teilchen existieren. Schon die Erhöhung der mittleren Teilchenenergie um ein einzelnes Schwingungsniveau (ca. 10–50 kJ/mol) ist eine für die Verringerung von Aktivierungsenergien wesentliche Größe. Elektronisch angeregte Teilchen besitzen eine um ca. 150–400 kJ/mol erhöhte molare Energie, ein Wertebereich, der in der Größenordnung vieler Bindungsenergien liegt. Deshalb besitzen solche Teilchen wesentlich höhere Reaktionswahrscheinlichkeiten bei Kontakt mit der Festkörperoberfläche als entsprechende nicht aktivierte Atome oder Moleküle. Das führt dazu, daß trotz der – mit der flüssigen Phase verglichen – insgesamt niedrigen Teilchendichten im Gasraum bei entsprechender Leistungseinkopplung hohe Reaktionsgeschwindigkeiten und damit akzeptable Ätzraten erreichbar sind.

Für den Abtrag an der Grenzfläche fest – gasförmig kommen zwei grundsätzlich verschiedene Mechanismen in Frage, die bei vielen Ätzverfahren gleichzeitig wirken. Zum einen können die Teilchen aus dem Festkörper durch mechanischen Impuls in den Gasraum übertragen werden (Sputtereffekt, s. Abschnitt 4.4.1). Anschließend müssen sie aus der Gasphase konvektiv entfernt werden, um eine Rekondensation auf der Substratoberfläche zu verhindern. Das wird durch das Abpumpen des Reaktors (Rezipient) erreicht. Zum anderen können Teilchen durch chemische Reaktionen in flüchtige Spezies umgewandelt werden, die in den Gasraum übertreten. Auch in diesem zweiten Fall muß das flüchtige Reaktionsprodukt aus der Gasphase entfernt werden. Es führt dabei zwar nicht jeder Kontakt mit der Substratoberfläche zu einer Wiederabscheidung, aber mit einer gewissen Wahrscheinlichkeit können Oberflächenreaktionen auch zur Bildung des Ausgangsstoffes oder schwer flüchtiger Komponenten führen, die sich sekundär auf der Substratoberfläche oder im Flankenbereich von Ätzstrukturen ablagern. Solche sekundären Depositionsprozesse sind umso wahrscheinlicher, je höher die Konzentrationen von Reaktionsprodukten im Gasraum werden. Mit deren Ansteigen sinkt außerdem die Konzentration von ätzreaktiven Spezies bzw. deren Vorstufen, so daß auch eine ständige Nachlieferung von reaktiven Gasraumkomponenten erforderlich ist. Deshalb muß auch in diesem Fall der Gasraum abgepumpt bzw. ein Gasfluß durch den Rezipienten organisiert werden.

Außer bei mechanisch induzierten Abtragsprozessen entscheidet die Desorbierbarkeit der Ätzprodukte über das Gelingen eines Trockenätzprozesses. Die Desorbierbarkeit von Reaktionsprodukten ist insbesondere für rein chemische Trockenätzverfahren ausschlaggebend.

Die allgemeinen Anforderungen an das reaktive Ätzgas oder Ätzgasgemisch sind folgende:

1. Um zu desorbierbaren Spezies zu gelangen, müssen im Gasraum Verbindungen bereitgestellt werden, die jene Atome oder Substituenten enthalten, mit denen das abzutragenden Material eine chemische Spezies mit möglichst hohem Dampfdruck bilden kann.
2. Das Ätzgas bzw. das Ätzgasgemisch muß reaktiv genug sein, um mit dem zu ätzenden Material in technologisch vernünftigen Zeiten zur Reaktion zu gelangen. Dazu ist es häufig erforderlich, auch Oberflächenschichten abzutragen, die sich in vorangegangenen Technologieschritten oder durch Einwirkung der Atmosphäre gebildet haben, wie z.B. oxidische Deckschichten auf Metallen und Halbleitern. Da die Metalle oder Halbleiter einer Funktionsschicht mit einem bestimmten Ätzgas häufig die gleichen Ätzprodukte wie Schichten ihrer Oxide oder Hydroxide liefern, sind viele Ätzverfahren automatisch auch zur Entfernung entsprechender Deckschichten geeignet. Die Raten des Deckschichtabtrags können jedoch wesentlich niedriger als die der Funktionsschicht sein. Nötigenfalls müssen derartige Deckschichten in einem separaten Ätzschritt mit einer spezifischen Gaszusammensetzung entfernt werden.
3. Es dürfen sich keine Nebenprodukte bilden, die ihrerseits schwer desorbierbar sind, weil diese sich an der Oberfläche anreichern, die abzutragende Oberfläche maskieren und damit den weiteren Ätzangriff lokal unterbinden können.

In den meisten Strukturierungsprozessen besteht der Wunsch nach einer möglichst hohen Selektivität des Ätzprozesses gegenüber anderen Materialien, deren Oberfläche während des Ätzangriffes freiliegt. Das gilt insbesondere für das der zu ätzenden Schicht unterliegende Material, das immer in der Endphase des Ätzprozesses freigelegt wird. Bei vielen Ätzprozessen tritt als weitere Anforderung an das Ätzgas noch die gewünschte Richtungsselektivität (Anisotropiegrad) beim Abtrag hinzu.

Die Desorbierbarkeit von Ätzprodukten wird durch deren chemische Natur bestimmt. Eine hohe Desorbierbarkeit korreliert dabei in der Regel mit hohen Dampfdrücken bzw. niedrigen Siedetemperaturen. Desorbierbarkeit und Dampfdruck sind vor allem bei niedermolekularen Spezies hoch, bei denen die zwischenmolekularen Wechselwirkungskräfte vergleichsweise niedrig sind. Diese Eigenschaften findet man bei Hydriden und einigen Oxiden und Halogeniden von Nichtmetallen. Für die Mikrotechnik sind aber neben organischen Polymeren und Kohlenstoff vor allem Halbleiter und Metalle sowie deren Verbindungen und Legierungen als Materialien bedeutsam. Metall- und Halbleiteroxide, Salze von Oxosäuren, aber auch die höheren Chalkogenide und binären Verbindungen der Metalle und Halbmetalle mit den Elementen der IV., V. und VI. Hauptgruppe sind in der Regel hochmolekular aufgebaut und damit nicht ohne weiteres desorbierbar. Im Falle der Metalle und Halbleiter sind es die Hydride, Organyle und Halogenide, partiell aber auch die Oxohalogenide, die sich durch niedrige Siedetemperaturen auszeichnen. Diese Substanzklassen bilden damit die wichtigsten Produkte in Trockenätzprozessen. Wegen der Konkurrenzsituation des in unserer Atmosphäre vor allem elementar und im reaktiven Stoff Wasser sowie in vielen weiteren Verbindungen enthaltenen Sauerstoffs spielt beim Trockenätzen das Fluor als Element eine ebenso wichtige Rolle wie beim Naßätzen. Auch beim Trockenätzen ist Fluor das einzige Element, das Sauerstoff aus stabilen Verbindungen mit sehr harten kationischen Komponenten verdrängen kann. Fluor zeichnet sich beim Trockenätzen darüber hinaus noch durch die Bildung der leichtesten monomolekularen binären Verbindungen neben den Hydriden aus. Während Halogenide im allgemeinen zu den leichter desorbierbaren Substanzen gehören, sind von diesen die Fluoride harter kationischer Komponenten in der überwiegenden Zahl wiederum besser desorbierbar als die anderen Halogenide. Die höheren Halogene spielen als Ätzgase vor allem für Materialien eine Rolle, die aus Elementen bestehen, die in Verbindungen mäßig bis stärker polarisierbare Oxidationsstufen bevorzugt ausbilden. Aufstellungen wichtiger leicht desorbierbarer Verbindungen, die aus mikrotechnisch relevanten Materialien gebildet werden können, sind in Kapitel 6 aufgeführt.

Beim Trockenätzen wird das Fluor bevorzugt in Form von fluorsubstituierten niedermolekularen Aliphaten zugeführt. Die gebräuchlichsten Fluorkohlenwasserstoff-Ätzgase sind CF_4, CHF_3 und C_2F_6. Der in den Ätzgasen enthaltene Kohlenstoff kann entweder in Gestalt von fluorhaltigen Radikalen oder deren Kondensationsprodukten (fluorsubstituierte höhere Aliphate) abgeführt werden. Die damit verbundene Anwesenheit von Kohlenstoff kann jedoch auch zur Bildung von organischen Polymeren, Carbiden oder dem Diamant nahekommenden Schichtabscheidungen führen. Solche sekundären Oberflächenschichten kontaminieren das zu ätzende Material und bilden besonders beim ionengestützten Ätzen u. U. maskierende Flächen, unter denen der Ätzprozeß zum Erliegen kommt. Derartige Abscheidungen sind manchmal im Flankenbereich von Strukturen technologisch erwünscht, um das laterale Ätzen einzuschränken. Durch geeignete Zusätze zum Ätzgas lassen sich die störenden sekundären Kontaminationen durch Kohlenstoff-Verbindungen reduzieren. Bei Zusatz von Wasserstoff zum Ätzgas kann das Fluor durch Wasserstoffatome ersetzt werden, so daß als Nebenprodukte wieder kleine Moleküle entstehen. Toleriert das zu ätzende Material Sauerstoff, so kann auch ein Zusatz von Sauerstoff oder Wasser hilfreich sein, der die Bildung von CO oder CO_2 aus den kohlenstoffhaltigen Ätzgasen bewirkt, die ja auch bei hohen Drücken und niedrigen Temperaturen gasförmig sind, deshalb leicht abgepumpt werden können und somit keine Probleme bereiten.

Zur Vermeidung störender Depositionen aus der Ätzatmosphäre werden neben den fluorsubstituierten Kohlenwasserstoffen auch Schwefelverbindungen, vorzugsweise SF_6, eingesetzt. Schwefel selber verdampft unter Normaldruck bei 444.6 °C und ist demnach auch in elementarer Form wesentlich besser desorbierbar als Kohlenstoff. In wasserstoffhaltiger Atmosphäre kann sich

H_2S (Kp.[1]) −60.75 °C) bilden. Auch die Schwefelfluoride mit erhöhtem Schwefel:Fluor-Verhältnis sind leicht desorbierbar (Kp.: SF_4 −40.4 °C, FSSF −15 °C, SSF_2 −10.6 °C, F_5SSF_5 29.25 °C, $FSSF_3$ 39 °C)[2]. Bei Anwesenheit von Sauerstoff können sich die ebenfalls desorbierenden Schwefeloxide bilden, falls diese nicht in eine Salzbildung mit dem zu ätzenden Material eingehen.

In einigen Fällen sind die Chloride mikrotechnischer Materialien besser desorbierbar als die Fluoride (z. B. Al). Bei manchen Metallen nehmen die Siedetemperaturen der Halogenide mit zunehmender Periode ab. In diesen Fällen sind auch Chlor, Chlorkohlenwasserstoffe sowie Brom- oder Jod-substituierte Kohlenwasserstoffe als Ätzgase von Interesse. Erschwerend wirken dabei jedoch die mit zunehmendem Molekulargewicht rasch steigenden Siedepunkte der entsprechenden Halogenkohlenwasserstoffe, die als Halogenspender wirken können (Kp. CH_2Cl_2 40.2 °C, CH_2Br_2 95 °C, CH_2J_2 181 °C[3]. Als Chlorspender werden in der Trockenätztechnik neben den Halogenalkanen auch gern andere gasförmige oder verdampfbare chlorreiche Moleküle wie NF_3, BCl_3 und $SiCl_4$ verwendet. Hoch reaktiv sind neben den elementaren Halogenen die Interhalogen- und die Edelgashalogen-Verbindungen. Alle diese Verbindungen besitzen außerdem den Vorzug, starke Oxidationsmittel zu sein. Verbindungen wie ClF_3 und XeF_2 werden bevorzugt als Ätzgase in chemischen Ätzprozessen ohne Plasmaunterstützung angewendet[4]. Beide Stoffe sind extreme gute Fluor-Spender. Für schwer ätzbare Legierungen und besonders schonende Präparationen werden auch reduktive Plasmen mit Wasserstoff- oder Alkan-Atmosphären eingesetzt, um Hydride oder Alkyle der abzutragenden Materialien zu bilden[5].

Organische Polymere können wie alle Kohlenwasserstoffe sehr leicht in sauerstoffhaltigen Atmosphären geätzt werden. Sowohl die gasförmigen Kohlenstoffoxide CO und CO_2 als auch das aus dem Wasserstoff gebildete Wasser treten rasch in die Gasphase und werden abgepumpt. Deshalb sind auch alle organischen Photolacke, darunter die am weitesten verbreiteten Lacke auf Novolak-Basis, aber auch die in der UV- und der Strahltechnik bevorzugten Lacke auf Methacrylatbasis leicht in einer Sauerstoff-Atmosphäre strukturierbar. Auch der in manchen Materialien (z. B. in den Polyimiden) enthaltene Stickstoff, etwa in Form von Amino-, Imino- oder Nitrogruppen macht keine Probleme, da er als elementarer Stickstoff (N_2) oder in reduzierter Form (NH_3) und auch in oxidischer Form (N_2O, NO, NO_2, N_2O_5) gasförmig oder sehr leicht sublimierbar ist.

In den folgenden Abschnitten 4.2–4.4 werden die wichtigsten Trockenätzverfahren beschrieben. Daneben werden auch einige weniger gebräuchliche

---

[1] Kp. = Kochpunkt oder Siedepunkt: Temperatur, bei der eine Flüssigkeit einen Dampfdruck von 1 atm (760 torr, 100 kPa) besitzt
[2] A.F. Hollemann und E. Wiberg (1985), 491
[3] H. Bayer (1968), 106
[4] Y. Saito et al. (1991)
[5] V.J. Law et al. (1991)

Verfahren vorgestellt. Der Gliederung der Verfahren wurde der Charakter des Abtragsprozesses und die Art der Bildung der desorbierbaren Spezies zugrunde gelegt. Diese Gliederung unterscheidet sich von anderen Einteilungen, von denen einige z. B. die Verfahren vorzugsweise nach der Bauart der verwendeten Reaktoren unterscheiden. Im Gegensatz zu solchen hat die hier gewählte Einteilung den Vorteil, die Ätzprozesse nicht primär von ihren technischen Anforderungen, sondern von ihrem molekularen Mechanimus her zu klassifizieren. Damit wird die für die Naßätzverfahren übliche Einteilung auch auf die Trockenätzprozesse angewendet, so daß beide Verfahrensklassen in diesem Buch einheitlich behandelt werden können.

Diesem Gliederungsprinzip folgend werden die Ätzverfahren nach dem charakteristischen Schlüsselprozeß auf molekularer Ebene unterschieden. So werden zunächst die chemisch aktivierten Prozesse behandelt, von denen die thermisch und die photochemisch aktivierten Prozesse die größte Bedeutung besitzen (Abschnitt 4.2).

Der nächste Abschnitt (4.3.) widmet sich dem Ätzen durch elektronisch erzeugte Plasmen („kalte Plasmen"), bei denen reaktive Plasmateilchen die entscheidenen Reaktionspartner für den Ätzprozeß sind, wobei deren innere Teilchencharakter, nicht dagegen eine besonders hohe kinetische Energie, ausschlaggebend für den Ätzprozeß ist. In diese Prozeßgruppe sind insbesondere alle plasmachemischen Ätzverfahren im engeren Sinne einschließlich des sogenannten down-stream-Ätzens integriert.

In dem Abschnitt 4.4 sind jene Verfahren zusammengefaßt, bei denen Teilchen mit hoher kinetischer Energie die entscheidenen Reaktionspartner für die Geschwindigkeit und Qualität des Ätzprozesses sind, wobei die beiden in den ersten beiden Abschnitten genannten Mechanismen eine Nebenweg bilden können. Die Erzeugung der energetischen Teilchen erfolgt ebenfalls häufig in kalten Plasmen, wobei der plasmachemische Reaktionsschritt, soweit er für das Verfahren erforderlich ist, stets durch das Auftreffen schneller Teilchen auf der abzutragenden Festkörperoberfläche unterstützt werden muß. Zu den Verfahren, für die das Ätzen mit energetischen Teilchen wesentlich ist, gehören z. B. das Sputterätzen und das diesem nahe verwandte Ionenfräsen („Ion Milling"), das Reaktive Ionenätzen (RIE), das Ionenstrahlätzen (IBE), das Reaktive Ionenstrahlätzen (RIBE) und die entsprechenden magnetfeldgestützten Verfahrensvarianten. Da für viele Aspekte dieser Verfahrensgruppe das Ionenätzen bzw. Ionenstrahlätzen typisch sind, werden diese beiden Verfahren beispielhaft für Alternativverfahren (z. B. das Ätzen mit energetischen Neutralen oder schnellen Radikalen) behandelt. Als besondere Variante wird auch das Ätzen mit energetischen Clustern und sonstigen schnellen Vielatom-Teilchen mit Abmessungen im Nanometerbereich zu dieser Verfahrensgruppe gestellt (Abschnitt 4.4.11).

4.2 Plasmafreies chemisches Ätzen in der Gasphase

4.2.1 Plasmafreies Trockenätzen mit reaktiven Gasen

Reaktive Gase lassen sich als „trockenes" Ätzmittel für mikrotechnische Ätzprozesse einsetzen. Die kinetischen Randbedingungen unterscheiden sich dabei jedoch erheblich vom Ätzen in der flüssigen Phase. Unter Normaldruck beträgt die Teilchendichte im Gasraum nur etwa ein Tausendstel der flüssigen Phase, so daß selbst bei hohen Molenbrüchen die Volumenkonzentration einer ätzenden Spezies in der Gasphase relativ klein ist.

Für viele Materialien lassen sich Ätzprozesse in der Gasphase mit technologisch akzeptablen Raten nur durch Beteiligung energiereicher (energetische Atome, Moleküle und Ionen) oder hochreaktiver Teilchen (z. B. Radikale) erreichen. Höhere Dichten an solchen Teilchen können z. B. in sogenannten kalten Plasmen erzeugt werden (Abschnitt 4.3). Für einige mikrotechnisch relevante Materialien stehen jedoch Ätzprozesse zur Verfügung, die auch ohne ein Plasma oder die Einwirkung von schnellen Ionen zu akzeptablen Ätzraten führen. Voraussetzung dafür ist eine hohe Reaktionswahrscheinlichkeit zwischen dem zu ätzenden Material und dem Ätzgas. Unabdingbar ist dabei die Bildung von rasch von der Oberfläche in die Gasphase desorbierenden Produkten. Gegebenenfalls muß die zu ätzende Oberfläche auf eine erhöhte Temperatur gebracht werden, um genügend hohe Ätzraten zu erreichen.

Die Reaktionsraten sind oft direkt von der Gasraumkonzentration der ätzenden Spezies abhängig. Deshalb dürfen die Drücke nicht zu klein gewählt werden, um der zu ätzenden Oberfläche genügend Reaktionspartner anzubieten. Als Ergebnis der Reaktion sind Produkte erwünscht, die bereits bei Normalbedingungen im gasförmigen Zustand vorliegen oder durch eine moderate Temperaturerhöhung oder ein mäßiges Vakuum effektiv verdampft werden können.

Beim Ätzen mit reaktiven Gasen wird ähnlich wie bei Plasmaprozessen ein Vakuum-Reaktor eingesetzt, der mit einem Gasversorgungssystem und einem heizbaren Probentisch ausgestattet ist (Abb. 46). Der erniedrigte Druck sichert genügend hohe Desorptionsraten der gebildeten Reaktionsprodukte von der Festkörperoberfläche. Die Wahl des Druckes bildet einen Kompromiß zwischen dem Angebot an Reaktionspartnern aus der Gasphase, was dem Wunsch nach hoher Konzentration und damit hohem Druck entspricht, und der Absenkung der Siede- bzw. Sublimationstemperatur der zu desorbierenden Spezies durch einen niedrigen Gesamtdruck. Durch eine Substrattischheizung können die Oberflächenreaktionen beschleunigt und der Desorptionsvorgang thermisch unterstützt werden. Zur Kontrolle des Prozesses oder zu Forschungszwecken sind in manchen Fällen analytische Einrichtungen wie z. B. ein Anschluß für ein Massenspektrometer am Reaktor angebracht[6].

---

[6] Y. Saito et al. (1991)

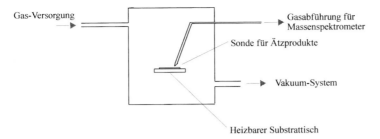

Abb. 4-46 Versuchsreaktor für mikrotechnisches Ätzen in reaktiven Dämpfen (Prinzipdarstellung)

Das Ätzen in reaktiven Dämpfen wird neben der Strukturierung in der Mikrotechnik auch zur Entfernung von Oberflächenfilmen benutzt. So kann man z.B. mit wasserfreiem HF-Dampf Siliziumoberflächen vom nativen Oxidfilm befreien, ohne daß das Silizium selbst angegriffen wird[7]. Nach einem solchen Prozeß sind die Bindungsplätze auf der sauberen Siliziumoberfläche durch Fluor-Atome abgesättigt, die durch eine UV-Belichtung abgespalten werden können.

Normalerweise wird beim Ätzen mit reaktiven Gasen eine Maske eingesetzt, die – in voller Analogie zum Naßätzen – den Zutritt der korrosiven Atmosphäre zu der zu ätzenden Oberfläche auf den zu erhaltenden Teilflächen verhindert. Wegen der hohen Aggressivität der Ätzgase müssen diese Masken besonders beständig sein.

Bereits 1966 wurde von P.J. Holmes und J.E. Snell das Dampfätzen von SiO_2 mit HF vorgeschlagen[8]. Die beobachteten Ätzraten in leicht erwärmtem HF-Dampf waren dabei den Ätzraten in Flußsäure vergleichbar. Für das plasmafreie Trockenätzen von Metallen und Halbleitern müssen Ätzgase eingesetzt werden, die die nötigen Elemente für die Bildung desorbierbarer Produkte bereitstellen, und gleichzeitig auch starke Oxidationsmittel sind. Die Anforderungen werden am besten durch drei Klassen von Halogen-Verbindungen erfüllt durch:

- elementare Halogene,
- Interhalogene und
- Edelgas-Halogene

Von den Halogenfluoriden ist ClF_3 das stärkste Oxidations- und Fluorierungsmittel (Kp. 11.75 °C)[9]. Es ist gut zum Ätzen von elementarem Silizium geeig-

---

[7] N. Miki et al. (1990)
[8] P.J. Holmes und J.E. Snell (1966)
[9] A.F. Holleman und E. Wiberg (1985), 417

net, während SiO_2, Al und rostfreier Stahl nicht angegriffen werden. Es hat einen wesentlich höheren Dampfdruck ($p_{20°C}$ = 1140 torr[10]) als das ebenfalls zum Dampfätzen verwendete XeF_2 (subl. 120 °C, $p_{25°C}$ = 4.6 torr). Zum Ätzen geeignete Dampfdrücke weisen daneben auch XeF_6 ($p_{25°C}$ = 28 torr) und $XeOF_4$ ($p_{25°C}$ = 4.6 torr[11]) auf.

Ätzen mit reaktiven Gasen unter Verwendung katalytischer Masken

Die Verwendung von katalytisch wirkenden Masken stellt einen Spezialfall des mikrolithografischen Ätzens mit reaktiven Gasen dar. Bei hohen Temperaturen kommt es zu einem erheblichen Anstieg der Löslichkeit mancher Schichtmaterialien in anderen. Unter solchen Bedingungen kann ein zu strukturierendes Material in eine Deckschicht eindiffundieren. Wird das gelöste Material an der Oberfläche durch eine chemische Reaktion mit Bestandteilen aus der Gasphase verbraucht, so entsteht ein Konzentrationsgradient in der Deckschicht, der dafür sorgt, das immer mehr Material der unteren Schicht abgetragen wird. Wenn nun das Deckschichtmaterial katalytisch auf die Oberflächenreaktion wirkt, so kann die Abtragsrate der Unterschicht bei vorhandener Deckschicht wesentlich größer sein, als wenn keine Deckschischt vorhanden ist. Das wird lithografisch ausgenutzt, indem abzutragende Bereiche eines Materials mit einer Deckschicht versehen werden, während die zu erhaltenden Schichtbereiche unbedeckt bleiben. Die katalytisch wirkende Deckschichtmaske verkörpert einen Negativ-Strukturierungsprozeß. Nach dem deckschichtkatalysierten Schichtabtrag und der selektiven Entfernung der Deckschichtmaske ergibt sich ein Relief, dessen erhabene Strukturen die vorher unbedeckten Schichtbereiche darstellen. Dieses Verfahren wird z. B. bei der eisenkatalysierten reduktiven Hochtemperatur-Mikrostrukturierung von Diamant eingesetzt[12].

4.2.2 Photogestütztes Trockenätzen mit reaktiven Gasen

Anstelle von rein thermischer Aktivierung kann das Ätzen mit reaktiven Gasen auch durch Lichtunterstützung ausgelöst oder stark beschleunigt werden. Von einem solchen Mechanismus macht man beim photogestützten Trockenätzen Gebrauch.

Licht kann auf zweifachem Wege aktivierend auf eine chemische Reaktion wirken. Zum einen kann die Lichtabsorption direkt zu elektronisch angeregten Zuständen von Molekülen an Oberflächen führen. Zum anderen bewirkt die freigesetzte Wärme in der Regel eine Erhöhung aller Reaktionsgeschwindigkeiten und damit auch der Raten, mit denen Ätzprodukte von der Ober-

---
[10] Y. Saito et al. (1991)
[11] A.F. Holleman und E. Wiberg (1985), 378
[12] V.G. Ralchenko et al. (1993)

fläche desorbieren. Deshalb finden neben konventionellen Lichtquellen mit hoher Strahlungsintensität (wie z.B. Halogenlampen oder Quecksilberhöchstdrucklampen) Laser Anwendung beim photogestützten Ätzen in der Gasphase.

Im Gegensatz zu den Plasmaätzverfahren werden beim photogestützten Dampfätzen die besonders reaktiven Ätzspezies aber nicht im gesamten Gasraum, sondern nur im Kegel des zum Ätzen benutzten Lichtes erzeugt. In vielen Fällen läuft aufgrund der speziellen Absorptionsverhältnisse des Lichtes einerseits und der Adsorptionseigenschaften der Ätzgase andererseits die Bildung aktiver Spezies sogar im wesentlichen nur an der Oberfläche des zu ätzenden Festkörpers ab.

Wie auch beim einfachen chemischen Ätzen in der Gasphase ist der Einsatz oder die Erzeugung sehr reaktiver Gase Voraussetzung für die Realisierung technisch ausreichender Ätzraten beim photogestützten Ätzen. Deshalb finden auch hier vorzugsweise Halogene und deren Verbindungen Verwendung zum Ätzen von Metallen, Halbleitern sowie ihren Legierungen und Verbindungen. Neben den Halogenen selbst werden auch mehrfach oder perhalogenierte Kohlenwasserstoffe als Ätzgase verwendet, aus denen sich Halogenradikale photochemisch bilden können. Das setzt jedoch eine Photolyse mit Licht kurzer Wellenlänge voraus. Hohe Intensitäten bei solchen kurzen Wellenlängen werden mit einigen Excimerlasern als Anregungsquellen erreicht. So kann z.B. Silizium in Monochlorpentafluorethan unter Bestrahlung mit einem Kryptonfluorid-Laser (248 nm Emissionswellenlänge) geätzt werden, wobei mit Pulsfrequenzen um 0.1 kHz Ätzraten von ca. 20 nm/s erreicht werden[13]. Mit einem Nd:YAG-Laser (532 nm) wurde z.B. bei einer Pulsleistungsdichte von 32 MW/cm^2 beim Ätzen von Si in Cl_2 eine Volumenätzrate von ca. $4 \cdot 10^4$ µm^3/s erreicht[14].

4.2.3 Direktschreibende Mikrostrukturierung durch Laserscanning-Ätzen

Mit Lasern lassen sich hohe Lichtintensitäten auf sehr kleine Flächen fokussieren. Dadurch können Ätzprozesse sehr wirksam aktiviert werden. Durch die Fokussierung können Mikrostrukturen unmittelbar erzeugt werden. Wird der Laserstrahl in einer Richtung abgelenkt, so können Linien auf der Oberfläche geschrieben werden, und Flächen können aus Linien zusammengesetzt werden. Dadurch kann das lasergestützte Ätzen auch zu einer direktschreibenden Lithografie ohne Verwendung von Ätzmasken eingesetzt werden.

Beim direktschreibenden Laserätzen wird eine Vakuumkammer verwendet, die wie beim einfachen Dampfätzen mit einer Gasversorgung und einem Vakuumsystem verbunden ist. Zusätzlich sind eine Beleuchtungseinrichtung

---

[13] S.D. Russell und D.A. Sexton (1990)
[14] A. Schumacher et al. (1996)

4.2 Plasmafreies chemisches Ätzen in der Gasphase

und eine mechanische Zustelleinrichtung hoher Präzision erforderlich. Der zur Reaktionsaktivierung dienende Laserstrahl kann wahlweise über eine Blende ein und ausgeschaltet werden. Dieses Ausblenden („Beam Blanking") ist erforderlich, um Züge belichteter Oberflächenelemente mit unbelichteten wahlweise wechseln lassen zu können. Außerdem wird der Laserstrahl durch eine Ablenkeinheit in x- und y-Richtung ausgelenkt, so daß jedes Element der zu ätzenden Oberfläche beschrieben werden kann. Durch eine präzise Zustellung in z-Richtung wird der Laserstrahl auf die Oberfläche fokussiert, um eine hohe Auflösung und eine hohe lokale Energiedichte realisieren zu können (Abb. 47). Falls der Bildbereich der Ablenkung des Laserstrahls in x- und y-Richtung nicht genügend groß ist, kann der Substrattisch selbst noch in x- und y-Richtung beweglich gestaltet sein, um auch große Substrate direkt beschreiben zu können.

Unter dem Laserstrahl wird durch Einwirkung des lokal aktivierten Ätzgases das Funktionsschichtmaterial lokal begrenzt in den Gasraum überführt. Die dabei gebildeten Ätzprodukte werden über das Vakuumsystem aus dem Gasraum abgeführt. Dabei können extrem hohe lokale Ätzraten erreicht werden. Lasergestütztes direktschreibendes Silizium 3d-Micromachining wurde z. B. in Chlor mit Volumenabtragsraten von über 0.1 mm^3/s realisiert, wobei Scanraten von bis 7.5 mm/s angewendet wurden und eine Auflösung von 15 µm erreicht wurde. Bei niedrigeren Scangeschwindigkeiten und Verwendung von Objektiven hoher numerischer Apertur (NA = 0.5) konnten auch sub-µm-Strukturen mit Auflösungen bis zu 0.2 µm direkt geschrieben werden[15].

Eine einfache Alternative zum reaktiven lasergestützten Ätzen ist die thermische Laserablation. Bei dieser findet statt eines reaktiven Ätzprozesses ein einfacher thermischer Verdampfungs- bzw. Sublimationsprozeß statt. Bei entsprechenden Leistungsdichten der Laserstrahlung können so hohe Oberflächentemperaturen erreicht werden, daß auch schwer verdampfbare Materialien wie Silizium verdampft werden können. Das Verfahren hat den Vorteil, kein spezielles Gasversorgungssystem zu benötigen. Dagegen steht der Nachteil, daß die erzeugten Strukturen sehr rauhe Kanten besitzen und die primären Ablationsprodukte eine hohe Kondensationstendenz aufweisen. Da in der Regel bei der Ablation keine chemische Umwandlung in leicht flüchtige Produkte stattfindet, kondensiert das abgetragene Material in der Umgebung des Ablationsbereiches. Die Folge sind Störungen durch dieses Material in den Flanken der erzeugten Strukturen. Solche Störungen können in mikrolithografischen Mehrebenenprozessen in der Regel nicht toleriert werden. Während die Laserablation deshalb zur eigentlichen mikrolithografischen Strukturierung nicht eingesetzt wird, ist sie ein häufig verwendetes Werkzeug, um nachträgliche Operationen an individuellen Mikrostrukturen vornehmen zu können. Insbesondere wird die Laserablation zum Durchtrennen von Leitbahnschleifen (Lasertrimmen) eingesetzt, um die Geometrie von einzelnen Dünnschichtwiderständen zu verändern und damit in speziellen elektrischen Schaltkreisen bestimmte Widerstandswerte sehr exakt einzustellen.

---

[15] T.M. Bloomstein und D.J. Ehrlich (1993); vgl. auch A. Schumacher et al. (1996)

138   4 Trockenätzverfahren

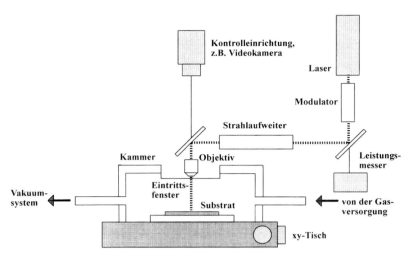

Abb. 4-47 Anlage zum direktschreibenden lasergestützten Ätzen (Prinzipdarstellung)

4.2.4 Elektronenstrahlgestütztes Dampfätzen

Eine besondere Variante des Ätzens in plasmafreien Dämpfen ist das elektronenstrahlgestützte Ätzen. Ähnlich wie beim photogestützten Ätzen wird auch hier die Oberfläche durch eine zusätzliche Energiequelle aktiviert. Anstelle von Photonen dienen dabei aber Elektronen mit kinetischen Energien weit oberhalb der chemischen Bindungsenergien zur Reaktionsaktivierung. In seiner Wirkungsweise ist das elektronenstrahlgestützte Ätzen den Ionenätztechniken verwandt. Wie diese ist die Wechselwirkung der energiereichen Elektronen mit dem Festkörper ein chemisch weitgehend unspezifischer Vorgang. Reaktionsauslösend ist neben der ionisierenden Wirkung der schnellen Elektronen vor allem der Eintrag einer hohen mechanischen Energie in den Festkörper. Daneben tragen elektronische Effekte wie die Freisetzung von Sekundärelektronen und die Relaxation der Elektronenhüllen des Targetmaterials, die partiell spezifische chemische Reaktionen zur Folge haben, wie z. B. Fragmentierungs- und Vernetzungsreaktionen in organischen Verbindungen, zur Reaktionsaktivierung bei.

Da Elektronenstrahlen sehr gut fokussiert werden können, ist es auch möglich, mit elektronenstrahlgestütztem Ätzen eine direktschreibende Lithografie zu praktizieren. Die dazu erforderliche Anlage ist in ihrem Aufbau den Elektronenstrahlbelichtungsanlagen verwandt, die zur Herstellung mikrolithografischer Masken eingesetzt werden. Wie bei diesen wird als Strahlquelle eine elektronenoptische Säule eingesetzt. Von diesen unterscheidet sie sich dadurch, daß die Belichtungskammer mit dem Substrattisch als Ätzreaktor ausgeführt sein muß.

Die Energien der Elektronen betragen meistens zwischen einigen hundert und einigen zehntausend Elektronenvolt. Diese Energien stellen ein Vielfaches der chemischen Bindungsenergien dar. Bei den häufig eingesetzten Elektronenstrahlenergien um 20–30 keV werden sogar Elektronen aus inneren Elektronenschalen der Atome mit so hoher kinetischer Energie herausgeschlagen, daß sie ihrerseits Nachbaratome ionisieren können. Solche Ionisationsprozesse bilden dabei ganze Kaskaden von nachfolgenden Ionisationsereignissen, die sich in der Umgebung des eintreffenden Elektronenstrahls durch den Festkörper ausbreiten. Auf diese Weise entsteht ein elektronischer Anregungsbereich, dessen Durchmesser ein Vielfaches des Durchmessers des primären Elektronenstrahls beträgt. Dieser Anregungsbereich ist umso größer, je höher die Strahlenergie ist und je geringer die mittlere Atommasse der zu ätzenden Schicht ist. Für die Realisierung einer hohen Ätzrate ist es wichtig, daß durch die Anregung mit dem Elektronenstrahl aus dem Targetmaterial chemische Spezies entstehen, die in den Gasraum übertreten können, also spontan desorbieren. Dazu müssen der durch den Elektronenstrahl aktivierten Oberfläche Moleküle im Gasraum angeboten werden, die rasch zu solchen desorbierbaren Spezies reagieren.

Elektronenstrahlen lassen sich auf wenige Nanometer bündeln. Dadurch sind prinzipiell laterale Auflösungen erreichbar, die weit unterhalb der Lichtwellenlänge liegen, ja im Extremfall nur wenige oder gar einzelne Moleküle erfassen. Eine so hohe Auflösung gelingt jedoch nur unter sehr speziellen Bedingungen: Für die direkte Strukturierung im 10-nm-Bereich werden elektronenstrahlgestützte Ätztechniken mit fokussierten niederenergetischen Elektronen (10 eV – 1 kV) entwickelt, bei denen das Anregungsgebiet so klein ist, daß die gewünschte hohe Auflösung erreicht werden kann[16].

Da der Elektronenstrahl fokussiert ist, steht aus Gründen der Produktivität nur eine vergleichsweise kurze Zeit für die Reaktion zur Verfügung. Geht man von einem Anregungsgebiet von ca. 0.1 μm^2 aus, so kann pro Flächenelement beispielsweise der Strahl nur ca. 1μs verweilen, wenn innerhalb von 10 Stunden eine Waferfläche von 50 cm^2 beschrieben werden soll. Damit der Elektronenstrahl sich in der Apparatur ausbreiten kann und das Substrat vor Kontaminationen sowie die geheizte Elektrode vor korrosiven chemischen Prozessen weitgehend geschützt bleiben, muß das Vakuum ca. 10^{-6} torr betragen. Deshalb ist es kompliziert, dickere Schichten in akzeptablen Zeiten mit diesem Verfahren zu ätzen. Deshalb ist das Verfahren nicht für die Massenfertigung anwendbar. Für sehr kleine Strukturen und dünne Schichten ist das Verfahren dagegen elegant, weil man nicht den Umweg über eine Maske gehen muß, der für solch kleine Strukturen in der Regel mit erheblichen relativen Maßverschiebungen einhergeht.

In den Anlagen zum elektronenstrahlgestützten Ätzen ist neben dem Vakuumsystem ein Gasversorgungssystem zur Zuleitung der Ätzgase erforderlich. Nach dem Prinzip des Elektronenmikroskops wird durch die Ablenkung des Elektronenstrahls in einem magnetischen Feld der Strahl über die Probe bewegt. Damit lassen sich relativ große Probenbereiche (mm-Bereich) sehr

---

[16] H.P.Gillis et al. (1992)

4.3 Plasma-Ätzverfahren

4.3.1 Materialabtrag durch Reaktionen mit Plasmaspezies

Die weit überwiegende Zahl von Trockenätzverfahren nutzt Plasmen oder Teilchen aus Plasmen für die Erzeugung von Mikrostrukturen. Dabei werden immer sogenannte „kalte" Plasmen verwendet. Das sind Plasmen, in denen die Bildung von Ionen und Elektronen nicht auf thermische, sondern auf elektronische Anregung zurückgeht und sich die teilchenmäßige Zusammensetzung ganz wesentlich von der Zusammensetzung thermisch aktivierter Plasmen unterscheidet.

Auch die kalten Plasmen zeichnen sich durch hohe Konzentrationen extrem reaktiver Komponenten aus. Deshalb sind solche Plasmen sehr viel besser als nicht aktivierte Gase für Ätzprozesse geeignet. Sie enthalten Ionen, energetisch angeregte Atome, Moleküle und Radikale, d.h. Moleküle oder Teile von Molekülen mit ungepaarten Elektronen (Abb. 48). Außerdem werden auch reaktive Moleküle im Grundzustand gebildet, die normalerweise nur in sehr kleinen Konzentrationen vorkommen, wie z.B. das Ozon im Sauerstoffplasma.

Kationen von elektronegativeren Elementen oder Molekülen sind in der Lage, ihrerseits Elektronen aus neutral geladenen Teilchen zu übernehmen

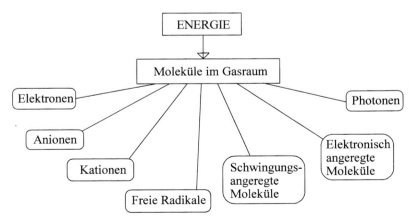

Abb. 4-48 Teilchen im Plasma (schematische Übersicht)

und diese dabei in Radikal-Kationen zu überführen. Anionen von elektropositiveren Elementen übertragen ihr Elektron leicht auf Neutralteilchen und überführen diese dadurch in Radikalanionen, die ebenfalls weiterführenden Reaktionen unterliegen können.

Durch die Rekombination von Elektronen und Kationen im Plasma entstehen Moleküle in elektronisch angeregten Zuständen. Die elektronische Desaktivierung dieser Zustände führt zur Aussendung von Lichtquanten, die das charakteristische Leuchten des Plasmas versursachen. Die Emission des Plasmas ist kein spektrales Kontinuum. Da isolierte Gasteilchen die Lichtquanten abgeben, werden Photonen ausgesandt, die für einen bestimmten Energiezustand einer bestimmten Teilchensorte und deren elektronische und Schwingungsanregungsniveaus charakteristisch sind und deshalb durch schmale Emissionslinien im Spektrum repräsentiert werden. Das Emissionslicht des Plasmas setzt sich aus diesen diskreten Linien zusammen, die zur spektroskopischen Charakterisierung des Plasmas genutzt werden können. Die Reaktionsfreudigkeit der Teilchen ist im elektronisch angeregten Zustand bedeutend höher als im Grundzustand, weil die Aktivierungsenergien wesentlich niedriger als im Grundzustand sind. Außerdem wird der elektronisch angeregte Zustand häufig noch von einer erhöhten Schwingungsanregung begleitet, die die Aktivierungsbarriere weiter verringert und die nur langsam relaxieren kann, da nur durch Stöße mit Nachbarteilchen oder Aussendung von Photonen Energie abgegeben werden kann.

Unmittelbar nach der Relaxation in den elektronischen Grundzustand liegen die Moleküle i.d.R. in einem schwingungsangeregten Zustand vor. Die der erhöhten Schwingungsanregung entsprechende Gleichgewichtstemperatur liegt oft bei hohen Temperaturen (einige 100 bis 1000 K oberhalb der Raumtemperatur), so daß auch aus diesem Zustand heraus chemische Reaktionen sehr wahrscheinlich sind.

Die wichtigste Gruppe der reaktiven Teilchen in einem Plasma bilden die Radikale. Sie werden durch Stoßprozesse mit Elektronen oder Ionen aus Molekülen durch homolytische Bindungsspaltung gebildet:

$$R\text{-}R' \rightarrow R^{\cdot} + R'^{\cdot} \tag{84}$$

Radikale besitzen aufgrund ihrer ungepaarten Elektronen eine hohe Tendenz, neue Bindungen einzugehen, sei es über Bildung eines Elektronenpaares (Rekombination) durch Abstraktion eines Elektrons (Bildung eines Anions, Erzeugung eines Radikalkations beim Reaktionspartner) oder durch Abgabe eines Elektrons (Bildung eines Anions, Erzeugung eines Radikalanions beim Reaktionspartner). Unter Normalbedingungen gibt es diese hochreaktiven Spezies nicht oder nur in verschwindend geringen Konzentrationen, da einmal gebildete Radikale durch die häufigen Stöße mit weniger reaktiven Teilchen rasch zur Reaktion kommen und Radikalkettenreaktionen sehr schnell durch Rekombinationsereignisse abgebrochen werden. In Plasmen der entsprechenden Gase können solche Radikale jedoch in hohen Konzentrationen erzeugt werden.

Das Plasmaätzen im engeren Sinne beinhaltet den Abtrag mit reaktiven, aber thermalisierten Teilchen. Unter thermalisierten Teilchen werden Atome, Moleküle oder Radikale verstanden, deren translatorische kinetische Energie sich nicht oder nur unwesentlich von der mittleren kinetischen Energie der Gasteilchen bei Raumtemperatur unterscheidet. Da diese im Gegensatz zu den durch ein elektrisches Feld beschleunigten Ionen neutral sind, spricht man beim einfachen Plasmaätzen auch von „Reaktivem Neutralteilchen-Ätzen" (Reactive Neutral Gas Etching; RNE). Thermalisierte Teilchen als ätzwirksame Spezies sind eine wesentliche Gemeinsamkeit des Plasmaätzens und der verschiedenen Typen des plasmafreien Ätzens mit reaktiven Dämpfen (siehe Abschnitt 4.2). Sie unterscheiden diese beiden Gruppen von Ätzverfahren von den Ionenätztechniken (Sputtern, Ionenätzen, Strahlätztechniken, siehe Abschnitt 4.4.).

Insbesondere die Atomradikale von Sauerstoff und den Halogenen sind extrem reaktive Spezies. Sie sind in der Lage, sehr effizient Elektronen zu abstrahieren bzw. stark polare Bindungen mit elektropositiveren Materialien wie den Metallen und Halbleitern, aber auch mit Wasserstoff, Kohlenstoff, Schwefel und anderen Nichtmetallen auszubilden. In reinen Halogen- oder Sauerstoffplasmen entstehen z. B. die reaktiven Spezies aus den Elementen:

$$O_2 + \text{Energie aus einem energiereichen Teilchen} \rightarrow 2\ O^{\cdot} \qquad (85)$$

$$Cl_2 + \text{Energie aus einem energiereichen Teilchen} \rightarrow 2\ Cl^{\cdot} \qquad (86)$$

Aus Molekülen werden Radikale im Plasma auch durch asymmetrische homolytische Bindungsspaltungen gebildet, z. B. aus Halogenmethanen wie Chlormethan (Methylchlorid):

$$CH_3Cl + \text{Energie aus einem energiereichen Teilchen} \rightarrow CH_3^{\cdot} + Cl^{\cdot} \qquad (87)$$

oder Trifluormethan

$$CHF_3 + \text{Energie aus einem energiereichen Teilchen} \rightarrow CHF_2^{\cdot} + F^{\cdot} \qquad (88)$$

Neben den Atomradikalen können aber auch sehr reaktive Molekülradikale wie z. B. das Trifluormethylradikal entstehen:

$$C_2F_6 + \text{Energie aus einem energiereichen Teilchen} \rightarrow 2\ CF_3^{\cdot} \qquad (89)$$

Treffen sich zwei Radikale, können sich umgekehrt durch deren Rekombination wieder Moleküle aufbauen. Auch aus Stoßprozessen zwischen Molekülen und Radikalen können im Plasma neue Radikale hervorgehen.

Durch thermische Bewegung gelangen die Radikale aus dem Plasma zur Oberfläche des zu strukturierenden Materials und reagieren dort mit diesem direkt oder über Zwischenstufen zu desorbierbaren Spezies. So bilden sich z. B. aus Si oder Si-haltigen Materialien beim Plasmaätzen mit fluorhaltigem Ätzgas zunächst F-substituierte Oberflächen, wobei erst durch die Bindung von F auch an die vierte Valenz des Siliziums das desorbierende SiF_4 entsteht. Analog verläuft auch der Abbau von Kohlenwasserstoffen in einem Sauerstoffplasma über Zwischenstufen. So bilden sich an der Oberfläche von Kohlenwasserstoffen beim Ätzen zunächst Alkohol-, Aldehyd- und Säuregruppen, bevor das Kohlenstoff-Grundgerüst unter Freisetzung von CO_2, ggf. auch CO, abgebaut wird. Der Wasserstoff geht in Form von Wasser in den Gasraum.

In Abhängigkeit vom Reaktionsmechanismus beim Ätzen entstehen neben gasförmigen Produkten auch Intermediate auf der Festkörperoberfläche. Gut untersucht ist die Bildung von chemischen Oberflächenstrukturen beim Ätzen von organischen Schichten auf Novolakbasis in Plasmen, die Sauerstoff- und Fluorverbindungen enthalten. Während an den ungeätzten Polymeroberflächen nur C-H- bzw. C-C- und C-O-Bindungen nachgewiesen wurden, entstehen bei einem Ätzabtrag im Sauerstoffplasma daneben auch Alkohol-, Carbonyl-, Carboxyl- und Estergruppen. Beim Ätzen in fluorhaltigen Ätzgasen (z. B. SF_6) wurden mono-, di- und trifluorierte Kohlenstoffatome an der Oberfläche gefunden[17].

Ein Plasmaätzen unter Vermeidung oxidierender Atmosphären wird bei Verwendung von Alkylradikalen als Ätzspezies möglich. Dabei können bereits die Alkane selbst als Ätzgas eingesetzt werden. Bei der Molekülfragmentierung im Plasma entstehen die ätzwirksamen Alkylradikale. So wird z. B. GaAs im Methanplasma im wesentlichen durch $CH_3\cdot$ angegriffen. Die Ätzraten sind bei diesen Verfahren allerdings nicht allzu hoch (maximale Raten beim GaAs-Ätzen um 0.1–0.2 nm/s)[18]. Sogar Kohlenwasserstoffe lassen sich durch reduktive Plasmen abbauen. So können z. B. Polyimidschichten im H_2-Plasma geätzt werden. Die Raten sind mit 0.5 nm/s vergleichsweise niedrig[19].

4.3.2 Plasmaerzeugung

Die Erzeugung von kalten Plasmen setzt ein Vakuum voraus, damit geladene Teilchen eine genügende freie Weglänge haben, auf der sie durch ein elektrisches Feld so stark beschleunigt werden können, daß ihre kinetische Energie größer als die Ionisierungsenergie der Gasteilchen wird. Die üblichen Drücke für das Plasmaätzen liegen etwa zwischen 30 und 300 Pa. Das elektrische Feld, das nötig ist, um Elektronen soweit zu beschleunigen, daß sie bei Stößen mit Atomen oder Molekülen diese wiederum ionisieren, hängt vom Vaku-

---

[17] O. Joubert et al. (1990)
[18] V.J. Law et al. (1991)
[19] F.Y. Robb (1984)

um ab. Je niedriger der Druck ist, desto kleiner können die Feldstärken sein, bei denen genügend hohe Elektronenenergien erreicht werden.

Um das Plasma aufrechtzuerhalten, muß beständig elektrische Energie in den Gasraum eingekoppelt werden. Das geschieht am einfachsten über einen Hochfrequenzgenerator (HF-Sender), dessen Energie über die Elektroden dem Plasma zugeführt wird. Unter den HF-Quellen mit Frequenzen im Bereich von etwa 0.1 bis 100 MHz werden besonders häufig Quellen bei 13.56 MHz eingesetzt. Daneben finden aber auch Mikrowellen (Frequenzbereich von einigen GHz) Verwendung, mit denen sehr hohe Leistungsdichten in ein Plasma eingekoppelt werden können. Für Hochrate-Ätzprozesse werden häufig sogar mehrere Quellen eingesetzt. Vor allem werden Kombinationen einer HF-Quelle mittlerer Leistung (ca. 0.1–0.5 kW) mit einer Mikrowellenquelle höherer Leistung (ca. 1–5 kW) verwendet. Je höher die eingekoppelte Leistung ist, umso höher ist die Dichte des Plasmas, d.h. das Verhältnis von ionisierten Teilchen zu Neutralteilchen. Mit zunehmender Plasmadichte wächst auch die Zahl der Radikale, d.h. der Teilchen mit ungepaarten Elektronen. Die Gesamtkonzentration der Radikale wird von der Plasmadichte und dem Reaktordruck bestimmt (Abb. 49). Untersuchungen der Ätzrate in Abhängigkeit von der Plasmafrequenz über einen weiteren Frequenzbereich haben gezeigt, daß ein Ätzratenmaximum in Abhängigkeit von der Frequenz auftritt. Dieses liegt z.B. beim Siliziumätzen in Chlor bei einem Druck von 0.3 torr und einer Leistungsdichte von 18 W/cm^2 bei 400 kHz. Von dieser maximalen Ätzrate von 11 nm/s sinkt die Rate über 1 nach 30 MHz um mehr als eine Größenordnung auf ca. 0.3 nm/s. Wahrscheinlich ist die Energie der Ionen, die in diesem Bereich von ca. 0.5 keV auf weniger als 0.1 keV fällt, für die abnehmende Ätzrate verantwortlich[20].

Bei elektrisch leitfähigen Substraten oder Funktionsschichten induzieren die Wechselfelder Wechselströme. Bei entsprechend hohen Leistungen können diese Wechselströme sehr beträchtlich sein. Die Folge ist eine starke Aufheizung durch die beim Stromfluß freigesetzte Joulesche Wärme. Eine solche Wärmeerzeugung kann erwünscht sein, um die Ätzrate durch eine hohe Arbeitstemperatur zu erhöhen. Das ist z.B. manchmal bei der Entfernung von Lackmasken im Plasma, dem sogenannten „Plasma-Veraschen" der Fall.

Häufig kann die thermische Belastung von Substraten und Funktionsschichten jedoch nicht toleriert werden. Dann muß durch eine elektrische Abschirmung dafür gesorgt werden, daß die unmittelbare Umgebung der Substrate feldfrei bleibt. Das wird durch eine perforierte Abschirmelektrode oder ein Drahtgestell erreicht, das als Faradayscher Käfig wirkt. Das Plasma, gekennzeichnet durch die Licht emittierende Zone, brennt dann nur in dem Teil des Reaktors, der außerhalb des Gestells liegt, während dessen Innenraum dunkel bleibt. Die Abklingzeiten der elektronisch angeregten Spezies, die für die Lumineszenz verantwortlich sind, liegen im Nanosekunden-Bereich und sind damit sehr viel kürzer als die Lebensdauer der Radikale und

---

[20] R.H. Bruce und A.R. Reinberg (1996)

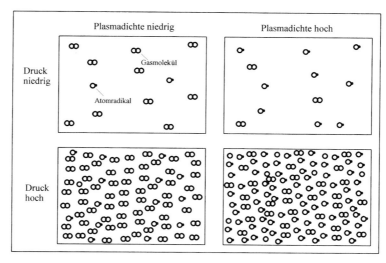

Abb. 4-49 Molekül- und Radikaldichte bei hohem und niedrigem Druck sowie hoher und niedriger Plasmadichte (schematisch)

die Diffusionszeiten der Teilchen. Durch die Maschen des Drahtkäfigs können die Radikale zur Substratoberfläche gelangen. Die Radikale haben eine Lebensdauer in der Größenordnung von Sekunden, so daß die Konzentration der Radikale im Inneren des Faradayschen Käfigs praktisch gleich der Konzentration im leuchtenden Plasma ist. Da die Ätzrate neben der Temperatur fast ausschließlich durch die Radikalkonzentration bestimmt wird, ist die Reaktionsgeschwindigkeit trotz Feldabschirmung hoch genug, um hohe Ätzraten zu erreichen.

Die elektrisch ins Plasma eingekoppelte Leistung bzw. genauer die Leistungsdichte, die Frequenz, mit der das Plasma erzeugt wird, und vor allem die atmosphärische Zusammensetzung des zugeführten Gases wirken sich auf die quantitative Zusammensetzung des Plasmas und damit auf die Ätzrate aus[21].

4.3.3 Plasmaätzen im Rohrreaktor

Die Reaktoren zum Plasmaätzen unterscheiden sich im wesentlichen in der Art der Elektrodenanordnung. Die klassische Anordnung ist der Rohrreaktor (auch „Barrel-Reaktor" oder „Tunnel-Reaktor" genannt). Bei dieser Anordnung wird das Plasma in einem rohrförmigen Rezipienten erzeugt. Im Falle einer dielektrischen Wandung (z.B. bei einem Glas-Reaktor) können diese Elektroden auch außerhalb der Wandung angebracht sein (Abb. 50). Die zu ätzenden Substrate werden im Inneren des Plasmas deponiert, so daß alle

---

[21] Vgl. dazu z.B. R.H. Bruce und A.R. Reinberg(1996); A.M. Wrobel et al. (1988)

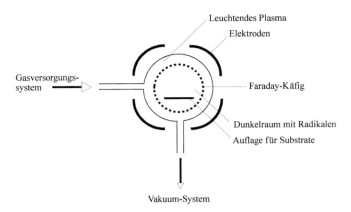

Abb. 4-50 Rohrreaktor zum Plasmaätzen (Prinzipdarstellung)

reaktiven Teilchen des Plasmas ungehinderten Zutritt zu deren Oberflächen haben. Sie befinden sich in der Dunkelzone, in die als reaktive Teilchen die Radikale eindiffundieren, während im äußeren Bereich des Zylinders – durch die leitfähige Abschirmung vom zentralen Teil getrennt – das Plasma brennt. Das Ätzgas wird in diesen äußeren Bereich zugeführt.

Werden Reaktoren aus leitfähigem Wandungsmaterial, wie z. B. Stahlblech, verwendet, so müssen die Elektroden in das Innere des Reaktors geführt werden. Das hat den Nachteil, daß die Elektroden selbst vom Plasma angegriffen werden können. Das führt unter Umständen zur Deposition von Material, das aus den Elektroden stammt, auf den Substraten und kann dort Störungen im Ätzprozeß oder in der Funktion der Bauelemente verursachen. Außerdem bedeutet dieser Angriff im Laufe von vielen Ätzprozessen eine Korrosion des Elektrodenmaterials, was die Funktion der Elektroden langfristig beeinträchtigt. Wird der Vakuumteil des Plasmareaktors stattdessen aus einem dielektrischen Material, wie z. B. Glas, gebildet, so können die Elektroden außerhalb angebracht werden, da das elektrische Feld durch die dielektrische Wandung hindurch greift. Neben dem Schutz der Elektroden hat ein solcher Reaktor den Vorteil, daß sein Inneres eine relativ kleine und ebene Oberfläche aufweist, bzw. Einbauten auf ein geringes Maß reduziert sind, was zur Vermeidung von chemischen und Partikel-Kontaminationen mikrotechnischer Substrate sehr wichtig ist und außerdem die Reinigung des Reaktorinnenraumes entscheidend erleichtert.

Die zylindrische Konfiguration eines Plasmaätzreaktors ist nicht spezifisch für die Mikrotechnik, sondern findet bei vielen technischen Plasmaprozessen, darunter auch Oberflächenbeschichtungen und Reinigungen an großen Bauteilen, Verwendung. Inhomogenitäten in der Verteilung der reaktiven Plasmabestandteile können durch eine geschickte Anordnung der Gaszuführung und der Elektroden einerseits und der Positionierung der Substrate andererseits minimiert werden.

4.3.4 Plasmaätzen im Downstream-Reaktor

Ein Spezialfall des Plasmaätzens wird im sogenannten Downstream-Reaktor verwirklicht. Bei dieser Ätzweise wird das Ätzgas über eine perforierte Abschirmelektrode von oben in den Hauptteil des Reaktors geleitet, so daß das zu ätzende Substrat von oben nach unten vom Ätzgas angeströmt wird (Abb. 51).

Die Anregungsenergie wird z. B. als Mikrowelle über einen Hohlleiter dem Reaktor zugeführt und über eine dielektrische Wandung in den oberen Bereich des Vakuumreaktors eingekoppelt, dem auch das Ätzgas zugeführt wird. Das leuchtende Plasma bildet sich zwischen der dielektrischen Wand und der perforierten Abschirmelektrode aus. Die in diesem Plasma entstehenden Radikale gelangen mit dem Gasstrom in den darunterliegenden Gasraum und wirken dort als Ätzmedium für das zu strukturierende Substrat. Die Ätzrate wird durch die Konzentration reaktiver Radikale kontrolliert. Die räumliche Trennung von Plasmaerzeugung und Ätzen gestattet auch ein günstiges Monitoring des Ätzprozesses. Zur Erhöhung der Ätzgeschwindigkeit finden geheizte Substrattische Verwendung.

Typischerweise wird beim Downstream-Verfahren im Druckbereich um 1 torr (133 Pa) gearbeitet. Das Ätzverfahren wird zum Beispiel zum relativ schonenden Plasmastrippen (Ätzen) von Photolacken und anderen organischen Schichten eingesetzt. Bei Arbeitstemperaturen zwischen 150 und 200 °C werden z. B. in sauerstoffhaltigen oder reinen Sauerstoffplasmen Ätzraten zwischen 2.5 und 17.5 nm/s erreicht[22].

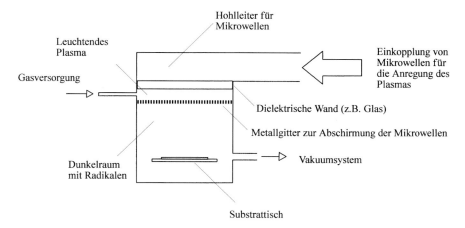

Abb. 4-51 Plasmaätzreaktor für das Downstream-Verfahren mit Mikrowellenanregung (Prinzipdarstellung)

---

[22] Sh. Fujimura (1991)

4.3.5 Plasmaätzen im Planarreaktor

Planarreaktoren sind durch eine Vakuumkammer gekennzeichnet, in der zwei ebene Elektroden, zwischen denen das Plasma erzeugt wird, einander gegenüber und parallel zueinander angeordnet sind. Sie zeichnen sich durch eine besonders homogene Feldverteilung und damit gut kontrollierbare Plasmabedingungen aus. Die Quellen arbeiten meist im MHz-Bereich. In der Regel wird nur ein Substrat zwischen den beiden Elektroden, meist unmittelbar auf einer der beiden Elektroden, positioniert (Abb. 52). Deshalb sind diese Reaktoren weniger produktiv als Rohrreaktoren, in denen oft Chargen aus einem bis mehreren Dutzend Substraten gleichzeitig bearbeitet werden können. Planarreaktoren finden vor allem im Forschungsbereich Anwendung. Für den industriellen Einsatz sind sie für kleinere Stückzahlen geeignet, insbesondere wenn die Substratwechselzeiten durch Vakuumschleusen gering gehalten werden können.

Planarreaktoren werden bevorzugt beim Reaktiven Ionenätzen (RIE, siehe Abschnitt 4.4.2) eingesetzt. Jeder RIE-Reaktor kann jedoch prinzipiell auch im Plasmaätz-Modus betrieben werden. Dazu wird die kleinere Elektrode, auf der die Substrate liegen, geerdet und die HF-Leistung über die Gegenelektrode eingekoppelt. Dadurch tritt praktisch kein Sputtereffekt bei den zu ätzenden Substraten auf, und nur die Radikale bestimmen den Abtragsprozeß. Durch ein Arbeiten bei Drücken um 1 torr wird die freie Weglänge der Teilchen im Gasraum soweit verkürzt, daß unter den normalen Anregungsbedingungen keine energiereichen Ionen auftreten und damit die zu ätzende Oberfläche nur durch thermalisierte Teilchen angegriffen wird.

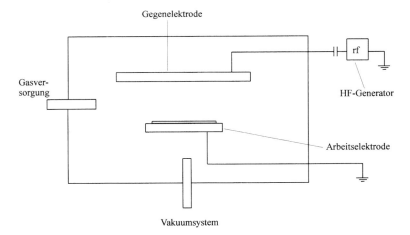

Abb. 4-52 Planarplattenreaktor für das Plasmaätzen (Prinzipdarstellung)

4.3.6 Magnetfeldgestütztes Plasmaätzen

In normalen HF-Plasmen bewegen sich die Elektronen auf geraden Bahnen. Die Anzahl möglicher Kollisionen zwischen den Elektronen und Gasteilchen ist durch die mögliche Länge des Weges zwischen den Elektroden, den Druck im Reaktor und die Elektronendichte festgelegt. Will man höhere Plasmadichten erreichen, so muß man dafür sorgen, daß die Elektronen einen verlängerten Weg durch den Gasraum zurücklegen. Damit kann die Anzahl der Kollisionen zwischen den Elektronen und den Gasteilchen entscheidend erhöht werden.

Eine wirksame Änderung des Weges der Elektronen durch den Gasraum wird durch die Einkoppung von Magnetfeldern erreicht. Die Magnetfelder zwingen die geladenen Teilchen im Plasma auf spiralförmige Bahnen. Damit vergrößert sich insbesondere die Verweildauer der Elektronen im Plasma beträchtlich. Im Ergebnis werden wesentlich erhöhte Plasmadichten erhalten. Durch den Einsatz entsprechender magnetfeldgestützter Plasmaquellen (Magnetrons) kann über die Erhöhung der Dichte an Ionen und Radikalen im Gasraum auch die Ätzrate bedeutend gesteigert werden. Ein Nachteil des Magnetron-gestützten Plasmaätzens liegt in der begrenzten Homogenität der Plasmadichte. Aufgrund der Gestalt der Magnetfelder ist auch die Verteilung von Ionen und Radikalen des Plasmas relativ inhomogen. So treten durchweg radiale Maxima der Plasmadichte und damit auch der Ätzraten auf. Diese lassen sich auch durch eine Bewegung der zu ätzenden Substrate nur bedingt ausgleichen. Deshalb kann das magnetfeldgestützte Plasmaätzen nicht eingesetzt werden, wenn eine hohe Homogenität des Ätzabtrages gefordert ist[23].

4.3.7 Plasmaätzen bei niedrigem Druck und hoher Ionendichte

Das Plasmaätzen bei niedrigem Druck und hoher Ionendichte ist ein moderner Spezialfall des reaktiven Trockenätzens unter Anregung aus mehreren Quellen. Der Prozeß steht in seiner Charakteristik zwischen dem konventionellen Plasmaätzen und dem Reaktiven Ionenätzen. Trotz des niedrigeren Druckbereiches und dem zweiteiligen Reaktoraufbau, der charakteristisch für das Verfahren ist und es in die Nähe der Ionenätzverfahren rückt, ist dieses von der Wirkungsweise der für das Ätzen wirksamen Spezies eher dem Plasmaätzen zuzuordnen.

Der Hauptteil der zur Plasmaanregung eingesetzten Energie (typischerweise ca. 80–90%), stammt aus einer Mikrowellenanregung. Die Mikrowellenenergie wird über einen Hohlleiter in den Plasmaraum des Reaktors eingekoppelt. Dort wird eine Erhöhung der Ionendichte durch ein zusätzliches Magnetfeld erreicht, das als Quelle mit Elektron-Zyklotron-Resonanz wirkt. Die auf Kreisbahnen gezwungenen Elektronen bewirken eine wesentliche

---

[23] D. Dane et al. (1992)

Verdichtung des Plasmas. Dadurch ist das Plasma im wesentlichen eine Hochleistungs-Mikrowellen-ECR-Entladung. Zusätzlich zu dieser Entladung wird eine mittlere HF-Leistung (10–20 % der eingesetzten Energie) in das Plasma eingekoppelt, wobei das Substrat selbst als Arbeitselektrode geschaltet ist. Dadurch wird das Plasma in zwei verschiedenen Frequenzbereichen gleichzeitig angeregt ($>10^7$ Hz und $>10^9$ Hz). Im Ergebnis erhält man Plasmen mit einer hoher Dichte an Ionen (z. B. 10^{11} Ionen/cm^3 bei 1 kW Mikrowellenleistung)[24].

Aufgrund des für Plasmaätzprozesse vergleichsweise geringen Drucks (um 1 mtorr) ist der Aufbau eines elektrischen Feldes an der Arbeitselektrode zu erwarten. In diesem Feld werden Ionen aus dem hochdichten Plasma extrahiert und zum Substrat hin beschleunigt. Dieser Effekt trägt beim Plasmaätzen bei niedrigem Druck und hoher Ionendichte zusätzlich zu den hohen Plasmadichten bei, und bewirkt vor allem durch eine Einwirkung von Ionen mit Energien oberhalb der Sputterschwelle hohe Ätzraten.

4.3.8 Ausbildung der Ätzstrukturen beim Plasmaätzen

Da der Ätzabtrag beim Plasmaätzen vor allem durch die Einwirkung der reaktiven Radikale zustande kommt, bestimmt deren kinetisches Verhalten auch die räumliche Verteilung der Ätzrate. Im Gegensatz zu den beschleunigten Elektronen und Ionen besitzen die Radikale nur eine niedrige kinetische Energie. Ihre Bewegung im Gasraum erfolgt mit einer Geschwindigkeit, die der thermischen Energie entspricht und die bei Raumtemperatur oder knapp darüber liegt. Die bei Stößen übertragenen höheren kinetischen Energien werden im Plasma durch Stöße mit energieärmeren Teilchen und der Wandung rasch abgebaut.

Als thermalisierte Teilchen besitzen die Radikale auch keine Vorzugsrichtung der Bewegung im Plasma. Für ihre Reaktion mit dem Substratmaterial ist nur ihr Kontakt mit der Oberfläche, nicht jedoch die Richtung, aus der dieser Kontakt erfolgt, von Bedeutung. Der Ätzprozeß erfolgt deshalb unabhängig von der Orientierung der zu ätzenden Oberflächen im Plasma, d.h. die Ätzgeschwindigkeit ist in allen Raumrichtungen gleich. Insofern handelt es sich beim Plasmaätzen um einen isotropen Abtragsprozeß. Anisotropie kann wie beim Naßätzen nur durch den selektiven Abtrag entlang kristallografischer Vorzugsrichtungen entstehen. Im allgemeinen werden beim Plasmaätzen alle Materialien in allen Raumrichtungen mit der gleichen Rate abgetragen. Die gebildeten Ätzstrukturen sind isotrop, d.h. sie bilden unter den Strukturkanten der Ätzmaske Zylinderoberflächenausschnitte und an den Ecken Kugeloberflächenfragmente in voller Analogie zum naßchemischen isotropen Ätzen.

---

[24] J.W. Lee et al. (1996)

4.3.9 Geometrie-Einfluß auf das Plasmaätzen

Das Angebot an reaktiven Radikalen sowie an reaktiven Teilchen im Grundzustand, die mit reaktiven Zentren auf der Sustratoberfläche reagieren können, bestimmt entscheidend die Ätzrate. Da die mittlere freie Weglänge beim Plasmaätzen, verglichen mit den Reaktorabmessungen, gering ist, bewegen sich die reaktiven Teilchen in der Nähe der Oberflächen im wesentlichen diffusiv. Ihre lokale Konzentration wird deshalb maßgeblich durch den Verbrauch durch Reaktionen an den Oberflächen und dem oberflächennahen Gasraum mitbestimmt. Deshalb wirkt sich die Fläche der geätzten Substrate in einem Reaktor auf die lokale Ätzgaszusammensetzung und damit auch die Ätzrate selbst aus. Die Ätzrate sinkt mit der Anzahl von Substraten im Plasmareaktor („Loading Effect")[25]. Da auch innerhalb des Reaktors Konzentrationsunterschiede in den Bestandteilen des zugeführten Ätzgases und der gebildeten Reaktionsprodukte auftreten, können Ätzraten beim Plasmaätzen in Abhängigkeit vom Bautyp des Reaktors und seiner Beschickung auch positionsabhängig sein[26]. Die Ätzrate in Plasmareaktoren ist häufig reziprok linear abhängig von der Anzahl von Wafern in Mehrscheiben-Ätzanlagen. In gleicher Weise sinkt die Ätzrate mit zunehmendem Anteil der ätzenden Fläche A_B an der Gesamtfläche eines Wafers A, d.h. in Abhängigkeit vom Bedeckungsgrad des Wafers A_B/A. Die Abhängigkeit der Ätzrate r_n von der gesamten zu ätzenden Fläche $n \cdot A_B$ kann durch folgende Gleichung beschrieben werden, die z.B. beim Ätzen von Silizium im CF_4/O_2-Plasma experimentell bestätigt wurde[27]:

$$r_n = \beta \tau G / (1 + \beta \tau y \cdot (N_o/M) \cdot (n \cdot A_B/V)) \tag{90}$$

β = Reaktivitätsfaktor
y = Stöchiometriekoeffizient
τ = Lebensdauer reaktiver Spezies
G = Generationsrate energetischer Elektronen
N_o = Avogadrokonstante
M = Molekulargewicht des zu ätzenden Festkörpers
V = Plasmavolumen

Die Ätzrate kann in Abhängigkeit von der Anzahl der zu ätzenden Substrate n auch auf die idealisierte Ätzrate bei sehr kleiner Ätzfläche r_0 bezogen werden. Unter Berücksichtigung der Gesamtinnenfläche A_n, an der das Plasma mit der Rate k_r reagieren kann, der zu ätzenden Fläche eines Substrates A_s und der Ätzrate des zu ätzenden Materials k_s erhält man näherungsweise[28]:

---

[25] C.J. Mogab (1977)
[26] A.G. Nagy (1984)
[27] C.J. Mogab (1977); C.J. Mogab und H.J. Levinstein (1980)
[28] K. Schade et al. (1990)

$$r_n = r_0 \cdot 1/(1+n) \cdot (A_n \cdot k_r)/(A_s \cdot k_s) \tag{91}$$

Da die Konzentration der reaktiven Spezies nicht in idealer Weise über den ganzen Reaktorraum gleich ist, ist die Ätzrate in Plasmareaktoren auch nicht unabhängig vom Ort. Die Transportprozesse bewirken Konzentrationsgradienten im Reaktor. Die Konzentrationsgradienten werden im wesentlichen durch die Reaktions- und Diffusionsraten sowie die dimensionslose Peclet-Zahl Pe bestimmt. Diese ist bei zylindrischen Reaktoren durch die Durchschnittsgeschwindigkeit des Gases am Gaseinlaß v_0, den Radius r_o des Reaktors und den Diffusionskoeffizienten D des Gases bestimmt[29]:

$$Pe = v_o \cdot r_o/D \tag{92}$$

Dem loading-Effekt entsprechende Phänomene werden auch bei anderen als zylinderförmigen Reaktoren beobachtet. So steigt auch in Planarreaktoren die Ätzrate in der Regel mit abnehmender Größe der zu ätzenden Fläche. Dieser Effekt führt auch dazu, daß nach dem Durchätzen von Mikrostrukturen einer Schicht eine erhöhte Ätzrate beobachtet wird, die vor allem in lateraler Richtung wirkt. Das führt dazu, daß in der Überätzphase häufig Maskenkanten überproportional stark unterätzt werden.

4.3.10 Plasma-Jet-Ätzen (Plasma Jet Etching PJE)

Durch die Erzeugung eines schmalen Plasma-Strahls (Jet) lassen sich sehr hohe lokale Ätzraten in einem HF-Plasma erreichen. Das Arbeitsgas wird beim Plasma-Jet-Ätzen durch eine Düse gedrückt, die in einer HF-Elektrode angeordnet ist. Das Plasma bildet sich in der Düse und kann als Strahl auf ein vor der Düse befindliches Werkstück gerichtet werden. Wegen der hohen Plasmadichte und der raschen Zuführung der reaktiven Spezies durch den Jet ergeben sich im Zentrum des Jets Ätzraten bis ca. 2 µm/s.

Die hohe Effizienz des Ätzens wird durch den self-biasing-Effekt unterstützt. In dem schmalen Zwischenraum zwischen dem Düsenausgang und dem Werkstück (typischerweise 1 bis 3 mm) bildet sich ein elektrisches Feld aus, das durch einen beidseitigen starken Potentialabfall zu den Elektroden (Düse und Werkstück) charakterisiert ist. Dabei ergibt sich eine hohe Feldstärke (bis zu mehreren 100V) vor der Oberfläche des Werkstücks. In diesem Feld werden Ionen des Plasmas beschleunigt, so daß wie beim Reaktiven Ionenätzen (s. Abschnitt 4.4.2) ein zusätzlicher sputtergestützter Abtrag resultiert.

Die Ätzrate fällt über dem Radius des Jets stark nach außen ab. Deswegen erhält man beim Ätzen von Löchern unter einem fest stehenden Jet schräge oder abgerundete Flanken. Das Plasma-Jet-Ätzen kann jedoch auch unter

---

[29] E.C. Stassinos, H.H. Lee (1990)

Verwendung von lithografischen Masken eingesetzt werden, wobei eine befriedigende Strukturierungsqualität erreicht werden kann[30].

4.3.11 Anwendung des Plasmaätzens

Plasmaätzprozesse finden überall dort Anwendung, wo Trockenätzprozesse gegenüber Naßätzprozessen vorteilhaft eingesetzt werden können, ohne daß eine Anisotropie des Abtrags erforderlich ist. Insbesondere werden sie bevorzugt, wenn Naßätzprozesse nur mit niedrigen Raten realisiert werden können, wenn besonders aggressive, giftige oder in sonstiger Weise für Mensch und Umwelt schädliche Ätzbäder eingesetzt werden müßten und stattdessen gut zugängliche Plasmaätzverfahren zur Verfügung stehen.

Metalle sind Plasmaätzverfahren zugänglich, soweit sie flüchtige Produkte bilden können. Aluminium z. B. bildet als wichtiges Material zur Herstellung von Leitbahnen und Spiegeln in der Mikrotechnik das relativ gut flüchtige Chlorid $AlCl_3$ (subl. 182.7 °C)[31]. Es kann deshalb vorteilhaft im Chlorplasma oder in Plasmen von niedermolekularen chlorhaltigen Verbindungen geätzt werden[32].

Silizium als mikrotechnisch besonders wichtiges Material und seine Verbindungen werden vorzugsweise in fluorhaltigen Plasmen geätzt (zu den möglichen Ätzgasen und Verfahren siehe auch den Katalog der Ätzverfahren im 2. Teil). Neben CF_4 und SF_6 kann auch SiF_4 selbst zum Plasmaätzen von Silizium verwendet werden[33]. Für Silizium, aber auch SiO_2 konnte gezeigt werden, daß die Ätzrate direkt von der Konzentration des atomaren Fluors in der Gasatmosphäre bestimmt wird. Dabei wurden folgende Abhängigkeiten der Ätzraten r ermittelt, die sonst nur noch von der absoluten Temperatur T abhängen[34]:

$$r_{Si} = (0.485 \pm 0.3) \cdot 10^{-14} \cdot \sqrt{T} \cdot n_F \cdot e^{-0.108 \text{ eV}/kT} \text{ nm/s} \qquad (93)$$

$$r_{SiO2} = (1.02 \pm 0.08) \cdot 10^{-15} \cdot \sqrt{T} \cdot n_F \cdot e^{-0.163 \text{ eV}/kT} \text{ nm/s} \qquad (94)$$
n_F = Anzahl von freien Fluoratomen pro cm^3

GaAs läßt sich außer in Halogen-Plasmen auch reduktiv, in Wasserstoff-Alkan-Plasmen, strukturieren. Die Ätzraten sind dabei aber relativ niedrig (bis ca. 0.03 nm/s in Falle von Äthan, bis ca. 0.2 nm/s im Falle von Methan)[35].

Aufgrund der chemischen Selektivität von Plasmaätzprozessen können manche einkristalline Materialien auch in einem Plasma kristallographisch ge-

---

[30] L. Bardos et al. (1990)
[31] A.F. Holleman und E. Wiberg (1985), 875
[32] D.W. Hess (1981)
[33] H. Boyd und M.S. Tang (1979)
[34] D.L. Flamm et al. (1981)
[35] V.J. Law et al. (1991)

ätzt werden. So wurden z.B. beim Ätzen von GaAs in Cl_2- bzw. Br_2-Plasma (111)- und (110)-Flächen selektiv präpariert[36].

Anorganische Dielektrika lassen sich ebenso wie Metalle durch Plasma ätzen, wenn flüchtige Verbindungen gebildet werden. Erschwerend wirkt allerdings für viele dielektrische Materialien auf Oxidbasis (Gläser, Keramiken usw.), insbesondere für Oxide von weniger edlen Metallen, daß diese thermodynamisch sehr viel stabiler gegenüber einem Ätzangriff sind als die Metalle. Deshalb müssen für die Bildung flüchtiger Verbindungen deutlich höhere Aktivierungsenergien aufgewendet werden. Die Abtragsraten sind dementsprechend in der Regel deutlich niedriger. Auch andere Dielektrika wie z.B. Nitride und Carbide werden aufgrund ihrer thermodynamischen Stabilität in Plasmen nur vergleichsweise langsam abgetragen. Höhere Raten lassen sich meist mit Sputter- oder Strahlätztechniken (siehe Abschnitt 4.4) erreichen, da bei diesen Verfahren durch die mechanische Aktivierung die chemischen Reaktionsbarrieren leichter überwunden werden.

Das besonders wichtige dielektrische Material SiO_2 und von ihm abgeleitete Materialien, wie z.B. Glas, werden wegen der hohen Flüchtigkeit von SiF_4 bevorzugt in F-haltigen Plasmen geätzt. Besonders vorteilhaft werden CF_4/O_2- und NF_3/Ar-Plasmen eingesetzt, mit denen sich gute Strukturqualitäten und auch hohe Selektivitäten gegenüber anderen Materialien wie z.B. GaAs und InP erreichen lassen[37].

Als organische Dielektrika werden in der Mikrotechnik meist synthetische Kohlenwasserstoff-Polymere eingesetzt. Diese werden bevorzugt im Sauerstoffplasma geätzt. Die erreichbaren Raten liegen so hoch, daß das Verfahren zum raschen Ätzen dünner Polymerschichten, aber auch zum Strukturieren dickerer Schichten[38] in akzeptablen Zeiten eingesetzt werden kann. Teilweise werden Raten von bis zu über 100 nm/s erreicht. Atomarer Sauerstoff im elektronischen Grundzustand bildet die eigentliche reaktive Spezies. Aufgrund ihrer hohen Elektronegativität und ihres Radikalcharakters abstrahieren freie Sauerstoffatome sehr wirksam Wasserstoffatome aus den Kohlenwasserstoffen, wobei ein Kohlenwasserstoffradikal entsteht:

$$R\text{-}H + O^{\cdot} \rightarrow R^{\cdot} + OH^{\cdot} \tag{95}$$

Das Kohlenwasserstoffradikal $R^{\cdot}$ ist wiederum auch gegenüber molekularem Sauerstoff im Grundzustand (Triplett-Sauerstoff) sehr reaktiv, so daß ein oxydativer Abbau über weitere radikalische Zwischenstufen in Form einer Radikalkettenreaktion zustande kommt. Diese führt über die Bildung von Alkoxyradikalen bis zu den flüchtigen niedermolekularen Produkten wie CO, CO_2 und H_2O. Für die Spaltung von C-C-Bindungen wird ein Reaktionsweg disku-

---

[36] D.E. Ibbotson et al. (1983)
[37] V.M. Donnelly et al. (1984)
[38] I.S. Goldstein und F. Kalk (1981)

tiert, der über das Radikal und die Anlagerung von Sauerstoffmolekülen zu Peroxidradikalen und weiter zu Ketonen führt[39,40]:

$$-C-C- + O_2 \rightarrow -CO_2-C- \tag{96}$$

$$-CO_2-C- + RH \rightarrow -C(OOH)-C- + R\cdot \tag{97}$$

$$-C(OOH)-C- \rightarrow -C-(O\cdot)-C- + OH\cdot \tag{98}$$

$$-C-(O\cdot)-C- \rightarrow -CO- + -C\cdot \tag{99}$$

Die Abbaureaktion im Plasma ist deutlich temperaturabhängig. Bei höherer Temperatur steigt die Ätzrate schneller an, was mit einer Geschwindigkeitskontrolle durch die eigentlichen chemischen Reaktionen in Verbindung gebracht wird. Bei niedrigeren Temperaturen liegt eine geringere scheinbare Aktivierungsenergie vor, was für eine Geschwindigkeitskontrolle des Materialtransports in der Oberflächenschicht spricht[41]. Die bei verschiedenen Materialien und unter abweichenden Ätzbedingungen beobachteten scheinbaren Aktivierungsenergien unterscheiden sich beträchtlich. Die Spanne reicht von 0.08 eV (7.7 kJ/mol) beim O_2- Ätzen von plasmapolymerisiertem Tetrafluorethylen bis zu 0.58 eV (55.7 kJ/mol) beim O_2- Ätzen von Polyimiden und 0.64 eV (61.5 kJ/mol)) beim O_2- Ätzen von Photolack im Downstream-Mikrowellenplasma[42].

Die Ätzrate im Sauerstoffplasma kann durch Zusatz eines fluorhaltigen Ätzgases (z. B. CF_4) stark erhöht werden. Die aus diesem Ätzgas gebildeten Fluorradikale abstrahieren noch wirksamer als Sauerstoffatome atomaren Wasserstoff und erleichtern dadurch den oxydativen Abbau durch das Sauerstoffplasma. Bei höheren Konzentrationen an F-haltigen Ätzgasen sinkt die Ätzrate allerdings wieder ab, weil freie Valenzen an der Oberfläche der Kohlenwasserstoffe dann zunehmend durch Fluor-Atome besetzt werden und diese Fluoralkylgruppen eine wesentlich geringere Abtragsrate als die entsprechenden unsubstituierten Gruppen haben. Das Ratemaximum wird typischerweise im Bereich zwischen 10 % CF_4 (bei Polyimiden, aromatischen Polymeren) und 40 % CF_4 (bei Aliphaten) gefunden[43]. Wegen der konkurrierenden Bildung von fluoridreichen Oberflächen und der Erhöhung des Ätzabtrages durch die fluorinduzierte H-Abstraktion wirken sich die Reaktionsbedingungen im Plasma insgesamt stark auf die Lage der maximalen Ätzrate aus. Die Ätzratemaxima in Abhängigkeit von der Gaszusammensetzung verschieben sich z. B. auch deutlich mit dem Gesamtdruck. Die höchsten Ätzraten werden

---

[39] F.D. Egitto et al. (1990); S.J. Moss et al. (1983)
[40] F.D. Egitto et al. (1990) S. 332
[41] I. Eggert und W. Abraham (1989); O. Joubert et al. (1989)
[42] F.D. Egitto et al. (1990)
[43] S.R. Cain et al. (1987); V. Vukanovic et al. (1987); A.M. Wrobel et al. (1987, 1988)

häufig in einem relativ engen Konzentrationsbereich gefunden. Das bedeutet, daß der bei hohen Raten geführte Prozeß oft empfindlich auf kleine Änderungen der Ätzbedingungen reagiert.

Die Erhöhung der Ätzrate durch fluorhaltige Gaszusätze hängt stark von der Natur des zugesetzten Gases ab. So wirkt CF_4 beim Ätzen von Polyimid deutlich stärker als CHF_3, dieses wiederum wesentlich stärker als CF_2Cl_2 [44]. Die Ätzrate von organischen Polymeren hängt bei ansonsten gleichen Plasmabedingungen stark von der chemischen Zusammensetzung der Polymere ab[45]. Im allgemeinen steigt die Ätzrate mit abnehmendem C:H-Verhältnis und mit zunehmendem Sauerstoffanteil im Polymer. Aromatische Polymere weisen in der Regel niedrigere Ätzraten als aliphatische auf, hydroxygruppenreiche Polymere ätzen schneller als unsubsitituierte Aliphaten. Die Tabelle gibt eine Übersicht über typische Ätzratenverhältnisse in Abhängigkeit von der chemischen Natur der Polymere (Tabelle 5).

Das Plasmaätzen von organischen Polymeren wird sehr häufig zum Entfernen von organischen Photolackmasken („Strippen") eingesetzt. Da beim Plasmaätzen die Kohlenwasserstoffketten chemisch abgebaut werden, lassen sich auch kovalent vernetzte Materialien entfernen, die sich mit organischen Lösungsmitteln und alkalischen Lackablösern nicht entfernen lassen. Deshalb wird das Plasma-Strippen eingesetzt, wenn thermisch oder photochemisch ausgehärtete (vernetzte) Lackschichten vorliegen. Solche Lackschichten werden zum einen in Mehrlagenresistprozessen eingesetzt, zum anderen benutzt man besonders stabile Lackmasken, wenn eine hohe Stabilität der Ätzmaske gegenüber Strahlätzprozessen erforderlich ist. Auch nicht-vernetzte Lackmasken können während Strahlätzprozessen – insbesondere an der Oberfläche – Vernetzungen erleiden. Da diese Schichten dann in der Regel in organischen oder alkalischen Strippern ebenfalls nicht mehr löslich sind, wird auch zum Entfernen von Photolackmasken, die durch Strahlätzprozesse belastet waren, das Plasma-Strippen in einer O_2-Atmosphäre bevorzugt[46].

Die Bestandteile Wasserstoff und Kohlenstoff aus siliziumhaltigen Polymeren (z. B. Silikone, Siloxane u. a.) werden beim Ätzen im O_2-Plasma in gasförmige bzw. leicht flüchtige Produkte (wie CO, CO_2, H_2O) überführt. Das organisch gebundene Silizium reagiert jedoch zu dem extrem schwer verdampfbaren SiO_2. Deshalb bilden diese Polymere im Sauerstoffplasma eine dünne Oberflächenschicht aus, die im wesentlichen aus SiO_2 besteht. Diese Schicht verhindert den Zutritt von Sauerstoffatomradikalen zu den darunterliegenden Volumenelementen des Polymers, das dadurch nicht weiter abgetragen wird[47]. Deshalb können Si-haltige Polymere als Ätzmasken beim O_2-Plasmaätzen und auch beim O_2-RIE, -RIBE[48] usw. von Si-freien organischen Poly-

---

[44] F.D. Egitto et al. (1990)
[45] L. Eggert et al. (1988)
[46] M.A. Harney et al. (1989)
[47] M.A. Hartney et al. (1989); H. Namatsu (1989)
[48] siehe Abschnitte 4.4.2. und 4.4.5.

Tab. 4-5. Ätzraten organischer Polymere im CF_4/O_2–Plasma[a]

Nr.	Material	Typ	Ätzrate
1	Glas-Kohlenstoff	reiner Kohlenstoff	0.1 nm/s
2	Polydivinylbenzol	Vernetztes aromatisches Polymer	0.7 nm/s
3	Polystyrol	lineares aromatisches Polymer	1 nm/s
4	AZ-Lacke (Novolak)	lineares alkylsubstituiertes aromatisches Polymer	1.1 nm/s
5	Polyvinylidenfluorid	halogensubstituiertes aliphatisches Polymer	2 nm/s
6	Polyimid	Stickstoff- und Sauerstoffhaltiges Polymer	2.2 nm/s
7	Polyvinylolacton	Sauerstoffhaltiges aliphatisches Polymer	> 4 nm/s
8	Methacrylat-Copolymer	Acrylat (sauerstoffreiches aliphatisches Polymer)	> 5.3 nm/s
9	Zellulose	Kohlenhydrat	> 11.7 nm/s

meren eingesetzt werden. Der vollständige Plasma-Abtrag von Si-haltigen Polymeren gelingt am besten in Gemischen von O_2 und fluorspendenden Ätzgasen wie z. B. CF_4.

4.4 Ätzen mit energetischen Teilchen

4.4.1 Sputterätzen

Der Sputtereffekt

Das Sputterätzen ist ein Gasphasenätzproßeß, der für praktisch alle Materialien eingesetzt werden kann[49]. Beim Sputterätzen[50] werden Atome oder Cluster durch einen mechanischen Impuls aus dem Festkörper in die Gasphase gebracht. Zur Impulsauslösung werden schnelle Ionen oder Neutralteilchen verwendet. Die beim Sputterätzen eingesetzten kinetischen Energien der Ionen liegen typischerweise im Bereich zwischen 0.1 und 1 keV (das entspricht ca. $10^7 - 10^8$ J/mol). Damit übertreffen die Ionenenenergien die typischen Bindungsenergien innerhalb der Festkörper um etwa das hundert- bis

---

[a] nach L.A. Pederson 1982.
[49] P.D. Davidse (1969)
[50] Zum mikrolithografischen Sputterätzen siehe z.B. A.N. Broers (1965)
 C.M. Melliar-Smith (1976); R. Wechsung und W. Bräuer (1975)

tausendfache. Ist die Energie der einzelnen Ionen zu niedrig, so können keine Teilchen durch den Einschlag auf der Oberfläche herausgelöst werden. Es tritt kein Sputtereffekt ein. Auch durch eine sehr hohe Dichte an Ionen kann kein Sputtern ausgelöst werden, wenn die Ionen nicht die erforderliche Mindestenergie besitzen.

Trifft ein energiereiches Ion auf eine Festkörperoberfläche, so überträgt es seine kinetische Energie auf die Atome des Festkörpers. Durch die Wechselwirkung der Atome des Festkörpers untereinander wird innerhalb von 10–100 Femtosekunden der mechanische Impuls auf Nachbaratome übertragen und damit auf eine ganze Gruppe von Atomen in der oberflächennahen Schicht des Festkörpers verteilt. Die Impulsübertragung erfolgt dabei nicht nur in der Einfallsrichtung des Sputterions, sondern wirkt durch diese Impulsübertragung im Gitter auch auf abweichende, partiell auch wieder zur Oberfläche weisende Richtungen. Die unmittelbare Impulsübertragung ist mit einer entsprechend weiten Auslenkung der Atome aus ihren Gleichgewichtslagen im Gitter bzw. aus den den Festkörper aufbauenden Molekülstrukturen verbunden. Erreichen an der Oberfläche liegende Atome mechanische Energien, welche die Bindungskräfte übersteigen, so können sich diese Atome ablösen und treten in den Gasraum über. Mit diesem Übertritt ist Material vom Festkörper abgetragen. Geringe Stoßwahrscheinlichkeit vorausgesetzt, bewegen sich diese herausgeschlagenen Atome in das Innere des Gasraums und werden mit dem Gasstrom aus dem Rezipienten abtransportiert. Die kinetische Mindestenergie, die einfallende energetische Teilchen haben müssen, um Teilchen aus dem Festkörper herauszulösen, wird „Sputterschwelle" genannt. Da die Sputterschwelle von der Bindungsenergie der Teilchen im Festkörper abhängt, weisen verschiedene Materialien auch unterschiedliche Sputterschwellen auf.

In den meisten Fällen treten die höchsten Sputterausbeuten nicht bei senkrechtem Einfall der energetischen Teilchen (90°) auf, sondern bei einem Winkel, der zwischen etwa 50 und 90° liegt. Bei einkristallin-kubischem Material liegt der optimale Sputterwinkel bei 60°. Bei diesem Winkel wird die kinetische Energie der Sputterteilchen so auf die Atome des Targets übertragen, daß die maximale Anzahl von Targetatomen in den Gasraum übertritt (Abb. 53).

Unter Umständen werden auch ganze Gruppen von Atomen, zwischen denen die Bindungen erhalten bleiben, gleichsinnig von der Oberfläche ausgelenkt und reißen bei genügend hoher Energie von der Oberfläche ab. In diesem Fall treten Cluster (im Falle von elementaren Festkörpern) oder Moleküle, Radikale oder Molekülgruppen (im Falle molekularer Festkörper) von der Oberfläche in den Gasraum über. Die primär abreißenden Atome, Moleküle oder Cluster können hohe kinetische Energien besitzen.

Bei der Relaxation im Festkörper selbst wird die kinetische Energie des einfallenden Teilchens über die Auslenkung der Atome in Schwingungsenergie überführt. Infolgedessen entsteht an der Einschlagstelle ein Ensemble von Atomen mit hoch schwingungsangeregten Zuständen. Damit erhöht sich die Übertrittswahrscheinlichkeit von Atomen in den Gasraum. Einzelne Atome,

Abb. 53 Dissipation der freigesetzten Energie beim Einfall energetischer Teilchen auf Festkörperoberflächen: Je größer die Abweichung der Einfallsrichtung von der Normalenrichtung ist, umso geringer ist die Tiefe, in der die einfallende Energie deponiert wird.

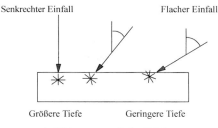

Radikale oder Moleküle können die Bindung an der Oberfläche überwinden und treten mit relativ geringer kinetischer Energie in den Gasraum über.

Die Konzentration hoch schwingungsangeregter Zustände an der Einschlagstelle ist gleichbedeutend mit einer lokal sehr hohen Temperatur des Festkörpers. Die Einschlagstelle ist gewissermaßen ein mikroskopischer „hot spot". Die Schwingungsenergie wird aber rasch auch in die tieferliegenden Teile des Festkörpers übertragen, wobei die Atome an der Einschlagstelle zu niedrigeren Schwingungsniveaus relaxieren. Die Geschwindigkeit der Impulsübertragung zwischen den Atomen liegt im Bereich der Oszillationsgeschwindigkeiten (Schwingungsperiode ca. 10^{-13}s). Dadurch gleicht sich die Temperatur der „hot spots" schnell aus. Insgesamt werden etwa 3/4 der mechanischen Energie der einschlagenden energetischen Teilchen in Wärme umgesetzt.

Ist die Dichte und die Frequenz der einfallenden Ionen sehr hoch, so überlagern sich die Bereiche der „hot spots", bevor sie abgeklungen sind. Die durch den Teilcheneinschlag freigesetzte Wärme wird dann nicht mehr rasch genug in das Innere des Festkörpers abgeführt. Der Sputterprozeß führt damit nicht nur lokal sondern global zu einer Erwärmung der Festkörperoberfläche. Bei den technisch erforderlichen Abtragsraten ist die Ionendichte praktisch immer so hoch gewählt, daß es zu einer deutlichen Erhöhung der mittleren Oberflächentemperatur kommt. Die Sputterwärme wird im Substrat vertikal zur Oberfläche abgeführt. In der Regel wirken dünne Funktionsschichten mit Dicken von einigen 100 nm bis 1 µm nicht limitierend für den Wärmetransport. Dagegen fungieren die Trägersubstrate mit typischen Dicken von einigen 100 µm als Wärmesenken oder thermische Isolation. Deshalb bestimmt die Wärmeleitfähigkeit des Substratmaterials ganz entscheidend die thermischen Verhältnisse während eines Ionenätzprozesses. Weitgehend eingeschränkt ist der Wärmetransport im Gasraum, da bei den in Sputter- und sonstigen Ionenätzverfahren üblichen Drücken praktisch kein Wärmetransport über die Konvektion in der Gasphase stattfindet, sondern fast ausschließlich über den weit weniger effizienten Transport der Wärmestrahlung ablaufen muß. Zur Vermeidung zu hoher Oberflächentemperaturen werden deshalb bei Trockenätzprozessen die Substrate häufig thermisch kontaktiert, d. h. durch einen dünnen Film eines geeigneten Bindemittels an die gekühlte

Substratauflage angeschlossen, oder die Rückseiten der Substrate werden direkt mit einem Kühlmittel bespült. In der Mikrotechnik ist die Wärmeabfuhr besonders kritisch, wenn Sputterprozesse oder andere stark wärmeentwickelnde Vakuumprozesse auf dünnen freitragenden Membranen durchgeführt werden, deren Rückseiten nicht gekühlt werden können. Da solche Membranen nur sehr kleine Wärmekapazitäten besitzen und der laterale Wärmetransport zu den massiven Bereichen aufgrund der kleinen Querschnittsflächen stark eingeschränkt ist, können sich die Oberflächen solcher Membranen während der Ätzprozesse stark aufheizen. Dies führt zu extremen mechanischen Spannungen und in deren Folge auch zum Abreißen der mikromechanischen Elemente von ihren Trägern oder zum Zerreißen des Materials, aber auch zu unerwünschten chemischen oder Phasenumwandlungsprozessen.

Die beim Sputtern in der Oberfläche erzeugte Temperatur kann zum einen über die Sputterleistung, zum anderen aber auch über die Gasraumbedingungen, insbesondere den Druck und die Zusammensetzung der Gase, beeinflußt werden.

Erzeugung energiereicher Ionen in einem Sputterreaktor

Energiereiche Ionen werden entweder über eine separate Ionenquelle erzeugt und durch eine Elektrode extrahiert (der typische Fall beim Ionenstrahlätzen, Abschnitt 4.4.4), oder sie werden direkt im Ätzreaktor erzeugt. Die gebräuchlichste Anordnung ist ein Parallel-Platten-Reaktor (Abb. 54). Dieser besteht aus einer Vakuumkammer (Rezipient) mit Vakuum- und Gasversorgungssystem, einer Energiequelle (Sender) sowie zwei Elektroden, von denen die kleinere gleichzeitig als Substrataufnahme dient.

Bei Drücken zwischen etwa 0.1 und 1 Pa kann durch die Einkopplung einer HF-Leistung über die Elektroden im Rezipienten ein Plasma gezündet werden. Bei diesen Drücken und einer ausreichenden elektrischen Amplitude werden über Stoßkaskaden im Plasma freie Elektronen und positiv geladene Ionen erzeugt. Die geladenen Teilchen folgen in ihrer Bewegung dem elektrischen Wechselfeld. Die Schwingungsamplituden der Ionen sind dabei relativ gering, die der Elektronen dagegen sehr groß. Ursache dafür ist das extrem große Ladungs:Masse-Verhältnis der Elektronen (ca. 100000-fach größer als das Ladungs:Masse-Verhältnis der Ionen). Das führt dazu, daß selbst bei nicht allzu großen HF-Leistungen die Elektronen die Wandungen und die Elektroden erreichen und dort entladen werden. Diese Entladung verursacht einen Überschuß an positiv geladenen Ionen im Inneren des Gasraumes (Abb. 55). Im Inneren des leuchtenden Plasmas entstehen ständig neue Elektronen und Ionen. Während die Elektronen über das Wechselfeld rasch extrahiert werden, wandern die Ionen wesentlich langsamer vom Plasma zur Wand. Im Plasma entstehen aufgrund der sehr häufigen Stoßprozesse ständig Teilchen in elektronisch angeregten Zuständen, die durch spontane Emission von Lichtquanten relaxieren. Die Folge ist die Ausbildung des leuchtenden Plasmas im zentralen Bereich zwischen den Elektroden, der von ionenärmeren Dunkelräumen zwischen dem Rand des leuchtenden Plasmas und den Elektroden flankiert wird.

4.4 Ätzen mit energetischen Teilchen   161

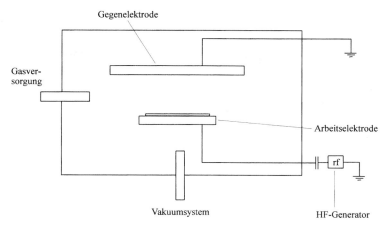

Abb 4-54. Planarplattenreaktor für Sputterätzen und Reaktives Ionenätzen (Prinzipdarstellung)

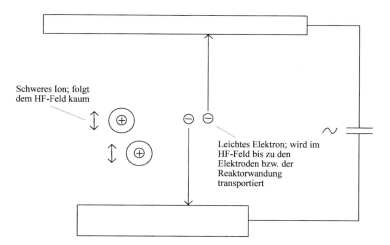

Abb. 4-55. Aufbau von Potentialen im HF-angeregten Plasma durch die unterschiedliche Beweglichkeit von Elektronen (−) und Ionen (+)

An den Elektroden herrscht ein Elektronenüberschuß bzw., wenn eine der Elektroden geerdet ist, bestenfalls Elektroneutralität. Die Folge ist ein Spannungsabfall von den Rändern des leuchtenden Plasmas über die Dunkelräume („Plasma-sheet") zu den Elektroden. Wenn die Elektroden nach außen elektrisch isoliert sind, kann dieser Spannungsabfall als „self-biasing" oder einfach „bias-Spannung" oder auch „float-Potential" außen gemessen werden. Dieses Potential E hängt im wesentlichen nur von der Elektronentemperatur T_e sowie der Teilchenmasse der Ionen m_i ab. Daneben gehen noch die Elementarladung e und die Elektronenmasse m_e ein[51]:

$$E = -(k \cdot T_e)/(2 \cdot e) \cdot \ln(m_i/(2.3 \cdot m_e)) \tag{99}$$

Diese spontan ausgebildeten Potentiale können ohne weiteres einige hundert Volt oder sogar Kilovolt betragen. Die auftretenden bias-Feldstärken E_b hängen theoretisch stark von den Flächenverhältnissen A_1 und A_2 der beiden Elektroden ab:

$$E_{b1}/E_{b2} \sim (A_2/A_1)^4 \tag{100}$$

Diese Abhängigkeit wird beim Sputterätzen ausgenutzt, um hohe Feldstärken im Gasraum über dem zu ätzenden Substrat zu erzeugen, während gleichzeitig der Sputtereffekt gegenüber den Reaktorwandungen und der Gegenelektrode gering bleibt. Dadurch wird die Sputterschwelle, an der Arbeitselektrode um ein Vielfaches überschritten, während an der Gegenelektrode die Sputterschwelle bei weitem nicht erreicht wird und damit ein unerwünschter Materialabtrag unterbleibt. Allerdings wurde bei entsprechenden Experimenten zumeist eine deutlich geringere Abhängigkeit vom Flächenverhältnis als nach Gleichung (100) zu erwarten gewesen wäre gefunden. Bei vielen Sputteranlagen wird das self-biasing noch zusätzlich durch eine dem HF-Signal überlagerte Gleichspannung (dc-Potential) unterstützt.

Im elektrischen Feld der Dunkelräume werden die positiv geladenen Ionen zu den negativ geladenen Elektroden hin beschleunigt. Die dabei maximal erreichbaren Ionenenergien entsprechen der Feldstärke des Dunkelraumes. In Realität liegt die mittlere Ionenenergie jedoch deutlich unter dem Maximalwert, da auch im Dunkelraum noch Stöße zwischen den beschleunigten Ionen und thermalisierten Teilchen (überwiegend Neutralteilchen) auftreten. Bei diesen Stößen verlieren die Ionen zum einen ihre Energie, zum anderen ändern sie auch je nach den geometrischen Verhältnissen und den Masseverhältnissen mehr oder weniger stark ihre Bewegungsrichtung.

Die Geschwindigkeiten der Ionen liegen dabei erheblich über denen thermalisierter Teilchen. Während die Geschwindigkeit von thermalisierten Argonatomen mit M = 40 g/mol z. B. bei Raumtemperatur (300 K) mit

$$v = \sqrt{(kT/m)} \tag{101}$$
$$v_{Ar(thermalisiert)} = 250 \text{ m/s}$$

beträgt, muß die Energie von Ionen der Masse m_i, die den leuchtenden Teil des Plasmas verlassen, äquivalent zur Elektronentemperatur des Plasmas T_e sein, die z. B. bei 2 eV bei 23 000 K liegt[52]:

---

[51] nach A.J. van Roosmalen et al. (1989)
[52] nach A.J. van Roosmalen et al. (1989)

$$v = \sqrt{(kT_e/m_i)} \tag{102}$$

$$v_{Ar(Plasmaaustritt)} = 2.2 \text{ km/s}$$

Nach der Beschleunigung im sheet-Bereich bestimmt allein das durchlaufene elektrische Feld die Geschwindigkeit der Ionen. Einer Ionenenergie E_i von 1 kV entspricht dabei die Geschwindigkeit energetischer Teilchen v_e:

$$v_e = \sqrt{(E_i/m_i)} \tag{103}$$

Diese liegt für Ar-Ionen Ar^+ bei $v_{e(Ar\ 1\ kV)} = 49$ km/s und beträgt damit rund das 200-fache der Geschwindigkeit thermalisierter Teilchen.

Bei niedrigen Drücken im Plasma ist die Zahl der Stöße gering. Die Dunkelräume sind ausgedehnt. Die Ionen erreichen mit hoher Energie die Substratoberfläche. Ihre Einfallsrichtung ist praktisch immer senkrecht zum Substrat, da sich das elektrische Feld unabhängig von der Orientierung des Substrates im Raum senkrecht von der Substratoberfläche in den Raum hinein ausbildet. Im Ergebnis des senkrechten Ioneneinfalls entsteht oft ein fast ideal anisotroper Ätzabtrag. Bei höheren Drücken und damit Teilchendichten sind die freien Weglängen der Ionen kurz. Die Dunkelräume sind kurz, das leuchtende Plasma weiter ausgedehnt. Es kommt deshalb zu zahlreichen Stößen im Gasraum, und die Ionenenergien sind gering (Abb. 56). Wenn die freien Weglängen kürzer werden, werden auch die Feldlinien verzerrt und die Ionen erhalten eine breitere Richtungsverteilung, d. h. auch der Ätzabtrag erfolgt nicht mehr ideal anisotrop.

Sputterrate

Die Sputterrate hängt sowohl von den Plasma- als auch von den Materialparametern ab. Hohe Sputterraten werden erreicht im Falle von:

- hohen Ionenstromdichten
- hohen Ionenenergien
- effektiver Impulsübertragung von den Ionen auf die Festkörperteilchen (optimaler Sputterwinkel)
- geringen Bindungsenergien der Teilchen im Festkörper

Generell wächst die Ionenstromdichte mit der eingekoppelten elektrischen Leistung. Noch bedeutsamer als die Leistung sind jedoch die Gasraumbedingungen. Hohe Ionenstromdichten setzen zum einen eine genügend hohe Konzentration von ionisierbaren Teilchen im Gasraum voraus. Zum anderen muß ein hoher Anteil dieser Teilchen aber auch tatsächlich ionisiert sein. Bei hohen Drücken liegt zwar eine große Konzentration von ionisierbaren Teilchen vor. Wegen der häufigen Stöße werden aber Teilchen schnell thermisch relaxieren („thermalisieren") und Stoßkaskaden damit abbrechen. Deshalb sind bei hohen Drücken i.d.R. keine hohen Ionisierungsgrade erreichbar. Hohe Ionenstromdichten werden deshalb in einem mittleren Druckbereich erreicht.

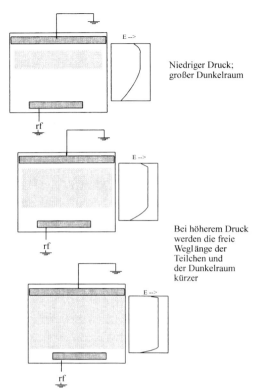

Abb. 4-56. Veränderung der Breite von leuchtendem Plasma und der angrenzenden Dunkelräume beim Sputterätzen für niedrigen, mittleren und hohen Druck. Schematische Darstellung des Reaktors mit Elektroden und Plasma (links) sowie des Potentialverlaufs (rechts)

Wegen der reduzierten Anzahl der Stöße bei niedrigen Drücken werden energetische Teilchen langsamer abgebremst als bei höheren Drücken. Generell gilt, daß bei niedrigen Drücken eher eine geringere Dichte hochenergetischer Teilchen, bei höheren Drücken dagegen eine größere Dichte von Ionen, die energieärmer sind, erzeugt wird. Insgesamt wird bei einer einfachen HF-Anregung das Produkt aus Ionenstromdichte und mittlerer Ionenenergie und damit die Sputterrate in einem mittleren Druckbereich (um 1 Pa) maximal.

Die Sputterrate ist insofern materialabhängig, als bei hohen Bindungsenergien der Atome (bzw. Moleküle oder Molekülfragmente) mehr mechanische Energie pro freigesetztem Teilchen über die einfallenden Sputterteilchen eingebracht werden muß als bei niedrigeren Bindungsenergien. Es gilt näherungsweise, daß die Sputterrate umgekehrt proportional zur Sublimationswärme der zu ätzenden Materialien ist.

Für unspezifisches Sputterätzen muß das verwendete Gas chemisch inert sein. Durch die Ionisierung im Plasma und die Bildung von Radikalen können sehr reaktive Zustände erreicht werden, die auch reaktionsträge Stoffe wie z. B. molekularen Stickstoff N_2 zu unerwünschten Reaktionen mit einer Vielzahl von Materialien bringen (z. B. Bildung von ätzresistenten Nitriden). Die

Gefahr unerwünschter chemischer Reaktionen mit dem Sputtergas wird durch den Einsatz von Edelgasen unterbunden, die atomar vorliegen und extrem reaktionsträge sind. Argon wird als Sputtergas bevorzugt, weil es über 99 % des atmosphärischen Gehaltes an Edelgasen ausmacht und somit leicht zu gewinnen und daher preiswert verfügbar ist. Außerdem ist es mit einer Atommasse von 40 g/mol nicht zu weit von den Atommassen vieler mikrotechnisch relevanter Elemente entfernt, so daß sich diese mit Argon effektiv sputtern lassen. Deshalb wird Argon als Sputtergas praktisch universell eingesetzt. Der Einsatz von Argon als Inertgas bei mikrotechnischen Vakuumprozessen erstreckt sich auch auf Schichtabscheidungsprozesse (Sputterbeschichtung). Außerdem findet Argon auch als inerte Grundkomponente für die unterschiedlichsten reaktiven Gasgemische Verwendung (s. dazu Abschnitte 4.4.2 – 4.4.10). Durch die Kombination von inertem Argon und reaktiven Gaskomponenten kann das Verhältnis von Sputterwirkung zu reaktivem Materialabtrag durch spezifische chemische Reaktionen in weiten Grenzen eingestellt werden.

Abgesehen vom Einfluß der Sublimationsenergie ist das Sputterätzen gegenüber unterschiedlichen Materialien praktisch nicht selektiv. Chemische Rate- oder Gleichgewichtskonstanten, die sich oft um viele Größenordnungen unterscheiden und den hohen erreichbaren Selektivitäten beim naßchemischen, beim Dampf- und beim Plasmaätzen zugrunde liegen, spielen beim Sputterätzen praktisch keine Rolle. Deshalb findet das Sputterätzen überall dort Anwendung, wo keine Anforderungen an die Selektivität eines Abtragsprozesses gestellt werden oder umgekehrt sogar ein unspezifischer Abtrag, z. B. beim durchgehenden Ätzen eines Schichtstapels aus unterschiedlichen Materialien, erforderlich ist. Gegenüber dem Naß- und Plasmaätzen können mit dem Sputterätzen Mikrostrukturen sehr maßhaltig übertragen werden. Außerdem sind aufgrund des senkrechten Strahleinfalls steile Strukturkanten erzeugbar, und es können Strukturen mit hohen Aspektverhältnissen hergestellt werden. Das Sputterätzen wird häufig bei Materialien angewendet, die chemisch sehr inert sind, so daß mit Naßätz- oder Plasmaätzverfahren keine ausreichenden Ätzraten erreicht werden können. Dazu zählen u. a. die Edelmetalle Pt, Ir, Rh, Pd und resistente binäre Verbindungen wie Carbide, Boride, Nitride und auch manche Oxide.

Ein besonderes Problem beim Sputterätzen bildet die Ätzmaske, da diese auf Grund der geringen Selektivität des Verfahrens ebenso dem Abtrag unterworfen ist wie das zu ätzende Material. Gut geeignet sind Materialien mit hohen Sublimationswärmen, wie z. B. SiO_2. Es kommt jedoch auch häufig vor, daß für das Sputterätzen sehr dünner Schichten Masken eingesetzt werden, die schneller abgetragen werden als die zu ätzende Funktionsschicht. Die erforderliche Dicke der Ätzmaske muß streng nach den Anforderungen des Ätzprozesses dimensioniert sein. Bei einem entsprechend hohen Abtrag der Maske muß deren Geometrie und deren Änderung durch den Abtragsprozeß bei der Optimierung der Ätzbedingungen berücksichtigt werden.

4.4.2 Reaktives Ionenätzen (Reactive Ion Etching; RIE)

Anstelle von Edelgasen können auch reaktive Gase als Atmosphäre beim Sputterätzen benutzt werden. Beim Reaktiven Ionenätzen (RIE) werden aus reaktiven Gasen Kationen erzeugt, die mit hoher Energie auf das Substrat beschleunigt werden und außerdem mit dem Substratmaterial chemisch reagieren können. Aus dem reaktiven Gas entstehen neben den Ionen im Plasma auch reaktive Neutralteilchen, die den Ätzprozeß unterstützen. Neben den Ionen werden in der Plasmarandzone auch Neutralteilchen hoher kinetischer Energie gebildet, die ihre Energie durch Stoßprozesse mit den beschleunigten Ionen erhalten oder durch Stöße mit Ladungsübertragung aus Ionen gebildet werden. Radikale und andere reaktive Spezies gelangen wie beim Plasmaätzen durch Diffusion zur Oberfläche. Auf diese Weise vereint das RIE die charakteristischen Eigenschaften des Sputterplasmas (Teilchen hoher kinetischer Energie) mit denen des Plasmaätzens (hochreaktive thermalisierte Teilchen). Durch die Wahl geeigneter Ätzgase und Anregungsbedingungen können beim RIE die spezifischen Vorzüge des Plasmaätzens (hohe Selektivität) und des Sputterätzens (anisotroper Abtrag) miteinander kombiniert werden.

Das RIE-Plasma kann analog zum Sputterätzen in einem Planarreaktor erzeugt werden[53]. Die Erzeugung sowohl der thermalisierten als auch der energetischen Teilchen erfolgt in einem einheitlichen, nicht unterteilten Plasmaraum. Deshalb sind die Bildungs- und Abbauraten aller Klassen von Teilchen sehr eng miteinander verkoppelt. Die Änderung charakteristischer Parameter, wie z.B. HF-Leistung, HF-Frequenz, Gesamtgasfluß, Gesamtdruck, Partialdrücke, überlagertes DC-Signal, Elektrodenabstand, beeinflußt deshalb zumeist die Konzentrations- und Energieverteilung aller Klassen von ätzwirksamen Spezies, so daß eine unabhängige Einstellung von inneren Plasmaparametern (Teilchenkonzentrationen und -energien) nicht möglich ist. Parameteränderungen wirken jedoch auf die verschiedenen Teilchensorten und deren Konzentrations- und Energieverteilung unterschiedlich, so daß durch die Wahl der äußeren Bedingungen zumindest eine weitgehende Einflußnahme möglich ist. Die Zusammensetzung des Ätzgases, die ins Plasma eingekoppelte Leistungsdichte (bezogen auf die für das Ätzen wirksame Fläche), die Substrattemperatur und der Gesamtdruck sind dabei für die Einstellung der Ätzraten und des Anisotropiegrades die wichtigsten Parameter.

Planarplattenreaktor für RIE-Prozesse

Der Aufbau des Planarplattenreaktors entspricht ganz dem Prinzip des Sputterätzreaktors. Lediglich die Wahl der Materialien für die Reaktoreinbauten und die Gasversorgung müssen an die einzusetzenden reaktiven Gase angepaßt werden. Das gilt insbesondere für die unbedeckten Teile der Elektroden, die in besonderem Maße dem Angriff der reaktiven und der energetischen

---

[53] J.A. Bondur (1976)

Teilchen ausgesetzt sind. Da die Konzentrationen von reaktiven Gasbestandteilen einerseits und von Reaktionsprodukten andererseits die Abtragsraten bestimmen, muß die Gasführung im Reaktor auf möglichst homogene Konzentrationsverteilungen des Ätzgases und der Produkte ausgerichtet sein, um über der ganzen Fläche der zu strukturierenden Substrate gleiche Ätzraten und damit ein über die ganze Fläche homogenes Ätzen zu erreichen.

Im Gegensatz zum Plasmaätzen ist beim Reaktiven Ionenätzen die Ausbildung einer erheblichen Bias-Spannung zum Substrat hin erwünscht. In diesem Feld sollen die Ionen aus dem Plasma auf Energien beschleunigt werden, die weit oberhalb der Sputterschwelle des zu ätzenden Materials liegen. Deshalb wird analog zum reinen Sputterätzen der Substrattisch als Arbeitselektrode geschaltet (Abb. 54). Seine Fläche sollte zum Aufbau einer hohen Beschleunigungsspannung deutlich kleiner als die der Gegenelektrode sein.

Planarplattenreaktoren können in der Regel wahlweise zum Sputterätzen, zum Plasmaätzen und zum reaktiven Ionenätzen verwendet werden. Der Betrieb unterscheidet sich im wesentlichen nur in der Art des verwendeten Gases, dem Druck in der Anlage und der Schaltung der Elektroden (Tabelle 6).

Während die Gesamtleistung weitgehend durch die HF-Amplituden bestimmt wird, können beim Reaktiven Ionenätzen die Abtragsverhältnisse zusätzlich durch eine der HF-Spannung überlagerte Gleichspannung (äußere Bias-Spannung) beeinflußt werden. Durch eine solche Spannung kann das elektrische Feld vor der Arbeitselektrode verstärkt werden. In diesem Feld werden die Ionen zu höherer Energie beschleunigt. Der Ionenenergie sind vor allem durch die Stoßprozesse im Gasraum Grenzen gesetzt. Bei zu hoher Teilchendichte (höherer Betriebsdruck) verlieren die Ionen durch fortgesetzte Stöße ihre Energie und können dann nicht die für eine hohe Sputterwirksamkeit erforderlichen Geschwindigkeiten erreichen. Bei niedrigen Drücken ist zwar die absolute Ionendichte geringer. Sie kann jedoch relativ zur Gesamtteilchenzahl hoch sein und durch eine stark erhöhte Sputterausbeute zu deutlich höheren Ätzraten führen.

Sollen die Radikale des Plasmas einen deutlichen Beitrag zum Ätzabtrag leisten, etwa um eine chemisch gesteuerte Selektivität zu erreichen, darf der Druck jedoch nicht zu niedrig sein. Der Beitrag der Radikale zum Ätzabtrag hängt direkt von deren Konzentration ab. Der Anteil der Radikale an der Gesamtteilchenzahl kann durch eine hohe Energieeinkopplung gesteigert wer-

Tab. 4-6. Betriebsarten von Parallelplattenreaktoren zum Trockenätzen

Betriebsart	Sputterätzen	Plasmaätzen	Reaktives Ionenätzen
Substrat-Elektrode	HF-Elektrode	Masse	HF-Elektrode
Gegenelektrode	Masse	HF-Elektrode	Masse
Ätzgas	Inertgas (Ar)	Reaktivgas	Reaktivgas
Druckbereich	ca. 0.1–5 Pa	ca. 10–100 Pa	ca. 0.2–10 Pa

den. Bei niedrigen Drücken sind jedoch auch bei hohen Plasmadichten (hoher relativer Anteil von Radikalen) die Radikalkonzentrationen niedrig, weil die Teilchendichte insgesamt gering ist.

Ätzraten und Anisotropie

Beim Reaktiven Ionenätzen tragen zwei grundsätzlich verschiedene Mechanismen zum Ätzabtrag bei:

1. Das Ätzen durch den Einschlag energetischer Teilchen (überwiegend Ionen)
2. Das Ätzen durch Einwirkung thermalisierter hochreaktiver Teilchen (überwiegend Radikale)

Im Gegensatz zum reinen Sputterätzen können auch beim ersten Mechanismus reaktive Komponenten zu einer Erhöhung der Ätzrate beitragen, z. B. indem die einfallenden Ionen selbst mit dem Substratmaterial zu leicht desorbierbaren Spezies reagieren oder indem durch die energiereichen Teilchen Oberflächenspezies freigesetzt werden, die vorher durch eine spezifische Reaktion mit Bestandteilen des Plasmas gebildet wurden. Sobald die energetischen Teilchen am Abtrag beteiligt sind, wirkt ihre Bewegungsrichtung im Raum als Vorzugsrichtung für den Ätzabtrag. Deshalb zählt das Reaktive Ionenätzen zu den anisotropen Ätzverfahren. Da die energetischen Teilchen vorzugsweise senkrecht zur Substratebene einfallen, tritt ein bevorzugter Abtrag in senkrechter Richtung auf. Eine Neigung des Substrates (Arbeitselektrode) gegenüber der Gegenenelektrode ändert an der Einfallsrichtung kaum etwas, da die Ionen den Kraftlinien des Feldes folgen, die in diesem Fall entsprechend der Substratneigung gekrümmt sind und trotz der Neigung annähernd senkrecht in die Substratoberfläche eintreten. Aus diesem Grunde kann man beim reaktiven Ionenätzen auch nicht durch einfaches Neigen des Substrates anisotrop geätzte schräge Strukturen herstellen.

Der zweite Mechanismus entspricht in seiner Natur ganz den Verhältnissen beim reinen Plasmaätzen. Wie dort erfolgt der Abtrag durch thermische Aktivierung. Die Teilchen diffundieren aus allen Raumrichtungen gleichmäßig zur Oberfläche und stehen demzufolge an allen Oberflächenelementen mit gleicher Wahrscheinlichkeit für eine Reaktion zur Verfügung. Deshalb wirkt diese Ätzkomponente isotrop. Außerdem ist die Intensität dieser Komponente in der Regel stark temperaturabhängig, d.h. thermische Aktivierungsbarrieren bestimmen die Reaktionsgeschwindigkeit. Die mittlere Temperatur der Oberfläche wird durch die Summe des Energieeintrags durch energetische Teilchen einerseits und die an der Oberfläche über alle Oberflächenprozesse freigesetzten Reaktionswärmen andererseits bestimmt.

Das gemeinsame Auftreten von isotropen und anisotropen Anteilen im Ätzprozeß ist eine fundamentale Eigenschaft des Reaktiven Ionenätzens. Durch die Wahl der Plasmabedingungen kann das Verhältnis von anisotroper und isotroper Komponente beeinflußt werden. Während durch hohe HF-Amplituden sowohl die Ionen- als auch die Radikaldichte erhöht wird, bewirkt vor allem eine Druckänderung eine Verschiebung von ionischem zu radikalischem Ätzanteil. Bei hohen Drücken (oberhalb ca. 10 Pa) sind die freien Weglängen kurz und die Ionenenergien und damit auch die Sputterausbeuten niedrig. Die anisotrope Ätzkomponente ist dadurch schwach ausgeprägt. Dafür kann die Radikaldichte sehr hoch sein. Die isotrope Ätzkomponente ist dann dominierend. Die chemische Selektivität ist in diesem Fall eher hoch.

Bei niedrigerem Druck (ca. 1 Pa und darunter) ist die freie Weglänge der Teilchen hoch. Die Ionen werden über größere Strecken im elektrischen Feld des Plasmas beschleunigt, ohne daß sie ihre Energie über Stoßprozesse verlieren. Sie erreichen eine hohe kinetische Energie, und die Sputterausbeuten sind hoch. Damit ist in aller Regel auch die anisotrope Ätzkomponente stark. Dagegen ist die Konzentration der Radikale im Gasraum niedrig, da die Teilchendichte insgesamt nur gering ist, so daß ihr Reaktionsanteil und damit der isotrope Anteil des Ätzens nur schwach ausgeprägt ist. Bei niedrigem Druck dominiert daher der anisotrope Mechanismus. Wegen der Unspezifität des Sputterabtrags ist die erreichbare Selektivität des Ätzens unter diesen Bedingungen normalerweise nur gering. Ein hoher Anisotropiegrad bei gleichzeitiger hoher Selektivität wird genau dann erreicht, wenn nur die Verbindung des Einschlags energetischer Teilchen mit einem selektiven, d.h. chemisch-spezifischen Reaktionsschritt zur Bildung desorbierbarer Teilchen führt. Dazu darf einerseits die Sputterschwelle für nicht-reaktiven Abtrag nicht erreicht werden und müssen andererseits die Abtragsprozesse durch thermalisierte Teilchen ohne Einschlag energetischer Teilchen vernachlässigbar sein. Solche Bedingungen werden in praxi selten erreicht. Allerdings lassen sich die impact-freien Abtragsprozesse durch eine intensive Substratkühlung weitgehend reduzieren. Prinzipiell sind zwei Typen von Mechanismen für einen anisotrop-selektiven Abtrag denkbar:

1. Chemisch gestütztes Ätzen mit energetischen Teilchen

$$T_{en} + OF \rightarrow P_a \qquad (104)$$

$$P_a + T_r \rightarrow P_d \qquad (105)$$

2. Durch energetische Teilchen gestütztes Ätzen mit reaktivem Gas oder Plasma

$$T_r + OF \rightarrow P_a \qquad (106)$$

$$T_{en} + P_a \rightarrow P_d \qquad (107)$$

(T_{en} .. energetisches Teilchen; T_r .. thermalisiertes reaktives Teilchen; P_a .. an der Oberfläche adsorbiertes Produkt; P_d .. von der Oberfläche desorbiertes Produkt)

Durch eine geschickte Wahl der Gaszusammensetzung, des Druckes und der Leistung kann beim Reaktiven Ionenätzen der gesamte Bereich zwischen unspezifisch wirkendem, anisotropem Sputterätzen und spezifisch wirkendem, isotropem Plasmaätzen überstrichen werden. Auf diese Weise sind Selektivität und Anisotropiegrad frei, aber zumeist nicht unabhängig voneinander einstellbar. Bei höherer Selektivität müssen in der Regel Abstriche bei der Anisotropie in Kauf genommen werden. Bei hohem Anisotropiegrad kann häufig nicht gleichzeitig eine hohe Selektivität des Abtrags erreicht werden.

Die beste Möglichkeit, unabhängig vom Druck auf die Intensität des isotropen Abtragsprozesses Einfluß zu nehmen, ist die Wahl der Oberflächentemperatur. Während die durch den Einschlag der energetischen Teilchen ausgelöste anisotrope Komponente der Ätzrate relativ unabhängig von der Temperatur ist, kann die isotrope Komponente durch eine Temperaturerhöhung stark intensiviert werden, durch eine effektive Kühlung dagegen weitgehend unterdrückt werden. Durch intensive Kühlung lassen sich auf diese Weise auch im oberen Druckbereich des Reaktiven Ionenätzens gute Anisotropiegrade erzielen, was insbesondere für Hochrateätzprozessse wichtig ist. So wurden die geringsten Unterätzungen beim kryogenen RIE von Silizium im SF_6-Plasma z. B. bei $-120\,°C$ und beim kryogenen RIE von Polyimid im O_2-Plasma bei $-100\,°C$ gefunden[54]. Eine effiziente Möglichkeit zur Profilkontrolle bei reaktiven Ätzverfahren bildet die gezielte Ausnutzung von Seitenwandpassivierungen, d. h. der Abscheidung von Material im Flankenbereich der Ätzgruben (siehe Abschnitt 4.4.12).

Um zu hohen Selektivitäten, hoher Anisotropie und hohen Maskenstabilitäten unter gleichzeitig hohen Raten beim Metallschichtätzen zu gelangen, ist man bestrebt, bei relativ niedrigem Druck und höchster Plasmadichte zu arbeiten. Dazu dienen Ätzanlagen, die im Druckbereich von 1–20 mtorr (ca. 0.13–2.6 Pa), vorzugsweise unter 0.5 Pa arbeiten[55].

Ätzgase

Die Wahl der Ätzgase hängt vom abzutragenden Material ab. Grundsätzlich gilt wie beim Dampf- und beim Plasmaätzen, daß das Ätzgas die Bildung flüchtiger Verbindungen des zu ätzenden Materials ermöglichen muß. Deshalb sind beim Ätzen von Metallen, Halbleitern und deren Legierungen und Verbindungen Halogene, Interhalogenverbindungen, Halogenkohlenwasserstoffe und andere niedermolekulare Halogenverbindungen bevorzugt im Einsatz. Zum RIE von organischen Materialien ist wie beim Plasmaätzen Sauerstoff das geeignete Ätzgas. Verbesserungen der Ätzrate und eine Reduzierung von sekundären Ablagerungen kann ggf. durch eine geeignete Mischung von Ätzgasen erreicht werden. Dabei spielen neben Fluor-Radikalen zur H-Abstraktion auch reduktiv wirkende Zusätze, wie z. B. Wasserstoff, eine Rolle.

---

[54] K. Murakami et al. (1993); vgl. auch M. Takinami et al. (1992)
[55] P. Burggraaf (1994); J. Givens et al. (1994)

Geometrieabhängige Ätzraten

In Analogie zum „Loading-Effekt" beim Plasmaätzen, kann auch beim reaktiven Ionenätzen die Ätzrate vom Flächenanteil der zu ätzenden Fläche abhängen. Dieser Fall tritt ein, wenn der Transport der reaktiven Spezies zur Oberfläche geschwindigkeitsbestimmend wird.

Strukturgrößenabhängige Ätzraten werden vor allem beim Ätzen von Strukturen mit hohen Aspektverhältnissen beobachtet. Wegen dieser Geometrieabhängigkeit der Ätzrate wird solches Ätzverhalten „Aspektverhältnisabhängiges Ätzen" (ARDE; Aspect Ratio Dependent Etching) genannt. Die Ätzrate nimmt während des Ätzprozesses mit zunehmender Ätztiefe ab, wenn schmale Löcher und Gräben geätzt werden. Schmale Strukturen ätzen dabei langsamer als breitere, wobei die Ätzrate mit zunehmender Prozeßzeit, d. h. wachsender Tiefe der Ätzgruben, immer weiter abnimmt. Dieses Phänomen wird als „RIE-lag" (RIE-Verzögerung) bezeichnet. Die Abnahme der Ätzrate mit der Strukturweite wird durch die lokalen Teilchenbahnen in den Löchern und Gräben bestimmt. Für die Bahnen der geladenen Ionen ist neben dem Druck die lokale Feldverteilung ganz wesentlich. Mit wachsendem Aspektverhältnis von schmalen Gräben oder Löchern und wachsendem Druck tritt eine zunehmende Ablenkung von energetischen Teilchen auf. Die durch den Anlagendruck, aber auch durch die Feldverhältnisse im Reaktor und die lokale Feldverteilung in unmittelbarer Nähe der zu ätzenden Oberfläche bestimmte Winkelverteilung der energetischen Teilchen ist der zentrale Einflußfaktor für den RIE-lag[56].

ARDE ist bei höheren Drücken stärker ausgeprägt als bei niedrigeren. Deswegen nimmt der Effekt vom Mikrowellenätzen (typischer Druck < ca. 10 mtorr) über das RIE (typischer Druck zwischen ca. 10 und 100 mtorr) zum chemischen Plasmaätzen (typischer Druck ca. 0.1–10 torr) zu[57]. Zumindest beim Plasmaätzen dürfte dabei neben der Richtungsverteilung von schnelleren Teilchen („heißen" Molekülen, Radikalen oder Ionen) auch die mit dem Druck zunehmende Stoßhäufigkeit und damit die Häufigkeit der Kontakte zwischen reaktiven Teilchen und der Seitenwand eine wesentliche Rolle spielen. Die Häufigkeit von Wandkontakten der einfallenden energetischen Teilchen nimmt mit abnehmender Strukturbreite und zunehmender Ätztiefe zu[58].

Der Wandkontakt von energetischen Teilchen bestimmt auch maßgeblich die Formgebung der Strukturflanken. Bei schmalen Strukturen spielen neben direktem Wandkontakt auch Reflexionen am zu ätzenden Material, aber auch an den Flanken der Ätzmaske, eine Rolle[59]. Dramatische Verminderungen der Ätzrate mit zunehmender Ätztiefe wurden z. B. beim kryogenen RIE-Tiefenätzen von Silizium für mikromechanische Strukturen beobachtet. So ging die Ätzrate bei 5μm breiten Strukturen bei einer Tiefe von mehr als 30 μm auf

---

[56] R.A.Gottscho et al. (1992); H.Jansen et al. (1997)
[57] K. Nojiri et al. (1989), vgl. auch R.A.Gottscho et al. (1992)
[58] Y.H. Lee und Z.H. Zhou (1991), s. z.B. auch A.D.Bailey et al. (1995)
[59] J.W. Coburn und H.F. Winters (1989), E.S.G. Shaqfeh und Ch.W. Jurgensen (1989)

weniger als 1/10 des Anfangswertes zurück[60]. Die Flankengeometrien können heute durch Simulationsprogramme mit guter Näherung berechnet werden[61].

4.4.3 Magnetrongestütztes Reaktives Ionenätzen (Magnetic Field Enhanced Reactive Ion Etching; MERIE)

Analog zum Plasmaätzen kann durch den Einsatz einer magnetfeldgestützten Anregung die Plasmadichte auch beim Reaktiven Ionenätzen wesentlich erhöht werden[62]. Beim MERIE dient das Magnetfeld vor allem dazu, eine hohe Dichte reaktiver Ionen zu erzeugen. Außerdem wird gleichzeitig die Konzentration der Radikale erhöht und damit die Gesamtplasmadichte vergrößert. Im einfachsten Fall ist dazu die Arbeitselektrode als Magnetron-Elektrode ausgeführt[63].

Die Magnetfeldunterstützung führt zu einer erheblichen Erhöhung der Ätzraten bei gleicher eingekoppelter Dichte der HF-Leistung. Beim MERIE von GaAs in Siliziumtetrachlorid wurden bei 2 mtorr (0.26 Pa) Ätzraten bis ca. 25 nm/s realisiert[64]. InP konnte im Magnetron-RIE auch in reduzierender Atmosphäre mit Raten um bis zu 2 nm/s geätzt werden[65]. Beim Magnetrongestützen Reaktiven Ionenätzen von Photolacken wurden durch Anwendung eines zusätzlichen Magnetfeldes Ätzraten-Erhöhungen bis zum Faktor 2.5 beobachtet. Die Erhöhung der Ätzraten ist dabei unter Umständen materialabhängig und kann in diesem Fall für eine Vergrößerung von Ätzratenverhältnissen ausgenutzt werden. So konnte z. B. durch die Anwendung eines Magnetfeldes nicht nur die Ätzrate sondern auch die Selektivität beim O_2-RIE von silylierten Photolacken (DESIRE-Prozeß) verbessert werden[66].

4.4.4 Ionenstrahlätzen (Ion Beam Etching; IBE)

Das Ionenstrahlätzen ist eine besondere Form des Sputterätzens (Abschnitt 4.4.1). Wie beim Sputtern wird auch beim Ionenstrahlätzen der Abtrag durch die Einwirkung energiereicher Ionen auf die Festkörperoberfläche erreicht. Es unterscheidet sich vom Sputterätzen durch die räumliche Trennung von Ionenerzeugung und Sputterabtrag in separaten Teilen des Reaktors. Diese Funktionstrennung erweitert die Möglichkeiten des Einstellens der Abtragsbedingungen beträchtlich, da die Plasmaerzeugung und die Extraktion und

---

[60] M. Esashi et al. (1995)
[61] J. Pelka et al. (1989); Y.-J.T. Lii und J. Jorné (1990)
[62] H. Okano et al. (1982)
[63] dieselben
[64] M. Meyyappan et al. (1992)
[65] J. Singh (1991)
[66] H.J. Dijkstra (1992)

4.4 *Ätzen mit energetischen Teilchen* 173

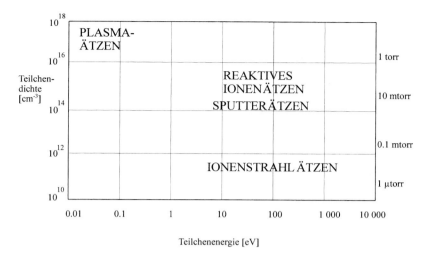

Abb. 4-57. Bereiche der Teilchendichte und Teilchenenergien bei wichtigen Trockenätzverfahren

Beschleunigung der Ionen voneinander weitgehend entkoppelt werden können. Der Anlagendruck ist z. T. erheblich niedriger als beim Sputterätzen (Abb. 57). Das Ionenstrahlätzen kann in weiten Bereichen der Teilchenstromdichte und der Teilchenenergie betrieben werden.

Die grundlegende Entkopplung zwischen Plasmaerzeugung und Ätzen wird durch eine elektronische Trennung der beiden Teile des Gasraumes erreicht. Durch eine Ionenquelle wird zunächst eine hohe Dichte an Ionen erzeugt, die durch eine Beschleunigungsspannung aus der Quelle in den eigentlichen Ätzreaktor abgesaugt werden. Die Beschleunigungsspannung für die Erzeugung und Beschleunigung der Ionen wird nicht durch ein Feld gegenüber dem zu ätzenden Substrat erzeugt wie im Falle des Planarplattenreaktors. Stattdessen kann durch eine weitere Elektrode (Gitter) die kinetische Energie der Ionen exakt eingestellt werden (Abb. 58). Dadurch ist es möglich, die Verhältnisse des Abtrages durch die energetischen Teilchen sehr genau zu definieren. Die Ionen können nach der Extraktion aus dem Plasmaerzeugungsraum in einen Raum eintreten, der entweder annähernd feldfrei ist oder in dem wahlweise ein Gleichfeld zum zusätzlichen Abbremsen oder Beschleunigen der Ionen angelegt werden kann. Durch eine weitere Elektrodenanordnung ist es möglich, die Ionen weitgehend zu neutralisieren, ohne daß dabei die Dichte an energetischen Teilchen sinkt. Auf diese Weise kann das zu ätzende Substrat wahlweise mit Ionen oder energetischen Neutralteilchen beschossen werden.

Neben der elektronischen Entkopplung lassen sich auch die chemischen Verhältnisse im Bereich der Plasmagenerierung und der Einwirkung der Ionen auf das Substrat trennen, indem beide Teile des Reaktors mit separaten Gasversorgungssystemen ausgestattet werden. Durch eine separate Gasabführung aus dem Raum der Plasmaerzeugung können Komponenten des

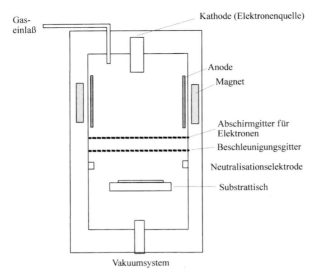

Abb. 4-58. Ionenstrahlätzreaktor (Prinzipdarstellung)

Plasmas, die nicht auf das zu ätzende Substrat einwirken sollen, zurückgehalten werden. Diese Trennung ist vor allem für das Reaktive Ionenstrahlätzen (RIBE, s. Abschnitt 4.4.5) und das Chemisch Unterstützte Ionenstrahlätzen (CAIBE, s. Abschnitt 4.4.7) wichtig.

Ionenquellen

Für die Erzeugung von Ionen ist eine Vielzahl unterschiedlicher Bautypen von Quellen bekannt, die in der Halbleitertechnologie und der sonstigen Mikrotechnik genutzt werden. Für Trockenätzprozesse werden vorzugsweise folgende Typen eingesetzt [67]:

Kaufman-Quellen

Die Kaufman-Quelle ist eine Heißkathodenquelle. Bei diesem Bautyp wird eine Drahtelektrode, die aus einem inerten und temperaturstabilen Material besteht, durch einen elektrischen Strom aufgeheizt. Wegen ihrer extrem hohen Schmelztemperatur finden vorzugsweise Wolfram oder Wolfram-Rhenium-Legierungen Anwendung. Um eine relativ große wirksame Oberfläche auf kleinem Raumvolumen realisieren zu können, sind die Elektroden häufig in Haarnadel-, Spiral- oder Wendelform ausgeführt. In der Entladungskammer der Kaufman-Quelle ist eine Anode, meist in Form eines zylindrischen Bleches, angebracht. Das elektrische Feld zwischen der geheizten Kathode und der Anode extrahiert die spontan emittierten Elektronen aus der Umgebung der Kathode. Deren kinetische Energie ist dabei so groß, daß durch Stö-

---

[67] H. Frey (1992)

ße mit den Gasatomen der Entladungskammer Kationen gebildet werden. Die Dichte der Ionen wird häufig durch zusätzliche Magnetfelder erhöht. Die Ionen werden durch eine kathodische Saugspannung aus der Entladungskammer abgezogen. Dafür werden Lochgitter eingesetzt, die aus einem weitgehend gegenüber Sputtereffekten stabilen Material bestehen (z. B. Kohlenstoff oder Molybdän). Diese Gitter dienen gleichzeitig der Abschirmung der Elektronen. Die Extraktionspotentiale liegen üblicherweise bei ein bis mehreren keV.

Hochfrequenz-Quellen (HF-Quellen)

Ladungsträger lassen sich in einem Gasraum auch ohne primäre Elektronenemission aus einer Elektrode oder einer Bogenentladung erzeugen. Wie beim Plasmaätzen (siehe Abschnitt 4.3) kann auch ein Ionenstrahl aus einer Quelle geformt werden, in der über flächige Elektroden (z. B. Metallplatten) kapazitiv oder über Spulen induktiv ein hochfrequentes Wechselfeld aus einem HF-Sender oder auch einer Mikrowellenquelle (s. u.) eingekoppelt wird. Der Vorteil solcher Anordnungen besteht darin, daß die elektrischen oder elektromagnetischen Funktionselemente nicht im Entladungsraum selbst montiert sein müssen. Statt dessen können die Wechselfelder außerhalb der Ionisationskammer erzeugt werden und durch eine dielektrische Wandung direkt in die Entladungskammer eingekoppelt werden. Als Alternative ist für Mikrowellen auch eine Einkopplung über Hohlleiter möglich. Bei Frequenzen im MHz-Bereich wird die Zyklotron-Resonanzfrequenz der Ionen erreicht, die eine effiziente Einkopplung der HF-Energie gestattet. Die Effektivität der Einkopplung des elektromagnetischen Wechselfeldes läßt sich durch ein zusätzliches Magnetfeld erhöhen. Der Ionenstrahl wird analog zu den Kaufman-Quellen durch ein Extraktionsgitter oder eine Extraktionsbohrung aus der Entladungskammer abgezogen.

Elektron-Zyklotron-Resonanz- (ECR-) Quellen

Die ECR-Quellen sind ein Spezialfall der Hochfrequenz-Quellen. Im Unterschied zu den konventionellen HF-Quellen werden Mikrowellenfrequenzen benutzt. Durch diese um ca. 3–4 Zehnerpotenzen höhere Frequenz wird die Resonanz mit den bewegten Elektronen des Plasmas möglich. Dadurch lassen sich hohe Leistungsdichten resonant in das Plasma einkoppeln. Wegen der hohen erreichbaren Plasmadichten finden ECR-Quellen seit mehreren Jahren eine breite Verwendung. Sie erlauben eine hohe Dichte von Kationen im Anregungsraum zu erzeugen, aus dem große Ionenströme extrahiert werden können. Auf diese Weise können auch auf vergleichsweise großen Substraten hohe Ionenstromdichten und damit hohe Ätzraten erreicht werden.

Plasmatron-Quellen

Wie die Kaufman-Quelle wird auch in den Plasmatron-Quellen die Ionisation zwischen einer geheizten Kathode und einer Anode genutzt. Im Unterschied zur Kaufman-Quelle werden die Ionen jedoch durch eine Bogenentladung erzeugt. Dabei bildet sich zwischen den Elektroden ein räumlich begrenztes Plasma sehr hoher Dichte, eine sogenannte Plasmablase aus. Durch eine Bohrung in der konisch ausgeführten Anode kann ein äußeres elektrisches Feld auf die Plasmablase wirken und Kationen aus dem Plasma absaugen. Aus diesen Ionen wird dann durch eine geeignete Anordnung weiterer Elektroden der Ionenstrahl geformt.

Feldemissions-Quellen

Zwischen einer Nadel mit einem sehr kleinen Spitzenradius (< 1 µm) und einer durchbohrten Elektrode, die dieser Nadelspitze sehr dicht zugestellt ist, lassen sich bei moderaten Spannungen extrem hohe Feldstärken erzeugen. Dadurch können an der Spitzenoberfläche adsorbierte Gasatome ionisiert werden und auf diese Weise eine Quelle für Kationen bilden. Anstelle einer festen Nadelelektrode kann auch ein winziger Tropfen eines geschmolzenen Metalls dienen, das allerdings auch im geschmolzenen Zustand einen extrem kleinen Dampfdruck haben muß.

Magnetron-Quellen

Als Magnetron-Quellen werden beim Ionenstrahlätzen Anordnungen bezeichnet, bei denen die Dichte energetischer Ionen nahe der Targetoberfläche durch ein zusätzliches Magnetfeld erhöht wird. Sie dienen damit nicht wie die anderen Quellen des Ionenstrahlätzens zur primären Erzeugung des Plasmas, sondern der Erhöhung der Ätzwirkung des anderweitig geformten Ionenstrahls.

Ätzen mit chemisch inerten energetischen Ionenstrahlen

Das Ätzen mit inerten Ionen entspricht weitgehend den Verhältnissen beim einfachen Sputterätzen. Im Gegensatz zum Sputterätzen können aber in Ionenstrahlanlagen die Ionenstromdichte und die Ionenenergie unabhängig voneinander und in einem relativ engen Verteilungsbereich eingestellt werden. Auf diese Weise ist es z. B. möglich, bereits knapp oberhalb der Sputterschwelle beträchtliche Ätzraten zu erreichen, indem eine hohe Ionenstromdichte eingestellt wird. Dadurch ist z. B. ein bedingt selektives Ätzen eines Materials mit niedriger Sputterschwelle gegenüber einem Material mit höherer Sputterschwelle möglich. Insgesamt sind die Ätzraten für verschiedene Materialien zwar unterschiedlich, bewegen sich aber bei gleichen Ätzbedingungen etwa innerhalb von ein bis zwei Größenordnungen (Tabelle 7). Als Ätzgas wird für das Ätzen mit einem inerten Ionenstrahl analog zum Sputtern im Parallelplattenreaktor vorzugsweise Argon benutzt.

Ätzen mit energetischen Neutralteilchen

Da sich bei einigen Materialien der Ladungszustand der einfallenden energetischen Teilchen auf die Art der ablaufenden Abspaltungsprozesse von Atomen oder Molekülen auswirkt, sind in bestimmten Fällen Strahlen neutrali-

Tab. 4-7. Ätzraten beim Ionenstrahlätzen mit Argon-Ionen Ionenenergie: 1 keV, Ionenstromdichte: 1 mA/cm^2, Druck: 0.05 mtorr

Material	chemisches Symbol	Ätzrate	Literatur
Aluminiumoxid	Al$_2$O$_3$	0.2 nm/s	R.E. Lee (1984)/ C.-M. Melliar-Smith (1976)
Chrom	Cr	0.33 nm/s	R.E. Lee (1984)
Chrom	Cr	0.33–0.67 nm/s	C.-M. Melliar-Smith (1976)
Titan	Ti	0.33 nm/s	R.E. Lee (1984)/ C.-M. Melliar-Smith (1976)
Vanadin	V	0.37 nm/s	C.-M. Melliar-Smith (1976)
Mangan	Mn	0.45 nm/s	C.-M. Melliar-Smith (1976)
Niob	Nb	0.5 nm/s	R.E. Lee (1984)/ C.-M. Melliar-Smith (1976)
Zirkonium	Zr	0.53 nm/s	R.E. Lee (1984)/ C.-M. Melliar-Smith (1976)
Eisen	Fe	0.53 nm/s	R.E. Lee (1984)/ C.-M. Melliar-Smith (1976)
Silizium	Si	0.63 nm/s	R.E. Lee (1984)
Silizium	Si	0.6 -1.25 nm/s	C.-M. Melliar-Smith (1976)
Photoresist KTFR	(Kohlenwasserstoff)	0.65 nm/s	R.E. Lee (1984)
Siliziumdioxid	SiO$_2$	0.67 nm/s	R.E. Lee (1984)
Siliziumdioxid	SiO$_2$	0.47–1.11 nm/s	C.-M. Melliar-Smith (1976)
Molybdän	Mo	0.67 nm/s	R.E. Lee (1984)/ C.-M. Melliar-Smith (1976)
Aluminium	Al	0.74 nm/s	R.E. Lee (1984)
Aluminium	Al	0.75–1.20 nm/s	C.-M. Melliar-Smith (1976)
Photoresist AZ 1350	(Kohlenwasserstoff)	1 nm/s	R.E. Lee (1984)/ C.-M. Melliar-Smith (1976)
Lithiumniobat	LiNbO$_3$	1.1 nm/s	C.-M. Melliar-Smith (1976)
Eisen(II)oxid	FeO	1.1 nm/s	R.E. Lee (1984)
Elektronenresist PMMA	(Kohlenwasserstoff)	1.4 nm/s	R.E. Lee (1984)/ C.-M. Melliar-Smith (1976)
Gold	Au	2.7 nm/s	R.E. Lee (1984)
Gold	Au	2.7–3.6 nm/s	C.-M. Melliar-Smith (1976)
Silber	Ag	3.3 nm/s	R.E. Lee (1984)
Galliumarsenid	GaAs	4.3 nm/s	R.E. Lee (1984)/ C.-M. Melliar-Smith (1976)

sierter Teilchen gegenüber Ionenstrahlen bevorzugt. Das gilt z.B. beim Ätzen von organischen Polymeren, deren Vernetzungs- und Fragmentierungsreaktionen neben anderen Faktoren auch durch die Ladung der energetischen Teilchen beeinflußt werden. Die erreichbaren Selektivitätsänderungen durch die Wahl des Ladungszustandes des Teilchenstrahles sind aber im allgemeinen gering. Im einfachsten Fall werden Edelgasionenstrahlen (vorzugsweise Argon) neutralisiert, um als Neutralteilchenstrahlen zum Ätzen eingesetzt zu werden. Es können statt dessen aber auch andere Gase, aus denen in der Ionenquelle ein Ionenstrahl gebildet worden ist, als ätzender Neutralteilchenstrahl dienen.

4.4.5 Reaktives Ionenstrahlätzen (Reactive Ion Beam Etching; RIBE)

Gegenüber dem Ätzen mit Strahlen inerter Teilchen kann eine wesentliche Erhöhung der Ätzrate erreicht werden, wenn ein reaktives Gas als Quelle für den Ionenstrahl dient. In diesem Fall wirken die aus der Quelle extrahierten Teilchen nicht nur als Träger der kinetischen Energie, sondern bilden außerdem noch mit dem zu ätzenden Material leicht flüchtige Verbindungen, die bevorzugt von der Oberfläche desorbieren können. Neben der Erhöhung der Ätzrate kann auf diese Weise auch eine Verbesserung der Selektivität des Ätzprozesses gegenüber anderen Materialien erreicht werden. Damit steht das RIBE zum IBE in einem ähnlichen Verhältnis wie das RIE zum Sputterätzen in inerten Plasmen.

Im prinzipiellen Aufbau entspricht ein RIBE-Reaktor jedem anderen Ionenstrahlätzreaktor. Im Unterschied zu diesem verfügt er jedoch neben der Gasversorgung mit einem inerten Trägergas (Argon) über ein Gasversorgungssystem für reaktive Ätzgase, wobei diese nach der Art des zu ätzenden Materials ausgesucht werden müssen. Die Anforderungen an die Materialwahl für die Reaktoreinbauten sind allerdings wesentlich höher als bei einem Strahlätzreaktor, der nur zum Ätzen mit Edelgasionen eingesetzt wird. Sowohl die Wandungen des Reaktors als auch die Elektroden müssen gegenüber den Ätzgasen und ihren im Plasma gebildeten Produkten korrosionsfest sein. Die Belastungen der Materialien und der feinen Elektrodenanordnungen ist dabei durchaus erheblich. Speziell die Wahl der Absaug- und Neutralisationselektroden, die dem ständigen Bombardement reaktiver Ionen ausgesetzt sind, muß gut auf die verwendeten Gasarten abgestimmt sein, um vertretbare Standzeiten der Einbauten zu erreichen.

Als Reaktives Ionenätzen im weiteren Sinne wird auch das Ätzen unter einem Überangebot von reaktiven Gasmolekülen verstanden, die über den Raum der Quelle in den Reaktor zugeführt werden. Diese Gasmoleküle können bei entsprechenden Verhältnissen des Gasflusses auch durch Diffusion, also rein thermische Bewegung, zur Substratoberfläche gelangen und dort zu einer Beschleunigung des Ätzens durch die Bildung flüchtiger Produkte beitragen. Die dabei ablaufenden Vorgänge entsprechen dann weitgehend den Verhältnissen beim chemisch gestützten Ionenstrahlätzen (s. Abschnitt 4.4.6).

Neben den neutralen Gasmolekülen und den Ionen können sich in der Quelle auch Radikale und andere besonders reaktive Spezies aus dem Ätzgas bilden, die ebenfalls in den Ätzraum diffundieren können. Diese letztgenannten Teilchen können gemeinsam mit den Strahlen energetischer Teilchen ganz besonders zu erhöhten Ätzraten beitragen. Die chemischen Verhältnisse beim Abtrag sind dann verwandt zu den Verhältnissen beim Reaktiven Ionenätzen. Die thermalisierten Radikale führen dementsprechend auch meist zu einer deutlichen Ätzkomponente in lateraler Richtung, d.h. sie erhöhen den Ätzabtrag insgesamt, vermindern jedoch den Anisotropiegrad. Im Gegensatz zum Reaktiven Ionenätzen lassen sich aber die Anteile von energetischen Teilchen, deren Energien und Flußdichten und die Anteile von Molekülen und Radikalen wesentlich gezielter über die Wahl der Gasflüsse, Drücke und den Ionenstrom in der Anlage einstellen.

4.4.6 Magnetfeldgestütztes reaktives Ionenstrahlätzen (Magnetic Field Enhanced Reactive Ion Beam Etching; MERIBE)

Auch beim RIBE läßt sich durch Magnetfelder die Dichte reaktiver Teilchen und damit die Ätzrate deutlich erhöhen. Das Verfahren wird dann als Magnetfeldgestütztes Reaktives Ionenätzen (MERIBE) bezeichnet.

Während der einfache Aufbau eines Planarreaktors für die Einführung von Magnetfeldern beim RIE nur begrenzten Spielraum bei den Anordnungsmöglichkeiten läßt, kann die Magnetfeldunterstützung beim RIBE an unterschiedlichen Stellen greifen. Vorteilhaft wirkt sich vor allem ein Magnetfeld in der Ionenquelle aus. Das wird in den ECR-Quellen, die häufig beim RIBE eingesetzt werden, ausgenutzt. Die auf Spiralbahnen gezwungenen Elektronen sorgen mit der Erhöhung der Plasmadichte auch für eine Erhöhung der Ionendichte, so daß wesentlich größere Ionenströme aus der Quelle in den Ätzreaktor extrahiert werden können.

Zusätzliche Magnetfelder im Ätzreaktor können zu einer weiteren Erhöhung der Ätzrate führen. Unter Benutzung einer ECR-Quelle und eines zusätzlichen Magnetfeldes zur Bündelung des Ionenstromes wurden Ätzraten an Si in Cl_2 (mit ca. 1 % O_2-Zusatz) von ca. 7 nm/s erreicht[68]. Vor allem beim Ätzen von Substraten größerer Durchmesser macht sich eine inhomogene Magnetfelddichte durch eine starke Inhomogenität der Ätzrate sehr störend bemerkbar. Das Magnetfeld kann jedoch wesentlich homogenisiert werden, wenn in der Ebene des Substrates zusätzliche Feldspulen angeordnet sind. Unter diesen Bedingungen ergeben sich magnetische Kraftlinien, die über den gesamten Durchmesser senkrecht zur Substratoberfläche wirken und homogen verteilt sind[69].

---

[68] D.Dane et al. (1992)
[69] Ch. Takahasi und S.Matsuo (1994)

4.4.7 Chemisch unterstütztes Ionenstrahlätzen (Chemical Assisted Ion Beam Etching; CAIBE)

Während sich beim Ionenstrahlätzen die reaktiven Gasteilchen durch Gaszuführung im Raum der Strahlquelle bilden, werden beim chemisch unterstützten Ionenstrahlätzen (CAIBE) die reaktiven Gaskomponenten direkt in den Ätzreaktor geführt. Damit ist die Erzeugung der Ionenstrahlen entkoppelt von der Zufuhr reaktiver Teilchen. Die reaktiven Gasmoleküle diffundieren zur Oberfläche des zu ätzenden Substrates, werden aber vom Quellenraum zurückgehalten. Dadurch ist die Belastung der Quelle und der Einbauten gering.

Prinzipiell sind zwei Mechanismen des erhöhten Ätzabtrages durch Beteiligung des unterstützenden Reaktivgases möglich. Diese Mechanismen entsprechen ganz den in den Gleichungen (104)–(107) angegebenen Fällen. Im Gegensatz zum Reaktiven Ionenätzen können die beiden Mechanismen beim Reaktiven Ionenstrahlätzen jedoch durch die Führung der energetischen Teilchen einerseits und der reaktiven thermalisierten Teilchen andererseits gezielt eingestellt werden. Im einen Fall (A) kommt es zuerst zu einer Reaktion oder Physisorption des separat zugeführten Reaktivgases an der Festkörperoberfläche und anschließend zu einer Reaktion auf Grund des Einfalls eines energetischen Teilchens wohldefinierter Energie aus dem Ionen- oder Neutralteilchenstrahl, wobei flüchtige Produkte gebildet werden:

Fall (A)
1. Thermisches Gasmolekül + Festkörper-Oberfläche $\rightleftarrows$ Zwischenprodukt
2. Zwischenprodukt + Energetisches Teilchen $\rightleftarrows$ desorbierte Ätzprodukte

Im anderen Fall (B) entstehen primär angeregte Oberflächenzustände durch den Einschlag eines energetischen Teilchens, die anschließend durch eine Reaktion mit der reaktiven Gaskomponente zu flüchtigen Produkten reagieren:

Fall (B)
1. Energetisches Teilchen + Festkörper-Oberfläche $\rightleftarrows$ Angeregter Oberflächenzustand
2. Angeregter Oberflächenzustand + Thermisches Gasmolekül $\rightleftarrows$ desorbierte Ätzprodukte

Da die „hot spots" nach dem Auftreffen energetischer Teilchen auf Oberflächen sehr schnell abklingen und auch reaktionsbegünstigte Oberflächenzustände nach dem Einschlag energetischer Teilchen in der Regel rasch relaxieren, ist der zweite Mechanismus der unwahrscheinlichere. Besonders effektive Wirkungen des Reaktivgases beim CAIBE sind zu erwarten, wenn sich unter Beteiligung der Reaktivkomponente eine hohe Dichte von Chemisorbaten auf der Oberfläche des Festkörpers bildet, aus der dann mit einer sehr hohen Sputterausbeute beim Auftreffen der Strahlteilchen flüchtige Teilchen, die die Atome des zu ätzenden Materials enthalten, desorbiert werden.

4.4.8 Reaktives Ätzen mit Anregung aus mehreren Quellen

Um hohe Ätzraten beim Trockenätzen zu erreichen, muß eine hohe Energiedichte in das Plasma eingekoppelt werden. Wegen der unterschiedlichen dynamischen Eigenschaften von Atomen, Ionen und Elektronen sowie der sehr unterschiedlichen Lebensdauer der aktiven Spezies ist es wichtig den Frequenzbereich und den Ort wo Energie und wo zusätzliche Magnetfelder in das Plasma eingekoppelt werden, zu kennen, da diese eine Erhöhung der Ladungsträgerdichte bewirken.

Eine konsequente Fortsetzung des Konzepts der Plasmaverdichtung durch zusätzliche Elektrodenanordnungen und Magnetfelder besteht in der Kombination von Quellen für hochfrequente Wechselfelder, die in verschiedenen Frequenzbereichen arbeiten.

Mikrowellengestütztes Reaktives Ionenätzen

Eine wesentliche Erhöhung der Plasmadichte wird durch die Kombination von HF-Quellen mit Mikrowellenquellen erreicht. Mikrowellen haben den Vorteil, daß sie nicht unmittelbar im Reaktor erzeugt werden müssen, sondern durch einen Wellenleiter, z. B. einen Hohlleiter, an den Reaktor herangeführt werden können. Über eine dielektrische Fläche lassen sich die Mikrowellen bequem in der gewünschten Zone des Reaktors in das Plasma einkoppeln.

Neben dem mikrowellengestützen Plasmaätzen (s. Abschnitt 4.3) finden für anisotrope Trockenätzprozesse zusätzlich Mikrowellen in reaktiven Ionenätzprozessen Anwendung, bei denen HF-Quellen mit Leistungen zwischen etwa 0.1 und 1 kW eingesetzt werden. Die Frequenzen der beiden Quellen unterscheiden sich um etwa zwei Zehnerpotenzen. Während als HF-Quelle überwiegend Sender von 13.56 MHz verwendet werden, kommen bevorzugt Mikrowellenquellen bei 2.45 GHz zum Einsatz. In einigen Anordnungen wirkt dabei die Mikrowellenleitung als unterstützend für die HF-Quelle im Plasma. Es hat sich jedoch herausgestellt, daß hohe Ätzraten vor allem erreicht werden können, wenn hohe Energiedichten über die Mikrowelle eingekoppelt werden. Dabei braucht die Energie der HF-Leistung gar nicht allzu hoch sein. Die HF-Quelle wirkt bereits effizient, wenn nur ca. 10–20 % der Gesamtleistung bei dieser niedrigen Frequenz zugeführt werden, so daß die HF-Anregung als unterstützend zur Mikrowellenanregung verstanden werden kann. Insofern sollte das entsprechende Mehrquellenverfahren richtiger als HF-gestütztes Mikrowellenätzen bezeichnet werden.

4.4.9 Elektronenstrahlgestütztes Reaktives Ätzen (Electron Beam supported Reactive Ion Etching; EBRE)

Durch Extraktion und Beschleunigung von Elektronen läßt sich der Strahlätzprozeß ebenso wie durch energetische Ionen oder Atome unterstützen. Der Vorteil von elektronengestützten Trockenätzverfahren liegt in der geringeren

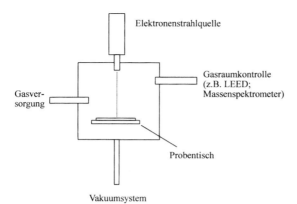

Abb. 4-59. Reaktor zum elektronenstrahlgestützten Ätzen (Prinzipdarstellung)

Schädigungswirkung für das Substrat im Falle der energiereichen Elektronen im Vergleich zu Ionen.

Eine dem CAIBE-Pozeß verwandte Anordnung bedient sich einer ECR-Quelle, aus der durch ein entsprechendes positives elektrisches Feld anstelle der Ar^+-Ionen die negativ geladenen Elektronen in die Ätzkammer extrahiert werden. Über dem Substrat wird das Ätzgas zugeführt (Abb. 59). Beim EBRE von GaAs in Gegenwart von Cl_2 als Reaktivgaskomponente wurde eine Erhöhung der Ätzrate um mehr als eine Größenordnung gegenüber dem Ätzen ohne Elektronen-Unterstützung gefunden [69].

Elektronenstrahlgestütztes Ätzen läßt sich auch mit verschiedenen Quellen von Reaktivkomponenten, darunter auch Molekularstrahlen, kombinieren. So können fokussierte Elektronenstrahlen den Abtrag von Si in einem Wasserstoff-Molekularstrahl auslösen, was zur direkten (maskenlosen) Erzeugung von Nanometerstrukturen genutzt werden könnte [70]. Befriedigende Abtragsraten können bereits bei Verwendung von niederenergetischen Elektronen (1 bis 15 eV) erreicht werden. Im Gegensatz zu den Ionenätzverfahren rufen solche niederenergetischen Elektronen praktisch keine Schädigung des Substratmaterials hervor [71].

Eine direktschreibende, d.h. maskenlose Mikrolithografie ist auch möglich, wenn die primäre Strukturerzeugung durch den Elektronenstrahl und das anschließende Plasmaätzen zeitlich nacheinander ablaufen („in-situ Electron Beam Patterning") [72]. Voraussetzung für dieses Verfahren ist, daß eine Schicht auf dem zu ätzenden Material vorliegt, die bei Einwirkung des Elektronenstrahls ihre Widerstandsfähigkeit gegenüber dem Angriff eines Ätzplasmas drastisch ändert. Diese Schicht wirkt damit wie ein Elektronenstrahl-

---

[69] H. Watanabe und S. Matsui (1993)
[70] H.P. Gillis et al. (1992)
[71] H.P. Gillis et al. (1996)
[72] N. Takado et al. (1992)

resist. Das Besondere an dem Prozeß ist, daß beim anschließenden Ätzen sowohl die bestrahlten Bereiche der Oberschicht als auch die darunter liegende Funktionsschicht mit hoher Rate abgetragen werden, während die unbestrahlten Bereiche stabil bleiben. Dieser Prozeß ist physikalisch nicht als ein elektronenstrahlgestütztes Ätzen zu verstehen. Er ist diesem jedoch technologisch nahe verwandt. Mit dem Prozeß wurden z. B. Strukturen in GaAs erzeugt, indem zunächst dessen Oberfläche durch O_2- Plasma (ECR) in eine dünne Oxidschicht überführt und diese anschließend mit dem Elektronenstrahl beschrieben wurde. Beim nachfolgenden reaktiven Ionenstrahlätzen in Cl_2-Atmosphäre wurden das bestrahlte Oxid und das darunterliegende GaAs selektiv gegenüber den nicht bestrahlten Bereichen geätzt.

4.4.10 Reaktives Ätzen mit fokussierten Ionenstrahlen (Focused Ion Beam Etching; FIB)

Ionenstrahlen lassen sich wie Licht (Photonenstrahlen) oder Elektronenstrahlen fokussieren und optisch führen. Das kann man dazu ausnutzen, auch Ionenstrahlen nur auf räumlich sehr begrenztem Gebiet auf die Oberfläche einwirken zu lassen. Mit Ionenstrahlen lassen sich dabei wegen der extrem kleinen Wellenlängen wesentlich kleinere Foci als mit Licht und selbst als mit Elektronenstrahlen erreichen. Die Teilchendichten in sehr kleinen foci werden allerdings durch die elektrostatische Abstoßung der Ionen limitiert.

Setzt man solche fokussierten Ionenstrahlen zum Ätzen von Schichtmaterialien ein, so kann man durch eine entsprechende Strahlführung zum Direktschreiben lithografischer Strukturen durch Ionenstrahlen gelangen. Die grundsätzlichen Konstruktionsmerkmale der Bestrahlungseinrichtung und Merkmale des Verfahrens sind analog zum Direktschreiben durch elektronenstrahlgestütztes Ätzen in der Gasphase (s. Abschnitt 4.2.4). Anstelle der Elektronenoptik ist eine entsprechende Ionenoptik erforderlich, deren Aufbau dem wesentlich größeren Masse-Ladungs-Verhältnis der Ionen Rechnung tragen muß. Wie beim elektronengestützten Ätzen sind aber auch beim FIB-Ätzen ein Vakuumsystem und eine Vorrichtung zur mechanischen Justierung erforderlich (Abb. 60).

Das FIB-Verfahren wird bevorzugt für kleinflächige lithografische Operationen und bei Einzelsubstratbearbeitung eingesetzt, so z. B. für die Reparatur lithografischer Masken. Dabei wird im allgemeinen der reine Sputtereffekt der auf die Oberfläche auftreffenden fokussierten Teilchen zum Materialabtrag genutzt[73]. Die Ionenenergien sind in der Regel noch um ein bis zwei Größenordnungen höher als bei den flächenhaften Verfahren des Ionenstrahlätzens und liegen typischerweise zwischen 10 und 100 keV, selten unter 1 keV.

Höhere Ätzraten lassen sich beim FIB-Prozeß durch reaktive Atmosphären erreichen. In diesem Fall muß die Anlage mit einem Versorgungssystem für

---
[73] J. Melngailis et al. (1986); P.J. Heard et al. (1985)

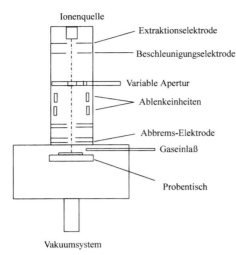

Abb. 4-60. Reaktor mit optischer Säule für die Strahlformung beim direktschreibenden Ätzen mit fokussierten Ionenstrahlen (Focused Ion Beam Etching, FIB-Ätzen, Prinzipdarstellung)

das Reaktivgas ausgestattet sein. Beim chemisch unterstützten Ätzen (Cl$_2$) von Si, Al und GaAs mit fokussierten Ionenstrahlen (Ga$^+$, 30 keV) konnten Submikrometerstrukturen mit hohen Aspektverhältnissen (>5) direkt geschrieben werden[74]. Der Abtrag pro eingefallenem Ion hängt von dessen Energie und der Zusammensetzung der Gasatmosphäre ab. Die nachfolgende Tabelle (Tabelle 8) gibt solche Abtragsausbeuten für einige Verfahren an. Niedrige Ionenenergien werden eingesetzt, wenn man Strahlschäden vermeiden will, etwa bei der lithografischen Herstellung empfindlicher Strukturen in einkristallinem Material. In diesem Fall werden stark reaktive Ätzgase verwendet, wobei der Abtragsprozeß jedoch der zusätzlichen Aktivierung durch Ionenstrahlen bedarf. Dieses Verfahren (ionenstrahlgestütztes reaktives Ätzen – Ion Beam Assisted Etching; IBAE) kann vorteilhafterweise mit fokussierten Ionenstrahlen durchgeführt werden, so daß ein schreibendes Ätzen unter vergleichsweise schonenden Bedingungen möglich wird. Das Verfahren wurde z. B. zum Ätzen von GaAs mit Ga$^+$- Ionen in einer Cl$_2$-Atmosphäre eingesetzt[75].

4.4.11 Nanoteilchen-Strahlätzen (Nano-particle Beam Etching; NPBE)

Das Nanoteilchen-Strahlätzen ist ein spezielles Ätzverfahren, das in seinen Grundzügen den Ionenstrahlätzverfahren verwandt ist. Wie bei diesen wird die mechanische Impulsübertragung aus einem energiereichen Teilchen auf

---

[74] R.J. Young et al. (1993)
[75] T. Kosugi et al. (1991)

Tab. 4-8. Teilchenausbeute pro energetischem Ion beim Ätzen mit fokussierten Ionenstrahlen in Reaktivgasatmosphäre für einige ausgewählte Materialien[a,b]

Targetmaterial	Ionenart	Energie	Reaktivgas	Druck	Teilchenausbeute	Literatur
Al	Ar	0.5 keV	Chlor		64	a
Al	Ga	35 keV	Chlor	20 mtorr	7	a
Al	Ga	30 keV	Chlor		ca. 5	b
Au	Ga	30 keV	Chlor		10–26	b
GaAs	Ga	30 keV	Chlor	5 torr	50	a,b
GaAs	Ga	35 keV	Chlor	20 mtorr	20	a
GaAs	Ar	0.5 keV	Chlor		35	a
InP	Ga	30 keV	Chlor		32	b
InP	Ga	35 keV	Chlor	20 mtorr	80	a
InP	Ar	0.5 keV	Chlor		80	a
Si	Ga	35 keV	Chlor	20 mtorr	9	a
Si	Ga	30 keV	Chlor		21	b
Si	Ar	0.5 keV	Chlor		4	a
Si_3N_4	Ar,Xe	50 keV	Xenonfluorid	20 mtorr	9	a
SiO_2	Ar	0.5 keV	Chlor		0.4	a
SiO_2	Ga	30 keV	Chlor		1.4	b
SiO_2	Ar,Xe	50 keV	Xenonfluorid	20 mtorr	27	a

ein Substrat benutzt, um Material aus dem Substrat in die Gasphase zu überführen. Während beim Ionenstrahlätzen jedoch ionisierte Atome oder bestenfalls Molekülionen aus wenigen Atomen verwendet werden, benutzt das NPBE Strahlen aus Nanopartikeln hoher kinetischer Energie. Der typische Durchmesser der Teilchen bewegt sich im Bereich von ca. 5 nm, d.h. die Teilchen enthalten ca. 10^4 Atome.

Die Nanoteilchen erhalten ihre Energie ganz analog zu den Ionenstrahlverfahren, indem sie zunächst aufgeladen und anschließend im elektrischen Feld beschleunigt werden. Bei Teilchenenergien von etwa 100 keV ergeben sich Einschlagskrater in der Größenordnung von wenigen 10 nm. Die Größe dieser Krater liegt damit noch deutlich unter den Abmessungen selbst kleinster heute in der Mikrotechnik üblicher Strukturen. Für sub-Mikrometerstrukturen könnte sich allerdings die Weite der Einschlagskrater schon in der Kantenrauhigkeit bemerkbar machen.

Durch die Wahl des Materials der Nanopartikel können Reaktionspartner für das Targetmaterial zugeführt werden, die mit diesem leicht verdampfbare Produkte bilden. Damit kann das Verfahren auch als Reaktives Nanoteilchen-Strahlätzen angewendet werden[76].

---
[a] K. Gano und S. Namba 1990.
[b] R. J. Young et al. 1993.
[76] J. Gspann (1995)

4.4.12 Ausbildung der Strukturflanken-Geometrie beim Ionenstrahlätzen

Winkelabhängigkeit der Ätzrate

Die Wechselwirkung der energetischen Teilchen mit der Substratoberfläche ist unabhängig von der Art der Erzeugung der Ionen. Deshalb tritt beim Ionenstrahlätzen wie beim Sputterätzen eine Winkelabhängigkeit der Sputterausbeute auf (vgl. Abschnitt 4.4.1). Das bei inerten Ionen an kubischen Kristallen bei 60 Grad beobachtete Maximum des Abtrages kann allerdings im Falle von reaktiven Plasmen gedämpft oder zu etwas anderen Winkeln verschoben sein.

Winkelabhängigkeiten der Sputterausbeuten können sich zum einen durch die Neigung des gesamten Substrates gegenüber dem Ionenstrahl in veränderten Raten auswirken. Zum anderen bewirken sie bei reliefbehafteten Substraten aber auch lokale Ratenunterschiede, da der Wechsel in den Oberflächenneigungen lokal unterschiedliche Sputterausbeuten und damit, auf den Ort bezogen, unterschiedliche Abtragsraten zur Folge haben. Der Verbesserung der Sputterausbeute bei Neigung einer Oberfläche gegenüber der Senkrechten zum Ionenstrahl ist stets die geometrische Verminderung der Dichte einfallender Strahlen aufgrund der Längendehnung geneigter Teilflächen in Relation zur Substratebene überlagert, die sich ratemindernd auswirkt. Je stärker ein Teilchen gegenüber dem einfallenden Strahl geneigt ist, um so geringer ist die Flächendichte der eintreffenden Strahlen (Abb. 61).

Profilausbildung („Trenching, Bowing, Facetting")

Die Auftreffrichtung der energetischen Teilchen ist beim Ionenstrahlätzen im Gegensatz zum Sputterätzen und zum Reaktiven Ionenätzen (RIE) nicht von der Orientierung des Substrates abhängig. Während beim Sputtern und RIE auf Grund der Bias-Spannung die Ionen immer senkrecht zur Substratoberfläche beschleunigt werden und deshalb auch senkrecht zur Substratebene ein-

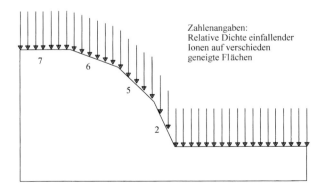

Abb. 4-61. Dichte der einfallenden Teilchen beim Strahlätzen in Abhängigkeit von der Oberflächenneigung gegenüber der Einfallsrichtung der energetischen Teilchen

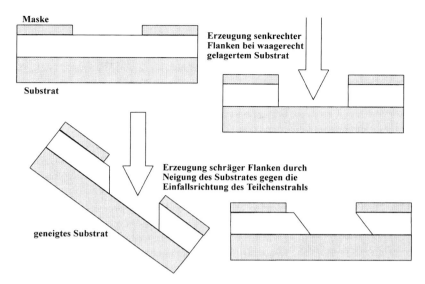

Abb. 4-62. Herstellung senkrechter und schräger Flanken beim Ionenstrahlätzen

fallen, kann beim Strahlätzen das Substrat willkürlich zur Strahlausbreitungsrichtung orientiert werden. Durch Neigung und Drehung der Substrate können so ganz gezielt bestimmte Flankenprofile und auch Unterätzwinkel unter Maskenkanten eingestellt werden. Insbesondere ist es möglich, Ätzgruben mit zueinander parallelen, aber gegenüber der Substratebene geneigten Seitenwänden herzustellen (Abb. 62).

Eine Besonderheit des Sputter- und des Ionenstrahlätzens ist die Auswirkung der individuellen Ionenbahnen auf die Form der erzeugten Strukturen. So machen sich durch die Vorzugsrichtung der energetischen Teilchen auch Reflexionen an den Flanken der Ätzmaske und der Ätzstrukturen bemerkbar. An steilen Strukturkanten werden solche Teilchen unter geringem oder vernachlässigbarem Energieverlust reflektiert. Je nach dem Winkel, unter dem diese Teilchen auf anderen Oberflächen auftreffen, erzeugen sie dort einen erhöhten Ätzabtrag, da durch den zusätzlichen Anteil der reflektierten Teilchen dort insgesamt eine erhöhte Dichte an energetischen Teilchen auftrifft. Deshalb bilden sich am Fuß von Ätzkanten häufig Gräben aus, weshalb der Effekt „trenching" genannt wird (Abb. 63).

Kommt es an stärker geneigten Ätzkanten enger Maskenöffnungen zur Ablenkung von Teilchen auf die gegenüberliegende Ätzkante, so können die Teilchen dort auch einen erhöhten lateralen Abtrag hervorrufen. Dadurch entstehen anstelle der gewünschten senkrechten Strukturflanken ausbiegende Flanken („bowing", Abb. 64). Der Bowing-Effekt kann durch die isotrop wirkende Ätzkomponente verstärkt werden. Außerdem kann der Aufbau von lokalen Oberflächenpotentialen bei tiefen Ätzgräben zu einer Verminderung

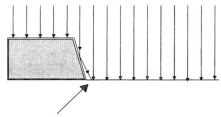

Bereich erhöhter Dichte einfallender energetischer Teilchen

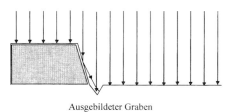

Ausgebildeter Graben

Abb. 4-63. Entstehung des trenching-Effektes (Grabenbildung) durch Erhöhung der effektiven Ioneneinfallsdichte neben steilen Strukturkanten durch Reflexion der energetischen Teilchen beim Ionenstrahlätzen

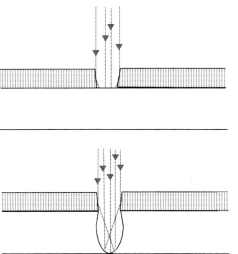

Abb. 4-64. Enstehung des Bowing-Effektes (Auswölbung) durch Reflexion von energetischen Teilchen an schrägen Maskenkanten

des Abtrags in der Tiefe und damit zu einer relativen Verstärkung des lateralen Abtrags und damit zum Bowing beitragen[77].

An den Kanten von Strukturen kommt es manchmal zur Ausbildung von kleinen Flächenelementen, deren Neigungswinkel gerade so groß ist, daß kein Sputtereffekt mehr eintritt oder die Sputterrate stark reduziert ist. Energetische Teilchen werden an diesen Flächen überwiegend reflektiert. Benachbart liegende Flächen mit kleinerem Neigungswinkel werden jedoch weiter abgetragen. Auf diese Weise vergrößert sich die Fläche mit dem kritischen Neigungswinkel. Es entsteht eine in sich ebene Fläche, die jedoch relativ stark gegenüber der Substratebene geneigt ist und damit eine Facette bildet („facetting").

Redeposition und Seitenwandpassivierung

Grundsätzlich können Spezies aus dem Gasraum auch unter Anlagerung an der Substratoberfläche reagieren. Voraussetzung dafür ist ein entsprechender Kontakt mit der Oberfläche und die Bildung schlecht desorbierbarer Produkte. Beim Sputterätzen können Cluster oder Atome des freigesetzten Materials einfach wieder auf der Oberfläche kondensieren.

Vor allem in reaktiven Plasmen können neben den Abtragsprozessen auch Aufbauprozesse an den Oberflächen ablaufen. Unter manchen Ätzbedingungen kann dabei ein thermisch kontrollierter Aufbauprozeß mit dem durch den Einfall energetischer Teilchen initiierten Ätzprozeß konkurrieren:

1. Gasraumteilchen + Oberfläche → Schichtaufbau
2. Oberfläche + energetische Teilchen → Schichtabbau

Unter diesen Bedingungen bestimmt die Dichte der an einem Ort der Oberfläche einfallenden energetischen Teilchen, ob es netto zu einem lokalen Aufbau oder einem Abtrag der Schicht kommt. Bei hoher Dichte einfallender Teilchen herrscht Abtrag vor, bei niedriger Dichte dagegen Aufbau. In der Vorzugsrichtung der Ionenstrahlen, d.h. in der Regel parallel zur Substratebene liegende Flächen, erhalten die größte Dichte energetischer Teilchen. Mit zunehmendem Neigungswinkel wird die effektive Flächendichte immer geringer. Senkrechte Wände erhalten dann praktisch keine energetischen Teilchen mehr. Bei einem gewissen Neigungswinkel entspricht die Geschwindigkeit des Abtrags des Materials durch die energetischen Teilchen gerade der Geschwindigkeit des Aufbaus durch Redeposition aus der Gasphase. An senkrechten Wänden herrscht der Aufbauprozeß vor (Abb. 65, 66).

Eine solche Seitenwandbedeckung kann erwünscht sein, weil sie dem Unterätzen und Ausbeulen der Wand durch reflektierte Teilchen entgegenwirkt. In diesem Fall läßt sich durch die Seitenwandredeposition die Ausbildung senkrechter Strukturkanten erreichen. Die quantitativen Verhältnisse

---
[77] J.W. Coburn und H.F. Winters (1989)

4 Trockenätzverfahren

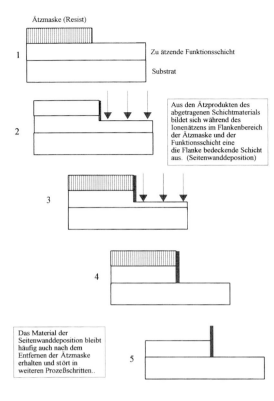

Abb. 4-65. Bildung von Seitenwanddepositionen durch Materialanlagerung im Bereich der Masken- und der Funktionsstrukturflanke beim Trockenätzen: 1 Ätzmaske; 2, 3 Materialablagerung in der Flanke während des Ätzprozesses, 4 Seitenwandschicht nach dem Ätzprozeß, 5 Erhabene Seitenwandstruktur nach Entfernung der Ätzmaske (Prinzipdarstellung)

Abb. 4-66. Senkrechte Seitenwanddeposition aus RIE-Präparation kenntlich als schmaler Grat im Strukturkantenbereich, freigestellt durch selektives Ätzen der Maske (REM-Abbildung)

zwischen den thermisch kontrollierten Prozessen der Seitenwanddeposition und dem durch den Strahl energetischer Teilchen ausgelösten Abtrag bestimmen die genaue Form der ausgebildeten Strukturflanken[78].

Seitenwanddepositionen treten häufig beim Ätzen auf (z.B. von Silizium, SiO_2, anderen Si-haltigen Schichten sowie vielen Metallschichten), wenn fluorierte Kohlenwasserstoffe als Ätzgas eingesetzt werden. Im Plasma bilden sich u.a. die Radikale CF_2, CF_3, C_2F_4 und C_2F_5. Diese vollständig fluorsubstituierten Alkylradikale adsorbieren bevorzugt an den Festkörperoberflächen und können dort sogar zu längerkettigen Kohlenstoffgerüsten rekombinieren und auf diese Weise Deckschichten bilden. Nicht ganz so stark ausgeprägt, aber ebenfalls möglich sind derartige Adsorptions- und chemischen Kondensationsprozesse mit anderen Halogenalkan-Radikalen, etwa im Falle der chlorsubstituierten Kohlenwasserstoff-Ätzgase, die ebenfalls zum Ätzen siliziumhaltiger Schichten aber auch beim Aluminiumätzen sowie vielen weiteren Materialien eingesetzt werden.[79]

Häufig ist so die chemische Natur des sekundär abgeschiedenen Materials ganz anders als die des ursprünglichen Schichtmaterials. Dann unterscheiden sich – namentlich bei reaktiven Ätzprozessen – auch die Ätzraten beider Materialien beträchtlich. Das kann dazu führen, daß in Flankenbereichen ungewollt schmale Strukturelemente neu gebildet werden, die in weiteren Prozeßschritten stören. Solche störenden Seitenwanddepositionen müssen entweder durch geeignete Ätzbedingungen vermieden oder in einem zweiten Ätzschritt nachträglich entfernt werden.

Ungewollte Redepositionen können sich auch auf der freien Oberfläche bilden. Wenn es einmal zur Entstehung kleiner Oberflächenpartikel aus Materialien mit sehr niedrigen Abtragsraten gekommen ist, können diese maskierend für darunter liegendes Substratmaterial und als Kondensationskeime für den Aufbau größerer maskierender Störungen wirken. Im Ergebnis bleiben bei anisotropen Ätzprozessen einzelne säulenförmige Relikte des Ätzmaterials stehen. Bei einer höheren Dichte solcher störender Redepositionen auf Oberflächen können ganze Flächen durch Säulen kleiner Durchmesser bedeckt sein, so daß die Oberfläche wie von einem „Gras" bewachsen wirkt. Dieser Effekt wird durch einen gewissen isotropen Anteil beim Ätzen gedämpft, da durch diesen kleine, maskierend wirkende Oberflächenbereiche rasch unterätzt und damit immer wieder verlagert werden.

Eine Quelle unerwünschter Redepositionen sind das Maskenmaterial, Materialien nicht abzutragender Schichten sowie die Materialien der Elektroden des Reaktors. Diese genannten Materialien sollen ja gerade nicht durch das Ätzplasma bzw. die Ionenstrahlen angegriffen werden. Deshalb wird die Ätzgaszusammensetzung so gewählt, daß sich an der Oberfläche nur schwerflüchtige Verbindungen bilden. Beim Einschlag energiereicher Teilchen gibt

---

[78] J. Pelka et al. (1989); zur Ausnutzung der Seitenwandpassivierung vgl. z.B. auch B. Vasquez et al. (1989)
[79] D.L. Flamm et al (1984)

es aber doch einen gewissen Abtrag aufgrund des Sputtereffektes. Die dabei freigesetzten Teilchen können natürlich auf allen Oberflächen und damit auch auf dem abzutragenden Material kondensieren und dort störende Maskierungen hervorrufen.

Eine andere Quelle von Material für unerwünschte Redepositionen ist das Ätzgas selbst. Kohlenstoffhaltige Ätzgase (z. B. Kohlenwasserstoffe) können zur Bildung von diamantähnlichen Schichten oder von Carbiden beitragen, die im allgemeinen niedrige Ätzraten aufweisen. Bei Gegenwart von molekularem Stickstoff (aus der Luft) oder von Stickstoff aus Ätzgasen können sich Nitride bilden, die ebenfalls thermodynamisch stabile Verbindungen darstellen und deshalb auch niedrige Ätzraten haben. Unter Umständen kann auch der aus Restsauerstoff oder Wasserdampf stammende Sauerstoff zur ungewollten Bildung von stabilen Oxiden beitragen, die bei manchen Ätzprozessen maskierend wirken können.

Am wirkungsvollsten unterdrückt man Störungen durch ungewollte Depositionen durch Verwendung einer Gaszusammensetzung, bei der alle Komponenten des Schichtmaterials in flüchtige Verbindungen überführt werden und sich auch aus Nebenprodukten keine schwerflüchtigen Verbindungen bilden können. Es muß Sorge getragen werden, daß durch die energetischen Teilchen oder reaktiven Radikale belastete Einbauten des Reaktors wie z. B. die Elektroden möglichst wenig angegriffen werden und keine schwer flüchtigen Folgeprodukte bilden. Redepositionen können des weiteren durch eine erhöhte Substrattemperatur unterdrückt werden, da durch eine höhere Ober-

Tab. 4-9. Funktion von sekundären Zusätzen zum Ätzgas bei Reaktiven Trockenätzprozessen

Chemische Funktion	Auswirkung beim Ätzen	Beispiel
Unterdrückung oszillierender Plasmaprozesse durch Zusatz inerter Gase	Stabilisierung des Plasmas und der gesamten Prozeßführung	Argonzusatz, oft auch als Hauptkomponente
Bildung flüchtiger Produkte aus oxidischen, hydroxidischen oder salzartigen Verbindungen des zu ätzenden Schichtmaterials	Entfernung von nativen Deckschichten oder technologisch bedingten passivierenden dünnen Deckschichten	BCl_3-Zusatz beim Al- oder GaAs-Ätzen
Abfangen unerwünschter Radikale und ungesättigter Verbindungen	Erhöhung der Dichte ätzwirksamer Spezies, Verminderung unerwünschter Redepositionen	O_2-Zusatz zum Abfangen von Halogenkohlenwasserstoffradikalen und ungesättigten Spezies
Adsorptions- und ggf. polymerisationsfähige Spezies als Oberflächeninhibitoren	Maskierung von Seitenwänden zur Verbesserung des Anisotropiegrades	Kohlenwasserstoffzusätze

flächentemperatur die Adsorptions-Desorptions-Gleichgewichte in Richtung der Desorption verschoben sind. Wirkungsvoll gegen eine Redeposition ist häufig auch ein genügend hoher Gasdurchsatz durch den Reaktor, der dafür sorgt, daß einmal von der Oberfläche abgesputtertes oder desorbiertes Material rasch aus dem Gasraum entfernt wird.

Im allgemeinen werden Redepositionen unter Bedingungen gebildet, unter denen eine hohe Anisotropie des Ätzens erreicht wird (hoher Anteil des Abtrags durch energetische Teilchen, niedrige Abtragsraten durch Reaktion mit thermalisierten Teilchen, niedrige Oberflächentemperatur). Deshalb ist oft nach einem Kompromiß zwischen ideal-anisotropem Abtrag und störungsfreiem (redepositionsfreiem) Ätzverhalten zu suchen. Das Verhältnis von Ätzrate, Anisotropie, Seitenwanddeposition und unerwünschter Deposition störenden Materials auf den zu ätzenden Oberflächen kann außer durch die Einstellung der physikalischen Plasmabedingungen (Druck, Leistung, Ionenenergien, Plasmadichte) auch durch die Wahl der Gaszusammensetzung beeinflußt werden. Die wichtigsten Möglichkeiten durch Zusätze zum Ätzgas das Ätzverhalten zu steuern, sind in der Tabelle 9 zusammengefaßt.

Seitenwanddepositionen aus Ätzprozessen sind in manchen Fällen auch die Ursache für eine unzureichende Langzeitstabilität von Bauelementen. Da in den Seitenwanddepositionen neben den Elementen aus den abzutragenden Schichten häufig auch Elemente aus dem Ätzgas gebunden werden, treten in den Seitenwanddepositionen zuweilen Spezies auf, die korrosiv auf das Schichtmaterial wirken. Eine besondere Korrosionsgefahr geht dabei von den Halogenen aus, die häufige Bestandteile reaktiver Ätzgase sind. Da die Halogene als Halogenidionen mit vielen Metallen Komplexe bilden, begünstigen sie eine Korrosion z. B. von Leitbahn- und Kontaktelementen, aber auch Reflektoren oder anderen Mikrobauelementen. Die Freisetzung von Halogenidionen aus Seitenwanddepositionen läuft leicht in Gegenwart von geeigneten Lösungsmitteln, häufig einfach bei der Einwirkung von Wasser oder wäßrigen Lösungen in Folgeprozeßschritten ab. Unter Umständen werden die aggressiven Halogenidionen aber auch beim Auftreten von dünnen Kondensatwasserfilmen gebildet, wenn die Bauelemente nicht dampfdicht gekapselt sind.

Ein typischer Fall einer Korrosion, die durch Seitenwanddeposition verursacht wird, tritt bei AlSi- oder AlSiCu- Leitbahnen auf. Die Hauptkomponente wird in der Regel in chlorhaltigen Plasmen geätzt. Wird dabei Si, etwa in Form von SiO_2, als Seitenwandmaterial abgelagert, so gelangt in der Regel auch gebundenes Chlor in diesen Seitenwandfilm. Kleine Mengen freigesetzter Chloridionen aus dieser Schicht bewirken aufgrund ihrer hohen Korrosivität später Lochfraß in den Leitbahnen. Diese Korrosion kann verhindert werden, wenn die Seitenwanddeposition durch einen nachgeschalteten Trockenätzprozeß entfernt wird. Das kann z.B. durch Nachätzen in fluorhaltigen Plasmen oder beispielsweise auch einem zweistufigen Ätzprozeß mit CF_4 bzw. CF_4/O_2 erfolgen[80].

---

[80] K. Sakuma et al. (1994)

4.4.13 Materialschäden beim Ätzen mit energetischen Teilchen

Jeder Trockenätzprozeß hinterläßt auf dem Material eine Oberfläche, deren Eigenschaften durch den Ätzprozeß beeinflußt worden sind. Dazu gehören zum einen chemische Spezies, die sich auf der Oberfläche bilden und in der Regel die Funktion des herzustellenden mikrotechnischen Bauelementes beeinträchtigen und die Technologie ungünstig beeinflussen. Zum anderen bewirken die energetischen Teilchen, deren kinetische Energie ein Vielfaches jeder chemischen Bindung beträgt, Veränderungen in den oberflächennahen Schichten des dem Ätzprozeß ausgesetzten Festkörpers.

Fast jeder Ätzprozeß wird von Prozessen begleitet, die zu Rückständen auf der Oberfläche führen können. Diese Rückstände können im günstigsten Fall nur einzelne adsorbierte Atome sein, jedoch aber auch geschlossene Filme aus mehreren Atom- oder Moleküllagen bilden. Die Zusammensetzung und die Materialmenge in dieser Rückstandsschicht hängt vom geätzten Material, den verwendeten Ätzgasen, der Prozeßführung, daneben aber u. U. auch von sekundären Materialien, wie den Elektroden, den Ätzmasken und der Reaktorwand ab. Folgende Bestandteile sind in der Rückstandsschicht häufig:

- Reste des zu ätzenden Materials bei unvollständigem Ätzprozeß
- Verbindungen des an der Oberfläche liegenden Materials mit den Ätzgasbestandteilen (Oxide bei Anwesenheit von Sauerstoff oder Wasser im Ätzgas, Halogenide bei fluor-, chlor- oder bromhaltigen Ätzgasen, Hydride)
- adsorbierte Kohlenwasserstoffe (aus den Polymeren der Ätzmasken, etwa dem Photolack oder aus den Ölen des Vakuumsystems)
- Carbide oder Nitride, die sich unter Einwirkung des Plasmas, insbesondere bei Einwirkung energetischer Teilchen durch Reaktion mit Stickstoff oder Kohlenstoff enthaltenden Molekülen des Gasraumes bilden

Soweit die Bestandteile dieser Oberflächenschichten aus Elementen gebildet werden, die nicht im Schichtsystem enthalten sind, sondern aus der Reaktoratmosphäre oder den Reaktoreinbauten stammen, spricht man auch von Oberflächenkontaminationen. Manche dieser Rückstände bestehen aus unerwünschten und reaktionsträgen Nebenprodukten des Trockenätzprozesses, die einen niedrigen Dampfdruck besitzen und daher langsam oder gar nicht abgetragen werden. Solche Rückstände bereiten häufig schon während des Ätzprozesses Probleme, indem sie für unerwünschte Maskierungen sorgen. Abgesehen von diesen extremen Fällen, beträgt die Dicke von Restschichten meist nur wenige Atom- oder Moleküllagen, d. h. sie liegt in der Größenordnung von 0.1 bis 1 nm. Oft sind die Kontaminationsfilme nicht geschlossen, sondern besitzen Löcher oder sind inselartig aufgebaut.

Der Einschlag energetischer Teilchen kann auf zwei Wegen Materialschäden hervorrufen, die sich unterhalb der Restschichten auswirken. Zum einen können energiereiche Teilchen tief in den Festkörper eindringen, dort in das Gitter eingelagert werden und dadurch zu einer Veränderung der elementaren Zusammensetzung der Schicht führen. Zum anderen kann der mit dem Einschlag der Teilchen verbundene Energieeintrag Störungen im Festkörpergefüge hervorrufen. Die Energie der energetischen Teilchen, die eigentlich zum Abtrag des Materials führen soll, wird dabei zum Teil im Festkörper dissipiert. Je nach den angewendeten Ionenenergien reicht die Schädigungszone bei den üblichen Strahlätzverfahren des Festkörpers bis zu mehreren 10 nm. Etwa bis in diese Tiefe dringen auch energiereiche Teilchen oder von diesen sekundär aktivierte Teilchen vor. Wasserstoff als leichtes Element kann, unterstützt durch den Energieeintrag des Ätzprozesses, sogar bis zu mehreren Mikrometern tief in den Festkörper eindringen.

Zur Entfernung von unerwünschten Oberflächenschichten nach dem Trockenätzen werden unterschiedliche reaktive Plasmaverfahren oder naßchemische Ätzverfahren genutzt. Dabei werden häufig Verfahrensschritte kombiniert, um die Entfernung von Rückständen mit stark verschiedenen chemischen Eigenschaften (sauer oder basisch löslich, oxidierbar) zu bewerkstelligen. Einige für Siliziumoberflächen gebräuchliche Verfahren sind in der nachfolgenden Tabelle aufgeführt (Tabelle 10).

Tabelle 10. Reinigungsverfahren nach Trockenätzschritten (für Silizium-Oberflächen)

Verfahren	Literatur
Sauerstoffplasmaätzen oder RIE mit nachgeschalteter Säurereinigung in einer heißen Mischung aus Schwefel- und Salpetersäure	S.J. Fonash (1990) nach X.-C. Mu et al. (1985)
Sauerstoffplasmaätzen mit nachgeschalteter Säurereinigung in einer heißen Mischung aus Schwefel- und Salpetersäure und Anätzen in HF-Lösung	S.J. Fonash (1990) nach X.-C. Mu et al. (1985)
Sauerstoffplasmaätzen mit nachgeschalteter Säurereinigung in einer heißen Mischung aus Schwefel- und Salpetersäure, Ätzen in einem Chromatätzbad und nachfolgender Reinigung in salzsaurer Wasserstoffperoxidlösung	S.J. Fonash (1990) nach X.-C. Mu et al. (1985)
Reduktive Reinigung im Wasserstoffplasma bei hohem Druck und hoher Wasserstoffdurchflußrate	S.J. Fonash (1990) nach J.P. Simko et al. (1991)
Sauerstoffplasmaätzen oder RIE mit nachgeschaltetem Anätzen in gepufferter HF-Lösung, Säurereinigung in einer Mischung aus Schwefel- und Salpetersäure und RCA-Reinigung (ammoniakalische Wasserstoffperoxidlösung und nachfolgend salzsaure Wasserstoffperoxidlösung)	S.J. Fonash (1990) nach J.P. Gambino et al. (1990)
Sauerstoffplasmaätzen mit nachgeschaltetem Ätzen in einem Chromatätzbad und Säurereinigung in einer heißen Mischung aus Schwefel- und Salpetersäure und nachfolgender RCA-Reinigung (ammoniakalische Wasserstoffperoxidlösung und nachfolgend salzsaure Wasserstoffperoxidlösung)	S.J. Fonash (1990) nach J.P. Gambino et al. (1990)

4.4.14 Anwendung der Ätzverfahren mit energetischen Teilchen

Im Prinzip sind alle Materialien der Strukturierung durch Ionenätzverfahren zugänglich. Damit stellen die Ionenätzverfahren einen universellen Typ von Strukturierungsmethoden dar. Die Wahl des konkreten Ätzverfahrens, die Wahl der Ätzgase und der genauen Parameter hängt nicht nur vom zu ätzenden Material selbst, sondern auch von den Anforderungen bezüglich Rate und Selektivität, aber auch Homogenität des Abtrags und der Vermeidung von Strahlenschäden in unterliegenden Schichten ab.

Ionenätzprozesse werden auch bei *Metallen* zur Erzeugung von kleinen Strukturen und von Strukturen mit hoher Flankensteilheit sowie generell zur Herstellung von Strukturen mit hohen Aspektverhältnissen eingesetzt. Daneben kommen Ionenätzverfahren bei solchen Metallen, Legierungen und Metallverbindungen zum Einsatz, die sich mit Naßätzprozessen gar nicht oder doch nur mit sehr niedriger Rate strukturieren lassen. So werden Edelmetalle und ihre Verbindungen, aber auch stark passivierende Metalle bevorzugt durch Ionenätzprozesse strukturiert.

Sehr steile Strukturflanken, d.h. hohe Anisotropiegrade, wurden beim Reaktiven Ionenätzen von *Silizium* durch das gleichzeitige Angebot von Fluor und anderen Halogenen im Plasma erhalten. Durch eine geschickte Wahl der Zusammensetzung konnte erreicht werden, daß im Flankenbereich die Si-Oberfläche durch Fluor substituiert wird. Diese F-reichen Oberflächen werden von thermalisierten reaktiven Plasmaspezies praktisch nicht angegriffen. Dagegen sorgt der Ätzangriff durch Kombination des Ionenbombardements und des Angebots an Radikalen höherer Halogene ($Cl^{\cdot}$, Br) für einen effektiven Abtrag[81].

Neben Silizium werden auch die anderen mikrotechnisch relevanten Halbleiter häufig durch Trockenätzprozesse, vor allem RIE und RIBE strukturiert. Viele reaktive Ätzverfahren wurden auch für die Verbindungshalbleiter (III/V- und II/VI-Halbleiter) erarbeitet. Zur Herstellung von Strukturen mit extrem hohen Aspektverhältnissen (Mikro-Kanalplatten) in *GaAs* und *Si* wurden die Verfahren RIBE, CAIBE und magnetrongestütztes RIE (MIE) verglichen. Dabei zeigte es sich, daß beim CAIBE unter Verwendung von Cl_2 als Reaktivgas sehr gute Flankensteilheiten und damit hohe Aspektverhältnisse in GaAs erreicht werden können, wobei die Raten bei ca. 3 nm/s lagen. Höhere Raten (ca. 8nm/s) wurden in GaAs mit RIE erhalten. Beim MIE-Ätzen von Si wurden mit Raten von ca. 3nm/s deutlich schlechtere Flankensteilheiten beobachtet[82].

Zu den mikrotechnisch wichtigen *anorganischen Dielektrika* gehören viele Verbindungen, die chemisch sehr inert sind und gleichzeitig eine extrem hohe Siede- oder Zersetzungstemperatur haben. Neben vielen Metalloxiden zählen vor allem auch viele Carbide und Nitride zu dieser Gruppe von Verbindun-

---

[81] C.J. Mogab und H.J. Levinstein (1980)
[82] G.L. Snider (1994)

gen. Diese Stoffe lassen sich durch naßchemische Ätzverfahren häufig gar nicht strukturieren. Deshalb finden zu ihrer Strukturierung durchweg ionengestützte Ätzverfahren Anwendung.

Für alle Arten von *organischen Polymeren* finden reaktive Ionenätzverfahren mit sauerstoffhaltigen Plasmen Anwendung. Genau wie beim Plasmaätzen wird auch beim Ionenätzen die effiziente Bildung der gasförmigen bzw. leichtflüchtigen Oxidationsprodukte (CO, CO_2, Wasser, niedermolekulare Kohlenwasserstoffe) genutzt. Je nach dem gewählten Verfahren kann der Sauerstoff dabei sowohl in Gestalt der energetischen Ionen (O_2^+), als reaktives Radikal (vor allem $O\cdot$) oder auch als molekularer Reaktionspartner im Grundzustand (O_2) zugeführt werden.

5 Mikroformgebung durch Ätzen von lokal verändertem Material

5.1 Prinzip der Formgebung durch lokale Materialveränderung

Eine besondere Technik der Herstellung von technischen Mikrostrukturen bildet das Ätzen durch selektives Herauslösen von chemisch verändertem Material aus einer unveränderten Matrix. Im Gegensatz zu fast allen vorher genannten Verfahren (Abschnitte 3.1 bis 4.4) handelt es sich bei dieser Methode der Strukturerzeugung um einen maskenlosen Prozeß. In einem ersten Prozeßschritt wird das Material lokal so verändert, daß in einem zweiten Schritt das Material selektiv herausgelöst werden kann, aber benachbartes unverändertes Material nicht angegriffen wird.

Dieses Prinzip liegt z. B. der gesamten Photolacktechnik zugrunde. In diesem Fall ist die chemische Änderung eine Löslichkeitsänderung der Polymerschicht aufgrund einer photochemischen Reaktion, die z. B. eine Vernetzung von Polymerketten hervorruft (Negativ-Photolack-Verfahren) oder die Bildung von Carboxylgruppen in einem Zusatz der Matrix verursacht, welche die Polymermatrix in schwach alkalischem Milieu löslich machen (Positiv-Lack-Verfahren). Die Photolacktechnik wird aber nicht zu den Ätzverfahren gerechnet und soll deshalb hier nicht weiter behandelt werden. Daneben gibt es aber einige andere optische Verfahren, bei denen nach einer lokalen Vorbehandlung die lokale Löslichkeit geändert wird und diese Löslichkeitsänderung zur Erzeugung kleiner Strukturen ausgenutzt wird, so z. B. in der maskenlosen Sturkturerzeugung in photoempfindlichen Metall- und Legierungsschichten sowie in Gläsern (vgl. Abschnitte 4.5.2 und 4.5.3). Außer Licht können auch andere Strahlen für die lokale Modifizierung von mikrotechnischem Material eingesetzt werden. Von diesen haben höherenergetische Teilchen eine gewisse Bedeutung in der mikrotechnischen Strukturerzeugung erlangt.

5.2 Anorganische Resists

Innerhalb der klassischen Lacktechnik werden organische Polymere als Hauptbestandteil der lithografischen Masken verwendet. Gegebenenfalls sind Zusätze, wie z. B. photoreaktive Substanzen enthalten. Neben diesen organischen Materialien, die unter Einwirkung von Licht oder anderer energiereicher Strahlung ihre Löslichkeitseigenschaften ändern, gibt es jedoch auch anorganische Materialien, die so empfindlich auf Licht reagieren und dabei ihre Löslichkeit ändern, daß sie wie ein lithografischer Resist eingesetzt werden können. Diese Materialien werden als „anorganische Resists" bezeichnet. In ihrer Zusammensetzung stehen sie den anorganischen Funktionsschichten näher als den organischen Schichten. Der Entwicklungsprozeß ist seiner Natur nach ein naßchemischer Ätzvorgang des anorganischen Materials und soll deshalb hier kurz behandelt werden.

Eine Gruppe von Legierungsschichten bzw. Schichtstapeln, die unter Lichteinwirkung relativ effizienten Löslichkeitsänderungen unterliegt, besteht aus Silber und Verbindungen bzw. Legierungen des Silbers mit verschiedenen Elementen, vorzugsweise der IV. bis VI. Hauptgruppe, die auf halbleitenden Schichten erzeugt werden („Sensibilisierung"). Besonders geeignet sind Schichten von $GeSe_2$, an deren Oberfläche durch Tauchen in eine silberionenhaltige Lösung eine sehr dünne Schicht von Ag_2Se gebildet wird. Bei der Belichtung mit kurzwelliger UV-Strahlung bildet sich Silber. Wird die Oberfläche anschließend mit verdünntem Königswasser (Gemisch von Salz- und Salpetersäure) behandelt, löst sich das metallische Silber an den belichteten Stellen auf, während es an den unbelichteten Stellen erhalten bleibt. In einem zweiten Schritt kann die $GeSe_2$-Schicht mit einer wäßrig-isopropanolischen Lösung von Dimethylammoniak in den Bereichen geätzt werden, in denen das Silber entfernt wurde. Die für Anwendungen vielfach zu geringe Empfindlichkeit des Prozesses konnte durch Excimer-Laser- Bestrahlung im tiefen UV-Bereich (249 nm) deutlich gesteigert werden [1].

Der Begriff des Resists ist nicht auf Materialien beschränkt, die gegenüber elektromagnetischer Strahlung empfindlich sind. Resisttechniken werden auch für teilchenlithografische Strukturierungen, wie z. B. die Elektronen- und die Ionenstrahllithografie, benötigt. Werden für diese Verfahren auch überwiegend strahlenempfindliche organische Lacke eingesetzt, so kommen für spezielle Anwendungen auch hier anorganische Resists zum Einsatz. Beispielsweise wird Wolframoxid (WO_3) als negativ arbeitender Ionenstrahlresist verwendet, so etwa zur Erzeugung von Feld-Emitterdioden mit der FIB-Technik[2]. Der Entwicklungsprozeß besteht in der selektiven Auflösung der unbestrahlten Bereiche der WO_3-Schicht in 0.01 mol/l NaOH-Lösung. Die Auflösungsrate beträgt dabei ca. 7 nm/s. Das bestrahlte WO_3 kann anschließend

---

[1] K.J. Polasko et al. (1984)
[2] Y. Gotoh et al. (1994)

durch Temperung zum Metall reduziert und auf diese Weise direkt als Funktionselement, z. B. als Emitter- oder Kollektorelektrode eingesetzt werden.

5.3 Ätzen von photostrukturierbaren Gläsern

Neben metallischen gibt es auch glasartige Materialien, die ihre chemischen Eigenschaften bei der Einwirkung von Strahlen so ändern, daß die Löslichkeit in einem geeigneten Ätzbad dramatisch erhöht wird. Zu dieser Gruppe von Materialien zählen insbesondere die photostrukturierbaren Gläser. Diese Gläser besitzen eine Zusammensetzung, die bei Erwärmung zu einer Entmischung führt. Dabei entstehen Phasen, die in geeigneten Bädern wesentlich höhere Löseraten besitzen als ihre Umgebung. Setzt man solchen Gläsern Cer in Form von Ce(III) und Silber in Form von Ag(I) zu, so kann man den Entmischungsprozeß durch Silberkeime beschleunigen, die sich bei Einwirkung von Licht bilden:

$$Ag^+ + Ce^{3+} + \text{UV-Licht} \rightleftarrows > Ag_s + Ce^{4+} \tag{108}$$

Bei der durch Licht initiierten Elektronenübertragung von der reduzierten Form des Cers auf die Silberionen bilden sich Silberkeime. Dieser Prozeß ist analog zur Entstehung eines latenten Bildes bei der Belichtung in der Photographie. In einem nachfolgenden Temperprozeß bilden sich die Entmischungskeime an den Silberkeimen. Auf diese Weise kann man einen mit höherer Rate abtragbaren Volumenbereich im Glas erzeugen, der sich nur in den belichteten Gebieten bildet. Bewährt haben sich lithiumhaltige Gläser, die daneben auch Na und K enthalten. Lithiummetasilikat bildet im Dreistoffsystem $SiO_2/Al_2O_3/Li_2O$ eine eigene Phase, die eine hohe Löserate in HF besitzt. Enthalten solche Gläser noch Ag^+ und redoxaktive Metalle wie Cer oder Antimon (in typischen Konzentrationen unter 0.01 %) so kann man sie als photostrukturierbares Material einsetzen. Nach dem Belichten werden aus den primären photochemisch gebildeten Kristallisationskeimen in einem ersten Temperschritt bei ca. 500 – 550 °C stabilere Keime formiert und anschließend daraus bei ca. 550 – 600 °C die Kristalle entwickelt.

Mit dem photostrukturierbaren Glas lassen sich sehr vielfältige dreidimensionale Geometrien erzeugen. Die herauszulösenden Bereiche müssen nur durch eine genügend hohe Lichtdosis bestrahlt worden sein. Durch die Gestaltung des Lichtweges wird damit die Geometrie festgelegt. Als Randbedingungen muß lediglich gewährleistet sein, daß das differenzierende Ätzbad von einer Oberfläche des Substrates den belichteten und rekristallisierten Teil herauslösen kann. Auf diese Weise können in Glas auch Strukturen mit sehr hohen Aspektverhältnissen erzeugt werden. Allerdings ist die lateral erreichbare Auflösung durch die entstehende Kantenrauhigkeit begrenzt, die ihrerseits durch die Größe der im Temperprozeß gebildeten Rekristallisationszonen und damit der Keimdichte abhängt. Typische Weiten geätzter Strukturen reichen bis in den Bereich von 10 µm herab[3].

5.4 Ätzen von Photoschädigungszonen

Auch bei einkristallinen Materialien kann durch die Einwirkung des Lichtes der Festkörper so verändert werden, daß sich erhöhte Ätzraten gegenüber dem ungeschädigten Material der Umgebung realisieren lassen. Einkristalle aus einem einzigen chemischen Element, wie sie etwa Si-Wafer darstellen, unterliegen natürlich nicht einer chemischen Veränderung, die der Entmischung und Bildung von Mikrophasen bei der Bestrahlung und dem Tempern photoempfindlicher Gläser vergleichbar wäre. In Einkristallen kann Licht jedoch zur Erhöhung der Störungen im Gitteraufbau führen. Das hat zur Folge, daß in der Schädigungszone auch die kristallografischen Ebenen, die in anisotrop arbeitenden Ätzbädern niedrige Ätzraten besitzen, in ihrem Aufbau gestört und damit für den Ätzangriff empfindlicher gemacht werden. So kann z. B. durch Laserbestrahlung das Kristallgitter von Si-Wafern so weit verändert werden, daß die in der Bestrahlungszone liegenden (111)-Flächen nicht mehr als Ätzstopp beim anisotropen Ätzen fungieren. Dadurch wird es möglich, auch (111)-Wafer anisotrop zu strukturieren, da die parallel zur Substratebene liegenden Oberflächenschichten in (111)-Orientierung sowie die darunter folgenden Schichten, soweit die Schädigungszone in die Tiefe reicht, vom Ätzbad abgetragen werden können. Für die Bestrahlung werden energiereiche Laser benutzt. Das Laserlicht wird in einem Teilvolumen absorbiert und führt in einem Kernbereich zum Aufschmelzen des Materials. Um diese Kernzone erstreckt sich ein Bereich starker Gitterschädigungen, der die Ausdehnung der leichter zu ätzenden Schädigungszone festlegt[4].

5.5 Ätzen von Ionenstrahlschädigungszonen

Analog zur Einwirkung von Licht können auch durch Strahlen energiereicher Ionen in der Oberfläche von Festkörpern Schädigungen des Gitters hervorgerufen werden, die zu einer gegenüber der Umgebung erhöhten Ätzrate führen. Die Erhöhung der Ätzrate hängt dabei vom Material und Ätzbad sowie der Dauer, der Intensität und der Energie der Ionenstrahlen ab. Im Gegensatz zur Schädigung über Laserlicht wird die Schädigung nicht primär durch

---

[3] D. Hülsenberg (1992)
[4] M. Alavi et al. (1992)

die Gesamtleistungsdichte aller eintreffenden Teilchen hervorgerufen, sondern jedes einzelne Teilchen erzeugt gewissermaßen einen sehr kleinen lokalen Schädigungsbereich. Die Überlagerung der Schädigungsbereiche der einzelnen in die Oberfläche einschlagenden Teilchen ergibt dann in der Summe die Geamtschädigung. Die Aufheizung des Substrates durch die Umwandlung der kinetischen in thermische Energie hat dabei nur unterstützenden Charakter. Bei typischen Energien der energetischen Teilchen im Bereich von ca. 1–100 keV liegt die Ausdehnung der Schädigungszone je nach Material im Tiefenbereich von wenigen nm bis zu ca. 1 μm. Im allgemeinen reicht die Schädigungszone von Materialien aus leichten Elementen deutlich tiefer als die von schweren Elementen.

5.6 Teilchenspurätzen

Anstelle eines geformten oder gebündelten Strahls aus Ionen mittlerer Energie können auch Strukturen mit Hilfe einzelner energetischer Teilchen erzeugt werden. Voraussetzung dafür ist, daß die Energie eines einzelnen in eine Festkörperoberfläche einschlagenden Teilchens genügend groß ist, um entlang seiner Bahn eine Schädigungszone hervorzurufen, die naßchemisch herausgelöst werden kann. Durch den Ätzvorgang entlang der Schädigungszone wird gewissermaßen ein Kanal in der Spur eines einzelnen Teilchens herauspräpariert. Deshalb wird der Prozeß als „Teilchenspurätzen" bezeichnet.

Um ein genügend hohes Durchdringungsvermögen der Teilchen im Target-Festkörper zu erreichen, müssen die kinetischen Energien im Bereich oberhalb von ca. 100 keV liegen. Es kommen Ionen bis zu einer Energie im Gigaelektronenvoltbereich (GeV) zum Einsatz. Da die chemischen Bindungsenergien im Bereich einiger weniger eV liegen, kann ein solches energiereiches Teilchen in seiner Bahn durch den Festkörper rund 10^5 bis 10^8 mal die Energie abgeben, die für den Bruch einer chemischen Bindung nötig ist. Auf diese Weise sind z. B. Ionenschädigungskanäle bis zu Tiefen von ca. 100 μm erzeugt worden, wozu das energiereiche Teilchen ca. $5 \cdot 10^5$ Atomlagen durchdringen mußte. Für die Erzeugung von Teilchenspuren mit Hilfe von energiereichen Atomkernen stehen im wesentlichen vier verschiedene Typen von Quellen zur Verfügung[5]:

1. Kernreaktoren: Durch eine hohe Flußdichte von thermischen Neutronen können in einer Konverterfolie aus spaltbarem Material (z. B. ^{235}U) energiereiche Spaltprodukte erzeugt werden, die auf das teilchenspurempfindliche Material einwirken. Die Eindringtiefe dieser Teilchen beträgt etwa 10–20 μm.

---

[5] B.E. Fischer und R. Spohr (1988 a und b)

2. Spaltmaterial: Nuklide, die beim spontanen Zerfall α-Teilchen oder schwere Spaltteilchen freisetzen, können direkt zur Erzeugung von Kernspuren benutzt werden. Vorzugsweise werden solche Nuklide eingesetzt, deren Halbwertszeit genügend hoch ist, um das Material einige Wochen bis Monate lagern zu können, die aber genügend kurz ist, um einen intensiven Zerfall und damit eine hohe Strahlungsintensität erreichen zu können. Bevorzugt wird ^{252}Cf eingesetzt. Dieses Nuklid zerfällt spontan mit einer Halbwertszeit von 2.2 Jahren, wobei hauptsächlich α-Teilchen mit einer Energie von 6.112 MeV freigesetzt werden[6]. Das Material kann aus Brennstäben von Atomreaktoren gewonnen und als dünner Film auf gut handhabbaren Trägern aufgedampft werden.
3. Beschleuniger: Mit Teilchenbeschleunigern können sehr wohldefiniert Ionen mit einheitlicher Masse und Kernladung auf gleiche kinetische Energie gebracht werden. Es ist ein sehr weites Spektrum von Teilchenenergien möglich, so daß Eindringtiefen vom Nanometerbereich bis zu mehreren Millimetern realisierbar sind. Teilchenbeschleuniger bieten damit excellente Voraussetzungen für Experimente zur Erzeugung von Teilchenspuren. Dafür ist das Verfahren aufwendig und teuer.
4. Ionenstrahlmikrosonden: Diese Quellen stellen einen Spezialfall der Beschleuniger dar. Der Teilchenstrahl wird in diesen Geräten fokussiert und kann über Elektroden oder magnetische Felder mit hoher Geschwindigkeit abgelenkt werden. Dadurch können die energiereichen Ionen analog zu den Elektronen in einem Elektronenmikroskop exakt positioniert werden. Ionenstrahlmikrosonden sind deshalb zur direktschreibenden lithografischen Strukturerzeugung geeignet. Die größten mit solchen Geräten erreichten Eindringtiefen liegen bei 20 μm. Die gegenwärtig erreichte laterale Auflösung von 0.5 μm sollte sich in Zukunft eventuell bis auf etwa 10 nm herunterdrücken lassen.

Die Teilchenspur verursacht im Targetmaterial eine Schädigungszone mit drei Bereichen. Der Kernbereich, in dem starke Strahlenschäden auftreten, d.h. eine starke Veränderung des Targetmaterials ausgelöst wird, hat einen Durchmesser von nur ca. 10 nm. Durch die Wechselwirkung des energiereichen Teilchens mit den Atomen dieser Zone entsteht ein Verdünnungsgebiet. Dieses Verdünnungsgebiet wird von einer schmalen Zone mit einer Materialverdichtung nach außen begrenzt. Dieser weitere Kernbereich ist von einem Randbereich umgeben, der eine Dicke von ca. 0.05 bis 0.5 μm aufweist. Er repräsentiert die Zone der Schädigung durch die in der Kernzone freigesetzten energiereichen Elektronen.

Die meisten anorganischen Festkörper verändern ihr Ätzverhalten nur in der Kernzone wesentlich. Beim Ätzen einer einzelnen Teilchenspur ergeben sich damit sehr schmale Löcher. Diese sind allerdings nicht ideal zylindrisch, da die Ätzrate sich in radialer Richtung von der Achse der Teilchenspur nach außen nicht sprunghaft, sondern kontinuierlich ändert. Wegen des zeitlichen

---

[6] G. Friedländer und J.W. Kennedy (1962)

Verlaufs des Ätzprozesses entstehen deshalb mehr oder weniger stark konisch zulaufende Ätzgruben. Die Selektivität des Ätzprozesses, d. h. das Ätzratenverhältnis, in geschädigten und ungeschädigten Materialbereichen beträgt bei Gläsern zwischen 2 und 100. In einigen kristallinen Materialien wie z. B. Glimmer wurden auch Selektivitäten von bis zu 100 000 gefunden. Vor allem bei organischen Materialien findet man starke Löslichkeitsänderungen auch in der äußeren Schädigungszone. Naturgemäß zeigen solche Materialien eine gute Differenzierung, die auch gegen Elektronenstrahlen empfindlich sind. Es lassen sich ebenfalls Selektivitäten bis zu ca. 100 000 erreichen[7].

Mit Hilfe energetischer Nanoteilchen lassen sich mannigfaltige Formen von Ätzstrukturen erzeugen. Einzelteilchenspuren können je nach Selektivität des Ätzmittels zu Zylindern, Kegeln, Kegelabschnitten, gerundeten Kegeln und Kugelabschnitten geätzt werden. Einkristalline Materialien können je nach Kristallschnitt pyramidale, rhombische oder hexagonale Strukturen ergeben. Durch die Überlagerung von Einzelspuren können auch Maskenstrukturen abgebildet werden.

Eine Besonderheit der Kernspurätztechnik ist die Erzeugung von zwei- und mehrfach in der Tiefe abgestuften Ätzstrukturen. Eine solche Abstufung wird durch die aufeinanderfolgende Bestrahlung des Targets mit energetischen Teilchen unterschiedlicher Energie, d.h. unterschiedlicher Eindringtiefe möglich. Durch die Wahl unterschiedlicher Masken bei den nacheinanderfolgenden Bestrahlungsschritten lassen sich so dreidimensionale komplexe Strukturen erzeugen[8].

---

[7] B.E.Fischer und R. Spohr (1988 a)
[8] B.E. Fischer und R. Spohr (1988 a und b)

6 Ausgewählte Vorschriften

6.1 Erläuterung zur Vorschriftensammlung

Im folgenden Teil des Buches sind ausgewählte Ätzverfahren zusammengestellt. Die Auswahl wurde so vorgenommen, daß ein breites Materialspektrum erfaßt wurde. So fanden neben Halbleitern und Metallen auch Legierungen, Gläser und Polymere Eingang. Trotzdem erhebt die Zusammenstellung weder hinsichtlich der Materialien noch im Hinblick auf die Methoden bei den einzelnen Materialien einen Anspruch auf Vollständigkeit. Vielmehr sollen sowohl die Material- als auch die Methodenwahl beispielhaft sein und als Einführung in die Praxis des mikrotechnischen Ätzens verstanden werden. Die vorliegende Vorschriftensammlung soll zum einen den allgemeinen Teil des Buches (insbesondere der Kapitel 3 und 4) durch Ätzmethoden zu einzelnen Materialien ergänzen. Zum anderen soll sie den praktisch Tätigen bei der Auswahl von Ätzverfahren unterstützen und den Zugang zur bisher vorliegenden Literatur erleichtern.

Da in den unterschiedlichen Quellen die Maßeinheiten sehr verschieden gewählt sind, mußten die Angaben im Interesse der Vergleichbarkeit vereinheitlicht werden, wobei auf Grund von Rundungen die Angaben z.T. leicht von den Originalangaben abweichen. Konzentrationen in Ätzbädern sind in den Quellen nicht immer in üblichen Maßeinheiten angegeben und lassen sich oft nur anhand mehrstufiger Prozeduren rekonstruieren. Als einheitliches und in der Chemie besonders universell angewendetes Maß wurde hier die molare Konzentration Mol pro Liter (mol/l = M) bzw. Millimol pro Liter (mmol/l = mM) gewählt, aus der sich leicht die Vorschriften für den Ansatz von Ätzbädern ableiten lassen.

Ein Kompromiß war bei den Maßeinheiten für die Angaben der Parameter bei den Trockenätzverfahren im Interesse der leichten Verständlichkeit unumgänglich. So wird die Zusammensetzung von Ätzgasen in Volumprozent angegeben. Für die Flußrate wurde als übliches Maß Standardkubikzentimeter-pro-Minute (sccm) gewählt, da diese Maßeinheit praktisch ausschließlich im Schrifttum verbreitet ist. Der Druck wird in Torr (torr) angegeben. Obwohl in vielen Arbeiten – vor allem beim Ionenstrahlätzen und reaktiven Ionenätzen – Druckangaben in Pascal (Pa) inzwischen verbreitet sind, herrscht im allgemeinen die Angabe des Druckes in der (nicht-SI-Normgerechten Angabe) torr vor. Dieser Umstand hat den Ausschlag für die Wahl dieser Maßeinheit bei den Druckangaben geführt. Für kleine Drücke wird die Angabe in Millitorr (mtorr) gegeben. Als Umrechungsfaktor gilt 1 torr = 133 Pa; 1 Pa = 7.5 mtorr.

Nicht unproblematisch sind bei den Trockenätzverfahren auch die Leistungsangaben (üblicherweise in Watt (W) oder Kilowatt (kW)). Für die Ätzprozesse ist die Leistungsdichte (Leistung pro Fläche) der eigentlich entscheidende Parameter. Es werden jedoch in den Quellen teilweise nur die Anlagenleistungen genannt, ohne daß die Fläche bekannt ist oder von der Elektrodenfläche ohne weiteres auf die Leistungsdichte geschlossen werden kann. Frequenzen der Quellen werden in Kilohertz (kHz), Megahertz (MHz) oder Gigahertz (GHz) genannt. „rf" steht dabei für radio frequency (= Hochfrequenz, HF), „ECR" steht für Elektron-Zyklotron-Resonanz.

Die Ätzrate wird für Naß- und Trockenätzverfahren einheitlich in nm/s angegeben. Dieser Wahl lag die Absicht zu Grunde, mit Zahlen vernünftiger Größe umzugehen. Die technologisch weit verbreitete Angabe der Ätzrate in µm/min läßt sich leicht daraus errechnen (Faktor 0.06).

6.2 Vorschriftensammlung

Ag-Silber

Naßätzen

Leicht lösliche Reaktionsprodukte:	Ag(I) löslich in Form von Ag^+ und in Komplexen wie z. B. $[Ag(NH_3)_2]^+$ oder $[Ag(CN)_2]^-$ [1]
Ätzbad 1:	Thioharnstoff-Eisennitrat-Ammoniumfluorid-Lösung [2]
Konzentrationen:	$Fe(NO_3)_3$ 0.3 mol/l NH_4F 1.4 mol/l $CS(NH_2)_2$ 0.8 mol/l
Temperatur:	50 °C
Ätzrate:	5 nm/s (Ätzbad ist nur ca. 1 Tag haltbar)
Ätzbad 2:	Salpetersäure [2]
	(z. B. halbkonzentriert); Schneller Abtrag, nicht auf kleine Strukturen anwendbar
Ätzbad 3:	Iod-Kaliumiodid-Lösung [3]
Zusammensetzung:	KI 0.5 mol/l I_2 0.09 mol/l
Ätzrate:	ca. 300–1000 nm/s
Ätzbad 4:	Ammoniakalisch-methanolische Wasserstoffperoxid-Lösung [4]
Zusammensetzung:	NH_3 1.4 mol/l H_2O_2 1.5 mol/l, in ca. 67 Vol% Methanol in Wasser
Ätzrate:	ca. 100 nm/s

Trockenätzen

Bei hoher Temperatur flüchtige Verbindungen:

> AgI   Kp. 1504 °C [1]
> AgBr   Kp. 1533 °C [1]
> AgCl   Kp. 1550 °C [1]

Trockenätzverfahren:	Ionenstrahlätzen mit Argon [5]
Druck:	0.3 mtorr
Ionenenergie:	1 keV
Ionenstromdichte:	0.85 mA/cm^2
Ioneneinfallswinkel:	0°
Ätzrate:	5 nm/s
Literatur:	[1] A.F.Holleman und E.Wiberg (1985)
	[2] Hausvorschrift PTI Jena (1983)
	[3] R.Glang und L.V.Gregor (1970)
	[4] F.Okamato (1974)
	[5] E.G.Spencer und P.H.Schmidt (1971)

Al – Aluminium

Naßätzen

Leicht lösliche Reaktionsprodukte:	Al(III) ist als Aquokomplex $[Al(H_2O)_6]^{3+}$ oder als Fluorokomplex $[AlF_6]^{3-}$ löslich.[1]
Ätzbad 1:	Phosphorsäure-Salpetersäure-Lösung[2]
Konzentrationen:	H_3PO_4 11.8 mol/l HNO_3 0.6 mol/l
Temperatur: Ätzrate:	20 °C 1.2 nm/s
Temperatur: Ätzrate:	35 °C 17 nm/s
Ätzbad 2:	Phosphorsäure-Salpetersäure-Flußsäure-Lösung[3]
Konzentrationen:	H_3PO_4 10.7 mol/l HNO_3 1.04 mol/l HF 1.1 mol/l
Temperatur: Ätzrate:	50 °C 12 nm/s
Ätzbad 3:	Phosphorsäure-Salpetersäure-Essigsäure-Lösung[3]
Konzentrationen:	H_3PO_4 11.8 mol/l HNO_3 0.6 mol/l $C_2H_4O_2$ 1.4 mol/l
Ätzrate:	0.5 nm/s

Trockenätzen:

Leicht flüchtige Verbindungen:	$AlCl_3$ subl. 182.7 °C[1] $AlBr_3$ subl. 255 °C[1] AlI_3 subl. 381 °C[1]
bevorzugte Ätzgase:	chlorhaltigen Ätzgase wie CCl_4, $SiCl_4$, BCl_3, Cl_2 oder deren Gemische[4-7]

1. Trockenätzverfahren: Plasmaätzen in CCl_4 [5)]

Gaszusammensetzung:	100 % CCl_4
Plasmabedingungen:	0.5 torr; Parallelplattenreaktor
Leistung:	100 W
Quelle:	13.56 MHz; 25 mm Elektrodenabstand; 204 mm Elektrodendurchmesser
Substrattemperatur:	100 °C
Ätzrate:	2.5 nm/s (Ätzrate des nativen Oxids: 0.02 nm/s)
Substrattemperatur:	150 °C
Ätzrate:	6 nm/s (Ätzrate des nativen Oxids: 0.06 nm/s)

Bemerkung: Beim Trockenätzen tritt eine Verzögerung („lag-Phase") auf, die auf den Abtrag des reaktionsträgen nativen Oberflächenoxids zurückzuführen ist.

2. Trockenätzverfahren: Plasmaätzen in BCl_3 [6)]

Gaszusammensetzung:	100 % BCl_3
Plasmabedingungen:	0.1 torr; Parallelplattenreaktor
Leistung:	0.3 W/cm^2
Quelle:	13.56 MHz; 25 mm Elektrodenabstand; 204 mm Elektrodendurchmesser
Substrattemperatur:	50 °C
Ätzrate:	0.9 nm/s (Ätzrate des nativen Oxids: 0.01 nm/s)

Bemerkung: Beim Ätzen tritt eine Verzögerung („lag-Phase") auf, die auf den Abtrag des reaktionsträgen nativen Oberflächenoxids zurückzuführen ist.

3. Trockenätzverfahren: Plasmaätzen in Cl_2/BCl_3/$CHCl_3$/He [8)]

Gaszusammensetzung:	9 % Cl_2; 9 % BCl_3; 4 % $CHCl_3$; 78 % He
Flußrate:	324 sccm
Plasmabedingungen:	1 torr; Parallelplattenreaktor
Leistung:	0.9 W/cm^2
Quelle:	13 MHz;
Ätzrate:	13 nm/s

4. Trockenätzverfahren: Reaktives Ionenätzen in BCl_3/CH_4/Cl_2 [9)]

Gaszusammensetzung:	ca. 65 % BCl_3; ca. 32 % Cl_2; ca. 3 % CH_4
Flußrate:	22.6–31.6 sccm
Druck:	10–40 mtorr;

Reaktor:	Parallelplattenreaktor, Elektrodendurchmesser 152 mm, Elektrodenabstand 70 mm,
Temperatur:	20 °C
Ätzrate:	4 nm/s

5. Trockenätzverfahren: Magnetrongestütztes RIE im Cl_2/H_2-Plasma[10]

Gaszusammensetzung:	30 % H_2; 70 % Cl_2
Flußrate:	47 sccm
Druck:	0.1 torr;
Leistung:	rf: 0.56 W/cm^2
Ätzrate:	17 nm/s

6. Trockenätzverfahren: Sputterätzen mit Ar-Ionen[11]

Druck:	11 mtorr
Elektrodenpotential:	1.5 kV (Parallelplattenreaktor)
Leistung:	1.6 W/cm^2
Oberflächentemperatur:	190 °C
Ätzrate:	0.2 nm/s

7. Trockenätzverfahren: Ionenstrahlätzen mit Argon [12]

Druck:	0.1 torr;
Ionenenergie:	0.5 keV
Ionenstromdichte:	1 mA/cm^2
Ioneneinfallswinkel:	0°
Ätzrate:	0.7 nm/s
Ioneneinfallswinkel:	45°
Ätzrate:	1.3 nm/s

Literatur:
[1] A.F.Holleman und E.Wiberg (1985)
[2] H.Beneking (1991)
[3] S.Büttgenbach (1991), 104
[4] P.M.Schaible (1978)
[5] K.Tokunaga und D.W.Hess (1980)
[6] D.W.Hess (189)
[7] Widmann et al. (1988)
[8] Bruce,R.H. und Malafsky,G.P (1983)
[9] J.W.Lutze et al. (1990)
[10] H.Okano et al. (1982)
[11] R.T.C.Tsui (1967)
[12] S.Somekh (1976)

Al(Ti) – Aluminium mit Titan-Zulegierung

Naßätzen

Leicht lösliche Reaktionsprodukte: Al(III) ist als Aquokomplex $[Al(H_2O)_6]^{3+}$ oder als Fluorokomplex $[AlF_6]^{3-}$ löslich.[1] Ti(IV) in starken Säuren als $[Ti(OH)_2]^{2+}$, $[Ti(OH)_3]^+$ und daraus abgeleiteten Komplexionen, darunter F^- als bevorzugter Ligand, löslich[1]

Ätzbad 1: Salzsäure-Salpetersäure-Bad[2]

Konzentrationen:
HCl 5 mol/l
HNO_3 0.5 mol/l

Ätzrate: 400–800 nm/s

Trockenätzen

Leicht flüchtige Verbindungen:
$AlCl_3$ subl. 182.7 °C[1]
$AlBr_3$ subl. 255 °C[1]
AlI_3 subl. 381 °C[1]
$TiCl_4$ Kp. 136.45 °C[1]
$TiBr_4$ Kp. 233.45 °C[1]
TiF_4 subl. 284 °C[1]
TiJ_4 Kp. 377 °C[1]

Das Trockenätzen erfolgt bevorzugt in chlorhaltigen Ätzgasen.

Literatur:
[1] A.F. Holleman und E. Wiberg (1985)
[2] R.J. Ryan et al. (1970)

(Al,Ga)As – (Aluminium,Gallium)arsenid

Naßätzen

Leicht lösliche Reaktionsprodukte: Al(III) ist als Aquokomplex $[Al(H_2O)_6]^{3+}$ oder als Fluorokomplex $[AlF_6]^{3-}$ löslich.[1] Gallium löslich als Ga^{3+} (in Säuren) oder als Gallate ($Ga(OH)_4^-$, in Alkalien)[1], Arsen löslich als As(III)-Salze, Chlorokomplexe, als As(V) in Arsensäure[1]

Ätzbad 1: Ammoniakalische Wasserstoffperoxidlösung[2,3]

Konzentrationen: NH_3 1.2 mol/l
H_2O_2 0.14 mol/l
Temperatur: Raumtemperatur
Ätzrate: 4.2–12.3 nm/s

Konzentrationen: NH_3 0.4 mol/l
H_2O_2 ca. 0.2 mol/l
Temperatur: Raumtemperatur
Ätzrate: ca. 8 nm/s für $(Al_{0.28}Ga_{0.72})As$

Bemerkung: Ätzrate ist stark von der Konvektion des Ätzbades abhängig.

Ätzbad 2: Schwefelsaure Wasserstoffperoxidlösung[2]
Ätzrate: 4.5 nm/s (Raumtemperatur)

Ätzbad 3: Citronensaure Wasserstoffperoxidlösung[4]
Konzentrationen: Citronensäure 2.3 M; H_2O_2 1 M
Temperatur: Raumtemperatur
Ätzrate: 4 nm/s für $(Al_{0.3}Ga_{0.7})As$ (ohne Rühren)

Das Bad liefert glatte Oberflächen. Im Unterschied zu ammoniakalischen (Al,Ga)As-Ätzbädern sind Photolacke (insbesondere aus der 1400er Serie sehr stabil gegenüber diesem Ätzbad.

Naßätzverfahren 4:	Photoelektrochemisches Ätzen in verdünnter Salpetersäure[5]
Elektrolyt:	$HNO_3 : H_2O = 20:1$
Licht:	0.2 W/cm^2 (150 W Halogenlampe)
Temperatur:	Raumtemperatur
Ätzrate:	6.7 nm/s für $(Al_{0.3}Ga_{0.7})As$

Trockenätzen:

Leicht flüchtige Verbindungen:	$AlCl_3$	subl. 182.7 °C[1]
	$AlBr_3$	subl. 255 °C[1]
	AlI_3	subl. 381 °C[1]
	$GaCl_3$	Kp. 201.3 °C [1]
	AsH_3	Kp. −54.8 °C [6]
	AsF_5	Kp. −52.9 °C [6]
	AsF_3	Kp. 63 °C [6]
	$AsCl_3$	Kp. 130.4 °C [6]
	$AsBr_3$	Kp. 221 °C [6]
schwerer verdampfbare Verbindungen:	$GaCl_2$	Kp. 535 °C[1]
	GaN	subl. >800 °C[7]

Trockenätzverfahren 1:	Reaktives Ionenstrahlätzen mit Chlorwasserstoff[8]
Gaszusammensetzung:	HCl in Ar
Flußrate:	3 sccm
Ionenstromdichte:	0–200 µA/qcm
Plasmabedingungen:	$2.5 \cdot 10^{-4}$ torr
Leistung:	50 W
Ionenquelle:	Kaufman-Typ
Ätzrate:	0.5–3.3 nm/s für 0–60 % Al

Trockenätzverfahren 2:	Reaktives Ionenstrahlätzen mit Chlor[8]
Gaszusammensetzung:	Cl_2 in Ar
Flußrate:	5 sccm Cl_2
Ionenstromdichte:	0–50 µA/cm^2
Plasmabedingungen:	$2.5 \cdot 10^{-4}$ torr
Leistung:	50 W
Ionenquelle:	Kaufman-Typ
Ätzrate:	2–3.2 nm/s für 0–60 mol% Al

Literatur:
[1] A.F.Hollemann und E.Wiberg (1985)
[2] T.Wipiejewski und K.J.Ebeling (1993)
[3] N.Chand und R.F. Karlicek Jr. (1993)
[4] G.C.DeSalvo et al. (1992); C.Juang et al. (1990)
[5] Th. Fink und R.M.Osgood Jr. (1993)
[6] J.D'Ans und E.Lax (1943), 218
[7] J.D'Ans und E.Lax (1943), 231
[8] J.D.Skidmore et al. (1993)

(Al$_{0.5}$Ga$_{0.5}$)P – Aluminiumgalliumphosphid

Naßätzen

Leicht lösliche Reaktionsprodukte: Al(III) ist als Aquokomplex [Al(H$_2$O)$_6$]$^{3+}$ oder als Fluorokomplex [AlF$_6$]$^{3-}$ löslich.[1] Gallium löslich als Ga^{3+} (in Säuren) oder als Gallate (Ga(OH)$_4^-$, in Alkalien)[1],

Die Ätzraten steigen in den Ätzbädern 1–4 mit zunehmendem Aluminium-Anteil x bei Zusammensetzungen Al$_x$Ga$_{1-x}$P. Die Konzentrationsabhängigkeit der Ätzrate ist in stark oxidierenden Bädern (Brommethanol, Salzsäure-Salpetersäure-Mischungen) weniger stark ausgeprägt als in Halogenwasserstoff-lösungen[2].

Ätzbad 1: Methanolische Bromlösung[2]
Konzentrationen: Br$_2$ (1 %ig in Methanol)
Temperatur: Raumtemperatur
Ätzrate: 15 nm/s

Ätzbad 2: Flußsäure[2]
Konzentrationen: HF (49 %ig)
Temperatur: Raumtemperatur
Ätzrate: 5 nm/s

Ätzbad 3: Unterphosphorige Säure[2]
Konzentrationen: H$_3$PO$_2$ (95 %ig)
Temperatur: Raumtemperatur
Ätzrate: 0.42 nm/s

Ätzbad 4: Phosphorsäure[2]
Konzentrationen: H$_3$PO$_4$ (95 %ig)
Temperatur: Raumtemperatur
Ätzrate: 0.13 nm/s

Trockenätzen:

Leicht flüchtige Verbindungen:		
	$AlCl_3$	subl. 182.7 °C[1]
	$AlBr_3$	subl. 255 °C[1]
	AlI_3	subl. 381 °C[1]
	$GaCl_3$	Kp. 201.3 °C[1]
	$GaCl_2$	Kp. 535 °C[1]
	GaN	subl. >800 °C[3]
	PF_3	Kp. −101 °C[4]
	PH_3	Kp. −88 °C[4]
	PF_5	Kp. −75 °C[4]
	PCl_5	Kp. 62 °C[4]

1. Trockenätzverfahren: Ätzen in reduktiven Plasmen hoher Dichte[5]

Gaszusammensetzung:	18 % CH_4; 27 % H_2; 55 % Ar
Flußrate:	45 sccm
Ionendichte:	ca. 10^{11}/cm^3
Plasmabedingungen:	1.5 mtorr
Leistung:	150 W (rf 13.56 MHz); 0.8 kW (Mikrowelle 2.45 GHz)
Ätzrate:	3.7 nm/s
Literatur:	[1] A.F. Holleman und E. Wiberg (1985)
	[2] J.W. Lee et al. (1996):J. Electrochem. Soc 143,1 (1996),L1
	[3] J.D'Ans und E.Lax (1943), 2311
	[4] J.D'Ans und E.Lax (1943), 251
	[5] J.W.Lee et al. (1996)

(Al,Ga,In)P – (Aluminium, Gallium, Indium)phosphid

Naßätzen

Leicht lösliche Verbindungen: Al(III) ist als Aquokomplex $[Al(H_2O)_6]^{3+}$ oder als Fluorokomplex $[AlF_6]^{3-}$ löslich.[1] Gallium löslich als Ga^{3+} (in Säuren) oder als Gallate $(Ga(OH)_4^-$, in Alkalien)[1], In(III) ist als Aquokomplex $[In(H_2O)_6]^{3+}$ oder als Fluorokomplex $[InF_6]^{3-}$ löslich.[1]

Ätzbad 1: Heiße Schwefelsäure[2]

Konzentrationen: konzentriert

Temperatur: 60 °C
Ätzrate: 2.9 nm/s für $Al_{0.2}Ga_{0.3}In_{0.5}P$
9.7 nm/s für $Al_{0.35}Ga_{0.15}In_{0.5}P$

Temperatur: 70 °C
5.3 nm/s für $Al_{0.2}Ga_{0.3}In_{0.5}P$
17.1 nm/s für $Al_{0.35}Ga_{0.15}In_{0.5}P$

Ätzbad 2: Salzsäure[2,3]

Konzentrationen: 13 M

Temperatur: 25 °C
Ätzrate: 10.2 nm/s für $Al_{0.2}Ga_{0.3}In_{0.5}P$
38.3 nm/s für $Al_{0.35}Ga_{0.15}In_{0.5}P$

Trockenätzen

Leicht flüchtige Verbindungen:
$AlCl_3$ subl. 182.7 °C[1]
$AlBr_3$ subl. 255 °C[1]
AlI_3 subl. 381 °C[1]
$GaCl_3$ Kp. 201.3 °C[1]
$GaCl_2$ Kp. 535 °C[1]
GaN subl. >800 °C[4]
$InBr_3$ subl. 371 °C[1]
$InCl_3$ subl. 418 °C[1]
PF_3 Kp. –101 °C[5]
PH_3 Kp. –88 °C[5]
PF_5 Kp. –75 °C[5]
PCl_5 Kp. 62 °C[5]

1. Trockenätzverfahren: Reaktives Ionenätzen in $SiCl_4/CH_4/Ar^{6)}$

Gaszusammensetzung: Ar: 50 Vol%; CH_4: 15 Vol%; $SiCl_4$: 35 Vol%
Flußrate: 36 sccm
Druck: 7.6 mtorr
Plasmabedingungen: Parallelplattenreaktor; 13.5 MHz
Leistung: 100 W
Temperatur: 60 °C
Ätzrate: 2.5 nm/s

Literatur:
[1] A.F.Hollemann und E.Wiberg (1985)
[2] T.R.Stewart und D.P.Bour (1992)
[3] vgl. auch J.R.Lothian et al. (1992)
[4] J.D'Ans und E.Lax (1943), 231
[5] J.D'Ans und E.Lax (1943), 251
[6] C.V.J.M. Chang und J.C.N.Rijpers (1994)

(Al,In)As – (Aluminium, Indium)arsenid

Naßätzen

Leicht lösliche Reaktionsprodukte: Al(III) ist als Aquokomplex $[Al(H_2O)_6]^{3+}$ oder als Fluorokomplex $[AlF_6]^{3-}$ löslich.[1] In(III) ist als Aquokomplex $[In(H_2O)_6]^{3+}$ oder als Fluorokomplex $[InF_6]^{3-}$ löslich.[1] Arsen löslich als As(III)-Salze, Chlorokomplexe, als As(V) in Arsensäure[1]

Ätzbad 1: Citronensaure Wasserstoffperoxidlösung[2]

Konzentrationen: 0.4 M H_2O_2; 2.5 M $C_6H_8O_7$
Temperatur: Raumtemperatur
Ätzrate: 0.34 nm/s   für $Al_{0.48}In_{0.52}As$

Trockenätzen:

Leicht bzw. mäßig flüchtige Verbindungen:

$AlCl_3$	subl. 182.7 °C[1]
$AlBr_3$	subl. 255 °C[1]
AlI_3	subl. 381 °C[1]
$InBr_3$	subl. 371 °C[1]
$InCl_3$	subl. 418 °C[1]
AsH_3	Kp. -54.8 °C [3]
AsF_5	Kp. -52.9 °C [3]
AsF_3	Kp. 63 °C [3]
$AsCl_3$	Kp. 130.4 °C [3]
$AsBr_3$	Kp. 221 °C [3]

1. Trockenätzverfahren: RIE im Cl_2-Plasma[4]

Gaszusammensetzung: 33 % Ar; 67 % Cl_2
Flußrate: 15–35 sccm
Plasmabedingungen: 50 mtorr
Leistung: 0.8 W/cm^2
Quelle: Parallelplattenreaktor, (13.56 MHz), Elektrodenabstand 7 cm
Ätzrate: 2.9 nm/s

2. Trockenätzverfahren: RIE im $SiCl_4$-Plasma[4]

Gaszusammensetzung:	33 % Ar; 67 % $SiCl_4$
Flußrate:	15–35 sccm
Plasmabedingungen:	50 mtorr
Leistung:	0.8 W/cm^2
Quelle:	Parallelplattenreaktor, (13.56 MHz), Elektrodenabstand 7 cm
Ätzrate:	1.3 nm/s
Literatur:	[1] A.F.Hollemann und E.Wiberg (1985) [2] G.C.DeSalvo et al. (1992) [3] J.D'Ans und E.Lax (1943), 218 [4] S.J.Pearton et al. (1990)

(Al,In)N – (Aluminium, Indium)nitrid

Naßätzen

Leicht lösliche Reaktionsprodukte:	Al(III) ist als Aquokomplex $[Al(H_2O)_6]^{3+}$ oder als Fluorokomplex $[AlF_6]^{3-}$ löslich.[1] In(III) ist als Aquokomplex $[In(H_2O)_6]^{3+}$ oder als Fluorokomplex $[InF_6]^{3-}$ löslich.[1]
Naßätzbad:	Ätzen im alkalischen Milieu[2]
Konzentration:	Photoresist-Entwickler AZ400K mit KOH-Zusatz
Temperatur:	20 °C
Ätzrate:	2.5 nm/s für $Al_{0.25}In_{0.75}N$
Temperatur:	20 °C
Zusammensetzung:	
Ätzrate:	30 nm/s für $Al_{0.7}In_{0.3}N$

Trockenätzen:

Leicht bzw. mäßig flüchtige Verbindungen:	$AlCl_3$	subl. 182.7 °C[1]
	$AlBr_3$	subl. 255 °C[1]
	AlI_3	subl. 381 °C[1]
	$InBr_3$	subl. 371 °C[1]
	$InCl_3$	subl. 418 °C[1]

1. Trockenätzverfahren:	ECR-Ätzen im $Cl_2/H_2/CH_4/Ar$ -Plasma[3]
Gaszusammensetzung:	26 % Cl_2; 40 % H_2; 8 % CH_4; 26 % Ar
Flußrate:	38 sccm
Plasmabedingungen:	1 mtorr
Leistung:	850 W (Mikrowellenplasma); +150 W (rf 13.56 MHz)
Temperatur:	30 °C
Ätzrate:	2 nm/s
Literatur:	[1] A.F. Hollemann und E. Wiberg (1985)
	[2] C.B. Vartuli et al. (1996)
	[3] R.J. Shul et al. (1996)

$(Al_{0.5}In_{0.5})P$ – (Aluminium, Indium)phosphid

Naßätzen

leicht lösliche Verbindungen:	Al(III) ist als Aquokomplex $[Al(H_2O)_6]^{3+}$ oder als Fluorokomplex $[AlF_6]^{3-}$ löslich.[1] In(III) ist als Aquokomplex $[In(H_2O)_6]^{3+}$ oder als Fluorokomplex $[InF_6]^{3-}$ löslich.[1]
Ätzbad 1:	Heiße Schwefelsäure[2]
Konzentration:	konzentriert
Temperatur:	70 °C
Ätzrate:	37.3 nm/s
Ätzbad 2:	Salzsäure (1:1)[2,3]
Konzentration:	13 mol/l
Temperatur:	25 °C
Ätzrate:	47.8 nm/s

Trockenätzen

Leicht bzw. mäßig flüchtige Verbindungen:	$AlCl_3$	subl. 182.7 °C[1]
	$AlBr_3$	subl. 255 °C[1]
	AlI_3	subl. 381 °C[1]
	$GaCl_3$	Kp. 201.3 °C[1]
	$GaCl_2$	Kp. 535 °C[1]
	GaN	subl. >800 °C[4]
	PF_3	Kp. –101 °C[5]
	PH_3	Kp. –88 °C[5]
	PF_5	Kp. –75 °C[5]
	PCl_5	Kp. 62 °C[5]

1. Trockenätzverfahren:	Reaktives Ionenätzen in $SiCl_4/CH_4/Ar$[6]
Gaszusammensetzung:	Ar: 50 Vol%; CH_4: 15 Vol%; $SiCl_4$: 35 Vol%
Flußrate:	36 sccm
Plasmabedingungen:	Parallelplattenreaktor; 13.5 MHz; 7.6 mtorr
Leistung:	100 W
Ätzrate:	2.5 nm/s (60 °C)

2. Trockenätzverfahren: Ätzen in reduktiven Plasmen hoher Dichte[7]

Gaszusammensetzung:	18 % CH_4; 27 % H_2; 55 % Ar
Flußrate:	45 sccm
Ionendichte:	ca. $10^{11}/cm^3$
Plasmabedingungen:	1.5 mtorr
Leistung:	150 W (rf 13.56 Mhz); 1 kW (Mikrowelle 2.45 GHz)
Ätzrate:	3.7 nm/s
Literatur:	[1] A.F.Hollemann und E.Wiberg (1985)
	[2] T.R.Stewart und D.P.Bour (1992)
	[3] vgl. auch J.R.Lothian et al. (1992)
	[4] J.D'Ans und E.Lax (1943), 231
	[5] J.D'Ans und E.Lax (1943), 251
	[6] C.V.J.M. Chang und J.C.N.Rijpers (1994)
	[7] J.W.Lee et al. (1996)

AlN – Aluminiumnitrid

Naßätzen:

Leicht lösliche Reaktionsprodukte: Al(III) ist als Aquokomplex $[Al(H_2O)_6]^{3+}$ oder als Fluorokomplex $[AlF_6]^{3-}$ löslich.[1]

Naßätzverfahren:

Für das Naßätzen von AlN werden z. B. folgende Lösungen verwendet[2]:– Mischung aus gleichen Teilen Glycerin, Salpetersäure und Flußsäure–(für 1%ig Ni-dotiertes AlN)– 0.1 bis 1 mol/l NaOH-Lösung (CaC_2-dotiertes AlN) – Salzsäure– Schwefelsäure

Trockenätzen

Mäßig flüchtige Verbindungen:
- $AlCl_3$ subl. 182.7 °C[1]
- $AlBr_3$ subl. 255 °C[1]
- AlI_3 subl. 381 °C[1]

1. Trockenätzverfahren: ECR-Ätzen im $CH_4/H_2/Ar$ -Plasma[3]

Gaszusammensetzung:	17 % CH_4; 50 % H_2; 33 % Ar
Durchflußrate:	30 sccm
Plasmabedingungen:	1.5 mtorr
Leistung:	1 kW ECR/ 450 W (rf 13.56 MHz)
Temperatur:	23 °C
Ätzrate:	3 nm/s

2. Trockenätzverfahren: ECR-Ätzen im Cl_2/Ar -Plasma[3]

Gaszusammensetzung:	33 % Cl_2; 67 % Ar
Durchflußrate:	15 sccm
Plasmabedingungen:	1.5 mtorr
Leistung:	1 kW (ECR); 450 W (rf 13.56 MHz)
Temperatur:	23 °C
Ätzrate:	2.7 nm/s

Literatur:
[1] A.F. Holleman und E. Wiberg (1985)
[2] C.-D. Young und J.-G. Duh (1995)
[3] C.B. Vartuli et al (1996)

Al_2O_3 – Aluminiumoxid

Naßätzen

Leicht lösliche Reaktionsprodukte:	Al(III) in ionischer Form, z. B. als Al^{3+}, AlF_4^-, AlF_6^{3-}
Ätzbad 1:	Warme Phosporsäure[1]
Konzentrationen:	14.61 M H_3PO_4
Temperatur:	55 °C
Ätzrate:	0.53 nm/s
Konzentrationen:	14.61 M H_3PO_4
Temperatur:	50 °C
Ätzrate:	0.47 nm/s
Konzentrationen:	10.0 M H_3PO_4
Temperatur:	>50 °C
Ätzrate:	0.38 nm/s
Konzentrationen:	4.8 M H_3PO_4
Temperatur:	50 °C
Ätzrate:	0.27 nm/s
Konzentrationen:	14.61 M H_3PO_4
Temperatur:	41 °C
Ätzrate:	0.22 nm/s

Trockenätzen

Leicht bzw. mäßig flüchtige Verbindungen:	AlF_3	subl. 1272 °C [2]
	Al_2Cl_6	subl. 182.7 °C [2]
	$AlBr_3$	Kp. 255 °C [3]
	AlJ_3	Kp. 385.4 °C [3]

1. Trockenätzverfahren: Laserätzen mit CF_4 [4]

Gaszusammensetzung:	CF_4
Energiequelle:	XeCl-Laser, 308 nm

2. Trockenätzverfahren: Reaktives Ionenätzen im Cl_2/Ar-Gemisch [5]

Gaszusammensetzung:	71 Vol% Ar; 29 Vol% Cl_2
Plasmabedingungen:	7 mtorr, -750 V bias
Leistung:	W
Quelle:	XeCl-Laser, 308 nm

Substrattemperatur: 20 °C
Ätzrate: 5 nm/s

Substrattemperatur: 250 °C
Ätzrate: 15 nm/s

3. Trockenätzverfahren: Reaktives Ionenstrahlätzen im CH_2F_2 oder CH_3F [6)]

Gaszusammensetzung: jeweils 100 % CH_2F_2 oder CH_3F

Plasmabedingungen: 0.2 mtorr
Leistung: W
Ionenenergie: 0.8 kV
Ionenstromdichte: 0.6 mA/cm^2 (30° Einfallswinkel)

Bemerkung: Durch Zumischung von CHF_3 kann die Ätzrate von Photoresist gesenkt, bzw. sogar eine Materialabscheidung aus der Gasphase auf der Resistmaske erreicht werden. Der Nullabtrag beim Photolack wird bei 20 % CHF_3-Zumischung in CH_3F oder bei 40 % CHF_3-Zumischung in CH_2F_2 erreicht. Der Ätzratenverlust des Al_2O_3 beträgt dabei nur ca. 10–15 %.

Ätzrate: 1 nm/s

4. Trockenätzverfahren: Ätzen durch Beschuß mit inerten Ionen[7)]

Gaszusammensetzung: Ar
Druck: 11 mtorr
Leistung: 100 W/ 1.6 W/cm^2; rf 1.5 kV
Temperatur. 190 °C
Ätzrate: 0.03–0.08 nm/s

Literatur:
[1)] B. Zhou und W.F. Ramirez (1996)
[2)] A.F. Hollemann und E. Wiberg (1985)
[3)] J. D'Ans und E. Lax (1943), 214
[4)] N. Heiman et al. (1980)
[5)] D. Bäuerle (1986)
[6)] T. Kawabe et al. (1991)
[7)] R.T.C. Tsui (1967) rm2/60

AsSG (As_2O_3, SiO_2) – Arsenosilikatglas

Naßätzen

leicht lösliche Verbindungen:	As(III)-Salze, Chlorokomplexe, als As(V) in Arsensäure
	Si(IV) löslich in Form von Komplexen, z. B. in stark alkalischem Milieu als $[Si(OH)_6]^{2-}$ oder in F^--haltigem Milieu als $[SiF_6]^{2-}$
	Die Ätzbäder, mit denen SiO_2 strukturiert werden kann, sind auch für die Bearbeitung von AsSG geeignet. Die Ätzraten von AsSG übertreffen dabei die SiO_2-Ätzraten in der Regel um ein Mehrfaches.
Ätzbad 1:	Flußsaure Ammoniumfluoridlösung[1]
Konzentrationen:	NH_4F 3.3. mol/l HF 3 mol/l
Temperatur:	24 °C
Ätzrate:	10 nm/s für unverdichtete AsSG-Filme 2.5 nm/s für verdichtete AsSG-Filme)
Konzentrationen:	NH_4F 10 mol/l HF 2.4 mol/l [2]
Ätzrate:	1.7 nm/s für 2 mol% As_2O_3 in SiO_2 2.3 nm/s für 7.5 mol% As_2O_3 in SiO_2

Trockenätzen:

Leicht flüchtige Verbindungen:	AsH_3	Kp. -54.8 °C [3]
	AsF_5	Kp. -52.9 °C [3]
	AsF_3	Kp. 63 °C [3]
	$AsCl_3$	Kp. 130.4 °C [3]
	$AsBr_3$	Kp. 221 °C [3]
	SiH_4	Kp. -111.6 °C [4]
	SiF_4	Kp. -95.7 °C [4]
	Si_2H_6	Kp. -15 °C [4]
	$SiHCl_3$	Kp. 31.7 °C [4]
	$SiCl_4$	Kp. 56.7 °C [4]
	Si_2OCl_6	Kp. 135.5 °C [4]
	Si_2Cl_6	Kp. 147 °C [4]

Reaktives Trockenätzen erfolgt vorzugsweise mit fluoridhaltigen Ätzgasen.

Literatur:
[1] H.Proschke et al. (1993)
[2] M.Ghezzo und D.M. Brown (1973)
[3] J.D'Ans und E.Lax (1943), 218
[4] J.D'Ans und E.Lax (1943), 261

Au – Gold

Naßätzen

Leicht lösliche Reaktionsprodukte:	in Form von Komplexen in den Oxidationsstufen (I) und (II), z.B. als $[AuCl_2]^-$ oder $[AuCl_4]^-$ Au(III) im stark alkalischen Milieu löslich als Aureat $[Au(OH)_4]^{-\,1)}$
Ätzbad 1:	Iod-Kaliumiodid-Lösung[2]
Konzentrationen:	I_2 0.09 mol/l KI 0.6 mol/l
Ätzrate:	8–15 nm/s

Trockenätzen:

Leicht flüchtige Verbindungen:	bedingt flüchtig: Au_2Cl_6 (stabil unter erhöhtem Cl_2-Druck) und Au_2Br_6[1]
1. Trockenätzverfahren:	Ätzen im Chlorplasma [3]
Gaszusammensetzung:	Cl_2
Plasmabedingungen:	0.04 torr
Ätzrate:	2 nm/s (bei 180 °C)
2. Trockenätzverfahren:	Reaktives Ionenätzen im CF_4/CCl_4-Plasma [4]
Gaszusammensetzung:	47 % CF_4; 53 % CCl_4
Flußrate:	36 sccm
Plasmabedingungen:	150 mtorr
Leistung:	350 W
Ätzrate:	1.5 nm/s
3. Trockenätzverfahren:	Ätzen durch Beschuß mit inerten Ionen[5]
Gaszusammensetzung:	Ar
Druck:	11 mtorr
Leistung:	100 W/ 1.6 W/cm^2 (HF); 1,5 kV
Temperatur:	190 °C
Ätzrate:	0.3–0.6 nm/s
Literatur:	[1] A.F.Holleman und E.Wiberg (1985) [2] H.Beneking (1991); S.Büttgenbach (1991) [3] D.L. Flamm et al. (1984) [4] R.M.Ranade et al. (1993) [5] R.T.C.Tsui (1967)

Bi – Wismut

Naßätzen

Leicht lösliche Reaktionsprodukte: Bi(III) löst sich in Form von Hydroxokomplexen z. B. $Bi_6(OH)_{12}^{6+}$ oder $Bi_9(OH)_{22}^{5+}$, ebenfalls gut löslich sind $BiCl_3$ und $BiBr_3$; chelatbildende organische Säuren, besonders Zitronensäure, fördern die Auflösung [1]

Ätzbad 1: Citronensaure Peroxodisulfatlösung[2]

Konzentrationen:
$(NH_4)_2S_2O_8$ 0.48 mol/l
Zitronensäure   0.57 mol/l
$Fe(NO_3)_3$ 0.025 mol/l

Temperatur: Raumtemperatur
Ätzrate: 8.3 nm/s

Bemerkung: Da die organische Säure und das Peroxoionen einer langsamen Redoxreaktion unterliegen, muß das Ätzbad nach einigen Stunden frisch angesetzt werden.

Trockenätzen

Leicht bzw. mäßig flüchtige Verbindungen:
BiH_3 Kp. 22 °C [4]
BiF_5 Kp. 230 °C [1]
$BiCl_3$ Kp. 441 °C [1]
$BiBr_3$ Kp. 462 °C [1]

Reaktives Trockenätzen ist mit fluorhaltigen Ätzgasen möglich.

Literatur:
[1] A.F. Holleman und E. Wiberg (1985)
[2] M. Köhler, A. Lerm, A. Wiegand (1983) Ätzbad für Wismut und/oder Antimon
[3] A.F. Bogenschütz (1967)
[4] J. D'Ans und E. Lax (1943), 269

BSG (B_2O_3, SiO_2) – Borosilikatglas

Naßätzen

leicht lösliche Verbindungen:	Si(IV) löslich in Form von Komplexen, z. B. in stark alkalischem Milieu als $[Si(OH)_6]^{2-}$ oder in F^--haltigem Milieu als $[SiF_6]^{2-}$; Bor ist als Borat leicht löslich. Die Ätzbäder, mit denen SiO_2 strukturiert werden kann, sind auch für die Bearbeitung von BSG geeignet.
1. Ätzbad:	Verdünnte HF-Lösung[1]
Zusammensetzung:	16 M HF
Ätzrate:	10 nm/s für 5 % B_2O_3
Ätzrate:	300 nm/s für 30 % B_2O_3
2. Naßätzverfahren:	Salpetersäure-Flußsäure-Ätzbad („BHF")[2]
Zusammensetzung:	2.4 M HF; 10 M NH_4F
Ätzrate:	0.7 nm/s für 5 % B_2O_3
Ätzrate:	0.6 nm/s für 30 % B_2O_3

Trockenätzen:

Leicht flüchtige Verbindungen:	SiH_4	Kp. -111.6 °C [3]
	SiF_4	p. -95.7 °C [3]
	Si_2H_6	Kp. -15 °C [3]
	$SiHCl_3$	Kp. 31.7 °C [3]
	$SiCl_4$	Kp. 56.7 °C [3]
	Si_2OCl_6	Kp. 135.5 °C [3]
	Si_2Cl_6	Kp. 147 °C [3]
	BF_3	Kp. − 101 °C [4]
	B_2H_6	Kp. -92.5 °C [4]
	BCl_3	Kp. 7.6 °C [4]
	BBr_3	Kp. 90.1 °C [4]

Reaktives Trockenätzen wird in fluorhaltigen Ätzgasen durchgeführt.

Literatur:
[1] W. Kern und R.C. Heim (1970)
[2] A.S. Tenney und M. Ghezzo (1973)
[3] J. D'Ans und E. Lax (1943), 261
[4] J. D'Ans und E. Lax (1943), 222

C – Amorpher Kohlenstoff

Trockenätzen:	In reaktiven Ätzgasen, die Sauerstoff enthalten, wird Kohlenstoff als CO oder CO_2 freigesetzt.
1. Trockenätzverfahren:	Reaktives Ionenätzen im $Cl_2/BCl_3/HBr/Ar$-Plasma[1]
Gaszusammensetzung:	$Cl_2/BCl_3/HBr/Ar$
self-bias-Spannung:	−370 V
Temperatur:	160 °C
Ätzrate:	0.17 nm/s
Literatur:	[1] K.Y.Hur et al. (1994)

C – Diamant

Trockenätzen

Bildung flüchtiger Reaktionsprodukte:	In reaktiven Ätzgasen, die Sauerstoff enthalten, wird Kohlenstoff als CO oder CO_2 freigesetzt (oxidatives Ätzen). Bei hohen Temperaturen und Anwesenheit von Katalysatoren reagiert der Kohlenstoff mit Wasserstoff zum gasförmigen Methan (reduktives Ätzen). Diamant wandelt sich bei etwa 600 °C zu Graphit um, dessen Sublimationstemperatur bei etwa 3700 °C liegt [2].
Trockenätzverfahren 1:	Sputterätzen mit Ar^+ [1]
Plasmabedingungen:	8 µtorr
Ionenenergie:	10 kV
Ionenstromdichte:	1.3 mA/cm^2
Ätzrate:	4 nm/s (bei einem Strahlwinkel von 20°)
Trockenätzverfahren 2:	Laserätzen mit O_2 [2]
Plasmabedingungen:	8 µtorr
Quelle:	KrF-Laser (20 Hz Repetitionsrate)
mittlere Laserleistung:	70 W/cm^2
Pulsenergie:	3.5 J/cm^2 (20 ns Puls)
Einzelpulsleistungsdichte:	175 MJ/cm^2
Abtrag pro Einzelpuls:	140 nm
mittlere Ätzrate:	2800 nm/s (bei einem Einstrahlwinkel von 45°)
Trockenätzverfahren 3:	Metallkatalysiertes Hochtemperaturätzen [3]
Gasraumbedingungen:	H_2
Substrattemperatur:	950 °C
Metallschicht:	0.1–1 µm Fe
Ätzrate:	133 nm/s
Metallschicht:	0.2–11 µm Ni
Ätzrate:	4.5 nm/s
Metallschicht:	0.2–11 µm Pt
Ätzrate:	0.1 nm/s
Mechanismus:	Der Kohlenstoff des Diamants löst sich im Metall, diffundiert bis zur Oberfläche und reagiert dort mit dem Wasserstoff zu Methan.

Literatur: [1] H. Saitoh et al. (1996)
[2] D.-G. Lee et al. (1994)
[3] V.G. Ralchenko et al. (1993)

(C,H,[O,N,F,Cl,Br]) – Organische Polymere

Allgemeines

Wegen der Vielfalt organischer Polymere, die sich nicht nur hinsichtlich ihrer elementarer Zusammensetzung sondern auch nach solchen Eigenschaften wie Isomerie, mittlerem Molekulargewicht, Molekulargewichtsverteilung (Dispersion), Verzweigungsgrad u. a. unterscheiden, kann eine Aufstellung von Ätzverfahren für die speziellen Materialien auch nicht annähernd vollständig sein. Deshalb werden hier einige allgemeine Hinweise gegeben und einige typische Materialen beispielhaft für das Spektrum von organischen Polymeren aufgeführt.

Naßätzen

Leicht lösliche Reaktionsprodukte:

Je nach der chemischen Zusammensetzung kommen organische Lösungsmittel mit unpolarem oder polarem, aliphatischem oder aromatischen, aprotischem oder protischem Charakter für eine physikalische Auflösung in Frage. Wenn die Polymere durch einen spin-on-Prozeß aus einem Lack als Schicht erzeugt worden sind, so lassen sie sich in der Regel im Lösungsmittel dieses Lackes oder einem Lösungsmittel verwandter Zusammensetzung wieder auflösen, vorausgesetzt die Polymerschichten sind im mikrotechnischen Prozeß keiner chemischen Veränderung unterworfen gewesen, die etwa durch Vernetzung von Polymerketten deren Löslichkeit herabgesetzt oder völlig unterbunden hätte. Polymere mit aciden funktionellen Gruppen (z. B. Sulfonsäuren, Phenole) werden häufig bei erhöhtem pH-Wert in wäßriger oder alkoholischer Lösung gelöst, Polymere mit alkalischen funktionellen Gruppen (z. B. Amine, Amide, Imide, Pyrimdine, Imidazole, Aniline) sind dementsprechend oft in protischen Lösungen bei niedrigem pH-Wert löslich. Das Kohlenwasserstoffgerüst kann unter stark oxidierenden Bedingungen auch chemisch abgebaut werden, z. B. durch Carosche Säure oder Chromschwefelsäure. Die Strukturierungsqualität ist im allgemeinen sehr schlecht, weswegen solche Bäder im allgemeinen nur zur vollständigen Entfernung organischer Schichten bzw. zum Reinigen von Oberflächen verwendet werden.

Trockenätzen

Leicht flüchtige Verbindungen:

Die aus den Elementen C,O,N,H zusammengesetzten organischen Polymere bilden unter den entsprechenden Bedingungen im Gasraum (oxidierende Atmosphäre) vorzugsweise gasförmige Verbindungen:

CO	Kp. −191.5 °C
CO_2	subl. −78.5 °C
H_2O	Kp. 100 °C
N_2	Kp. −195.8 °C
NH_3	Kp. −33.4 °C
N_2O_2	Kp. −151.8 °C
N_2O	Kp. −88.5 °C
NO_2	Kp. 21.15 °C[1]

Es kann jedoch durch eine ungünstige Prozeßführung auch zur Bildung von schwerflüchtigen Verbindungen auf der Oberfläche kommen, die das darunterliegende Material vor dem Angriff reaktiver Gase, Ionen oder Plasmen schützen. Solche Spezies sind z. B. elementarer Kohlenstoff C (subl. erst bei 3370 °C, 127 bar), vor allem in Diamant− oder diamantähnlicher Modifikation und ggf. auch Polycyan $(CN)_\infty$ (Zerfall erst oberhalb 800 °C in Dicyan C_2N_2, Kp. −21.2 °C)[1].

Trockenätzverfahren bauen das Kohlenstoff-Grundgerüst der Polymere chemisch ab. Da der Kohlenstoff selbst nicht flüchtig ist, werden vorzugsweise sauerstoffhaltige Plasmen, Sauerstoffionen oder sauerstoffhaltige Gase als Reaktivkomponente in chemisch gestützten Strahlätzprozessen mit anderen energetischen Teilchen zum Ätzen verwendet.

Literatur: [1] A.F. Holleman und E. Wiberg (1985)

Trockenätzen von organischen Polymeren:

Übersicht zu Materialien der Zusammensetzung
(C,H,[O,N,S,F,Cl,Br])

Material:	Epoxidharz
Ätzverfahren:	Reaktives Ionenätzen von Epoxidharz (Spurr)[1]
Gaszusammensetzung:	O_2
Druck:	10 mtorr
Reaktor:	0.28 W/cm^2; 13.56 MHz
Temperatur:	
Ätzrate:	3.5 nm/s
Ätzverfahren:	Mikrowellen-/rf-Ätzen von Epoxidharz DER566-A80[2]
Gaszusammensetzung:	75 % O_2/25 % CF_4
Gasflußrate:	70 sccm
Druck:	0.15 torr
Reaktor:	Parallelplatten-Reaktor 0.26 kW
Temperatur:	25 °C
Ätzrate:	22 nm/s
Literatur:	[1] I.S. Goldstein und F. Kalk (1981) [2] A.M. Wrobel et al. (1988)
Material:	Photolack
Ätzverfahren:	Plasmaätzen von Photoresist KTFR[1]
Gaszusammensetzung:	O_2
Druck:	1 torr
Reaktor:	Down stream
Temperatur:	100 °C
Ätzrate:	2.5 nm/s
Ätzverfahren:	Mikrowellenätzen von Photoresist AZ 1370[2]
Gaszusammensetzung:	O_2
Druck:	4.5 torr
Temperatur:	160 °C
Ätzrate:	17 nm/s
Ätzverfahren:	Mikrowellenätzen von Photoresist AZ 5214 E[3]
Gaszusammensetzung:	O_2
Gasflußrate:	20 sccm
Druck:	3 mtorr
Reaktor:	ECR / 1.5 kW Mikrowelle
Ätzrate:	13.3 nm/s

Ätzverfahren:	Reaktives Ionenätzen von Photoresist AZ 2450[4]
Gaszusammensetzung:	O_2
Druck:	20 mtorr
Reaktor:	Parallelplatten-Reaktor
Temperatur:	40 °C
Ätzrate:	8 nm/s
Ätzverfahren:	Plasmaätzen von Photoresist Kodak 747[5]
Gaszusammensetzung:	O_2
Druck:	1 torr
Reaktor:	Parallelplatten-Reaktor
Temperatur:	100 °C
Ätzrate:	2.3 nm/s
Ätzverfahren:	Mikrowellen-Ätzen von Photoresist HPR 204[6]
Gaszusammensetzung:	SF_6
Druck:	0.1 mtorr
Reaktor:	0.9 kW; Ionen: 180 eV; 750 µA/cm^2
Ätzrate:	1.25 nm/s
Ätzverfahren:	Mikrowellenätzen von Photoresist HPR 204[7]
Gaszusammensetzung:	O_2
Druck:	20 mtorr
Ätzrate:	0.55 nm/s
Literatur:	[1] S.M. Irving (1968)
	[2] B. Robinson und S.A. Shivashankar (1984)
	[3] S.W. Pang et al. (1992)
	[4] B.R. Soller et al. (1984)
	[5] A. Szekeres et al. (1981)
	[6] O. Joubert et al. (1990)
	[7] B. Charlet und L. Peccoud (1984)
Material:	Novolak[1]
Ätzverfahren:	Plasmaätzen
Gaszusammensetzung:	O_2
Druck:	27 Pa
Reaktor:	33 W
Temperatur:	70 °C
Ätzrate:	0.3 nm/s
Literatur:	[1] L. Eggert und W. Abraham (1989)
Material:	Polyamid Nylon 66[1]
Ätzverfahren:	Mikrowellen-/rf-Ätzen
Gaszusammensetzung:	70 % O_2/30 % CF_4
Gasflußrate:	70 sccm
Druck:	0.14 torr
Reaktor:	Parallelplatten-Reaktor 0.21 kW

6.2 Vorschriftensammlung

Temperatur:	25 °C
Ätzrate:	11 nm/s
Literatur:	[1] A.M. Wrobel et al. (1988)
Material:	Polycarbonat Lexan
Ätzverfahren:	Plasmaätzen[1]
Gaszusammensetzung:	8 % O_2/92 % CF_4
Gasflußrate:	15 ml/min
Druck:	0.55 torr
Reaktor:	0.2 kW rf; 13.56 MHz
Ätzrate:	1.2 nm/s
Ätzverfahren:	Mikrowellen-/rf-Ätzen[2]
Gaszusammensetzung:	80 % O_2/20 % CF_4
Gasflußrate:	70 sccm
Druck:	0.25 torr
Reaktor:	Parallelplatten-Reaktor 0.23 kW
Temperatur:	25 °C
Ätzrate:	22.5 nm/s
Literatur:	[1] L.A. Pederson et al. (1982)
	[2] A.M. Wrobel et al. (1988)
Material:	Polyester Mylar[1]
Ätzverfahren:	Mikrowellen-/ rf-Ätzen
Gaszusammensetzung:	80 % O_2/20 % CF_4
Gasflußrate:	70 sccm
Druck:	0.14 torr
Reaktor:	Parallelplatten-Reaktor 0.21 kW
Temperatur:	25 °C
Ätzrate:	10 nm/s
Literatur:	[1] A.M. Wrobel et al. (1988)
Material:	Polyethylen
Ätzverfahren:	Plasmaätzen[1]
Gaszusammensetzung:	79 % O_2/21 % CF_4
Gasflußrate:	72 sccm
Druck:	0.35 torr
Reaktor:	0.3 kW rf
Ätzrate:	16 nm/s
Literatur:	[1] S.R. Cain et al. (1987)
Material:	Polyimid
Ätzverfahren:	Plasmaätzen von Polyimid Kapton[1]
Gaszusammensetzung:	61 % O_2/39 % CF_4

Gasflußrate:	72 sccm
Druck:	0.35 torr
Reaktor:	0.3 kW rf
Ätzrate:	27.5 nm/s
Ätzverfahren:	Mikrowellen-/rf-Ätzen von Polyimid Kapton DuPont[2]
Gaszusammensetzung:	89 % O_2/11 % CF_4
Gasflußrate:	70 sccm
Druck:	0.27 torr
Reaktor:	Parallelplatten-Reaktor 0.4kW
Temperatur:	25 °C
Ätzrate:	6.7 nm/s
Ätzverfahren:	Mikrowellenätzen von Polyimid Kapton[3]
Gaszusammensetzung:	20 % CF_4/80 % O_2:
Ätzrate:	21.7 nm/s
Gaszusammensetzung:	12 % CF_4/88 % O_2
Ätzrate:	6.7 nm/s
Ätzverfahren:	Magnetfeldgestütztes Reaktives Ionenätzen[4]
Gaszusammensetzung:	O_2
Druck:	50 mtorr
Ätzrate:	42 nm/s
Ätzverfahren:	Mikrowellen-/rf-Ätzen[5]
Gaszusammensetzung:	O_2
Gasflußrate:	20 sccm
Druck:	0.5 mtorr
Reaktor:	ECR; 1.5 kW Mikrowelle + 300 W rf
Ätzrate:	22 nm/s
Ätzverfahren:	Plasmaätzen[6]
Gaszusammensetzung:	90 % O_2 / 10 % CF_4
Druck:	0.5 torr
Reaktor:	Parallelplatten-Reaktor
Temperatur:	85 °C
Ätzrate:	33 nm/s
Ätzverfahren:	Reaktives Ionenätzen[7]
Gaszusammensetzung:	90 % O_2 / 10 % SF_6
Druck:	250 mtorr
Reaktor:	Parallelplatten-Reaktor
Temperatur:	80 °C
Ätzrate:	17 nm/s
Ätzverfahren:	Mikrowellen-Plasmaätzen[8]
Gaszusammensetzung:	93 % O_2 / 7 % CF_4
Druck:	0.7 torr

Reaktor:	Down stream
Temperatur:	100 °C
Ätzrate:	97 nm/s
Ätzverfahren:	Mikrowellen-Plasmaätzen[9]
Gaszusammensetzung:	76 % O_2/ 4 % Ar/20 % CF_4
Druck:	0.3 torr
Reaktor:	Down stream, 58 W
Ätzrate:	1.2 nm/s
Ätzverfahren:	Plasmaätzen von Polyimid DuPont PI2566[10]
Gaszusammensetzung:	O_2
Druck:	0.1 torr
Reaktor:	0.34 W/cm²
Temperatur:	< 50 °C
Ätzrate:	1.9 nm/s
Ätzverfahren:	Reduktives Plasmaätzen von Polyimid DuPont PI2566[10]
Gaszusammensetzung:	H_2
Druck:	0.1 torr
Reaktor:	0.34 W/cm²
Temperatur:	< 50 °C
Ätzrate:	0.5 nm/s
Ätzverfahren:	Tieftemperatur-Reaktives Ionenätzen von Polyimid Kapton H[11]
Gaszusammensetzung:	O_2
Druck:	30 mtorr
Reaktor:	2 W/cm²
Temperatur:	–100 °C
Ätzrate:	12 nm/s

Es resultiert ein sehr stark anisotropes Ätzen.

Literatur:	[1] S.R.Cain et al. (1987)
	[2] A.M.Wrobel et al. (1988)
	[3] F.D. Egitto et al. (1990)
	[4] J.T.C.Yeh et al. (1984)
	[5] W.H. Juan und S.W.Pang (1994)
	[6] T.Yogi et al. (1984)
	[7] G.Turban und M.Rapeaux (1983)
	[8] B.Robinson und S.A.Shivashankar (1984)
	[9] V.Vujanovic et al. (1988)
	[10] F.Y.Robb (1984)
	[11] K.Murakami et al. (1993)
Material:	Polyisopren[1]
Ätzverfahren:	Plasmaätzen

Gaszusammensetzung:	68 % O_2/32 % CF_4
Gasflußrate:	72 sccm
Druck:	0.35 torr
Reaktor:	0.3 kW rf
Ätzrate:	26 nm/s
Literatur:	[1]S.R.Cain et al. (1987)
Material:	Polymethylglutarimid[1]
Ätzverfahren:	ECR-/Mikrowellenätzen im O_2-Plasma
Gaszusammensetzung:	O_2
Gasflußrate:	90 sccm
Druck:	30 mtorr
dc-bias-Spannung:	150V
Mikrowellenleistung:	0–150W
Ätzrate:	9 nm/s
Literatur:	[1]S.J. Pearton et al. (1991 b)
Material:	Polymethylmethacrylat[1]
Ätzverfahren:	Plasmaätzen
Gaszusammensetzung:	O_2
Druck:	0.2 torr
Reaktor:	40 W
Temperatur:	92 °C
Ätzrate:	0.67 nm/s
Literatur:	[1]L.Eggert und W.Abraham (1989)
Material:	Polystyren
Ätzverfahren	Plasmaätzen
Gaszusammensetzung:	8 % O_2/92 % CF_4
Gasflußrate:	15 ml/min
Druck:	0.55 torr
Reaktor:	0.2 kW rf; 13.56 MHz
Ätzrate:	1.1 nm/s
Literatur:	[1]L.A. Pederson (1982)
Material:	Polyvinylalkohol 55/12[1]
Ätzverfahren:	Plasmaätzen
Gaszusammensetzung:	O_2
Gasflußrate:	150 ml/h
Druck:	70 mtorr
Reaktor:	38 W
Temperatur:	26 °C
Ätzrate:	0.75 nm/s

Literatur:	[1] L. Eggert et al. (1988)
Material:	Polyvinylbenzal
Ätzverfahren:	Plasmaätzen
Gaszusammensetzung:	O_2
Gasflußrate:	180 ml/h
Druck:	80 mtorr
Reaktor:	55 W
Temperatur:	26 °C
Ätzrate:	0.3 nm/s
Literatur:	[1] L. Eggert et al. (1988)
Material:	Polyvinylcarbazol[1]
Ätzverfahren:	Plasmaätzen
Gaszusammensetzung:	O_2
Gasflußrate:	180 ml/h
Druck:	80 mtorr
Reaktor:	28.5 W
Temperatur:	26 °C
Ätzrate:	0.13 nm/s
Ätzverfahren:	Plasmaätzen[2]
Gaszusammensetzung:	8 % O_2/92 % CF_4
Gasflußrate:	15 ml/min
Druck:	0.55 torr
Reaktor:	0.2 kW rf; 13.56 MHz
Ätzrate:	1 nm/s
Literatur:	[1] L. Eggert et al. (1988) [2] L. A. Pederson (1982)
Material:	Polyvinylchlorid[1]
Ätzverfahren:	Plasmaätzen
Gaszusammensetzung:	O_2
Gasflußrate:	150 ml/h
Druck:	70 mtorr
Reaktor:	55 W
Temperatur:	26 °C
Ätzrate:	0.9 nm/s
Literatur:	[1] L. Eggert et al. (1988)
Material:	Polyvinylformal[1]
Ätzverfahren:	Plasmaätzen
Gaszusammensetzung:	O_2
Gasflußrate:	150 ml/h

Druck:	70 mtorr
Reaktor:	55 W
Temperatur:	26 °C
Ätzrate:	0.9 nm/s
Literatur:	[1] L. Eggert et al. (1988)
Material:	Polyvinylidenfluorid[1]
Ätzverfahren:	Plasmaätzen
Gaszusammensetzung:	8 % O_2/92 % CF_4
Gasflußrate:	15 ml/min
Druck:	0.55 torr
Reaktor:	0.2 kW rf; 13.56 MHz
Ätzrate:	2.1 nm/s
Literatur:	[1] L. A. Pederson (1982)
Material:	Polyvinylolacton[1]
Ätzverfahren:	Plasmaätzen
Gaszusammensetzung:	8 % O_2/92 % CF_4
Gasflußrate:	15 ml/min
Druck:	0.55 torr
Reaktor:	0.2 kW rf; 13.56 MHz
Ätzrate:	4 nm/s
Literatur:	[1] L. A. Pederson (1982)
Material:	Polyvinylpyrrolidon K90[1]
Ätzverfahren:	Plasmaätzen
Gaszusammensetzung:	O_2
Gasflußrate:	150 ml/h
Druck:	70 mtorr
Reaktor:	55 W
Temperatur:	26 °C
Ätzrate:	0.3 nm/s
Literatur:	[1] L. Eggert et al. (1988)
Material:	Zellulose[1]
Ätzverfahren:	Plasmaätzen
Gaszusammensetzung:	8 % O_2/92 % CF_4
Gasflußrate:	15 ml/min
Druck:	0.55 torr
Reaktor:	0.2 kW rf; 13.56 MHz
Ätzrate:	11.7 nm/s
Literatur:	[1] L. A. Pederson (1982)

# CdS – Cadmiumsulfid

Naßätzen

Leicht lösliche Reaktionsprodukte: Cd(II) bildet lösliche Koordinationsverbindungen, $Cd(OH)_2$ löst sich in Säuren. CdS ist schwerlöslich und kann deshalb nur oxidativ (Überführung des Schwefels in höhere Oxidationsstufen) aufgelöst werden. [1]

Trockenätzen

Leicht bis mäßig flüchtige Verbindungen:
- $Cd(CH_3)_2$ Kp. 106 °C [1]
- CdI_2 Kp. 796 °C [1]
- H_2S Kp. −60.3 °C [1]
- SF_4 Kp. −40.4 °C [1]
- SO_2 Kp. −10 °C [1]
- SF_2 Kp. 39 °C [1]
- SO_3 Kp. 44.5 °C [1]
- SCl_2 Kp. 59.6 °C [1]
- S_2Br_2 Kp. 57 °C (bei 0.22 torr) [1]

Trockenätzverfahren: ECR-RIE in reduktivem Plasma $(Ar/H_2(/CH_4))$ [2]

Gaszusammensetzung: CH_4 17 Vol%; CH_4 57 Vol%; Ar 26 Vol%
Flußrate: 30 sccm
Plasmabedingungen: 1 mtorr
Leistung: 150 W (Mikrowellenleistung)
Quelle: ECR mit zusätzlicher HF-Leistung 13.56 MHz
dc-bias-Spannung: −250 V
Ätzrate: 0.67 nm/s

Literatur:
[1] A.F. Holleman und E. Wiberg (1985)
[2] S.J. Pearton und F. Ren (1993)

CdTe – Cadmiumtellurid

Naßätzen

Leicht lösliche Reaktionsprodukte: Cd(II) bildet lösliche Koordinationsverbindungen, Cd(OH)$_2$ löst sich in Säuren. CdS ist schwerlöslich und kann deshalb nur oxidativ (Überführung des Schwefels in höhere Oxidationsstufen) aufgelöst werden.[1] Te(IV) in starken Säuren als Te^{4+} und in starken Laugen als TeO$_3^{2-}$ löslich[1], als Te(II) in weinsauren Lösungen als Chelat löslich; TeO$_2$ löst sich in verschiedenen mehrfunktionellen organischen Säuren[1]

1. Naßätzverfahren: Ätzen in bromwasserstoffsaurer Jod-Kaliumjodid-Lösung[2]

Zusammensetzung: 4.15 g KI und 0.5 g I$_2$ in 12.5 ml HBr (keine nähere Konzentrationsangabe zu HBr)

Ätzrate: 50 nm/s

Trockenätzen:

Leicht bis mäßig flüchtige Verbindungen:
- Cd(CH$_3$)$_2$ Kp. 106 °C[1]
- CdI$_2$ Kp. 796 C[1]
- H$_2$Te Kp. −2.3 °C[1]

1. Trockenätzverfahren: ECR-RIE in reduktivem Plasma (Ar/H$_2$(/CH$_4$))[3]

Gaszusammensetzung: CH$_4$ 17 %; CH$_4$ 57 %; Ar 26 %
Flußrate: 30 sccm
Plasmabedingungen: 1 mtorr
Leistung: 150 W (Mikrowellenleistung)
Quelle: ECR mit zusätzlicher HF-Leistung 13.56 MHz
dc-bias-Spannung: −250 V
Ätzrate: 0.3 nm/s

Literatur:
[1] A.F. Holleman und E. Wiberg (1985)
[2] P.W. Leech et al. (1990)
[3] S.J. Pearton und F. Ren (1993)

(Co,Cr) – Cobaltchrom

Naßätzen

Leicht lösliche Reaktionsprodukte:	Cobalt bildet in Form von Co(II) und insbesondere von Co(III) eine Vielzahl löslicher Komplexverbindungen, Cr(III) in Form von Koordinationsverbindungen
Ätzbad:	Salzsaure Eisen(III)-lösung[1]
Konzentrationen:	$FeCl_3$ 1.2 M; HCl 4 M

Trockenätzen

Schwerer flüchtige Verbindungen:	$CoCl_2$	Kp. 1050 °C [2]
	$CrCl_3$	subl. 1300 °C [3]
Leichter flüchtige Verbindungen:	CrO_2Cl_2	Kp. 117 °C [3]
	$Cr(CO)_6$	Kp. 151 °C [3]
	$Cr(NO_3)_3 \cdot 9\,H_2O$	Kp. 125.5 °C [3]
Literatur:	[1] PTI-Hausvorschrift (1985)	
	[2] J. D'Ans und E. Lax (1943), 237	
	[3] J. D'Ans und E. Lax (1943), 227	

(Co,Nb,Zr) – Cobaltniobzirkonium

Naßätzen

Leicht lösliche Reaktionsprodukte: Cobalt bildet in Form von Co(II) und insbesondere von Co(III) eine Vielzahl löslicher Komplexverbindungen [1], Nb(V) löslich als Fluorid NbF_5[1]; Zirkonium bildet als Zr(IV) allein oder mit zweiwertigen Metallen Fluorokomplexe[1]

Trockenätzen

Mäßig bis schwer flüchtige Verbindungen:

$CoCl_2$	Kp. 1050 °C [2]
NbF_5	Kp. 229 °C [1]
$NbCl_5$	Kp. 247.4 °C [1]
$Zr(BH_4)_4$	Kp. 123 °C [1]
$ZrCl_4$	subl. 331 °C [1]
$ZrBr_4$	subl. 357 °C [1]
ZrI_4	subl. 431 °C [1]
ZrF_4	subl. 903 °C [1]

Trockenätzverfahren: Ionenstrahlätzen mit Ar [3]

Gaszusammensetzung: 100 % Ar
Ionenenergie: 1 kV
Ionenstromdichte: 0.17 mA/cm^2

Ätzrate: 0.2 nm/s (bei senkrechtem Ioneneinfall)
0.3 nm/s (bei einem Ioneneinfallswinkel von 50°)

Literatur:
[1] A.F. Holleman, E. Wiberg (1985)
[2] J. D'Ans und E. Lax (1943)
[3] O.J. Wimmers et al. (1990)

Co_2Si – Cobaltsilizid

Naßätzen

Leicht lösliche Reaktionsprodukte:	Cobalt bildet in Form von Co(II) und insbesondere von Co(III) eine Vielzahl löslicher Komplexverbindungen[1]
	Si(IV) löslich in von Form von Komplexen, z. B. in stark alkalischem Milieu als $[Si(OH)_6]^{2-}$ oder in F^--haltigem Milieu als $[SiF_6]^{2-}$
1. Nassätzverfahren:	Ätzen in Flußsäure[2]
Badzusammensetzung:	HF: 3 mol/l
Ätzrate:	0.6 nm/s
2. Nassätzverfahren:	Ätzen in salzsaurer Flußsäure[2]
Badzusammensetzung:	HF: 1 mol/l; pH: 0
Ätzrate:	0.4 nm/s

Trockenätzen

Schwerer flüchtige Verbindung:	$CoCl_2$	Kp. 1050 °C [3]
Leicht flüchtige Verbindungen:	SiH_4	Kp. -111.6 °C [3]
	SiF_4	Kp. -95.7 °C [3]
	Si_2H_6	Kp. -15 °C [3]
	$SiHCl_3$	Kp. 31.7 °C [3]
	$SiCl_4$	Kp. 56.7 °C [3]
	Si_2OCl_6	Kp. 135.5 °C [3]
	Si_2Cl_6	Kp. 147 °C [3]
Trockenätzverfahren:	Reaktives Ionenätzen im Cl_2-Plasma[4]	
Gaszusammensetzung:	100 % Cl_2	
Reaktor:	Parallelreaktor; 13.56 MHz, – 0,4 kV bias	
Ätzrate:	5 nm/s (bei 250 °C)	
Literatur:	[1] A.F. Holleman und E. Wiberg (1985)	
	[2] M.R. Baklanov et al. (1996)	
	[3] J. D'Ans und E. Lax (1943)	
	[4] F. Fracassi et al. (1996)	

Cr – Chrom

Naßätzen

Leicht lösliche Reaktionsprodukte:	Cr(II) in Form von Koordinationsverbindungen oder Cr(VI) in Form von Chromaten
Ätzbad 1:	Ätzorange[1]
Konzentrationen:	$(NH_4)_2Ce(NO_3)_6$ 0.3 mol/l; $HClO_4$ 0.5 mol/l Als Ce(IV)-Salz wird häufig auch $Ce(NH_4)_2(SO_4)_3$ verwendet.
Ätzrate:	ca. 1 nm/s
Ätzbad 2:	Alkalische Hexacyanoferrat(III)-lösung [2]
Konzentrationen:	$K_3Fe(CN)_6$ 0.76 mol/l; NaOH 3 mol/l
Temperatur:	50 °C
Ätzrate:	ca. 1 nm/s

Trockenätzen

Leicht flüchtige Verbindungen:	CrO_2Cl_2 Kp. 117 °C [3] $Cr(CO)_6$ Kp. 151 °C [3] $Cr(NO_3)_3 \cdot 9\,H_2O$ Kp. 125.5 °C [3]
Trockenätzverfahren:	Reaktives Ionenätzen im O_2/Cl_2-Plasma[4]
Ätzrate:	0.14 nm/s
Selektivität gegenüber Novolak:	0.3
Selektivität gegenüber einem trimethylsilylsubstituiertem PMMA:	4.25
Literatur:	[1] PTI-Hausvorschrift (1985); vgl. auch A.R.Janus (1972) [2] S.Büttgenbach (1991) [3] J.D'Ans und E.Lax (1943), 227 [4] A.E.Novembre et al. (1993); vgl. S. Tedesco et al. (1990)

Cu – Kupfer

Naßätzen

Leicht lösliche Reaktionsprodukte:	Cu(I) in Form von Halogeno- und Pseudohalogenokomplexen $[CuX_2]^-$, $[CuX_3]^{2-}$ [1] sowie im stark alkalischen Milieu als $[Cu(OH)_2]^-$ [2]; Cu(II) als Cu^{2+} und dessen Komplexen[1]

Ätzbad 1: Salzsaure Eisen(III)chlorid-lösung

Konzentrationen: HCl 3 mol/l, FeCl$_3$ 0.5 mol/l

(Es treten relativ große Unterätzungen auf)

Ätzbad 2: Ammoniakalische Hypochloritlösung

Konzentrationen: NH$_3$ 0.67 mol/l,

NaOCl ca. 0.7 mol/l

(NH$_4$)$_2$CO$_3$ 2.6 mol/l

Ätzrate: 100 nm/s

Ätzbad 3: Schwefelsaure Kaliumdichromatlösung[2]

Konzentrationen: H$_2$SO$_4$ 1.3 mol/l; K$_4$Cr$_2$O$_7$ 0.63 mol/l
Temperatur: 50 °C
Ätzrate: 100 nm/s

Ätzbad 4: Salzsaure CuCl$_2$/KCl-Lösung[3]

Konzentrationen: 3.5 mol/l CuCl$_2$
0.5 M HCl; 0.5 M KCl

Ätzrate: 12 nm/s

Je nach gewählten Konzentrationen und Flußraten des Ätzmittels wurden Flankenwinkel zwischen 25 und 86 Grad erhalten.

Trockenätzen

Mäßig bis schwerer flüchtige Verbindungen:	CuCl$_2$ Kp. 655 °C [4] CuBr$_2$ Kp. 900 °C [4]

1. Trockenätzverfahren: Sputterätzen mit Ar-Ionen [5]

Gaszusammensetzung:	Ar
Druck:	11 mtorr
Leistung:	100 W/ 1.6 W/cm^2; rf 1.5 kV
Temperatur.	190 °C
Ätzrate:	0.3–0.6 nm/s

2. Trockenätzverfahren: Ionenstrahlätzen mit Argon [6]

Ionenenergie:	0.5 keV
Ionenstromdichte:	1 mA/cm^2
Ätzrate:	0.75 nm/s

Literatur:
[1] A.F. Holleman und E. Wiberg (1985)
[2] PTI-Hausvorschrift (1985)
[3] M. Georgiadou und R. Alkire (1993 a und b)
[4] J. D'Ans und E. Lax (1943), 239
[5] R.T.C. Tsui (1967)
[6] P. Gloersen (1976)

Fe / (Fe,C) – Eisen (und Stahl)

Naßätzen

Leicht lösliche Reaktionsprodukte:	Fe(II) und Fe(III) in Form von Koordinationsverbindungen (CN^-, Cl^-)
Ätzbad 1:	Eisen(III)chlorid-Salzsäure-Lösung für rostfreien Stahl AISI 316[1]
Konzentrationen:	$FeCl_3$: 3.2 mol/l; HCl: 0.04 mol/l
Temperatur:	30 °C
Ätzrate:	45 nm/s
Temperatur:	40 °C
Ätzrate:	67 nm/s
Temperatur:	50 °C
Ätzrate:	105 nm/s

Trockenätzen

Leicht flüchtige Verbindungen:	$Fe(CO)_5$ Kp. 105 °C [2] $FeCl_3 \cdot 6\,H_2O$ Kp. 218 °C [2] $FeCl_3$ Kp. 319 °C [2]
Literatur:	[1] D.M. Allen und M.-L. Li (1988) [2] J. D'Ans und E. Lax (1943), 229

(Fe,Ni) – Eisennickel

Naßätzen

Leicht lösliche Reaktionsprodukte: Fe(II) und Fe(III) in Form von Koordinationsverbindungen (CN^-, Cl^-), Ni (II) in Form von Ni^{2+} und dessen löslichen Komplexen, Nickel bildet an der Atmosphäre eine dichte Passivierungsschicht, die Ni(III) enthält. Deren Auflösung gelingt im sauren Milieu und in der Wärme sowie durch Zusatz von komplexierenden Liganden wie F^-, Cl^- oder NH_3

Ätzbad 1: Citronensaures Peroxodisulfatbad[1]

Konzentrationen:
$(NH_4)_2S_2O_8$ 0.9 mol/l
NH_4F 0.03 mol/l
Citronensäure 0.25 mol/l
HNO_3 0.3 mol/l

Ätzrate: 3 nm/s

Ätzbad 2: Eisen(III)-chlorid-Lösung[2]

Temperatur: 3–54 °C
Ätzrate: 200–420 nm/s

Trockenätzen

Leicht flüchtige Verbindungen:
$Fe(CO)_5$ Kp. 105 °C [3]
$FeCl_3 \cdot 6\,H_2O$ Kp. 218 °C [3]
$FeCl_3$ Kp. 319 °C [3]
$Ni(CO)_4$ Kp. –25 °C [4]

Trockenätzverfahren: Reaktives Ionenstrahlätzen mit Ar/O_2 [5]

Das Ätzen ist selektiv zu Titan.

Literatur:
[1] PTI-Hausvorschrift (1985)
[2] R.J. Ryan et al. (1970)
[3] J. D'Ans und E. Lax (1943), 229
[4] J. D'Ans und E. Lax (1943), 249
[5] R.W. Dennison (1980)

GaAs – Galliumarsenid

Naßätzen

Leicht lösliche Reaktionsprodukte:	Gallium löslich als Ga^{3+} (in Säuren) oder als Gallate ($Ga(OH)_4^-$, in Alkalien)[1], Arsen löslich als As(III)-Salze, Chlorokomplexe, als As(V) in Arsensäure[1]
Naßätzverfahren 1:	Ätzen in schwefelsaurer Wasserstoffperoxidlösung (Carosche Säure)[2]
Konzentrationen:	H_2SO_4 4 mol/l H_2O_2 1.8 mol/l
Temperatur:	40 °C
Ätzrate:	300–500 nm/s
Naßätzverfahren 2:	Ätzen in alkalischer Wasserstoffperoxidlösung [2]
Konzentrationen:	NaOH 0.24 mol/l H_2O_2 0.17 mol/l
Temperatur:	5 °C
Ätzrate:	1.7 nm/s

In ammoniakalischer Wasserstoffperoxidlösung wird ein stark anisotropes Ätzen beobachtet[3].

Naßätzverfahren 3:	Ätzen in citronensaurer Wasserstoffperoxidlösung[4]
Konzentrationen:	Citronensäure 2.4 mol/l H_2O_2 1.4 mol/l
Temperatur:	18 °C
Ätzrate:	3 nm/s

Das Bad besitzt eine Selektivität von etwa 10 gegenüber AlGaAs.

Naßätzverfahren 4:	Photoelektrochemisches Ätzen in verdünnter Salpetersäure[5]
Elektrolyt:	$HNO_3 : H_2O = 20 : 1$
Konzentrationen:	stark verdünnt (1/20)
Licht:	0.2 W/cm² (150 W Halogenlampe)

Ätzrate:	8.3 nm/s
Naßätzverfahren 5:	Ätzen in schwefelsaurer Bromatlösung[6]
Elektrolyt:	H_2SO_4 8 mol/l $KBrO_3$ 0.25 mol/l
Ätzrate:	670 nm/s (Rotierendes Substrat, 2250 U/min) – Ätzbad für extrem hohe Ätzraten

Die Rauhigkeit der erhaltenen Oberfläche ändert sich in Abhängigkeit von der Schwefelsäurekonzentration.

Naßätzverfahren 6:	Ätzen in salz- und essigsaurer Wasserstoffperoxidlösung[7]
Elektrolyt:	H_2O_2 1.1 mol/l HCl 0.4 mol/l CH_3COOH 14 mol/l
Ätzrate:	4.5 nm/s

Trockenätzen

Leicht bis mäßig flüchtige Verbindungen:	Ga_2H_6	Kp. –63 °C[1]
	$GaCl_3$	Kp. 201.3 °C [1]
	$GaCl_2$	Kp. 535 °C [1]
	AsH_3	Kp. –54.8 °C [8]
	AsF_5	Kp. –52.9 °C [8]
	AsF_3	Kp. 63 °C [8]
	$AsCl_3$	Kp. 130.4 °C [8]
	$AsBr_3$	Kp. 221 °C [8]

1. Trockenätzverfahren:	Reaktives Ionenätzen in $SiCl_4$
Gaszusammensetzung:	$SiCl_4$
Flußrate:	12 sccm
Plasmabedingungen:	Parallelplattenreaktor; 13.5 MHz; 15 mtorr
Leistung:	15 W
Ätzrate:	5.5 nm/s (60 °C)[9]

Bei Chlorzumischung und erhöhter Leistungsdichte können Ätzraten von mehr als 40 nm/s erreicht werden (detaillierte Parameterabhängigkeiten in[10]).

2. Trockenätzverfahren: Reaktives Ionenätzen in $SiCl_4/CH_4/Ar$[11]

Gaszusammensetzung: Ar: 50 %; CH_4: 10 %; $SiCl_4$: 40 %
Flußrate: 36 sccm
Plasmabedingungen: Parallelplattenreaktor; 13.5 MHz; 7.6 mtorr
Leistung: 100 W
Ätzrate: 2.7 nm/s (60 °C)

3. Trockenätzverfahren: Magnetfeldgestütztes RIE in $SiCl_4$[12]

Gaszusammensetzung: Ar: 50 %; CH_4: 10 %; $SiCl_4$: 40 %
Flußrate: 15 sccm
Plasmabedingungen: Zusatz-Magnetfeld; 125 G, 13.5 MHz; 2-15 mtorr
Leistung: 0.08–0.5 W/cm^2
Ätzrate: ca. 10–20 nm/s (60 °C)

4. Trockenätzverfahren: Reaktives Ionenätzen in Cl_2[13]

Gaszusammensetzung: Cl_2
Flußrate: 40 sccm
Plasmabedingungen: Parallelplattenreaktor; 13.5 MHz; 85 mtorr
Leistung: 25–100 W
Ätzrate: 20–40 nm/s (45 °C)

5. Trockenätzverfahren: Reaktives Ionenätzen in BCl_3-haltigen Plasmen[14]

Gaszusammensetzung: Ar: 65 %; BCl_3: 20 %; Cl_2: 15 %
Flußrate: 40 sccm
Plasmabedingungen: Parallelplattenreaktor; 13.56 MHz; 15 mtorr
Ätzrate: 10–20 nm/s (10 °C)

6. Trockenätzverfahren: Kristallografisches Ätzen im Bromplasma[15]

Gaszusammensetzung: Br_2
Flußrate: 30 sccm
Plasmabedingungen: Parallelplattenreaktor; 0.3 torr; 14 MHz;
Leistung: 30 W
Ätzrate: GaAs (100): ca. 1 µm/s (100 °C)

7. Trockenätzverfahren: CAIBE in Cl_2/Ar[16]

Gaszusammensetzung: Chlor
Flußrate: 8 sccm Cl_2
Quelle: Kaufmann-Quelle (Ar$^+$ –Strahl: 0.2 mA/cm^2, 0.5 kV)

Plasmabedingungen: Parallelplattenreaktor; 13.5 MHz; 7.6 mtorr
Leistung: 100 W
Ätzrate: 3–4 nm/s (110 °C)

8. Trockenätzverfahren: Laserätzen in Dimethylzink-Atmosphäre[17]

Gaszusammensetzung: $Zn(CH_3)_2$
Quelle: Ar-Laser 514 nm
Plasmabedingungen: 10 torr
Leistung pro 2.5-µm-Spot: 110 mW
Laserinduzierte Temperatur: 550 °C
Ätzrate: 27 nm/s

Es werden V-förmige Ätzgruben mit sauberen Flanken und ohne Randdepositionen erhalten.

Literatur:
[1] A.F. Hollemann und E. Wiberg (1985)
[2] H. Beneking (1991)
[3] S.H. Jones und D.K. Walker (1990)
[4] C. Juang et al. (1990)
[5] Th. Fink und R.M. Osgood, Jr. (1993)
[6] P. Rotsch (1992)
[7] J.R. Flemish und K.A. Jones (1993)
[8] J. D'Ans und E. Lax (1943), 229
[9] S.K. Murad et al. (1993)
[10] A. Camacho und D.V. Morgan (1994)
[11] C.V.J.M. Chang und J.C.N. Rijpers (1994); zum RIE von GaAs in Wasserstoff/Kohlenwasserstoff-Plasmen vgl. auch G. Franz (1990), zum RIE in Halogenkohlenwasserstoffplasmen S.J. Pearton et al. (1990)
[12] M. Meyyappan et al. (1992)
[13] vgl. auch A. Camacho und D.V. Morgan (1994)
[14] K.J. Nordheden et al. (1993); vgl. auch H. Takenaka et al. (1994) und zur Wirkung zusätzlicher Mikrowellenleistung S.W. Pang und K.K. Ko (1992)
[15] D.E. Ibbotson et al. (1983)
[16] G.L. Snider et al. (1994); insbesondere zur Profilausbildung vgl. auch W.J. Grande et al. (1990)
[17] T.J. Licata und R. Scarmozzino (1991)

(Ga,In)As – Galliumindiumarsenid

Naßätzen

Leicht lösliche Reaktionsprodukte:	Gallium löslich als Ga^{3+} (in Säuren) oder als Gallate ($Ga(OH)_4^-$, in Alkalien)[1], In(III) ist als Aquokomplex $[In(H_2O)_6]^{3+}$ oder als Fluorokomplex $[InF_6]^{3-}$ löslich.[1] Arsen löslich als As(III)-Salze, Chlorokomplexe, als As(V) in Arsensäure[1]
Ätzbad 1:	Schwefelsaure Wasserstoffperoxidlösung (Carosche Säure)[2]
Konzentrationen:	H_2SO_4 0.2 mol/l H_2O_2 0.09 mol/l
Temperatur:	25 °C
Ätzrate:	0.8 nm/s
oder	
Konzentrationen:	H_2SO_4 1.7 mol/l H_2O_2 0.74 mol/l
Temperatur:	25 °C
Ätzrate:	42 nm/s
Ätzbad 2:	Citronensaure Wasserstoffperoxidlösung[3]
Konzentrationen:	H_2O_2 3 mol/l $C_6H_8O_7$ 1.7 mol/l
Ätzrate:	2.4 nm/s ($Ga_{0.47}In_{0.53}As$; Raumtemperatur)

Trockenätzen

Leicht bis schwerer flüchtige Verbindungen:	Ga_2H_6	Kp. −63 °C[1]
	$GaCl_3$	Kp. 201.3 °C[1]
	$GaCl_2$	Kp. 535 °C[1]
	GaN	subl. >800 °C[4]
	AsH_3	Kp. −54.8 °C[5]
	AsF_5	Kp. −52.9 °C[5]
	AsF_3	Kp. 63 °C[5]
	$AsCl_3$	Kp. 130.4 °C[5]
	$AsBr_3$	Kp. 221 °C[5]
	$InBr_3$	subl. 371 °C[1]
	$InCl_3$	subl. 418 °C[1]

6.2 *Vorschriftensammlung*

1. Trockenätzverfahren: RIE im Cl_2-Plasma[6]

Gaszusammensetzung:	33 % Ar; 67 % Cl_2
Flußrate:	15–35 sccm
Plasmabedingungen:	50 mtorr
Leistung:	0.8 W/cm^2
Quelle:	Parallelplattenreaktor,(13.56 MHz), Elektrodenabstand 7 cm
Bemerkungen:	glattere Oberflächen und weniger rauhe Ätzkanten können bei reduzierter Leistungsdichte (z.B. 0.3 W/cm^2) erreicht werden, wenn eine stark verminderte Ätzrate in Kauf genommen wird.
Ätzrate:	3 nm/s

2. Trockenätzverfahren: RIE im $SiCl_4$-Plasma[6]

Gaszusammensetzung:	33 % Ar; 67 % $SiCl_4$
Flußrate:	15–35 sccm
Plasmabedingungen:	50 mtorr
Leistung:	0.8 W/cm^2
Quelle:	Parallelplattenreaktor, (13.56 MHz), Elektrodenabstand 7 cm
Bemerkungen:	(s. oben)
Ätzrate:	2.3 nm/s
Literatur:	[1] A.F. Holleman und E. Wiberg (1985) [2] A.F. Bogenschütz (1967) [3] G.C. DeSalvo et al. (1992) [4] J. D'Ans und E. Lax (1943), 231 [5] J. D'Ans und E. Lax (1943), 229 [6] S.J. Pearton et al. (1990)

$(Ga_{0.5}In_{0.5})P$ – Galliumindiumphosphid

Naßätzen

Leicht lösliche Verbindungen: Gallium löslich als Ga^{3+} (in Säuren) oder als Gallate $(Ga(OH)_4^-$, in Alkalien)[1], In(III) ist als Aquokomplex $[In(H_2O)_6]^{3+}$ oder als Fluorokomplex $[InF_6]^{3-}$ löslich.[1]

Ätzbad 1:	Heiße Schwefelsäure[2]
Konzentrationen:	konzentriert
Temperatur:	60 °C
Ätzrate:	0.25 nm/s
Temperatur:	70 °C
Ätzrate:	0.63 nm/s
Ätzbad 2:	Salzsäure
Konzentrationen:	6.5 mol/l
Temperatur:	25 °C
Ätzrate:	0.3 nm/s[2]
Konzentration:	4.5 mol/l
Temperatur:	23 °C
Ätzrate:	0.3 nm/s
Selektivität (Ätzratenfaktor gegenüber GaAs):	ca. 0.7 [3]
Konzentration:	7.1 mol/l
Temperatur:	23 °C
Ätzrate:	0.65 nm/s
Selektivität (Ätzratenfaktor gegenüber GaAs):	ca. 3 [3]
Ätzbad 3:	Salz- und essigsaure Wasserstoffperoxidlösung[4]
Konzentrationen:	H_2O_2 0.2 mol/l HCl 0.47 mol/l CH_3COOH 16 mol/l
Ätzrate:	1.6 nm/s

Trockenätzen

Leicht bis mäßig flüchtige Verbindungen:
- Ga_2H_6 Kp. −63 °C[1]
- $GaCl_3$ Kp. 201.3 °C [1]
- $GaCl_2$ Kp. 535 °C [1]
- $InBr_3$ subl. 371 °C[1]
- $InCl_3$ subl. 418 °C[1]
- PF_3 Kp. −101 °C[6]
- PH_3 Kp. −88 °C[6]
- PF_5 Kp. −75 °C[6]
- PCl_5 Kp. 62 °C[6]

1. Trockenätzverfahren: Ätzen in reduktiven Plasmen hoher Dichte[7]

Gaszusammensetzung:	4.5 % CH_4; 40 % H_2; 55.5 % Ar
Flußrate:	45 sccm
Ionendichte:	ca. $10^{11}/cm^3$
Plasmabedingungen:	1.5 mtorr
Leistung:	150 W (rf 13.56 MHz); 1 kW (Mikrowelle 2.45 GHz)
Ätzrate:	3.7 nm/s

2. Trockenätzverfahren: Ätzen im BCl_3/N_2-Plasma hoher Dichte[8]

Gaszusammensetzung:	75 % BCl_3; 25 % N_2
Plasmabedingungen:	1 mtorr
Leistung:	(rf 13.56 MHz); − 145 V self-bias 1 kW (Mikrowelle 2.45 GHz)
Temperatur:	100 °C
Ätzrate:	33 nm/s

Literatur:
[1] A.F. Holleman und E. Wiberg (1985)
[2] T.R. Stewart und D.P. Bour (1992)
[3] H. Ito und T. Ishibashi (1995)
[4] J.R. Flemish und K.A. Jones (1993)
[5] J. D'Ans und E. Lax (1943), 264
[6] J. D'Ans und E. Lax (1943), 231
[7] J.W. Lee et al. (1996)
[8] F. Ren et al. (1996)

GaN – Galliumnitrid

Naßätzen

Leicht lösliche Verbin- Gallium löslich als Ga^{3+} (in Säuren) oder als
dungen: Gallate ($Ga(OH)_4^-$, in Alkalien)[1]),

Ätzbad 1: Heiße Phosphorsäure [2)]

Konzentrationen: 85 %ige H_3PO_4 (200 °C)
Ätzrate: 18 nm/s

Trockenätzen

Leicht bis schwerer Ga_2H_6 Kp. −63 °C[1)]
flüchtige Verbindungen: $GaCl_3$ Kp. 201.3 °C [1)]
      $GaCl_2$ Kp. 535 °C [1)]
      GaN   subl. >800 °C[3)]

1. Trockenätzverfahren: ECR-Ätzen im $CH_4/H_2/Ar$ -Plasma[4)]

Gaszusammensetzung: 17 % CH_4; 50 % H_2; 33 % Ar
Durchflußrate: 30 sccm
Plasmabedingungen: 1.5 mtorr
Leistung: 1 kW ECR/ 450 W (rf 13.56 MHz)
Temperatur: 23 °C
Ätzrate: 2.8 nm/s

2. Trockenätzverfahren: ECR-Ätzen im Cl_2/Ar -Plasma[4)]

Gaszusammensetzung: 33 % Cl_2; 67 % Ar
Durchflußrate: 15 sccm
Plasmabedingungen: 1.5 mtorr
Leistung: 1 kW (ECR); 450 W (rf 13.56 MHz)
Temperatur: 23 °C
Ätzrate: 11 nm/s

3. Trockenätzverfahren: ECR-Ätzen im ICl/Ar -Plasma[4)]

Gaszusammensetzung: 50 % ICl; 50 % Ar
Durchflußrate: 8 sccm
Plasmabedingungen: 1.5 mtorr
Leistung: 1 kW (ECR); 250 W (rf 13.56 MHz; dc −275 V)
Temperatur: 23 °C
Ätzrate: 22 nm/s

Literatur: [1] A.F. Holleman und E. Wiberg (1985)
[2] A. Shintani und S. Minagawa (1976)
[3] J. D'Ans und E. Lax (1943), 264
[4] C.B. Vartuli et al (1996)

GaP – Galliumphosphid

Naßätzen:

Leicht lösliche Verbindungen: Gallium löslich als Ga^{3+} (in Säuren) oder als Gallate ($Ga(OH)_4^-$, in Alkalien)[1], Phosphor als P(III) oder P(V) leicht löslich in Form vieler Phosphite und Phosphate

Ätzbad 1: Schwefelsaure Bromatlösung[2]

Konzentrationen: H_2SO_4 7 mol
KBrO$_3$ 0.25 mol/l

Ätzrate: 133 nm/s (rotierendes Substrat 2250 U/min)

Sehr schneller Ätzabtrag. Rauhigkeit in der Ätzfläche stark abnehmend bei sehr hoher Schwefelsäure-Konzentration (>2 mol/l)

Trockenätzen:

Leicht bis schwerer flüchtige Verbindungen:
GaH_3
$GaCl_3$ Kp. 201.3 °C [1]
$GaCl_2$ Kp. 535 °C [1]
GaN subl. >800 °C [3]
PF_3 Kp. −101 °C [4]
PH_3 Kp. −88 °C [4]
PF_5 Kp. −75 °C [4]
PCl_5 Kp. 62 °C [4]

Literatur:
[1] A.F. Holleman und E. Wiberg (1985)
[2] P. Rotsch (1992)
[3] J. D'Ans und E. Lax (1943), 264
[4] J. D'Ans und E. Lax (1943), 231

GaSb – Galliumantimonid

Naßätzen

Leicht lösliche Reaktionsprodukte: Gallium löslich als Ga^{3+} (in Säuren) oder als Gallate ($Ga(OH)_4^-$, in Alkalien)[1], Sb löst sich in stark oxidierenden Flüssigkeiten wie z. B. HNO_3 unter Bildung von Sb(III) oder Sb(V) als antimonige bzw. Antimonsäure; Sb(III) ist in alkalischem Milieu und in stark saurem Milieu löslich; Sb-Kationen bilden Koordinationsverbindungen, vorteilhafterweise z. B. mit Chelatliganden aus mehrfunktionellen organischen Säuren wie z. B. Citronensäure oder Weinsäure

Ätzbad 1: Tartrathaltige salzsaure Wasserstoffperoxidlösung[2]

Konzentrationen:
H_2O_2 0.7 mol/l
HCl   0.83 mol/l
$NaK(C_4H_6O_6)$ 0.083 mol/l

Temperatur: Raumtemperatur
Ätzrate: 15 nm/s

Ätzbad 2: Flußsäure-Salpetersäure-Gemisch [3]

HF   2.6 mol/l
HNO_3 10 mol/l

Das Bad hat polierende Wirkung.

Trockenätzen

Leicht bis schwerer flüchtige Verbindungen:

GaH_3	
$GaCl_3$	Kp. 201.3 °C [1]
$GaCl_2$	Kp. 535 °C [1]
GaN	subl. >800 °C [4]
SbH_3	Kp. −17 °C [1]
$SbCl_5$	Kp. 140 °C [1]
SbF_5	Kp. 141 °C [1]
$SbCl_3$	Kp. 223 °C [1]
$SbBr_3$	Kp. 288 °C [1]
SbF_3	Kp. 319 °C [1]
SbI_3	Kp. 401 °C [1]

1. Trockenätzverfahren: RIE im C_2H_6/H_2-Plasma[5]

Gaszusammensetzung:	25 % C_2H_6; 75 % H_2
Flußrate:	20 sccm
Plasmabedingungen:	4 mtorr
Leistung:	0.85 W/cm^2
Quelle:	Parallelplattenreaktor (13.56 MHz), Elektrodenabstand 7 cm
Temperatur:	$\leq 40\,°C$
Ätzrate:	3 nm/s

2. Trockenätzverfahren: RIE im CCl_2F_2/O_2-Plasma[5]

Gaszusammensetzung:	95 % CCl_2F_2; 5 % O_2
Flußrate:	20 sccm
Plasmabedingungen:	4 mtorr
Leistung:	0.85 W/cm^2
Quelle:	Parallelplattenreaktor (13.56 MHz), Elektrodenabstand 7 cm
Temperatur:	$\leq 40\,°C$
Ätzrate:	0.4 nm/s

3. Trockenätzverfahren: CAIBE im I_2/Ar-Plasma[6]

Gaszusammensetzung:	I_2-Partialdruck: $12 \cdot 10^{-5}$ torr
Flußrate:	30 sccm
Ionenstrahl:	Ar^+, 3 kV, 1 mA/cm^2; Einfallswinkel: 12–15° (Substrat rotierend)
Ätzrate:	23 nm/s

4. Trockenätzverfahren: Mikrowellenätzen im H_2/CH_4/Ar-Plasma[7]

Gaszusammensetzung:	CH_4: 17 %; H_2: 57 %; Ar: 27 %
Flußrate:	30 sccm
Plasmabedingungen:	10 mtorr
Leistung:	300 W
Ätzrate:	0.22 nm/s

Literatur:
[1] A.F. Holleman und E. Wiberg (1985)
[2] J.G. Buglass et al. (1986)
[3] B.A. Irving (1962)
[4] J. D'Ans und E. Lax (1943), 231
[5] S.J. Pearton et al. (1990 a); zur Benutzung einer zusätzlichen ECR-Quelle vgl. auch S.J. Pearton et al. (1991 c), S.J. Pearton et al. (1990 c)
[6] L.M. Bharadwaj et al. (1991)
[7] S.J. Pearton et al. (1991 a); zur Benutzung einer zusätzlichen ECR-Quelle vgl. auch S.J. Pearton et al. (1991 c)

Ge – Germanium

Naßätzen

Leicht lösliche Reaktionsprodukte:	Ge(II) bildet Halogenokomplexionen: GeF_3^-, $GeCl_3^-$; Ge(IV) ist in Alkalien löslich: Bildung von Germanaten $GeO(OH)_3^-$ oder in fluoridreichen Lösungen Bildung von Hexafluorogermanat $GeF_6^{2-\,1)}$
Ätzbad 1:	Salpetersäure-Flußsäure Bad[2]
Konzentrationen:	HNO_3 7 mol/l HF 6 mol/l CH_3COOH 6 mol/l
Temperatur: Ätzrate:	20 °C 25 nm/s
Ätzbad 2:	Salpetersäure-Flußsäure Bad mit KI-Zusatz[2]
Konzentrationen:	HNO_3 9 mol/l HF 2.3 mol/l KI 0.15 mmol/l
Temperatur: Ätzrate:	23 °C 117 nm/s
Ätzbad 3:	Salpetersäure-Flußsäure Bad mit Wasserstoffperoxid-Zusatz[2]
Konzentrationen:	HNO_3 2.2 mol/l HF 1.3 mol/l H_2O_2 3.6 mol/l
Temperatur: Ätzrate:	23 °C 117 nm/s
Ätzbad 4:	Salpetersäure-Flußsäure Bad mit Cu-Zusatz[2]
Konzentrationen:	HNO_3 3.1 mol/l HF 10 mol/l $Cu(NO_3)_2$ 0.02 mol/l
Temperatur:	23 °C

Ätzrate: 20 nm/s

Trockenätzen

Leicht flüchtige Verbindungen:	GeH_4	Kp. −90 °C [3]
	GeF_4	subl. −35 °C [3]
	$GeHCl_3$	Kp. 75.2 °C [3]
	$GeCl_4$	Kp. 84 °C [3]
	$GeBr_4$	Kp. 183 °C [3]

1. Trockenätzverfahren: Reaktives Ionenätzen im $CBrF_3$-Plasma[4]

Gaszusammensetzung: 100 % $CBrF_3$
Flußrate: 10 sccm
Plasmabedingungen: 50 mtorr
Reaktor: Parallelreaktor; 13.56 MHz, 0,4 kV self-bias
Ätzrate: 1.3 nm/s
Bemerkungen: Herstellung von 60 nm-Gittern

2. Trockenätzverfahren: Reaktives Ionenätzen im CF_4-Plasma[5]

Gaszusammensetzung: 100 % CF_4
Flußrate: 100 sccm
Plasmabedingungen: 250 mtorr
Leistung: 0.28 W/cm^2
Reaktor: Parallelreaktor; 13.56 MHz
Ätzrate: 22 nm/s
Bemerkungen: Sehr gute Selektivität gegenüber Si,

3. Trockenätzverfahren: Plasmaätzen im CF_4/O_2-Gemisch [5]

Gaszusammensetzung: 95 % CF_4; 5 % O_2
Flußrate: 100 sccm
Plasmabedingungen: 250 mtorr
Leistung: 0.28 W/cm^2
Reaktor: Parallelreaktor; 13.56 MHz
Ätzrate: 23 nm/s
Bemerkungen: Gute Selektivität gegenüber Si;

4. Trockenätzverfahren: Reaktives Ionenätzen im CF_2Cl_2-Plasma[5]

Gaszusammensetzung: 100 % CF_2Cl_2
Flußrate: 100 sccm
Plasmabedingungen: 100 mtorr
Leistung: 0.28 W/cm^2
Reaktor: Parallelreaktor; 13.56 MHz

Ätzrate:	3.3 nm/s
Bemerkungen:	Gute Selektivität gegenüber Si

5. Trockenätzverfahren: Reaktives Ionenätzen im CF_3Br -Plasma[5]

Gaszusammensetzung:	100 % CF_3Br
Flußrate:	100 sccm
Plasmabedingungen:	100 mtorr
Leistung:	0.28 W/cm^2
Reaktor:	Parallelreaktor; 13.56 MHz
Ätzrate:	4.5 nm/s
Bemerkungen:	Gute Selektivität gegenüber Si
Literatur:	[1] A.F. Holleman, E. Wiberg (1985)
	[2] A.F. Bogenschütz (1967)
	[3] J. D'Ans und E. Lax (1943), 231,232
	[4] T. Matthies et al. (1993)
	[5] G.S. Oehrlein et al. (1991)

Ge_xSi_{1-x} – Germaniumsilizid

Naßätzen

Leicht lösliche Reaktionsprodukte: Ge(II) bildet Halogenokomplexionen: GeF_3^-, $GeCl_3^-$; Ge(IV) ist in Alkalien löslich: Bildung von Germanaten $GeO(OH)_3^-$ oder in fluoridreichen Lösungen Bildung von Hexafluorogermanat GeF_6^{2-} [1]

Si(IV) löslich in von Form von Komplexen, z.B. in stark alkalischem Milieu als $[Si(OH)_6]^{2-}$ oder in F^--haltigem Milieu als $[SiF_6]^{2-}$ [1] Ätzen wird durch geeignete Chelatliganden unterstützt: z.B. Brenzkatechin, Ethylendiamin, Hydrazin

Trockenätzen

Leicht flüchtige Verbindungen:

GeH_4	Kp. $-90\,°C$ [2]
GeF_4	subl. $-35\,°C$ [2]
$GeHCl_3$	Kp. $75.2\,°C$ [2]
$GeCl_4$	Kp. $84\,°C$ [2]
$GeBr_4$	Kp. $183\,°C$ [2]
SiH_4	Kp. $-111.6\,°C$ [3]
SiF_4	Kp. $-95.7\,°C$ [3]
Si_2H_6	Kp. $-15\,°C$ [3]
$SiHCl_3$	Kp. $31.7\,°C$ [3]
$SiCl_4$	Kp. $56.7\,°C$ [3]
Si_2OCl_6	Kp. $135.5\,°C$ [3]
Si_2Cl_6	Kp. $147\,°C$ [3]

1. Trockenätzverfahren: Reaktives Ionenätzen im $SiCl_4/Cl_2/He$-Plasma [4]

Gaszusammensetzung:	50 % $SiCl_4$; 37.5 % Cl_2; 12.5 % He
Flußrate:	24.6 sccm
Leistung:	0.13 W/cm^2
Plasmabedingungen:	10 mtorr
Reaktor:	Parallelreaktor; 13.56 MHz, -70 V bias

Ätzrate:
1 nm/s (x = 0.1; 10 % Ge)
1.2 nm/s (x = 0.2; 20 % Ge)
3 nm/s (reines Germanium)

Gaszusammensetzung: 33 % $SiCl_4$; 33 % Cl_2; 33 % He
Flußrate: 47.5 sccm

Leistung:	0.37 W/cm^2
Plasmabedingungen:	10 mtorr
Reaktor:	Parallelreaktor; 13.56 MHz, –411V bias
Bemerkungen:	Herstellung von Säulen mit 0.2 µm Durchmesser und ca. 0.7 µm Höhe

2. Trockenätzverfahren: Reaktives Ionenätzen im SF$_6$/O$_2$/He - Plasma[4]

Gaszusammensetzung:	40 % He
Flußrate:	24.6 sccm
Leistung:	0.13 W/cm^2
Plasmabedingungen:	10 mtorr
Reaktor:	Parallelreaktor; 13.56 MHz, –70V bias
Ätzrate:	2.8 nm/s (x = 0; reines Si)
	4.7 nm/s (x = 0.1; 10 % Ge)
	5.5 nm/s (x = 0.2; 20 % Ge)
	5.3 nm/s (x = 0.25; 25 % Ge)
	2.5 nm/s (x = 1; reines Germanium)
Literatur:	[1] A.F.Holleman, E.Wiberg (1985)
	[2] J.D'Ans und E.Lax (1943), 231,232
	[3] J.D'Ans und E.Lax (1943), 261
	[4] R.Cheung et al. (1993)

Hf – Hafnium

Naßätzen

Leicht lösliche Reaktionsprodukte:	als Hf(IV) in Form von Halogensalzen, Oxohalogensalzen und Komplexverbindungen[1]
1. Naßätzverfahren:	Ätzen in stark verdünnter HF-Lösung[2]
Temperatur:	Raumtemperatur

Trockenätzen

Mäßig flüchtige Verbindungen:	$HfCl_4$ subl. 319 °C [1]
Literatur:	[1] A.F. Holleman, E. Wiberg (1985) [2] W. Tegert (1959)

HgTe – Quecksilbertellurid

Naßätzen

Leicht lösliche Reaktionsprodukte:	Hg(II) bildet lösliche Salze und Koordinationsverbindungen, Te(IV) in starken Säuren als Te^{4+} und in starken Laugen als TeO_3^{2-} löslich, als Te(II) in weinsauren Lösungen als Chelat löslich; TeO_2 löst sich in verschiedenen mehrfunktionellen organischen Säuren[1]
Naßätzbad:	Bromwasserstoffsaure Jod-Kaliumjodid-Lösung[2]
Zusammensetzung:	4.15 g KI und 0.5 g I_2 in 12.5 ml HBr (keine nähere Konzentrationsangabe zu HBr)
Ätzrate:	75 nm/s

Trockenätzen

Leicht bis mäßig flüchtige Verbindungen:	Hg Kp. 357 °C [3] H_2Te Kp. –2.3 °C [1]
Literatur:	[1] A.F. Holleman und E. Wiberg (1985) [2] P.W. Leech et al. (1990) [3] J. D'Ans und E. Lax (1943), 254

InAs – Indiumarsenid

Naßätzen

Leicht lösliche Reaktionsprodukte:	In(III) ist als Aquokomplex $[In(H_2O)_6]^{3+}$ oder als Fluorokomplex $[InF_6]^{3-}$ löslich.[1] As(III)-Salze, Chlorokomplexe, als As(V) in Arsensäure
Ätzbad:	Schwefelsaure Bromatlösung[2]
Konzentrationen:	H_2SO_4 8 mol/l $KBrO_3$ 0.25 mol/l
Ätzrate:	530 nm/s (rotierendes Substrat 2250 U/min)

Sehr schneller Ätzabtrag. Rauhigkeit in der Ätzfläche abhängig von der Schwefelsäure-Konzentration

Trockenätzen

Leicht flüchtige Verbindungen:	$InBr_3$	subl. 371 °C[1]
	$InCl_3$	subl. 418 °C[1]
	AsH_3	Kp. −54.8 °C[1]
	AsF_5	Kp. −52.9 °C[1]
	AsF_3	Kp. 63 °C[1]
	$AsCl_3$	Kp. 130.4 °C[1]
	$AsBr_3$	Kp. 221 °C[1]

1. Trockenätzverfahren: RIE im Cl_2-Plasma[3]

Gaszusammensetzung:	33 % Ar; 67 % Cl_2
Flußrate:	15–35 sccm
Plasmabedingungen:	50 mtorr
Leistung:	1 W/cm²
Quelle:	Parallelplattenreaktor (13.56 MHz), Elektrodenabstand 7 cm
Ätzrate:	2 nm/s

2. Trockenätzverfahren: RIE im $SiCl_4$-Plasma[3]

Gaszusammensetzung:	33 % Ar; 67 % $SiCl_4$
Flußrate:	15–35 sccm
Plasmabedingungen:	50 mtorr
Leistung:	1 W/cm²
Quelle:	Parallelplattenreaktor (13.56 MHz), Elektrodenabstand 7 cm
Ätzrate:	2.2 nm/s

3. Trockenätzverfahren: Mikrowellenätzen im $H_2/CH_4/Ar$ -Plasma[5]

Gaszusammensetzung:	CH_4: 17 %; H_2: 57 %; Ar: 27 %
Flußrate:	30 sccm
Plasmabedingungen:	10 mtorr
Leistung:	300 W
Ätzrate:	0.2 nm/s

4. Trockenätzverfahren: RIE im C_2H_6/H_2 -Plasma[4]

Gaszusammensetzung:	25 % C_2H_6; 75 % H_2
Flußrate:	20 sccm
Plasmabedingungen:	4 mtorr
Leistung:	0.85 W/cm^2
Quelle:	Parallelplattenreaktor (13.56 MHz), Elektrodenabstand 7 cm
Temperatur:	$\leq 40\,°C$
Ätzrate:	0.5 nm/s

5. Trockenätzverfahren: RIE im CCl_2F_2/O_2 -Plasma[4]

Gaszusammensetzung:	95 % CCl_2F_2; 5 % O_2
Flußrate:	20 sccm
Plasmabedingungen:	4 mtorr
Leistung:	0.85 W/cm^2
Quelle:	Parallelplattenreaktor (13.56 MHz), Elektrodenabstand 7 cm
Temperatur:	$\leq 40\,°C$
Ätzrate:	0.8 nm/s
Literatur:	[1] A.F. Holleman und E. Wiberg (1985)
	[2] P. Rotsch (1992)
	[3] S.J. Pearton et al. (1990 b)
	[4] S.J. Pearton et al. (1990 a)
	[5] S.J. Pearton et al. (1991 a)

Indiumgalliumnitrid – (In,Ga)N

Naßätzen

Leicht lösliche Verbindungen: In(III) ist als Aquokomplex $[In(H_2O)_6]^{3+}$ oder als Fluorokomplex $[InF_6]^{3-}$ löslich.[1] Gallium löslich als Ga^{3+} (in Säuren) oder als Gallate ($Ga(OH)_4^-$, in Alkalien)[1],

Trockenätzen

Leicht bis schwerer flüchtige Verbindungen:

$InBr_3$	subl. 371 °C[1]
$InCl_3$	subl. 418 °C[1]
Ga_2H_6	Kp. –63 °C[1]
$GaCl_3$	Kp. 201.3 °C [1]
$GaCl_2$	Kp. 535 °C [1]
GaN	subl. >800 °C[2]

1. Trockenätzverfahren: ECR-Ätzen im $CH_4/H_2/Ar$ –Plasma[3]

Gaszusammensetzung: 17 % CH_4; 50 % H_2; 33 % Ar
Durchflußrate: 30 sccm
Plasmabedingungen: 1.5 mtorr
Leistung: 1 kW ECR/ 450 W (rf 13.56 MHz)
Temperatur: 23 °C

Ätzrate: 6 nm/s

2. Trockenätzverfahren: ECR-Ätzen im Cl_2/Ar -Plasma[3]

Gaszusammensetzung: 33 % Cl_2; 67 % Ar
Durchflußrate: 15 sccm
Plasmabedingungen: 1.5 mtorr
Leistung: 1 kW (ECR); 450 W (rf 13.56 MHz)
Temperatur: 23 °C
Ätzrate: 8 nm/s

3. Trockenätzverfahren: ECR-Ätzen im ICl/Ar -Plasma[3]

Gaszusammensetzung: 50 % ICl; 50 Ar
Durchflußrate: 8 sccm
Plasmabedingungen: 1.5 mtorr
Leistung: 1 kW (ECR); 250 W (rf 13.56 MHz; dc –275 V)
Temperatur: 23 °C

Ätzrate: 12 nm/s

Literatur: [1] A.F. Holleman und E. Wiberg (1985)
[2] J. D'Ans und E. Lax (1943), 264
[3] C.B. Vartuli et al (1996); vgl. auch R.J. Shul et al. (1996)

InN – Indiumnitrid

Naßätzen

Leicht lösliche Verbindungen: In(III) ist als Aquokomplex $[In(H_2O)_6]^{3+}$ oder als Fluorokomplex $[InF_6]^{3-}$ löslich.[1]

Trockenätzen

Mäßig flüchtige Verbindungen:
$InBr_3$ subl. 371 °C[1]
$InCl_3$ subl. 418 °C[1]

1. Trockenätzverfahren: ECR-Ätzen im $CH_4/H_2/Ar$ -Plasma[3]

Gaszusammensetzung:	17 % CH_4; 50 % H_2; 33 % Ar
Durchflußrate:	30 sccm
Plasmabedingungen:	1.5 mtorr
Leistung:	1 kW ECR/ 450 W (rf 13.56 MHz)
Temperatur:	23 °C
Ätzrate:	10 nm/s

2. Trockenätzverfahren: ECR-Ätzen im Cl_2/Ar -Plasma[3]

Gaszusammensetzung:	33 % Cl_2; 67 % Ar
Durchflußrate:	15 sccm
Plasmabedingungen:	1.5 mtorr
Leistung:	1 kW (ECR); 450 W (rf 13.56 MHz)
Temperatur:	23 °C
Ätzrate:	13 nm/s

3. Trockenätzverfahren: ECR-Ätzen im ICl/Ar -Plasma[3]

Gaszusammensetzung:	50 % ICl; 50 % Ar
Durchflußrate:	8 sccm
Plasmabedingungen:	1.5 mtorr
Leistung:	1 kW (ECR); 250 W (rf 13.56 MHz; dc –275 V)
Temperatur:	23 °C
Ätzrate:	19 nm/s

Literatur:
[1] A.F. Holleman und E. Wiberg (1985)
[2] J. D'Ans und E. Lax (1943), 264
[3] C. B. Vartuli et al. (1996)

InP – Indiumphosphid

Naßätzen

Leicht lösliche Reaktionsprodukte:	In(III) ist als Aquokomplex $[In(H_2O)_6]^{3+}$ oder als Fluorokomplex $[InF_6]^{3-}$ löslich.[1]
Ätzbad 1:	Essig- und bromwasserstoffsaure Dichromatlösung[2]
Konzentrationen:	$K_2Cr_2O_7$ 0.1 mol/l HBr 3 mol/l CH_3COOH 3 mol/l
Temperatur:	Raumtemperatur
Ätzrate:	4.2 nm/s
Ätzverfahren 2:	Photoelektrochemisches Ätzen von halbisolierendem InP (S-dotiert $10^{18} cm^{-3}$) in stark verdünnter Salzsäure[3]
Konzentrationen:	HCl 0.54 mol/l
Temperatur:	Raumtemperatur
Bestrahlung:	250 W/cm²
Ätzrate:	22 nm/s (0 V) 13 nm/s (−0.4 V) 32 nm/s (0.4 V)
Ätzbad 3:	Schwefelsaure Bromatlösung[4]
Konzentrationen:	H_2SO_4 8 mol/l $KBrO_3$ 0.25 mol/l
Ätzrate:	370 nm/s (rotierendes Substrat 2250 U/min)
Sehr schneller Ätzabtrag	
Ätzbad 4:	Milchsäure-Phosphorsäure-Salzäurelösung[5]
Konzentrationen:	HCl 1.9 mol/l H_3PO_4 4 mol/l $C_3H_6O_3$ 3.6 mol/l
Ätzrate:	18 nm/s

Konzentrationen:	HCl	1 mol/l
	H_3PO_4	7 mol/l
	$C_3H_6O_3$	0.9 mol/l

Ätzrate: 24 nm/s

Es werden durch den Milchsäurezusatz sehr glatte Ätzoberflächen und Strukturkanten erhalten.

Naßätzverfahren 5: Ätzen in salz- und essigsaurer Wasserstoffperoxid-Lösung[6)]

Elektrolyt:	H_2O_2	0.2 mol/l
	HCl	0.47 mol/l
	CH_3COOH	16 mol/l

Ätzrate: 3.8 nm/s

Naßätzverfahren 6: Anisotropes Ätzen in Schwefelsäure/ Wasserstoffperoxid und Brommethanollösung[7)]

Badzusammensetzungen: Bad A: Br_2, 0.1 Vol%, gelöst in Methanol
Bad B: H_2SO_4 (96%):H_2O:H_2O_2(30%) = 3:1:1

Prozeßablauf:
1. Ätzen in Bad A (Ätzzeit nach gewünschter Ätztiefe)
2. Unterbrechung durch Spülen mit Methanol
3. Spülen mit Wasser und Trocknen
4. Nachätzen (5 min) in Bad B

Temperatur: 20 °C
Ätzrate (bezogen auf Bad A): 6.8 nm/s

Es werden sehr glatte V-Gräben erhalten. Trapezgräben zeigen leicht gewölbten Bodenbereich.

Trockenätzverfahren

Leicht bis mäßig flüchtige Verbindungen:	$InBr_3$	subl. 371 °C[1)]
	$InCl_3$	subl. 418 °C[1)]
	PF_3	Kp. −101 °C[8)]
	PH_3	Kp. −88 °C[8)]
	PF_5	Kp. −75 °C[8)]
	PCl_5	Kp. 62 °C[8)]
	PCl_3	Kp. 74.5 °C[8)]
	$POCl_3$	Kp. 105.4 °C[8)]
	P_4O_6	Kp. 173 °C[8)]

1. Trockenätzverfahren: Reduktives MIE im H_2/CH_4-Plasma[9]

Gaszusammensetzung: CH_4: 40 %;
Flußrate: 50 sccm
Plasmabedingungen: 40 mtorr
Leistung: 0.4 W/cm^2
Ätzrate: 9 nm/s

2. Trockenätzverfahren: Mikrowellenätzen im $H_2/CH_4/Ar$-Plasma[10]

Gaszusammensetzung: CH_4: 17 %; H_2: 57 %; Ar: 27 %
Flußrate: 30 sccm
Plasmabedingungen: 10 mtorr
Leistung: 300 W
Ätzrate: 0.5 nm/s

3. Trockenätzverfahren: CAIBE im I_2/Ar-Plasma[11]

Gaszusammensetzung: I_2-Partialdruck: $5 \cdot 10^{-5}$ torr
Flußrate: 30 sccm
Ionenstrahl: Ar^+, 3 kV, 1.7 mA/cm^2; Einfallswinkel: 12–15° (Substrat rotierend)
Ätzrate: 22 nm/s

4. Trockenätzverfahren: Reaktives Ionenätzen mit Cl_2[12]

Gaszusammensetzung: Cl_2
Ionenenergie: 1 bis 1.5 keV
Ionenstrahl: 0.6 mA/cm^2
Ätzrate: 2.5 bis 3.3 nm/s

5. Trockenätzverfahren: Reaktives Ionenätzen in iodhaltigen Plasmen[13]

5a)
Gaszusammensetzung: 95 % Ar; 5 % I_2
Druck: 10 mtorr
bias-Spannung: 0.35 kV
Temperatur: 105 °C

Ätzrate: 8.3 nm/s (z. T. Bildung von „Gras")

5b)
Gaszusammensetzung: 29 % H_2; 68 % I_2; 3 % CH_4
Druck: 15 mtorr
bias-Spannung: 0.35 kV
Temperatur: 120 °C

Ätzrate: 6.25 nm/s
(glatte Oberfläche)

6. Trockenätzverfahren: Mikrowellengestütztes rf-Plasmaätzen im Cl_2/Ar-Plasma [14]

Gaszusammensetzung: 50 % Cl_2; 50 % Ar
Flußrate: 20 sccm
Druck: 2 mtorr
Leistung: 1 kW (Mikrowelle); 0.1 kW (rf)
Temperatur: 20 °C
Ätzrate: 60 nm/s

7. Trockenätzverfahren: RIE im Cl_2-Plasma [15]

Gaszusammensetzung: 33 % Ar; 67 % Cl_2
Flußrate: 15–35 sccm
Plasmabedingungen: 50 mtorr
Leistung: 1 W/cm^2
Quelle: Parallelplattenreaktor (13.56 MHz), Elektrodenabstand 7 cm
Ätzrate: 2.1 nm/s

8. Trockenätzverfahren: RIE im $SiCl_4$-Plasma [15]

Gaszusammensetzung: 33 % Ar; 67 % $SiCl_4$
Flußrate: 15–35 sccm
Plasmabedingungen: 50 mtorr
Leistung: 1 W/cm^2
Quelle: Parallelplattenreaktor (13.56 MHz), Elektrodenabstand 7 cm
Ätzrate: 1.6 nm/s

9. Trockenätzverfahren: Ätzen im BCl_3/N_2-Plasma hoher Dichte [16]

Gaszusammensetzung: 75 % BCl_3; 25 % N_2
Plasmabedingungen: 1 mtorr
Leistung: (rf 13.56 MHz); – 145 V self-bias
1 kW (Mikrowelle 2.45 GHz)
Temperatur: 100 °C
Ätzrate: 30 nm/s

Literatur:
[1] A.F. Holleman und E. Wiberg (1985)
[2] A.F. Bogenschütz (1967)
[3] R. Khare et al. (1993)
[4] P. Rotsch (1992)[L1]
[5] K. Ikossi-Anastasiou et al. (1995)
[6] J.R. Flemish und K.A. Jones (1993)
[7] M. Kappelt und D. Bimberg (1996)
[8] J. D'Ans und E. Lax (1943), 264
[9] J. Singh (1991)
[10] S.J. Pearton et al. (1991 a)
[11] L.M. Bharadwaj et al. (1991)
[12] vgl. auch S.J. Pearton et al. (1990 b)
[13] D.C. Flanders et al. (1990)
[14] K.K. Ko und S.W. Pang (1995; zur Temperaturabhängigkeit des Mikrowellenätzens von InP im Cl_2- und HCl-Plasma: D.G. Lishan und E.L. Hu (1990)
[15] S.J. Pearton et al. (1990 b)
[16] F. Ren et al. (1996)

InSb – Indiumantimonid

Naßätzen

Leicht lösliche Reaktionsprodukte: In(III) ist als Aquokomplex $[In(H_2O)_6]^{3+}$ oder als Fluorokomplex $[InF_6]^{3-}$ löslich.[1] Sb löst sich in stark oxidierenden Flüssigkeiten wie z. B. HNO_3 unter Bildung von Sb(III) oder Sb(V) als antimonige bzw. Antimonsäure;
Sb(III) ist in alkalischem Milieu und in stark saurem Milieu löslich;
Sb-Kationen bilden Koordinationsverbindungen, vorteilhafterweise z. B. mit Chelatliganden aus mehrfunktionellen organischen Säuren wie z. B. Citronensäure oder Weinsäure

Ätzbad 1: Flußsäure/Salpetersäure-Gemisch [2]:

HF	13 mol/l
HNO_3	5.5 mol/l

Polierbad, selektiv für (111)- und (110)-Flächen gegenüber (111)- und (100)-Flächen

HF	11 mol/l
HNO_3	4.6 mol/l

Ätzbad für (100)- und (110)-Flächen

Ätzbad 2: Flußsaures Wasserstoffperoxid [2]:

HF	4.3 mol/l
H_2O_2	1.5 mol/l

Ätzbad für (111)-Flächen

Trockenätzen

Leicht bis mäßig flüchtige Verbindungen:

$InBr_3$	subl. 371 °C[1]
$InCl_3$	subl. 418 °C[1]
SbH_3	Kp. –17 °C[1]
$SbCl_5$	Kp. 140 °C[1]
SbF_5	Kp. 141 °C[1]
$SbCl_3$	Kp. 223 °C[1]
$SbBr_3$	Kp. 288 °C[1]
SbF_3	Kp. 319 °C[1]
SbI_3	Kp. 401 °C[1]

1. Trockenätzverfahren: RIE im Cl_2-Plasma[3]

Gaszusammensetzung: 33 % Ar; 67 % Cl_2
Flußrate: 15–35 sccm
Plasmabedingungen: 50 mtorr
Leistung: 1 W/cm^2
Quelle: Parallelplattenreaktor (13.56 MHz), Elektrodenabstand 7 cm

Ätzrate: 1.8 nm/s

2. Trockenätzverfahren: RIE im $SiCl_4$-Plasma[3]

Gaszusammensetzung: 33 % Ar; 67 % $SiCl_4$
Flußrate: 15–35 sccm
Plasmabedingungen: 50 mtorr
Leistung: 1 W/cm^2
Quelle: Parallelplattenreaktor (13.56 MHz), Elektrodenabstand 7 cm

Ätzrate: 2.7 nm/s

3. Trockenätzverfahren: CAIBE im I_2/Ar-Plasma[6]

Gaszusammensetzung: I_2-Partialdruck: $12 \cdot 10^{-5}$ torr
Flußrate: 30 sccm
Ionenstrahl: Ar$^+$, 3 kV, 1 mA/cm^2; Einfallswinkel: 12–15° (Substrat rotierend)

Ätzrate: 23 nm/s

4. Trockenätzverfahren: Mikrowellenätzen im H_2/CH_4/Ar-Plasma[7]

Gaszusammensetzung: CH_4: 15.9 %; H_2: 57 %; Ar: 27.1 %
Flußrate: 30 sccm
Plasmabedingungen: 10 mtorr
Leistung: 300 W
Ätzrate: 0.22 nm/s

Literatur:
[1] A.F. Holleman und E. Wiberg (1985)
[2] B.A. Irving (1962)
[3] S.J. Pearton et al. (1990 b)
[6] L.M. Bharadwaj et al. (1991)
[7] S.J. Pearton et al. (1991 a)

(In,Sn) – Indiumzinn

Naßätzen

Leicht lösliche Reaktionsprodukte:	In(III) ist als Aquokomplex $[In(H_2O)_6]^{3+}$ oder als Fluorokomplex $[InF_6]^{3-}$ löslich. Sn(II) ist in Form von Salzen z. B. als Chlorid wasserlöslich, Sn(IV) bildet mit geeigneten Liganden L (wie z. B. L = Cl⁻ oder OH⁻) lösliche Komplexionen des Typs $[SnL_6]^{2-}$ [1]
1. Naßätzbad:	Salzsäure-Ätzbad [2]
Konzentrationen	HCl ca. 1.2 mol/l HNO_3 0.55 mol/l
Temperatur:	20 °C
Ätzrate:	ca. 2 nm/s (partiell oxidiertes (In,Sn))
2. Naßätzbad:	Ätzorange [3]
Konzentrationen:	$(NH_4)_2Ce(NO_3)_6$ 0.3 mol/l $HClO_4$ 0.5 mol/l

Trockenätzen

Leicht bis mäßig flüchtige Verbindungen:	$InBr_3$ subl. 371 °C [1] $InCl_3$ subl. 418 °C [1] SnH_4 Kp. – 52 °C [1] $SnCl_4$ Kp. 114.1 °C [1] $SnBr_4$ Kp. 203.3 °C [1] SnI_4 Kp. 346 °C [1] $SnCl_2$ Kp. 605 °C [1] SnF_4 subl. 705 °C [1] SnF_2 Kp. 853 °C [1]
Literatur:	[1] A.F. Holleman und E. Wiberg (1985) [2] Merck Balzers (oJ.) [3] A. Wiegand (1981-1996)

$(In_xSn_y)O$ – Indiumzinnoxid (ITO)

Naßätzen

Leicht lösliche Reaktionsprodukte: In(III) ist als Aquokomplex $[In(H_2O)_6]^{3+}$ oder als Fluorokomplex $[InF_6]^{3-}$ löslich.
Sn(II) ist in Form von Salzen z. B. als Chlorid wasserlöslich, Sn(IV) bildet mit geeigneten Liganden L (wie z. B. L= Cl⁻ oder OH⁻) lösliche Komplexionen des Typs $[SnL_6]^{2-}$ [1]

Vorteilhafterweise werden Dünnschichtstrukturen aus ITO hergestellt, indem zunächst ein InSn-Film abgeschieden und dieser anschließend mikrostrukturiert wird. Im metallischen Zustand ist ein Ätzen mit verschiedenen Bädern möglich (s. (In, Sn)). Anschließend wird die strukturierte Schicht entweder bei erhöhter Temperatur und Luft- oder Sauerstoffeinwirkung oder in einem Sauerstoffplasma zu den entsprechenden ITO-Strukturen oxidiert.

Trockenätzen

Leicht bis mäßig flüchtige Verbindungen:

$InBr_3$	subl. 371 °C [1]
$InCl_3$	subl. 418 °C [1]
SnH_4	Kp. –52 °C [1]
$SnCl_4$	Kp. 114.1 °C [1]
$SnBr_4$	Kp. 203.3 °C [1]
SnI_4	Kp. 346 °C [1]
$SnCl_2$	Kp. 605 °C [1]
SnF_4	subl. 705 °C [1]
SnF_2	Kp. 853 °C [1]

1. Trockenätzverfahren: Reaktives Ionenätzen im Aceton-Sauerstoff-Plasma [2]

a)
Gaszusammensetzung: 20 % Aceton; 20 % O_2 ; 60 % Ar
Flußrate: 40 sccm
Plasmabedingungen: 40 mtorr
Leistung: 0.25 W/cm²

Ätzrate: 0.04 nm/s

Bemerkung: Keine Abscheidung eines kohlenstoffhaltigen Nebenprodukt films, Selektivität zum Photoresist mäßig (ca. Faktor 2.5)

b)
Gaszusammensetzung: 20 % Aceton; kein O_2 ; 80 % Ar
Flußrate: 40 sccm
Plasmabedingungen: 40 mtorr
Leistung: 0.25 W/cm^2
Ätzrate: 0.08 nm/s

Bemerkung: Abscheidung eines kohlenstoffhaltigen Nebenproduktfilms, Selektivität zum Photoresist sehr hoch

2. Trockenätzverfahren: Reaktives Ionenätzen im Bromwasserstoff-Plasma[3]

Gaszusammensetzung: 20 % Aceton; 20 % O_2 ; 60 % Ar
Flußrate: 40 sccm
Plasmabedingungen: 100 mtorr
Leistung: 225 W (1.2 W/cm^2)
Substrattemperatur: 150 °C
Ätzrate: 2.5 nm/s

Literatur: [1] A.F. Holleman und E. Wiberg (1985)
[2] R.J. Saia et al. (1991)
[3] L.Y. Tsou (1993)

In$_2$Te$_3$ – Indiumtellurid

Naßätzen

Leicht lösliche Reaktionsprodukte:	In(III) ist als Aquokomplex [In(H$_2$O)$_6$]$^{3+}$ oder als Fluorokomplex [InF$_6$]$^{3-}$ löslich.[1] Sb löst sich in stark oxidierenden Flüssigkeiten wie z. B. HNO$_3$ unter Bildung von Sb(III) oder Te(IV) in starken Säuren als Te^{4+} und in starken Laugen als TeO$_3^{2-}$ löslich[1], als Te(II) in weinsauren Lösungen als Chelat löslich; TeO$_2$ löst sich in verschiedenen mehrfunktionellen organischen Säuren[2]
Naßätzverfahren:	Citronen– und essigsaures Bromwasser[2]:
Konzentration:	Essigsäure 16 mol/l Citronensäure (gesättigt) + Bromwasser (1 Teil auf 19 Teile der organischen Säuren)
	Polierbad

Trockenätzen

Mäßig flüchtige Verbindungen:	InBr$_3$	subl. 371 °C[1]
	InCl$_3$	subl. 418 °C[1]
Literatur:	[1] A.F. Holleman und E. Wiberg (1985) [2] B.A. Irving (1962)	

KTiOPO$_4$ – Kaliumtitanylphosphat (KTP)

Naßätzen

Leicht lösliche Reaktionsprodukte:	Ti(IV) in starken Säuren als [Ti(OH)$_2$]$^{2+}$, [Ti(OH)$_3$]$^+$ und daraus abgeleiteten Komplexionen, darunter F$^-$ als bevorzugter Ligand, löslich[1]
Ätzbad 1:	Verdünnte Salzsäure [2]
Konzentrationen:	HCl (1+2 verdünnt)
Temperatur:	Raumtemperatur
Ätzrate:	0.8 nm/s

Trockenätzen

Leicht bis mäßig flüchtige Verbindungen:	TiBr$_4$	Kp. 233.45 °C[1]
	TiF$_4$	subl. 284 °C[1]
	TiJ$_4$	Kp. 377 °C[1]
	PF$_3$	Kp. −101 °C[8]
	PH$_3$	Kp. −88 °C[8]
	PF$_5$	Kp. −75 °C[8]
	PCl$_5$	Kp. 62 °C[8]
	PCl$_3$	Kp. 74.5 °C[8]
	POCl$_3$	Kp. 105.4 °C[8]
	P$_4$O$_6$	Kp. 173 °C[8]
Literatur:	[1] A.F. Holleman und E. Wiberg (1985) [2] S. Wu et al. (1995)	

LiAlO$_2$ – Lithiumaluminat

Naßätzen

Leicht lösliche Reaktionsprodukte: Al(III) ist als Aquokomplex [Al(H$_2$O)$_6$]$^{3+}$ oder als Fluorokomplex [AlF$_6$]$^{3-}$ löslich.[1]
Lithium ist als Alkalimetall in praktisch beliebigen wäßrigen Lösungen gut löslich

Naßätzverfahren 1: Ätzen in Phosphorsäure[2]

Konzentrationen: H$_3$PO$_4$, konzentriert
Ätzrate: 0.6 nm/s (25 °C)

Naßätzverfahren 2: Ätzen in Flußsäure[2]

Konzentrationen: HF, konzentriert
Temperatur: 25 °C
Ätzrate: 220 nm/s bei einer Ätzdauer von 1 min
62.5 nm/s im Mittel während 8 min Ätzdauer

Naßätzverfahren 3: Ätzen in Salzsäure/Salpetersäure[2]

Konzentrationen: HCl: 4 mol/l (1 Teil konzentrierte HCl);
HNO$_3$: 10 mol/l (2 Teile konzentrierte HNO$_3$)
Temperatur: 25 °C
Ätzrate: 28 nm/s

Trockenätzen

Mäßig bis schwer flüchtige Verbindungen:
AlCl$_3$ subl. 182.7 °C[1]
AlBr$_3$ subl. 255 °C[1]
AlI$_3$ subl. 381 °C[1]
Li (elementar) Kp. 1372 °C[3]
(LiCl   Kp. 1383 °C[1]
LiF   Kp. 1681 °C[1])

Trockenätzverfahren: Mikrowellen-Plasmaätzen in SF$_6$/Ar[2]

Gaszusammensetzung: 67 % Ar; 33 %; SF$_6$
Plasmabedingungen: Parallelplattenreaktor; ECR 2.45 GHz;
Druck: 1.5 mtorr
Leistung: 450 W rf / 1 kW ECR
Ätzrate: 4 nm/s

Literatur:
[1] A.F. Hollemann und E. Wiberg (1985)
[2] J.W. Lee et al. (1996 b)
[3] J. D'Ans und E. Lax (1943), 321

$LiGaO_2$ – Lithiumgallat

Naßätzen

Leicht lösliche Reaktionsprodukte:	Gallium löslich als Ga^{3+} (in Säuren) oder als Gallate ($Ga(OH)_4^-$, in Alkalien)[1], Lithium ist als Alkalimetall in praktisch beliebigen wäßrigen Lösungen gut löslich
Naßätzverfahren 1:	Ätzen in Salzsäure[2]
Konzentrationen:	HCl
Temperatur:	25 °C
Ätzrate:	67 nm/s

Salzsäure ätzt Litiumgallat selektiv gegenüber Lithiumaluminat.

Trockenätzen

Leicht bis schwer flüchtige Verbindungen:	GaH_3	
	$GaCl_3$	Kp. 201.3 °C[1]
	$GaCl_2$	Kp. 535 °C[1]
	GaN	subl.>800 °C[1]
	Li (elementar)	Kp. 1372 °C[3]
	LiCl	Kp. 1383 °C[1]
	LiF	Kp. 1681 °C[1]

1. Trockenätzverfahren:	Mikrowellen-Plasmaätzen in SF_6/Ar[2]
Gaszusammensetzung:	67 % Ar; 33 %; SF_6
Plasmabedingungen:	Parallelplattenreaktor; ECR 2.45 GHz;
Druck:	1.5 mtorr
Leistung:	450 W
Ätzrate:	4 nm/s
2. Trockenätzverfahren:	Mikrowellen-Plasmaätzen in Cl_2/Ar[2]
Gaszusammensetzung:	67 % Ar; 33 % Cl_2
Plasmabedingungen:	Parallelplattenreaktor; ECR 2.45 GHz;
Druck:	1.5 mtorr
Leistung:	450 W
Ätzrate:	1.3 nm/s
Literatur:	[1] A.F. Hollemann und E. Wiberg (1985)
	[2] J.W. Lee et al. (1996 b)
	[3] J. D'Ans und E. Lax (1943), 321

LiNbO$_3$ – Lithiumniobat

Naßätzen

Leicht lösliche Reaktionsprodukte:	Li(I) als Li$^+$ leicht löslich Nb(V) löslich als Fluorid NbF$_5$ [1]
Ätzbad:	HF-Lösung

Trockenätzen

Leicht bis schwer flüchtige Verbindungen:	NbF$_5$	Kp. 229 °C [2]
	NbCl$_5$	Kp. 247.4 °C [2]
	Li (elementar)	Kp. 1372 °C [3]
	LiCl	Kp. 1383 °C [1]
	LiF	Kp. 1693 °C [3]

1. Trockenätzverfahren: Reaktives Ionenätzen im CHF$_3$-Plasma [4]

Gaszusammensetzung:	CHF$_3$
Plasmabedingungen:	$8 \cdot 10^{-5}$ torr;
Ionenenergie:	0.5 keV; Stromdichte: 400 µA/cm^2
Ätzrate:	0.2 nm/s

2. Trockenätzverfahren: Sputtern im Ar-Plasma [4]

Gaszusammensetzung:	Ar
Plasmabedingungen:	$8 \cdot 10^{-5}$ torr;
Ionenenergie:	0.5 keV; Stromdichte: 400 µA/cm^2
Ätzrate:	0.13 nm/s

Literatur:
[1] A.F. Holleman und E. Wiberg (1985)
[2] J. D'Ans und E. Lax (1943), 250
[3] J. D'Ans und E. Lax (1943), 241
[4] S. Matsui et al. (1980)

Mg – Magnesium

Naßätzen

Leicht lösliche Reaktionsprodukte:	als Mg(II), z. B. in Form von Halogeniden, oder des Nitrats [1]
1. Naßätzverfahren:	Ätzen in verdünnter Salpetersäure [2]

Trockenätzen:

bei hoher Temperatur flüchtige Formen:	als Metall Mg: Kp. 1105 °C [1] $MgCl_2$ Kp. 1418 °C [3]
Literatur:	[1] A.F. Holleman, E. Wiberg (1985) [2] W. Tegert (1959) [3] J. D'Ans und E. Lax (1943), 241

Mo – Molybdän

Naßätzen

Leicht lösliche Reaktionsprodukte:	Mo(VI) bildet lösliche Molybdate sowie Fluorooxokomplexe, Mo(II) und Mo(III) bilden u. a. lösliche Chlorokomplexe, Molybdän löst sich in stark oxidierenden wäßrigen Lösungen, besonders in Gegenwart von HF[1];
Naßätzverfahren 1:	Schwefelsäure/Salpetersäure-Gemisch[2]
Konzentrationen:	20 % H_2SO_4; 50 % HNO_3
Temperatur:	17 °C
Ätzrate:	2300 nm/s

Der Photolack wird erheblich angegriffen. Die Herstellung kleiner lithografischer Strukturen ist deshalb schwierig.

Naßätzverfahren 2:	Alkalisches Hexacyanoferrat-Ätzbad[3]
Konzentrationen:	$K_3Fe(CN)_6$ / NaOH
Ätzrate:	30 nm/s (Tauchätzen, 150 µm Diffusionsschichtdicke)
	70 nm/s (Tauchätzen, 70 µm Diffusionsschichtdicke)
	100 nm/s (Tauchätzen, 25 µm Diffusionsschichtdicke)
	200 nm/s (Sprühätzen, 20 µm Diffusionsschichtdicke)
	230 nm/s (Sprühätzen, 15 µm Diffusionsschichtdicke)
Naßätzverfahren 3:	Alkalisches Hexacyanoferrat/Oxalat-Ätzbad[2]
Konzentrationen:	$K_3Fe(CN)_6$ 0.61 mol/l
	$Na_2C_2O_4$ 0.02 mol/l
	NaOH 0.5 mol/l
Temperatur:	18 °C
Ätzrate:	80 nm/s

Positivphotolack (auf Novolakbasis) ist in diesem, alkalischen, Bad nicht stabil.

Naßätzverfahren 4: Fe(III)-Nitrat-Ätzbad[3]

Temperatur: 50 °C

Ätzrate: 80 nm/s

Trockenätzen:

Mäßig flüchtige Verbindungen: MoF_5 Kp. 214 °C [1]
$MoCl_5$ Kp. 628 °C [1]

1. Trockenätzverfahren: Reaktives Ionenätzen im CCl_4/O_2-Plasma[5]

Gaszusammensetzung: CCl_4: 25 %; O_2: 75 %
Flußrate: 100 sccm
Leistung: 350 W

Ätzrate: 2 nm/s

2. Trockenätzverfahren: Reaktives Ionenätzen im CF_4/O_2-Plasma[6]

Gaszusammensetzung: CF_4: 20 %; O_2: 80 %
Flußrate: 100 sccm
Druck: 0.2 torr
Leistung: 500 kW

Ätzrate: 7 nm/s

3. Trockenätzverfahren: Plasmaätzen in NF_3[7]

Gaszusammensetzung: NF_3 : 100 Vol%
Planarätzanlage
0.08–0.25 torr

Ätzrate: 3.3 nm/s

3. Trockenätzverfahren: Ionenstrahlätzen mit Argon [8]

Ionenenergie: 1 keV
Ätzrate: 0.7 nm/s

Literatur:
[1] A.F. Holleman und E. Wiberg (1985)
[2] D.M. Allen et al. (1986)
[3] A.F. Bogenschütz et al. (1991)
[4] B. Gorowitz und J. Saia (1984)
[5] Y. Kuo (1990)
[6] T.P. Chow und A.J. Steckl (1982)
[7] C.S. Korman et al. (1983)
[8] W. Laznovsky (1975)

MoSi$_2$ – Molybdänsilizid

Naßätzen

Leicht lösliche Reaktionsprodukte: Mo(VI) bildet lösliche Molybdate sowie Fluorooxokomplexe, Mo(II) und Mo(III) bilden u. a. lösliche Chlorokomplexe, Molybdän löst sich in stark oxidierenden wäßrigen Lösungen, besonders in Gegenwart von HF[1]; Si(IV) löslich in Form von Komplexen, z. B. in stark alkalischem Milieu als [Si(OH)$_6$]$^{2-}$ oder in F$^-$-haltigem Milieu als [SiF$_6$]$^{2-}$

Naßätzbad: HF-Lösung

Trockenätzen

Leicht bis mäßig flüchtige Verbindungen:

MoF$_5$	Kp. 214 °C [1]
MoCl$_5$	Kp. 628 °C [1]
SiH$_4$	Kp. −111.6 °C [2]
SiF$_4$	Kp. −95.7 °C [2]
Si$_2$H$_6$	Kp. −15 °C [2]
SiHCl$_3$	Kp. 31.7 °C [2]
SiCl$_4$	Kp. 56.7 °C [2]
Si$_2$OCl$_6$	Kp. 135.5 °C [2]
Si$_2$Cl$_6$	Kp. 147 °C [2]

1. Trockenätzverfahren: Reaktives Ionenätzen im CF$_4$/O$_2$-Plasma[3]

Gaszusammensetzung: CF$_4$: 91 Vol%; O$_2$: 9 Vol%
Flußrate: 44 sccm
Leistung: 0.7 W/cm^2

Ätzrate: 3.2 nm/s

2. Trockenätzverfahren: Plasmaätzen in NF$_3$ [4]

Gaszusammensetzung: NF$_3$: 100 %
Parallelplattenreaktor
Druck: 0.15–0.25 torr

Ätzrate: 13 nm/s

3. Trockenätzverfahren: Plasmaätzen in CCl$_4$/O$_2$-Plasma[5]

Gaszusammensetzung: CCl$_4$: 50 %; O$_2$: 50 %

Druck: 170 mtorr
Ätzrate: 28 nm/s

Es wird eine Selektivität gegenüber SiO_2 um den Faktor 10–40 erreicht.

Literatur:
        [1] A.F. Holleman und E. Wiberg (1985)
        [2] J. D'Ans und E. Lax (1943), 261
        [3] T.P. Chow und A.J. Steckl (1982)
        [4] T.P. Chow und A.J. Steckl (1982); C.S. Korman et al. (1983)
        [5] B. Gorowitz und R. Saia (1982)

Nb – Niob

Naßätzen

Leicht lösliche Reaktionsprodukte:	Nb(V) löslich als Fluorid NbF_5 [1]
Ätzbad 1:	Fluoridhaltiges Citronensäure-Salpetersäure-Persulfat-Ätzbad [2]
Konzentrationen:	$(NH_4)_2S_2O_8$ 0.66 mol/l
	NH_4F 0.27 mol/l
	Citronensäure 0.11 mol/l
	HNO_3 1.43 mol/l
Temperatur:	50 °C
Ätzbad 2:	HF-Lösung

Trockenätzen

Leicht flüchtige Verbindungen:	NbF_5	Kp. 229 °C [1]
	$NbCl_5$	Kp. 247.4 °C [1]

1. Trockenätzverfahren:	Plasmaätzen im CF_4/O_2-Plasma [4,5]
Gaszusammensetzung:	CF_4: 90 %; O_2: 10 %
Plasmabedingungen:	1 torr
Leistung:	25 W
Ätzrate:	0.3–0.6 nm/s
Gaszusammensetzung:	CF_4: 80 %; O_2: 20 %
Plasmabedingungen:	0.15 torr
Leistung:	0.32 W/cm^2
Ätzrate:	0.7 nm/s
Literatur:	[1] A.F. Holleman und E. Wiberg (1985)
	[2] IPHT-Hausvorschrift
	[3] J. D'Ans und E. Lax (1943), 250
	[4] M. Gurvitch et al. (1983)
	[5] A. Shoji et al. (1982)

NbN – Niobnitrid

Naßätzen

Leicht lösliche Reaktionsprodukte:	Nb(V) löslich als Fluorid NbF$_5$ [1]
Ätzbad:	HF-Lösung

Trockenätzen:

Leicht flüchtige Verbindungen:	NbF$_5$ Kp. 229 °C [1] NbCl$_5$ Kp. 247.4 °C [1]
Trockenätzverfahren:	Plasmaätzen im CF$_4$/O$_2$-Plasma [2]
Gaszusammensetzung: Plasmabedingungen: Leistung:	CF$_4$: 80 %; O$_2$: 20 % 0.15 torr 0.32 W/cm^2
Ätzrate:	1.4 nm/s
Literatur:	[1] J. D'Ans und E. Lax (1943), 250 [2] A. Shoji et al. (1992)

Ni – Nickel

Naßätzen

Leicht lösliche Reaktionsprodukte: Ni (II) in Form von Ni^{2+} und dessen löslichen Komplexen, Nickel bildet an der normalen Atmosphäre eine dichte Passivierungsschicht, die Ni(III) enthält. Deren Auflösung gelingt im sauren Milieu und in der Wärme sowie durch Zusatz von komplexierenden Liganden wir F^-, Cl^- oder NH_3.

Ätzbad 1: Ammoniumperoxodisulfat/Eisen((III)chlorid-Lösung[1]

Konzentrationen:
$(NH_4)_2S_2O_8$ 0.8 mol/l
$FeCl_3$ 0.09 mol/l

Temperatur: 50 °C
Ätzrate: 33 nm/s

Nickel wird auch in konzentrierter $FeCl_3$-Lösung ohne Peroxodisulfatzusatz geätzt, wobei Raten von 200 bis 400 nm/s erreicht werden[2].

Trockenätzen

Leicht flüchtige Verbindung: $Ni(CO)_4$ Kp. –25 °C [3]

Literatur:
[1] IPHT-Hausvorschrift
[2] R.J. Ryan et al. (1970)
[3] J. D'Ans und E. Lax (1943), 249

(Ni,Cr) – Nickelchrom

(Die im folgenden genannten Ätzverfahren sind auch anwendbar auf teiloxidiertes Nickelchrom $(Ni,Cr)O_x$ und bei kleinen Zulegierungen von Si $(Ni, Cr,Si)O_x$.)

Naßätzen

Leicht lösliche Reaktionsprodukte:	Ni (II) in Form von Ni^{2+} und dessen löslichen Komplexen, Nickel bildet an der Atmosphäre eine dichte Passivierungsschicht, die Ni(III) enthält. Deren Auflösung gelingt im sauren Milieu und in der Wärme sowie durch Zusatz von komplexierenden Liganden wir F^-, Cl^- oder NH_3. Cr(III) in Form von Koordinationsverbindungen
Ätzbad 1:	Ätzorange[1]
Konzentrationen:	$(NH_4)_2Ce(NO_3)_6$ 0.3 mol/l $HClO_4$ 0.5 mol/l
Ätzbad 2:	Alkalische Hexacyanoferrat(III)-lösung [2]
Konzentrationen:	$K_3Fe(CN)_6$ 0.76 mol/l NaOH 3 mol/l
Temperatur:	50 °C
Ätzrate:	ca. 1 nm/s

Das Ätzbad hinterläßt eine lockere Schicht von NiO(OH), die mit HCl entfernt werden kann. Gegebenenfalls muß mehrmals zwischen dem Hexacyanoferrat(III)– Ätzbad und der Salzsäure gewechselt werden (siehe auch Abschnitt 3.2.3). Das Verfahren ist im Falle sehr dünner Schichten (< 0.1 μm) gut anwendbar, es versagt jedoch bei dickeren Schichten.

Trockenätzen

Leicht flüchtige Verbindungen:	$Ni(CO)_4$	Kp. –25 °C [3]
	CrO_2Cl_2	Kp. 117 °C [4]
	$Cr(CO)_6$	Kp. 151 °C [4]
	$Cr(NO_3)_3 \cdot 9\ H_2O$	Kp. 125.5 °C [4]
Schwer flüchtige Verbindung:	$CrCl_3$ subl. 1300 °C [4]	

1. Trockenätzverfahren: Ätzen durch Beschuß mit inerten Ionen[5]

Gaszusammensetzung:	Ar
Druck:	11 mtorr
Leistung:	100 W/ 1.6 W/cm^2; rf 1,5 kV
Temperatur:	190 °C
Ätzrate:	0.12–0.17 nm/s
Literatur:	[1] PTI-Hausvorschrift [2] für Cr: S. Büttgenbach (1991) [3] J. D'Ans und E. Lax (1943), 249 [4] J. D'Ans und E. Lax (1943), 227 [5] R.T.C. Tsui (1967)

Pb – Blei

Naßätzen

Leicht lösliche Reaktionsprodukte:	Pb(II) als Nitrat in Abwesenheit fällender Anionen
Ätzbad 1:	Ätzen in FeCl$_3$-Lösung[1]
bevorzugte Temperatur:	43 .. 54 °C

Trockenätzen

schwer flüchtige Verbindungen:	PbJ$_2$ Kp. 872 °C [2]
	PbBr$_2$ Kp. 914 °C [2]
	PbCl$_2$ Kp. 954 °C [2]
Literatur:	[1] W. Tegert (1959)
	[2] J. D'Ans und E. Lax (1943), 220

PbS – Bleisulfid

Naßätzen

Leicht lösliche Reaktionsprodukte: Pb(II) als Nitrat in Abwesenheit fällender Anionen

1. Nassätzverfahren: Salzsäure-Salpetersäure-Essigsäure–Gemisch[1]

HCl 2.6 mol/l
HNO_3 2.7 mol/l
Essigsäure 0.4 mol/l

Polierbad)

Trockenätzen

Schwer flüchtige Verbindungen:
PbJ_2 Kp. 872 °C [2]
$PbBr_2$ Kp. 914 °C [2]
$PbCl_2$ Kp. 954 °C [2]

Literatur:
[1] B.A. Irving (1962)
[2] J. D'Ans und E. Lax (1943), 220

$Pb_{0.865}La_{0.09}Zr_{0.65}Ti_{0.35}O_3$ – Bleilanthanzirkonattitanat (PLZT)

Naßätzen

Leicht lösliche Reaktionsprodukte:	Pb(II) ist in Form einiger Salze wie dem $Pb(NO_3)_2$ gut wasserlöslich. Lösliche Pb(IV)-Salze neigen stark zur Reduktion zu Pb(II), gut löslich ist z. B. $Pb(CH_3CO_2)_2$[1]. Lanthan bildet in seiner dreiwertigen Form als Hydroxid eine relativ starke Base und ist in Form verschiedener Chloro- und Fluorokomplexe löslich. Zr(IV) ist wasserlöslich als $ZrOCl_2 \cdot 8\,H_2O$, daneben sind zahlreiche Komplexe mit sechsfach koordiniertem Zr(IV) bekannt, darunter mit organischen Donatoren wie Ethern und Estern[1] Ti(IV) in starken Säuren als $[Ti(OH)_2]^{2+}$, $[Ti(OH)_3]^{+}$ und daraus abgeleiteten Komplexionen, darunter F$^-$ als bevorzugter Ligand, löslich[1]
1. Naßätzverfahren:	HCl/HF-Lösung[2]
Zusammensetzung: (unbefriedigende Strukturqualität)	HCl/HF

Trockenätzen:

Leicht bis mäßig flüchtige Verbindungen:	PbH_4	Kp. –13 °C [1]
	$PbCl_4$	Kp. ca. 15 °C [1]
	$Zr(BH_4)_4$	Kp. 123 °C [1]
	$ZrCl_4$	subl. 331 °C [1]
	$ZrBr_4$	subl. 357 °C [1]
	$TiBr_4$	Kp. 233.45 °C [1]
	TiF_4	subl. 284 °C [1]
	TiJ_4	Kp. 377 °C [1]
Schwer flüchtige Verbindungen:	PbI_2	Kp. ca. 900 °C [1]
	$PbBr_2$	Kp. 916 °C [1]
	$PbCl_2$	Kp. 954 °C [1]
	$LaCl_3$	Kp. 1750 °C [1]
	LaF_3	Kp. 2330 °C [1]
	ZrF_4	subl. 903 °C [1]

1. Trockenätzverfahren: Reaktives Ionenätzen im CCl_2F_2-Plasma[2]

Gaszusammensetzung: 70 % CCl_2F_2; 30 % O_2
Druck: 150 mtorr
Plasmabedingungen: 125 mtorr
Leistung: 1 W/cm^2 / 200 W
Temperatur: 320 °C
Ätzrate: 0.3 nm/s

2. Trockenätzverfahren: CAIBE im Cl_2-Plasma[2]

Ionenstrahl: Ar
Gaszusammensetzung/ Reaktivgas: Cl_2

Es werden bei diesem Verfahren wesentlich glattere Strukturen als beim RIE erhalten.

Literatur: [1] A.F. Holleman und E. Wiberg (1985)
[2] P.F. Baude et al. (1993)

$PbZr_xTi_{1-x}O_3$ – Bleizirkonattitanat (PZT)

Naßätzen

Leicht lösliche Reaktionsprodukte: Pb(II) ist in Form einer Salze wie dem $Pb(NO_3)_2$ gut wasserlöslich. Lösliche Pb(IV)-Salze neigen stark zur Reduktion zu Pb(II), gut löslich ist z. B. $Pb(CH_3CO_2)_2$[1]. Zr(IV) ist wasserlöslich als $ZrOCl_2 \cdot 8\, H_2O$, daneben sind zahlreiche Komplexe mit sechsfach koordiniertem Zr(IV) bekannt, darunter mit organischen Donatoren wie Ethern und Estern[1] Ti(IV) in starken Säuren als $[Ti(OH)_2]^{2+}$, $[Ti(OH)_3]^+$ und daraus abgeleiteten Komplexionen, darunter F^- als bevorzugter Ligand, löslich[1]

Trockenätzen

Leicht bis schwer flüchtige Verbindungen:

PbH_4	Kp. −13 °C [1]
$PbCl_4$	Kp. ca. 15 °C [1]
PbI_2	Kp. ca. 900 °C [1]
$PbBr_2$	Kp. 916 °C [1]
$PbCl_2$	Kp. 954 °C [1]
$Zr(BH_4)_4$	Kp. 123 °C [1]
$ZrCl_4$	subl. 331 °C [1]
$ZrBr_4$	subl. 357 °C [1]
ZrF_4	subl. 903 °C [1]
$TiBr_4$	Kp. 233.45 °C [1]
TiF_4	subl. 284 °C [1]
TiJ_4	Kp. 377 °C [1]

1. Trockenätzverfahren: Reaktives Ionenätzen im CCl_2F_2-Plasma[2]

Gaszusammensetzung: 70 % CCl_2F_2; 30 % O_2
Plasmabedingungen: 125 mtorr
Leistung: 150 W

Ätzrate: 0.32 nm/s

Literatur:
[1] A.F. Holleman und E. Wiberg (1985)
[2] D.P. Vijay et al. (1993)

PSG – (P$_2$O$_5$, SiO$_2$) – Phosphosilikatglas

Naßätzen

Lösliche Verbindungen:	Si(IV) löslich in Form von Komplexen, z. B. in stark alkalischem Milieu als [Si(OH)$_6$]$^{2-}$ oder in F$^-$-haltigem Milieu als [SiF$_6$]$^{2-}$. Die Ätzbäder, mit denen SiO$_2$ strukturiert werden kann, sind auch für die Bearbeitung von PSG geeignet. Die Ätzraten von PSG übertreffen dabei die SiO$_2$-Ätzraten in der Regel um ein Mehrfaches.
1. Naßätzverfahren:	Ätzen in verdünnter HF-Lösung[1]
Zusammensetzung:	HF 8.3 mol/l
P$_2$O$_5$-Gehalt des Glases:	5 %
Ätzrate:	75 nm/s
P$_2$O$_5$-Gehalt des Glases:	10 %
Ätzrate:	400 nm/s
2. Naßätzverfahren:	Salpetersäure-Flußsäure-Ätzbad („p-etch")[2]
Zusammensetzung:	HF 1.2 mol/l HNO$_3$ 0.34 mol/l
P$_2$O$_5$-Gehalt des Glases:	5 %
Ätzrate:	8 nm/s
P$_2$O$_5$-Gehalt des Glases:	10 %
Ätzrate:	28 nm/s

Trockenätzen

Leicht flüchtige Verbindungen:	SiH$_4$	Kp. –111.6 °C [3]
	SiF$_4$	Kp. –95.7 °C [3]
	Si$_2$H$_6$	Kp. –15 °C [3]
	SiHCl$_3$	Kp. 31.7 °C [3]
	SiCl$_4$	Kp. 56.7 °C [3]
	Si$_2$OCl$_6$	Kp. 135.5 °C [3]
	Si$_2$Cl$_6$	Kp. 147 °C [3]
	PF$_3$	Kp. –101 °C [4]

PH$_3$	Kp. −88 °C[4]
PF$_5$	Kp. −75 °C[4]
PCl$_5$	Kp. 62 °C[4]

1. Trockenätzverfahren: Ätzen im hochdichten C$_2$F$_6$-Plasma[5] (nur 4 %iges PSG)

Gaszusammensetzung:	C$_2$F$_6$
Flußrate:	35 sccm
Plasmabedingungen:	4 mtorr
Leistung:	2700 W
Ätzrate:	20 nm/s

2. Trockenätzverfahren: Ätzen im Niederdruck – HF -Dampf[6]

Gaszusammensetzung:	75 % HF; 25 % H$_2$O
Druck:	6 torr
Ätzrate:	30 nm/s
(Selektivität gegenüber SiO$_2$:	ca. Faktor 1000)

Das Verfahren arbeitet sehr selektiv gegenüber undotiertem SiO$_2$. Der Selektivitätsfaktor beträgt bei unterschüssigem Wasser im reaktiven Dampf 1000–10000. Die Raten von bordotiertem PSG liegen noch um einen Faktor von ca. 3–5 über denen des PSGs. Bei höherem H$_2$O-Partialdruck läßt sich die PSG-Ätzrate zwar noch erheblich steigern, die Selektivität gegenüber thermischem SiO$_2$ geht aber massiv zurück:

Gaszusammensetzung:	23 % HF; 77 % H$_2$O
Druck:	20 torr
Ätzrate:	1 µm/s
(Selektivität gegenüber SiO$_2$):	ca. Faktor 30)

Literatur:
[1] nach M. Schulz und H. Weiss (1984)
[2] W. Kern und Ch. Deckert (1978)
[3] J. D'Ans und E. Lax (1943), 261
[4] J. D'Ans und E. Lax (1943), 231
[5] J. Givens et al. (1994)
[6] H. Watanabe et al. (1995)

Pt – Platin

Naßätzen

Leicht lösliche Reaktionsprodukte:	Pt(II) und Pt(IV) in Gestalt von Koordinationsverbindungen, z. B. mit Halogenid- und Pseudohalogenidionen, NH_3 u. a.[1]
Ätzbad 1:	Konzentriertes Königswasser
Zusammensetzung:	konzentrierte HNO_3 (69.2 %ig): 25 Vol%; konzentrierte HCl (18 %ig): 75 Vol%
Ätzbad 2:	Heiße Salzsäure-Salpetersäure-Mischung [2]
Zusammensetzung:	HNO_3 0.69 M HCl 4.55 M
Temperatur:	85 °C
Ätzrate:	ca. 1 nm/s
Naßätzverfahren 3:	Elektrochemisches Pulsätzen in Salzsäure[3]
Konzentrationen:	3M HCl
	Pulse, bestehend aus einer Rampe von 0.7–1.4 V(1 ms), einem Sprung zu 0.5 V, und einer nachfolgenden Rampe zu –0.3 V (0.7 ms) und anschließendem Rücksprung auf 0.7 V
Frequenz:	ca. 0.5 kHz
Temperatur:	Raumtemperatur
Ätzrate:	1.6 nm/s

Trockenätzen

Leicht flüchtige Verbindungen:	PtF_6 Kp. 69.1 °C [1]
Literatur:	[1] A.F. Holleman, E. Wiberg (1985) [2] M.J. Rand und J.F. Roberts (1974) [3] R.P. Frankenthal und D.H. Eaton (1976)

RuO_2 – Rutheniumdioxid

Naßätzen

Leicht lösliche Reaktionsprodukte: Ru(VII) in Gestalt der Perruthenate; Ru(II) und Ru(III) in Form diverser Komplexverbindungen[1]

Trockenätzen

Leicht flüchtige Verbindungen:
- RuO_4 Kp. 100 °C [1]
- RuF_5 Kp. 227 °C [1]
- RuF_4O Kp. 184 °C [2]

1. Trockenätzverfahren: Reaktives Ionenätzen im O_2/CF_3CFH_2-Plasma[3]

Gaszusammensetzung: 2.5 % CF_3CFH_2 in O_2
Plasmabedingungen: 75 mtorr
Leistung: 1.57 W/cm^2

Ätzrate: 2.7 nm/s

Literatur:
[1] A.F. Holleman und E. Wiberg (1985)
[2] J. D'Ans und E. Lax (1943), 244
[3] W. Pan und S.B. Desu (1994)

Sb – Antimon

Naßätzen

Leicht lösliche Reaktionsprodukte: Sb(V)-Salze, Sb bildet lösliche Koordinationsverbindungen mit mehrwertigen Hydroxycarbonsäuren wie z. B. Weinsäure und Zitronensäure

Ätzbad 1: Zitronensaure Peroxodisulfatlösung[1]

Da die organische Säure und das Peroxoion einer langsamen Redoxreaktion unterliegen, muß das Ätzbad nach einigen Stunden frisch angesetzt werden.

Ätzbad 2: Weinsaure Peroxodisulfatlösung[2]

Konzentrationen: $(NH_4)_2S_2O_8$ 0.18 mol/l
Weinsäure 0.067 mol/l

Temperatur: Raumtemperatur
Ätzrate: ca. 5 nm/s

Das Ätzbad arbeitet selektiv gegenüber Wismut, das ein schwerlösliches Tartrat bildet. Da die organische Säure und das Peroxoion einer langsamen Redoxreaktion unterliegen, muß das Ätzbad nach einigen Stunden frisch angesetzt werden.

Trockenätzen

Leicht flüchtige Verbindungen:
SbH_3 Kp. −18 °C [3]
$SbCl_5$ Kp. 105 °C (unter Druck) [3]
SbF_5 Kp. 149.5 °C [3]
$SbCl_3$ Kp. 187 °C [3]
$SbBr_3$ Kp. 288 °C [3]

Literatur:
[1] M. Köhler et al. (1983a)
[2] M. Köhler et al. (1983b)
[3] J. D'Ans und E. Lax (1943), 217

Si – Silizium

Naßätzen

Leicht lösliche Reaktionsprodukte:	Si(IV) löslich in von Form von Komplexen, z. B. in stark alkalischem Milieu als $[Si(OH)_6]^{2-}$ oder in F^--haltigem Milieu als $[SiF_6]^{2-}$ [1] Ätzen wird durch geeignete Chelatliganden unterstützt: z. B. Brenzkatechin, Ethylendiamin, Hydrazin
Ätzbad 1:	Salpetersäure-Flußsäure-Essigsäure-Bad [2]
Konzentrationen:	HNO_3 7 mol/l HF 6 mol/l CH_3COOH 6 mol/l
Temperatur:	23 °C
Ätzrate:	2.5 nm/s
Konzentrationen:	HNO_3 8.8 mol/l HF 2.3 mol/l CH_3COOH 10 mol/l
Temperatur:	23 °C
Ätzrate:	50 nm/s

Das Ätzbad arbeitet weitgehend isotrop. Bei optimierter Zusammensetzung und Prozeßführung können ausgehend von Masken mit kleinen Lochstrukturen nahezu ideal halbkugelförmige Ätzgruben erhalten werden[2]. Silizium kann auch in Salpetersäure-Flußsäure-Lösungen ohne Essigsäure-Zusatz geätzt werden. Bei Sprühätzverfahren mit rotierenden Substraten liegen typische Ätzraten bei ca. 0.15 (Ätzen von einkristallinem Si bei niedriger Drehzahl) bis 2.3 nm/s (poly-Si)[3]. Bei einer Ätzbadzusammensetzungen von ca. 4.4 M HNO_3 und 15 M HF werden extrem hohe Ätzraten beschrieben, die allerdings für die kristallografischen Richtungen leicht differieren[4]:

Si(110):	16 µm/s	(65 °C)
Si(100):	11 µm/s	(65 °C)
Si(111):	8 µm/s	(65 °C)

Ätzbad 2:	Salpetersäure-Flußsäure-Ätzbad [2]
Konzentrationen:	HNO_3 10 mol/l HF 2.3 mol/l
Temperatur:	30 °C
Ätzrate:	100 nm/s

Konzentrationen:	HNO$_3$	5.5 mol/l
	HF	13 mol/l
Temperatur:	30 °C	
Ätzrate:	3.3 µm/s (p-Si, 12..78 ohmcm)	

Konzentrationen:	HNO$_3$	8.25 mol/l
	HF	6.5 mol/l
Temperatur:	30 °C	
Ätzrate:	3.3 µm/s (n-Si, 0.05..8 ohmcm)	

Ätzbad 3: Perchlorsäure-Salpetersäure-Flußsäure Bad[2]

Konzentrationen:	HNO$_3$	11.5 mol/l
	HF	2.2 mol/l
	CH$_3$COOH	1.7 mol/l
	HClO$_4$	1.3 mol/l
Temperatur:	23 °C	
Ätzrate:	17 nm/s	

Das Ätzbad arbeitet weitgehend isotrop.

Ätzbad 4: Hydrazin-Lösung[5]

Konzentrationen: 64 %ige Lösung von Hydrazin
Temperatur: 90 °C
Ätzrate: Si (100): 27 nm/s

anisotropes Ätzbad, rauhe Ätzoberfläche

Ätzbad 5: Kaliumhydroxid-Lösung[6]

Konzentrationen: 20 %ige Lösung von Kaliumhydroxid
Temperatur: 80 °C
Ätzrate: Si(100): 24 nm/s
Si(110): 32 nm/s
anisotropes Ätzbad (hohe Selektivität gegenüber Si(111))

Für die Ätzraten $r_{<100>}$ und $r_{<110>}$ von Silizium in den Orientierungen $<100>$ und $<110>$ in KOH kann näherungsweise die empririsch ermittelte Formel von H.Seidel et al. (1990) gebraucht werden:

$$r_{<100>} = 689 \text{ nm/s} \cdot (\text{mol/l})^{-4.25} \cdot [H_2O]^4 \cdot [KOH]^{0.25} \cdot e^{-0.595 \text{ eV}/(k_b \cdot T)} \quad (109)$$

$$r_{<110>} = 1250 \text{ nm/s} \cdot (\text{mol/l})^{-4.25} \cdot [H_2O]^4 \cdot [KOH]^{0.25} \cdot e^{-0.6 \text{ eV}/(k_b \cdot T)} \quad (110)$$

Gewisse Abweichungen der aus diesen Formeln errechneten Ätzraten von den angegebenen Diagrammdaten (Abb. 67–72 – hier bezieht sich jeder Kurvenverlauf auf einen Arrheniusplot, der aus Meßdaten für eine bestimmte Ätzbadkonzentration gewonnen worden ist) ergeben sich aus der Mittelung von Meßdaten, die bei den verschiedenen Konzentrationen gewonnen worden sind.

Anstelle von KOH werden auch Lösungen anderer Alkalihydroxide wie LiOH, NaOH, CsOH eingesetzt. Je nach Konzentration und Temperatur lassen sich verschiedene Ätzraten und unterschiedliche Ätzratenverhältnisse für die einzelnen kristallografischen Richtungen einstellen. Mit CsOH können bei hoher Konzentration (45–50%) deutlicher höhere Selektivitäten gegenüber SiO_2 erreicht werden als bei Verwendung von KOH[7].

Implantatschichten, z. B. aus B oder C, können als effizienter Ätzstop für anisotrope alkalische Ätzbäder eingesetzt werden[8,9].

Ätzbad 6:   Ätzen in alkalischer Persulfat-Lösung[10]

Konzentrationen:	KOH	5 mol/l
	$(NH_4)_2S_2O_8$	0.044 mol/l
Temperatur:	80 °C	
Ätzrate:	Si(110): 30 nm/s	
Konzentrationen:	NaOH	5 mol/l
	$(NH_4)_2S_2O_8$	0.09 mol/l
Temperatur:	80 °C	
Ätzrate:	Si(110): 32 nm/s	

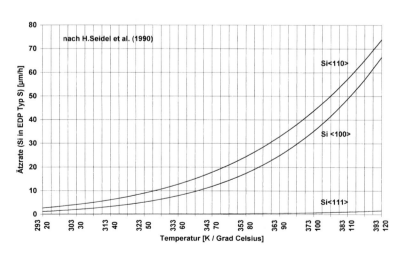

Abb. 6-67. Ätzrate von Silizium in den Orientierungen (111), (100) und (110) in einem Ethylendiamin-Ätzbad in Abhängigkeit von der Temperatur (nach H. Seidel et al. 1990)

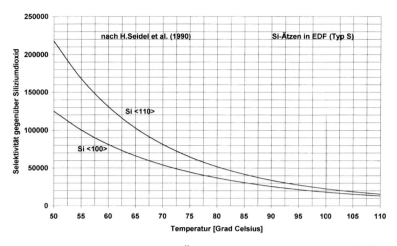

Abb. 6-68. Selektivität des Si-Ätzens in den Orientierungen (100) und (110) in einem Ethylendiamin-Ätzbad in Abhängigkeit von der Temperatur (nach H. Seidel et al. 1990)

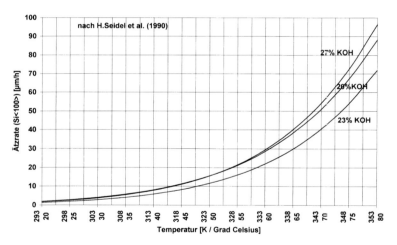

Abb. 6-69. Ätzrate von Si (100) in einem KOH-Ätzbad in Abhängigkeit von der Temperatur (nach H. Seidel et al. 1990)

6.2 Vorschriftensammlung 325

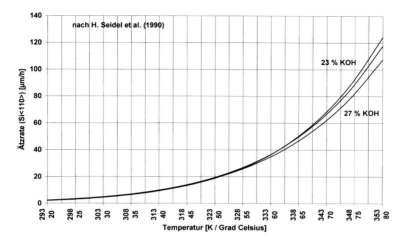

Abb. 6-70. Ätzrate von Si(110) in einem KOH-Ätzbad in Abhängigkeit von der Temperatur (nach H. Seidel et al. 1990)

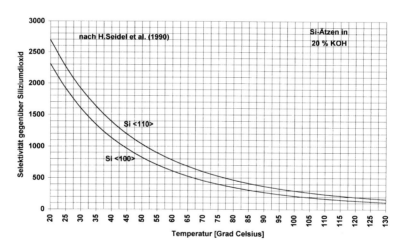

Abb. 6-71. Selektivität des Si-Ätzens in den Orientierungen (100) und (110) in einem KOH-Ätzbad in Abhängigkeit von der Temperatur (nach H. Seidel et al. 1990)

Ätzbad 7: Ethylendiamin-Brenzkatechin-Ätzbad[11]

Konzentrationen: 53 % Ethylendiamin; 11 % Brenzkatechin; 36 % Wasser
Temperatur: anisotropes Ätzbad, glatte Ätzoberfläche
Ätzrate: 85 °C
Si(100): 14.5 nm/s

Das Bad besitzt eine sehr hohe Selektivität gegenüber SiO_2, das deshalb auch als dünne Schicht als Ätzmaske für Si-Tiefenätzprozesse in Bädern dieses Typs verwendet werden kann.

Ätzbad 8: Ethylendiamin-Brenzkatechin-Pyrazin-Ätzbad (Typ S)[12]

Konzentrationen: 79.5 Vol % Ethylendiamin; 0.5 Vol% Pyrazin
9 Vol% Brenzkatechin; 11 Vol% Wasser

anisotropes Ätzbad

Temperatur: 85 °C
Ätzrate: Si(100): 6 nm/s
Si(110): 7.8 nm/s
Si(111): 0,1 nm/s

sehr hohe Selektivität gegenüber SiO_2

Ätzbad 9: Ammoniumhydroxid-Ätzbad[13]

Konzentrationen: 10 % Ammoniumhydroxid in Wasser
anisotropes Ätzbad, glatte Ätzoberfläche

Eine besonders hohe Selektivität gegenüber SiO_2 wird bei Verwendung von Tetraethylammoniumhydroxid anstelle von Ammoniumhydroxid erreicht.

Temperatur: 90 °C
Ätzrate: Si(100): 1.8 nm/s

Naßätzverfahren 10: Elektrochemisches Ätzen in KOH[14]

Konzentrationen: KOH 30 %
Potential −0.9 V
(gegen Hg/HgO)

Bei niedrigerem Potential vermindert sich die Ätzrate allmählich, bei höherem Potential (zwischen −0,9 und −0.7 V) tritt Passivierung ein. Die anodischen Ätzraten können durch Temperaturerhöhung wesentlich erhöht werden. Der Passivierungsstrom erhöht sich in gleicher Weise.

Temperatur:	65 °C
Ätzrate:	7 nm/s (Si (100), p-Bor-dotiert 3–10 ohmcm, bzw. n-Si, 1–19 ohmcm)

Trockenätzen

Leicht flüchtige Verbindungen:	SiH_4	Kp. –111.6 °C [15]
	SiF_4	Kp. –95.7 °C [15]
	Si_2H_6	Kp. –15 °C [15]
	$SiHCl_3$	Kp. 31.7 °C [15]
	$SiCl_4$	Kp. 56.7 °C [15]
	Si_2OCl_6	Kp. 135.5 °C [15]
	Si_2Cl_6	Kp. 147 °C [15]

1. Trockenätzverfahren:	Ätzen im Chlorplasma [16]
Gaszusammensetzung:	100 % Cl_2
Plasmabedingungen:	0.3 torr

a)
Plasmafrequenz:	100 kHz
Ätzrate:	8 nm/s
Bemerkung:	anisotroper Abtrag

b)
Plasmafrequenz:	13 MHz
Ätzrate:	0.8 nm/s
Bemerkung:	isotroper Abtrag

2. Trockenätzverfahren:	Tieftemperatur-RIE im SF_6-Plasma [17]
Gaszusammensetzung:	SF_6
Plasmabedingungen:	20 mtorr
Plasmafrequenz:	13.56 MHz
Leistung:	3.2 W/cm^2
Substrattemperatur:	–120 °C
Ätzrate:	40 nm/s
Bemerkung:	anisotroper Abtrag, sehr geringe Unterätzung; durch optimalen Sauerstoffzusatz können die Anisotropie und die Selektivität gegenüber SiO_2 verbessert werden. Bei hohen Aspektverhältnissen tritt eine erhebliche Verminderung der Ätzrate auf [18].

3. Trockenätzverfahren: Poly-Silizium-Ätzen im Cl_2/C_2F_6-Plasma[19]

a)
Gaszusammensetzung: 80 % C_2F_6; 20 % Cl_2
Durchflußrate: 200 sccm
Plasmabedingungen: 0.35 torr Parallelplattenreaktor
Leistung: rf: 0.4 kW
Ätzrate: 1.2 nm/s (p-poly-Silizium)
2 nm/s (undotiertes poly-Silizium)

b)
Gaszusammensetzung: 20 % C_2F_6; 80 % Cl_2
Durchflußrate: 200 sccm
Plasmabedingungen: 0.35 torr Parallelplattenreaktor
Leistung: rf: 0.4 kW

Ätzrate: 0.5 nm/s (p-poly-Silizium)
5.6 nm/s (undotiertes poly-Silizium)
Bemerkung: P-dotiertes Polysilizium zeigt bis ca. 40 Vol% eine mit zunehmender Chlor-Konzentration linear und bei höherer Chlor-Konzentration langsamer steigende Ätzrate. Undotiertes Polysilizium hat dagegen ein Ätzratenmaximum bei 20 % Chlor.

4. Trockenätzverfahren: Silizium-Ätzen im ClF_3-Dampf [20]

Gaszusammensetzung: 100 % ClF_3
Durchflußrate: 20–100 sccm
Ätzrate: 42 nm/s (3 torr/ 120 °C)
33 nm/s (10 torr/ –5 °C)

5. Trockenätzverfahren: Poly-Silizium-Mikrowellen-Ätzen im Cl_2-Plasma [21]

Gaszusammensetzung: 98.5 % Cl_2; 1.5 % O_2
Plasmabedingungen: 3 mtorr
Parallelplattenreaktor
Leistung: 0.7 kW Mikrowellenleistung
Durchflußrate: 150 sccm
ECR-Reaktor

Ätzrate: 8.7 nm/s (–10 °C)

(hohe Selektivität gegenüber SiO_2)

6. Trockenätzverfahren: SF$_6$-Plasma-Ätzen[22]

Gaszusammensetzung:	100 % SF$_6$
Durchflußrate:	80 sccm
Plasmabedingungen:	250 mtorr
Plasmafrequenz:	13.56 MHz
Leistung:	0.5 W/cm^2
Ätzrate:	12 nm/s

7. Trockenätzverfahren: Lasergestütztes Dampfätzen in CClF$_5$ [23]

Gaszusammensetzung:	100 % CClF$_5$
Plasmabedingungen:	737 torr
Pulsfrequenz:	100 Hz
Anregung:	KrF-Excimer-Laser, 248 nm
Laserenergiedichte/Puls:	0.8 J/cm^2 (mittlere Leistungsdichte: 80 W/cm^2)
Temperatur:	23 °C
Ätzrate:	20 nm/s (0.2 nm/Puls)

8. Trockenätzverfahren: Plasmaätzen in CBrF$_3$ [24]

Gaszusammensetzung:	100 % CBrF$_3$
Durchflußrate:	15 sccm
Plasmabedingungen:	30 mtorr
Leistung:	150 W
Ätzrate:	1.75 nm/s
Selektivität gegenüber SiO$_2$:	ca. Faktor 5

Literatur:

[1] A.F. Holleman und E. Wiberg (1985)
[2] A.F. Bogenschütz (1967)
[3] D.L. Klein und D.J. D'Stefan (1962)
[3] J.P. John und J. McDonald (1993)
[4] N. Schwesinger et al. (1996)
[5] W. Kern (1978)
[6] H. Seidel et al. (1990)
[7] L. D.Clark et al. (1988)
[8] A. Heuberger (1989)
[9] V. Lehmann et al. (1991)
[10] A. Lerm et al. (1990)
[11] R.M. Finne und D.L. Klein (1967); vgl. auch R.Voß (1992)
[12] H. Seidel et al. (1990); A. Reisman et al. (1979)
[13] M. Asano et al. (1976)
[14] R. Voß (1992)
[15] J. D'Ans und E. Lax (1943), 261
[16] R.H. Bruce (1981)
[17] M.Takinami et al. (1992), vgl. auch K. Murakami et al. (1993)
[18] T. Syau et al. (1991); vgl. auch K. Murakami et al. (1993) und M. Esashi et al. (1995)
[19] C.J. Mogab und H.J. Levinstein (1980)
[20] Y. Saito et al. (1991)
[21] D. Dane et al. (1992)
[22] Y.-J. Lii et al. (1990 b)
[23] S.D. Russell und D.A. Sexton (1990)
[24] S. Matsuo (1980)

SiC – Siliziumcarbid

Naßätzen

leicht lösliche Verbindungen: Si(IV) löslich in von Form von Komplexen, z. B. in stark alkalischem Milieu als $[Si(OH)_6]^{2-}$ oder in F^--haltigem Milieu als $[SiF_6]^{2-}$ Kohlenstoff löslich in oxidierter Form als Carbonat oder Hydrogencarbonat, ggf. gasförmig freigesetzt als CO oder CO_2

Naßätzverfahren 1: Photoelektrochemisches Ätzen in HF[1]

Konzentrationen: HF 2.5 mol/l

Lampe: 200 W Hg (250–400 nm) auf 1 cm² Fläche =

Leistung: 0.5–0.7 W/cm²
Potential: 2.2 V vs SCE
Ätzrate: n-SiC: 37 nm/s
p-SiC: 6,7 nm/s

Bemerkung: Noch wesentliche höhere Ätzraten (bis ca. 1700 nm/s) sind bei intensiver Laserbestrahlung erreichbar[2].

Trockenätzen:

SiH_4	Kp. –111.6 °C [3]
SiF_4	Kp. –95.7 °C [3]
Si_2H_6	Kp. –15 °C [3]
$SiHCl_3$	Kp. 31.7 °C [3]
$SiCl_4$	Kp. 56.7 °C [3]
Si_2OCl_6	Kp. 135.5 °C [3]
Si_2Cl_6	Kp. 147 °C [3]

Kohlenstoff wird gasförmig freigesetzt als CO oder CO_2

Trockenätzverfahren 1: Reaktives Ionenätzen im CHF_3/O_2-Plasma[4,5]

Gaszusammensetzung: 20 % CHF_3; 80 % O_2
Plasmabedingungen: 20 mtorr
Leistung: 200 W
Ätzrate: 0.7 nm/s

(Etwa 10 % Zumischung von H_2 zum Ätzgas sind ausreichend, um Ätzrückstände zu vermeiden.)

Trockenätzverfahren 2: Reaktives Ionenätzen im NF_3/O_2-Plasma [5,6)]

Gaszusammensetzung:	NF_3 90 %; O_2 10 %
Flußrate:	20 sccm
Plasmabedingungen:	20 mtorr
Leistung:	200 W/0.4 W/cm²
Ionenquelle:	
Wirkungsweise:	Reste in Spikeform, Vermeidung durch H_2-Anteil im Plasma; alternative Ätzgase: CHF_3 oder CF_4 oder SF_6 höchstes Ätzratenverhältnis gegenüber Si mit CHF_3
Ätzrate:	1.4 nm/s

Bei Abwesenheit von Sauerstoff treten auch ohne Zusatz von Wasserstoff keine oder nur geringe Ätzrückstände auf.

Trockenätzverfahren 3: Reaktives Ionenätzen im $CF_4/N_2/O_2$-Plasma [6)]

Gaszusammensetzung:	CF_4 62 %; O_2 23 %; N_2 15 %
Flußrate:	65 sccm
Druck:	190 mtorr
Plasmabedingungen:	Parallelplattenreaktor, 13.56 MHz
Leistung:	300 W
Ätzrate:	3.7 nm/s

Trockenätzverfahren 4: Reaktives Ionenätzen im SF_6/O_2-Plasma [7)]

Gaszusammensetzung:	SF_6 65 %; O_2 35 %
Flußrate:	20 sccm
Druck:	20 mtorr
Leistung:	200 W (0.42 W/cm²)
Ätzrate:	0.9 nm/s

Rückstandfreies Ätzen kann durch H_2-Zusatz erreicht werden, wobei jedoch die Ätzrate sinkt[7,10)].

Trockenätzverfahren 5: Reaktives Ionenätzen im $CBrF_3/O_2$-Plasma [7)]

Gaszusammensetzung:	$CBrF_3$ 25 %; O_2 75 %
Flußrate:	20 sccm
Druck:	50 mtorr
Leistung:	200 W (0.42 W/cm²)
Ätzrate:	0.7 nm/s

Trockenätzverfahren 6: Reaktives Ionenätzen im CHF_3/O_2-Plasma[5,8)]

Gaszusammensetzung: CHF_3 10 %; O_2 90 %
Flußrate: 20 sccm
Druck: 60 mtorr
Leistung: 200 W (0.42 W/cm^2)
Ätzrate: 0.9 nm/s

Literatur:
[1)] J.S. Shor und A.D. Kurtz (1994)
[2)] J.S. Shor et al. (1992)
[3)] J. D'Ans und E. Lax (1943), 261
[4)] J.P. Li et al. (1993)
[5)] P.H. Yih und A.J. Steckl (1993)
[6)] R. Wolf und R. Helbig (1996)
[7)] W.-S. Pan und A.J. Steckl (1990)
[8)] P.H. Yih und A.J. Steckl (1995)

Si$_3$N$_4$ – Siliziumnitrid

Naßätzen

Leicht lösliche Verbindungen:	Si(IV) löslich in Form von Komplexen, z. B. in stark alkalischem Milieu als [Si(OH)$_6$]$^{2-}$ oder in F$^-$-haltigem Milieu als [SiF$_6$]$^{2-}$
1. Naßätzbad:	Heiße konzentrierte Phosphorsäure
Konzentration:	65 %ige H$_3$PO$_4$ in Wasser
Temperatur:	180 °C
Ätzrate:	ca. 0.02 nm/s als Maske kann SiO$_2$ verwendet werden[1].
2. Naßätzbad:	HF-Lösung[2]
Konzentration:	26 M HF
Temperatur:	25 °C
Ätzrate:	ca. 1–2 nm/s
Konzentration:	25 M HF
Temperatur:	60 °C
Ätzrate:	2.5 nm/s

Trockenätzen

Leicht flüchtige Verbindungen:	SiH$_4$	Kp. –111.6 °C [3]
	SiF$_4$	Kp. –95.7 °C [3]
	Si$_2$H$_6$	Kp. –15 °C [3]
	SiHCl$_3$	Kp. 31.7 °C [3]
	SiCl$_4$	Kp. 56.7 °C [3]
	Si$_2$OCl$_6$	Kp. 135.5 °C [3]
	Si$_2$Cl$_6$	Kp. 147 °C [3]

1. Trockenätzverfahren:	Ätzen im hochdichten CHF$_3$/CO$_2$-Plasma[5]
Gaszusammensetzung:	CHF$_3$: 27 %; CO$_2$: 73 %
Flußrate:	126 sccm
Plasmabedingungen:	25 mtorr
Leistung:	2700 W
Ätzrate:	4.2 nm/s

6.2 Vorschriftensammlung 335

2. Trockenätzverfahren: Ätzen im CF_4/H_2-Plasma[6)]

Gaszusammensetzung: H_2: 0–20%; CF_4: 80–100%
Flußrate: 100 sccm
Plasmabedingungen: 235 mtorr
Leistung: 200 W
Ätzrate: 0.8 nm/s (PECVD-, LPCVD–Nitrid)

3. Trockenätzverfahren: Reaktives Ionenätzen im CHF_3/O_2-Plasma[7)]

Gaszusammensetzung: CHF_3: 68%; O_2: 32%
Flußrate: 6 sccm
Plasmabedingungen: 30 mtorr, Parallelplattenreaktor, 13.56 MHz
Leistung: 0.22 W/cm^2
Ätzrate: 0.7 nm/s (für Nanometergräben)

4. Trockenätzverfahren: Reaktives Ionenätzen im CF_4-Plasma[8)]

Gaszusammensetzung: 100% CF_4
Flußrate: 200 sccm
Plasmabedingungen: 0.3 torr, Parallelplattenreaktor, 13.56 MHz
Leistung: 1 kW (0.43 W/cm^2)
Ätzrate: 16 nm/s

5. Trockenätzverfahren: Reaktives Ionenätzen im C_2F_6-Plasma[8)]

Gaszusammensetzung: 100% C_2F_6
Flußrate: 200 sccm
Plasmabedingungen: 0.1 torr, Parallelplattenreaktor, 13.56 MHz
Leistung: 2 kW (0.86 W/cm^2)
Ätzrate: 1.25 nm/s

6. Trockenätzverfahren: Photochemisches Strippen im ClF_3-Dampf[9)]

Gaszusammensetzung: 90% ClF_3; 10% N_2
Flußrate: 1000 sccm
Plasmabedingungen: 100 torr, Parallelplattenreaktor
Leistung: 10–50 W/cm^2 (Bestrahlungsleistung bei 254 nm)
Ätzrate: 0.3 nm/s (50 °C)
1.3 nm/s (150 °C)

Literatur:

[1] W.V. Geldern und V.E. Hauser (1967)
[2] D.M. Brown et al. (1967); R. Herring und J.B. Price (1973)
[3] J. D'Ans und E. Lax (1943), 261
[5] J. Givens et al. (1994)
[6] J.L. Lindström et al. (1992)
[7] T.K.S. Wong und S.G. Ingram (1992); zum Plasmaätzen in Fluorkohlenwasserstoff/ Sauerstoff-Plasmen vgl. auch R.L. Bersin (1976)
[8] Y. Kuo (1990 b)
[9] D.C. Gray et al. (1995 a)

SiO$_2$ – Siliziumdioxid

Naßätzen

Leicht lösliche Verbindungen:	Si(IV) löslich in Form von Komplexen, z. B. in stark alkalischem Milieu als [Si(OH)$_6$]$^{2-}$ oder in F$^-$-haltigem Milieu als [SiF$_6$]$^{2-}$ [1)]
1. Ätzbad:	Ätzen in fluorwasserstoffsaurer Ammoniumfluoridlösung[2)]
Konzentrationen:	NH$_4$F 9.26 mol/l HF 4.4 mol/l
Temperatur:	24 °C
Ätzrate:	13.3 nm/s
oder[3)]	
Konzentrationen:	NH$_4$F 2.8 mol/l HF 1 mol/l
Temperatur:	23 °C
Ätzrate:	1.7 nm/s

Durch Wahl des NH$_4$F/HF-Verhältnisses und der Temperatur konnte beim Ätzen mit einer Negativ-Photolackmaske das SiO$_2$-Flankenprofil in weiten Grenzen eingestellt werden. Insbesondere wurde bei einem hohen NH$_4$F-Anteil und erhöhter Temperatur (55 °C) die Ausbildung flacher Flanken beobachtet.

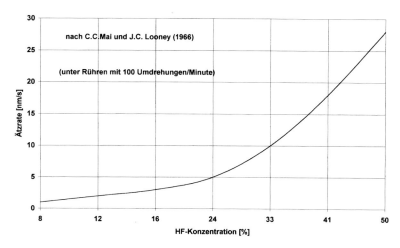

Abb. 6-72. Abhängigkeit der SiO$_2$-Ätzrate beim naßchemischen Ätzen in Flußsäure von der HF-Konzentration

2. Ätzbad: Ätzen in Fluorwasserstofflösung[3]

Konzentrationen: HF 4.8 %
Temperatur: 25 °C

Ätzrate: 0.6 nm/s

Trockenätzen

Leicht flüchtige Verbin-
dungen:
SiH_4 Kp. −111.6 °C [4]
SiF_4 Kp. −95.7 °C [4]
Si_2H_6 Kp. −15 °C [4]
$SiHCl_3$ Kp. 31.7 °C [4]
$SiCl_4$ Kp. 56.7 °C [4]
Si_2OCl_6 Kp. 135.5 °C [4]
Si_2Cl_6 Kp. 147 °C [4]

1. Trockenätzverfahren: Reaktives Ionenätzen im C_2F_6/O_2-Plasma[5]

Gaszusammensetzung: 56 % C_2F_6; 44 % O_2
Flußrate: 45 sccm
Plasmabedingungen: 0.8 torr
Leistung: 0.6 kW

Ätzrate: 8 nm/s

2. Trockenätzverfahren: Ätzen im hochdichten C_2F_6-Plasma[6]

Gaszusammensetzung: C_2F_6
Flußrate: 35 sccm
Plasmabedingungen: 4 mtorr
Leistung: 2700 W
Ätzrate: 20 nm/s

3. Trockenätzverfahren: Ätzen im CF_4-Hochdruck-Plasma[7,8]

a)
Gaszusammensetzung: Ar 53 %; CF_4 47 %
Flußrate: 212 sccm
Plasmabedingungen: 2.5 torr
Leistung: 3.5 W/cm^2
Quelle: HF 0.4 MHz
Ätzrate: 12 nm/s[7]

b)
Gaszusammensetzung: CF_4
Plasmabedingungen: 3 torr
Leistung: 200 W

Quelle: HF 27 MHz
Ätzrate: 38 nm/s[8]

Bemerkung: Durch Verwendung einer Kohlenstoff-Lochmaske kann die Rate auf bis zu ca. 60 nm/s gesteigert werden.

Bemerkung: Selektivität gegen Si gering

4. Trockenätzverfahren: Ätzen im CF_4/CHF_3-Hochdruck-Plasma[7]

Gaszusammensetzung: CF_4 42 %; Ar 46 %; CHF_3 12 %
Flußrate: 240 sccm
Plasmabedingungen: 2.5 torr
Leistung: 3.5 W/cm^2
Quelle: HF 0.4 MHz

Ätzrate: 8 nm/s
Bemerkung: hohe Selektivität gegenüber Si: Ätzratenverhältnis von ca. 18

5. Trockenätzverfahren: Ätzen im CF_4/C_3F_8-Hochdruck-Plasma[9]

Gaszusammensetzung: CF_4 6 %; Ar 80 %; C_3F_8 14 %
Plasmabedingungen: 1.14 torr
Leistung: 2.8 W/cm^2
Quelle: HF 0.1 MHz
Ätzrate: 18 nm/s
Bemerkung: hohe Selektivität gegenüber Si: Ätzratenverhältnis von ca. 20

6. Trockenätzverfahren: Reaktives Ionenstrahl-Ätzen mit CF_4[10]

Gaszusammensetzung: 25 % CF_4; 75 % Ar
Flußrate: 4 sccm
Plasmabedingungen: 0.1 mtorr
Ionenstromdichte: 0.4 mA/cm^2

a)
Ionenenergie: 1.3 keV
Ätzrate: 1 nm/s
Bemerkung: geringe Selektivität gegenüber Si: Ätzratenverhältnis von ca. 1.5

b)
Ionenenergie: 0.75 keV
Ätzrate: 0.75 nm/s
Bemerkung: mäßige Selektivität gegenüber Si: Ätzratenverhältnis von ca. 5

7. Trockenätzverfahren: Reaktives Ionenstrahl-Ätzen mit C_4F_8 [11]

Gaszusammensetzung:	C_4F_8
Plasmabedingungen:	0.2 mtorr
Ionenstromdichte:	0.3 mA/cm²
Quelle:	ECR
Ionenenergie:	1 keV
Ätzrate:	1.2 nm/s
Bemerkung:	sehr hohe Selektivität gegenüber Si: Ätzratenverhältnis von ca. 30

8. Trockenätzverfahren: Magnetrongestütztes RIE mit CHF_3 [12]

Gaszusammensetzung:	100 % CHF_3
Flußrate:	33 sccm
Plasmabedingungen:	50 mtorr (1000 gauss)
Leistung:	rf: 1.6 W/cm²
Ätzrate:	18 nm/s
Bemerkung:	hohe Selektivität gegenüber Si: Ätzratenverhältnis von ca. 9

9. Trockenätzverfahren: ECR-gestütztes Plasmaätzen mit C_4F_8 [13]

Gaszusammensetzung:	100 % C_4F_8
Flußrate:	33 sccm
Plasmabedingungen:	3 mtorr
Leistung:	0.5 kW (2.45 GHz)/ 1 kW (rf 400 kHz)
Ätzrate:	8 nm/s
Bemerkung:	hohe Selektivität gegenüber Si: Ätzratenverhältnis von ca. 9

10. Trockenätzverfahren: Photochemisches Dampfätzen mit ClF_3/N_2 [14]

Gaszusammensetzung:	90 % ClF_3; 10 % N_2
Flußrate:	1000 sccm
Druck:	100 torr
Ätzrate:	0.15 nm/s (150 °C)
	0.01 nm/s (50 °C)

11. Trockenätzverfahren: Magnetfeldgestütztes Plasmaätzen mit C_6F_{14}/N_2 [15]

Gaszusammensetzung:	80 % C_6F_{14}; 20 % N_2
Flußrate:	100 sccm
Druck:	1 torr

Ätzrate: 17 nm/s

Selektivität gegenüber Si: Faktor 5

12. Trockenätzverfahren: Sputterätzen mit inerten Ionen [16]

Gaszusammensetzung: Ar
Druck: 11 mtorr
Strahlbedingungen: 1.5 kV rf
Leistung: 100 W/ 1.6 W/cm^2
Temperatur: 190 °C
Ätzrate: 0.2 nm/s

Literatur:
[1] A.F. Holleman und E. Wiberg (1985)
[2] A.F. Bogenschütz (1967); vgl. auch H. Proksche et al. (1992), zur Einstellung von Flankenwinkeln vgl. G.I. Parisi et al. (1977)
[3] C.C. Mai und J.C. Looney (1966); Zur Auflösung von SiO_2 in HF-Lösungen vgl. auch W.G. Palmer (1956)
[4] J. D'Ans und E. Lax (1943), 261
[5] C.V. Macchioni (1990)
[6] J. Givens et al. (1994)
[7] D.L. Smith (1984)
[8] S. Schreiter und H.-U. Poll (1992)
[9] D.L. Smith (1984)
[10] B.A. Heath und T.M. Mayer (1984); unter ähnlichen Bedingungen vgl. auch W. Beyer (1991)
[11] M. Miyamura et al. (1983)
[12] H. Okano et al. (1982)
[13] K. Nojiri und E. Iguchi (1995)
[14] D.C. Gray et al. (1995)
[15] K. Schade et al. (1990)
[16] R.T.C. Tsui (1967)

$Si_xN_yO_z$ – Siliziumoxinitrid

Naßätzen

Leicht lösliche Verbindungen:	Si(IV) löslich in Form von Komplexen, z. B. in stark alkalischem Milieu als $[Si(OH)_6]^{2-}$ oder in F^--haltigem Milieu als $[SiF_6]^{2-}$
1. Ätzbad:	Ätzen in fluorwasserstoffsaurer Ammoniumfluoridlösung[1]
Konzentrationen:	NH_4F 10 mol/l HF 1 mol/l
Temperatur:	ca. 25 °C
Ätzrate:	0.05–0.2 nm/s

Die Ätzrate hängt sehr stark vom O/N-Verhältnis und ggf. in der Schicht inkorporiertem Wasserstoff ab, der z. B. durch die Schichtherstellung aus SiH_4 oder NH_3 durch einen CVD-Prozeß in die Schicht eingebaut sein kann.

2. Ätzbad:	Ätzen in Fluorwasserstofflösung[2]
Konzentrationen:	HF 26 mol/l
Temperatur:	25 °C
Ätzrate:	0.6–8 nm/s

Die Ätzrate ist sehr stark von der Schichtzusammensetzung abhängig.

Trockenätzen

Leicht flüchtige Verbindungen:	SiH_4	Kp. –111.6 °C [3]
	SiF_4	Kp. –95.7 °C [3]
	Si_2H_6	Kp. –15 °C [3]
	$SiHCl_3$	Kp. 31.7 °C [3]
	$SiCl_4$	Kp. 56.7 °C [3]
	Si_2OCl_6	Kp. 135.5 °C [3]
	Si_2Cl_6	Kp. 147 °C [3]

Das Trockenätzen erfolgt vorzugsweise in fluoridhaltigen Ätzgasen.

Literatur:
[1] T. Nozaki (1980)
[2] D.M. Brown et al. (1968)
[3] J. D'Ans und E. Lax (1943), 261

Sn – Zinn

Naßätzen

Leicht lösliche Reaktionsprodukte: Sn(II) ist in Form von Salzen z.B. als Chlorid wasserlöslich, Sn(IV) bildet mit geeigneten Liganden L (wie z.B. L = Cl$^-$ oder OH$^-$) lösliche Komplexionen des Typs [SnL$_6$]$^{2-}$ [1]

1. Naßätzverfahren: Ätzen in wäßriger FeCl$_3$-Lösung[2]

bevorzugte Temperatur: 32–54 °C

Trockenätzen:

Leicht flüchtige Verbindungen:

SnH$_4$	Kp. −52 °C [1]
SnCl$_4$	Kp. 114.1 °C [1]
SnBr$_4$	Kp. 203.3 °C [1]
SnI$_4$	Kp. 346 °C [1]
SnCl$_2$	Kp. 605 °C [1]
SnF$_4$	subl. 705 °C [1]
SnF$_2$	Kp. 853 °C [1]

Literatur:
[1] A.F. Holleman und E. Wiberg (1985)
[2] R.J. Ryan et al. (1970)

SnO$_2$ – Zinndioxid

Naßätzen

Leicht lösliche Reaktionsprodukte:	Sn(II) ist in Form von Salzen z. B. als Chloridwasserlöslich, Sn(IV) bildet mit geeigneten Liganden L (wie z. B. L = Cl⁻ oder OH⁻) lösliche Komplexionen des Typs [SnL$_6$]$^{2-}$ [1]

Trockenätzen

Leicht flüchtige Verbindungen:	SnH$_4$	Kp. –52 °C [1]
	SnCl$_4$	Kp. 114.1 °C [1]
	SnBr$_4$	Kp. 203.3 °C [1]
	SnI$_4$	Kp. 346 °C [1]
	SnCl$_2$	Kp. 605 °C [1]
	SnF$_4$	subl. 705 °C [1]
	SnF$_2$	Kp. 853 °C [1]
Trockenätzverfahren:	Reaktives Ionenätzen im Ar/Cl$_2$-Plasma [2]	
Gaszusammensetzung:	90 % Ar; 10 % Cl$_2$	
Leistung:	0.3 kW	
Quelle:	Parallelplattenreaktor	
Ätzrate:	1.5 nm/s	
Literatur:	[1] A.F. Holleman und E. Wiberg (1985)	
	[2] J. Molloy et al. (1995)	

Ta – Tantal

Naßätzen

Leicht lösliche Reaktionsprodukte:	Ta(V) löslich als Fluorid TaF$_5$ [1]
1. Naßätzverfahren:	Ätzen in Flußsäure-Salpetersäure[2]
Zusammensetzung:	HNO$_3$ 5.6 mol/l HF 6.4 mol/l
Temperatur:	ca. 25 °C
2. Naßätzverfahren:	Ätzen in alkalischer Wasserstoffperoxidlösung[3]
Zusammensetzung:	NaOH 7 mol/l H$_2$O$_2$ 0.9 mol/l
Temperatur:	90 °C
Ätzrate:	ca. 1.7 .. 3.3 nm/s

Trockenätzen

Leicht flüchtige Verbindungen:	TaF$_5$ Kp. 229.5 °C [4] TaCl$_5$ Kp. 241.6 °C [4] TaBr$_5$ Kp. ca. 320 °C [4]
1. Trockenätzverfahren:	Plasmaätzen im Cl$_2$/CCl$_4$-Plasma[5]
Gaszusammensetzung:	80 % Cl$_2$/20 % CCl$_4$
Plasmabedingungen:	0.15 torr
Leistung:	1.2 W/cm^2
Ätzrate:	13.3 nm/s
2. Trockenätzverfahren:	Plasmaätzen im O$_2$/CF$_4$-Plasma[5]
Gaszusammensetzung:	10 % O$_2$/90 % CF$_4$
Plasmabedingungen:	0.15 torr
Leistung:	1.2 W/cm^2
Ätzrate:	3.8 nm/s
3. Trockenätzverfahren:	Plasmaätzen im hochdichten O$_2$/CHF$_3$/CF$_4$-Plasma[6]
Gaszusammensetzung:	4 % O$_2$; 40 % CHF$_3$; 56 % CF$_4$

Gasflußrate:	52 sccm
Plasmabedingungen:	5 mtorr
Leistung:	0.2 kW (rf 13.56 MHz) + 0.1 kW (rf 40 MHz)
Ätzrate:	1 nm/s

4. Trockenätzverfahren: Plasmaätzen im hochdichten SF_6-Plasma[6]

Gaszusammensetzung:	100 % SF_6
Gasflußrate:	40 sccm
Plasmabedingungen:	5 mtorr
Leistung:	150 W (rf 13.56 MHz) + 50 W (rf 40 MHz)
Ätzrate:	3 nm/s

Literatur:
[1] A.F. Holleman und E. Wiberg (1985)
[2] R. Glang und L.V. Gregor (1970)
[3] J. Grossman und D.S. Herman (1969)
[4] J. D'Ans und E. Lax (1943), 263
[5] M. Yamada et al. (1991)
[6] R. Hsiao und D. Miller (1996)

TaN – Tantalnitrid

Naßätzen

Leicht lösliche Reaktionsprodukte: Ta(V) löslich als Fluorid TaF$_5$ [1]

1. Naßätzverfahren: Ätzen in alkalischer Wasserstoffperoxidlösung [2]

Zusammensetzung: NaOH   7 mol/l
                   H$_2$O$_2$ 0.9 mol/l
Temperatur: 90 °C
Ätzrate: ca. 1.7 .. 3.3 nm/s

Trockenätzen

Leicht bis mäßig flüchtige Verbindungen:
  TaF$_5$ Kp. 229.5 °C [1]
  TaCl$_5$ Kp. 241.6 °C [1]
  TaBr$_5$ Kp. ca. 320 °C [1]

Das reaktive Trockenätzen erfolgt vorzugsweise in fluorhaltigen Ätzgasen.

Literatur:
[1] A.F. Holleman und E. Wiberg (1985)
[2] J. Grossman und D.S. Herman (1969)

Ta$_2$O$_5$ – Tantal-Oxid

Naßätzen

Leicht lösliche Reaktionsprodukte:	Ta(V) löslich als Fluorid TaF$_5$ [1]

Trockenätzen

Leicht flüchtige Verbindungen:	TaF$_5$	Kp. 229.5 °C [1]
	TaCl$_5$	Kp. 241.6 °C [1]
	TaBr$_5$	Kp. ca. 320 °C [1]

Trockenätzverfahren:	Reaktives Ionenätzen im Plasma fluorsubstituierter Methane [2]
Gaszusammensetzung:	0.02 torr CF$_4$
Flußrate:	50 sccm
Leistung:	0.2 W/cm^2 / 13.56 MHz
Ätzrate:	0.3 nm/s (20 °C)
Gaszusammensetzung:	0.1 torr CHF$_3$
Flußrate:	100 sccm
Leistung:	2.3 kW / 13.56 MHz
Ätzrate:	7 nm/s (20 °C)
Gaszusammensetzung:	0.1 torr CF$_4$
Flußrate:	100 sccm
Leistung:	2.3 kW / 13.56 MHz
Ätzrate:	9 nm/s (20 °C)
Literatur:	[1] A.F. Holleman und E. Wiberg (1985)
	[2] S. Seki et al. (1983); Y. Kuo (1992)

TaSi$_2$ – Tantalsilizid

Naßätzen

Leicht lösliche Reaktionsprodukte: Ta(V) löslich als Fluorid TaF$_5$ [1] Si(IV) löslich als SiF$_6^{2-}$

Trockenätzen:

Leicht bis mäßig flüchtige Verbindungen:

TaF$_5$	Kp. 229.5 °C [1]
TaCl$_5$	Kp. 241.6 °C [1]
TaBr$_5$	Kp. ca. 320 °C [1]
SiH$_4$	Kp. −111.6 °C [2]
SiF$_4$	Kp. −95.7 °C [2]
Si$_2$H$_6$	Kp. −15 °C [2]
SiHCl$_3$	Kp. 31.7 °C [2]
SiCl$_4$	Kp. 56.7 °C [2]
Si$_2$OCl$_6$	Kp. 135.5 °C [2]
Si$_2$Cl$_6$	Kp. 147 °C [2]

1. Trockenätzverfahren: Reaktives Ionenätzen im SF$_6$/Cl$_2$-Plasma[3]

Gaszusammensetzung: 75 % SF$_6$; 25 % Cl$_2$

Ätzrate: 1.5 nm/s

2. Trockenätzverfahren: Reaktives Ionenätzen im CF$_4$/Cl$_2$-Plasma[3]

Gaszusammensetzung: 90 % SF$_6$; 10 % Cl$_2$

Ätzrate: 1.5 nm/s

3. Trockenätzverfahren: Reaktives Ionenätzen im BCl$_3$/Cl$_2$-Plasma[4]

Gaszusammensetzung: 80 % BCl$_3$; 20 % Cl$_2$

Durchflußrate: 40 sccm
Druck: 10 mtorr
Leistung: 3 kW, 13.56 MHz

Ätzrate: 1.5 nm/s

Bemerkung: Es wurde ein ausgeprägter loading-Effekt beobachtet, d. h. die Ätzrate sinkt stark mit zunehmender Waferanzahl in der Ätzanlage.

4. Trockenätzverfahren: Ätzen im SF_6/H_2-Plasma[5]

Druck: 8 mtorr

Ätzrate: 2.5 nm/s

5. Trockenätzverfahren: Ätzen im SF_4/Cl_2-Plasma[5]

Druck: 23 mtorr

Ätzrate: 1.3 nm/s

Literatur:
[1] A.F. Holleman und E. Wiberg (1985)
[2] J. D'Ans und E. Lax (1943), 261
[3] H.J. Mattausch et al. (1983)
[4] R.W. Light, H.B. Bell (1984)
[5] K. Schade et al. (1990)

$(Ta_{0,72}Si_{0,28})N$ – Tantal-Silizium-Nitrid

Naßätzen

Leicht lösliche Reaktionsprodukte:	Ta(V) löslich als Fluorid TaF_5 [1] Si(IV) löslich als SiF_6^{2-}

Trockenätzen

Leicht bis mäßig flüchtige Verbindungen:	TaF_5	Kp. 229.5 °C [1]
	$TaCl_5$	Kp. 241.6 °C [1]
	$TaBr_5$	Kp. ca. 320 °C [1]

1. Trockenätzverfahren:	Reaktives Ionenätzen im CF_4/O_2-Plasma [2]
Gaszusammensetzung:	je 50 % CF_4/O_2
Flußrate:	50 sccm
Plasmabedingungen:	0.2 torr
Leistung:	167 W / 13.56 MHz
Ätzrate:	2 nm/s
Literatur:	[1] A.F. Holleman und E. Wiberg (1985) [2] G.F. McLane et al. (1994)

Te – Tellur

Naßätzen

Leicht lösliche Reaktionsprodukte:
Te(IV) in starken Säuren als Te^{4+} und in starken Laugen als TeO_3^{2-} löslich[1], als Te(II) in weinsauren Lösungen als Chelat löslich; TeO_2 löst sich in verschiedenen mehrfunktionellen organischen Säuren[2]

Ätzende Bäder:
- konzentrierte Schwefelsäure[2]
- Königswasser[2]
- Salpetersäure[2]
- heiße Alkalilösungen[2]

Trockenätzen

Leicht bis mäßig flüchtige Verbindungen:

TeH_2	Kp. –2.3 °C[3]
TeF_4	Kp. 193.8 °C[1]
$TeCl_2$	Kp. 324 °C[3]
$TeBr_2$	Kp. 339 °C[1]
$TeCl_4$	Kp. 392 °C[3]
$TeBr_4$	Kp. 421 °C[3]

Literatur:
[1] A.F. Holleman und E. Wiberg (1985)
[2] B.A. Irving (1962)
[3] J. D'Ans und E. Lax (1943), 264

Ti – Titan

Naßätzen

Leicht lösliche Reaktionsprodukte:	Ti(IV) in starken Säuren als $[Ti(OH)_2]^{2+}$, $[Ti(OH)_3]^+$ und daraus abgeleiteten Komplexionen, darunter F^- als bevorzugter Ligand, löslich[1]
Ätzbad 1:	Verdünnte HF-Lösung[2]
Konzentrationen:	HF 0.4 mol/l
Temperatur:	Raumtemperatur
Ätzrate:	ca. 100 nm/s
Temperatur:	32 °C
Ätzrate:	ca. 200 nm/s
Ätzbad 2:	Salpetersäure-Flußsäure-Bad[3]
Konzentrationen:	HF 2.6 mol/l
	HNO_3 2.2 mo,/l
Temperatur:	32 °C
Ätzrate:	ca. 300 nm/s

Trockenätzen

Leicht bis mäßig flüchtige Verbindungen:	$TiCl_4$	Kp. 136.45 °C[1]
	$TiBr_4$	Kp. 233.45 °C[1]
	TiF_4	subl. 284 °C[1]
	TiJ_4	Kp. 377 °C[1]

1. Trockenätzverfahren:	Ätzen im CF_3Br-Plasma[4]
Gaszusammensetzung:	12 % O_2; 25 % He; 63 % CF_3Br
Plasmabedingungen:	0.2–0.7 torr
Leistung:	80–200 W/ 40 cm
Quelle:	Parallelplattenreaktor
Ätzrate:	0.6 nm/s bei 200 W
Bemerkung:	selektives Ätzen gegenüber Gold- und Siliziumnitrid möglich

2. Trockenätzverfahren: Ätzen im SF_6-Plasma[5]

Gaszusammensetzung: 100 % SF_6
Flußrate: 1 cm³/s
Plasmabedingungen: 10 Pa
Quelle: 4 MHz

Ätzrate: 5 nm/s

(Wird der Druck erniedrigt, so sinkt die Ätzrate mit dem Quadrat des Druckes.)

3. Trockenätzverfahren: Reaktives Ionenätzen im BCl_3-Plasma[6]

Gaszusammensetzung: 100 % BCl_3

Literatur:
[1] A.F. Holleman und E. Wiberg (1985)
[2] H. Beneking (1991); vgl. auch Eastman Kodak (1966); R.J. Ryan et al. (1970); R. Glang und L.V. Gregor et al. (1970)
[3] R.J. Ryan et al. (1970); R. Glang und L.V. Gregor et al. (1970)
[4] C.J. Mogab, T.A. Shankoff (1977)
[5] R.R. Reeves et al. (1990)
[6] J. Hollkott et al. (1995)

TiN – Titannitrid

Naßätzen

Leicht lösliche Reaktionsprodukte: Ti(IV) in starken Säuren als $[\text{Ti(OH)}_2]^{2+}$, $[\text{Ti(OH)}_3]^+$ und daraus abgeleiteten Komplexionen, darunter F^- als bevorzugter Ligand, löslich[1]

Trockenätzen

Leicht bis mäßig flüchtige Verbindungen:
- TiBr_4 Kp. 233.45 °C[1]
- TiF_4 subl. 284 °C[1]
- TiJ_4 Kp. 377 °C[1]

1. Trockenätzverfahren: Reaktives Ionenätzen im CF_4/O_2-Plasma[4]

Gaszusammensetzung: CF_4/O_2
Plasmabedingungen: 0.1–0.2 keV Ionenenergien; Parallelplattenreaktor
Ätzrate: 0.18 nm/s – 0.3 nm/s

2. Trockenätzverfahren: Sputtern im Ar-Plasma[5]

Gaszusammensetzung: Ar
Leistung: 1 kW
Quelle: ECR, 2.45 GHz; bias: –50 V bis –200 V
Ätzrate: 0.1 nm/s (0.1 keV Ionen)
0.23 nm/s (0.2 keV Ionen)

3. Trockenätzverfahren: Magnetfeldunterstütztes Ätzen im Ar/Cl_2-Plasma[6]

Gaszusammensetzung: 77 % Ar, 23 % SF_6
Plasmabedingungen: 150 mtorr
Gasfluß: 111 sccm
Leistung: 150 W (13.56 MHz)
Magnetfeld 20 Gauss

Ätzrate: ca. 8.3 nm/s (60 °C)

Literatur:
[1] A.F. Holleman und E. Wiberg (1985)
[2] H. Beneking (1991)
[3] J. D'Ans und E. Lax (1943), 264
[4] F. Fracassi et al. (1995)
[5] M.E. Day und M. Delfino (1996)
[6] P.E. Riley und Th.E. Clark (1991)

TiO$_2$ – Titandioxid

Naßätzen

Leicht lösliche Reaktionsprodukte: Ti(IV) in starken Säuren als [Ti(OH)$_2$]$^{2+}$, [Ti(OH)$_3$]$^+$ und daraus abgeleiteten Komplexionen, darunter F$^-$ als bevorzugter Ligand, löslich[1]

Trockenätzen

Mäßig flüchtige Verbindungen:
- TiBr$_4$ Kp. 233.45 °C[1]
- TiF$_4$ subl. 284 °C[1]
- TiJ$_4$ Kp. 377 °C[1]

1. Trockenätzverfahren: Reaktives Ionenätzen im CF$_4$-Plasma[2]

Gaszusammensetzung: CF$_4$
Plasmabedingungen: 0.12 torr
Leistung: 100 W
Quelle: Parallelplattenreaktor
Ätzrate: 1.5 nm/s

Literatur:
[1] A.F. Holleman und E. Wiberg (1985)
[2] A. Matsutani et al. (1991)

V – Vanadin

Naßätzen

Leicht lösliche Reaktionsprodukte: V(V) in stark alkalischen Lösungen als Vanadate HVO_4^{2-}; V(IV) und V(III) als Fluoro- oder Chlorokomplexe $[VCl_6]^{2-}$ und $[VCl_6]^{3-}$; V(IV) in Säuren als $[VO(H_2O)_5]^{2+}$ und in Laugen als $V_{18}O_{42}^{12-\,1)}$

Ätzbad: Flußsäure

Trockenätzen

Leicht flüchtige Verbindungen:
- VF_5 Kp. 48.3 °C[1]
- VOF_3 subl. 110 °C[1]
- $VOCl_2$ Kp. 152 °C[1]
- $VOCl_3$ Kp. 127.2 °C[1]
- $VOBr_3$ Kp. 180 °C[1]

Literatur: [1] A.F. Holleman und E. Wiberg (1985)

W – Wolfram

Naßätzen

Leicht lösliche Reaktionsprodukte:	W(VI) bildet in stark alkalischem Milieu Wolframate WO_4^{2-}, die jedoch bei erniedrigtem pH-Wert kondensieren [1]
Naßätzverfahren 1:	Ätzen in alkalischer Hexacyanoferrat(III)-Lösung [2]
Konzentrationen:	KOH 0.9 mol/l $K_3Fe(CN)_6$ 0.15 mol/l 1 % Netzmittel (Tergitol)
Temperatur:	25 °C
Ätzrate:	4 nm/s

Die Ätzgeschwindigkeit in alkalischer Hexacyanoferrat(III)-Lösung hängt erheblich von der Konvektion der Ätzflüssigkeit ab [3]:

Ätzrate:	16 nm/s (Tauchätzen, 150 µm Diffusionsschichtdicke)
	35 nm/s (Tauchätzen, 70 µm Diffusionsschichtdicke)
	40 nm/s (Tauchätzen, 25 µm Diffusionsschichtdicke)
	85 nm/s (Sprühätzen, 20 µm Diffusionsschichtdicke)
	120 nm/s (Sprühätzen, 15 µm Diffusionsschichtdicke)
Naßätzverfahren 2:	Elektrochemisches Ätzen in alkalischer Hexacyanoferrat(III)-Lösung [3]
Konzentrationen:	KOH 0.9 mol/l $K_3Fe(CN)_6$ 0.15 mol/l 1 % Netzmittel (Tergitol)
Temperatur:	25 °C
Ätzrate:	20 nm/s (bei 100 mA/cm^2) 80 nm/s (bei 460 mA/cm^2)

Trockenätzen

Leicht bis mäßig flüch- WF_6 subl. 17 °C[1]
tige Verbindungen: WCl_5 subl. 275.6 °C[1]
   WCl_6 subl. 346 °C[1]

1. Trockenätzverfahren: Ätzen im gepulsten SF_6-Plasma[4]

Gaszusammensetzung:	SF_6
Plasmabedingungen:	0.4–4 mtorr
Leistung:	40 W (13.56 MHz) Dauerleistung + 1.5 kW (gepulst 5 ms/5 ms Pause)
Ätzrate:	ca. 3 nm/s (0 °C) ca. 5 nm/s (30 °C) ca. 13 nm/s (80 °C)

2. Trockenätzverfahren: Reaktives Ionenätzes im SF_6/N_2-Plasma[5]

Gaszusammensetzung:	SF_6: 50 Vol%; N_2: 50 Vol%
Flußrate:	2 sccm
Quelle:	ECR
Plasmabedingungen:	1 mtorr
Leistung:	200 W, self bias: –70 V
Ätzrate:	ca. 2 nm/s (100 °C)

3. Trockenätzverfahren: Magnetfeldunterstütztes Ätzen im Ar/SF_6-Plasma[6]

Gaszusammensetzung:	44 % Ar, 56 % SF_6
Plasmabedingungen:	135 mtorr
Gasfluß:	84 sccm
Leistung:	350 W (13.56 MHz) Magnetfeld 47 Gauss
Ätzrate:	ca. 9.2 nm/s (60 °C)

WZn kann mit gleicher Rate wie W (1.2 nm/s) mit ECR-RIE (Ar/SF_6, 1 mtorr, –0,2 kV bias, 0.3 kW Mikrowellenleistung geätzt werden[7].

4. Trockenätzverfahren: Ätzen im SF_6/O_2-Plasma[8]

Gaszusammensetzung:	SF_6: 90 Vol%; O_2: 10 Vol%
Flußrate:	75 sccm
Quelle:	RF-Plasma, 4.5 MHz
Plasmabedingungen:	0.2 torr
Leistung:	50 W

360 6.2 *Vorschriftensammlung*

Ätzrate:	ca. 1.2 nm/s (60 °C)
Leistung:	150 W
Ätzrate:	ca. 5 nm/s (60 °C)
Gaszusammensetzung:	SF_6: 90 Vol%; O_2: 10 Vol%
Leistung:	50 W
Ätzrate:	ca. 7 nm/s (150 °C)

5. Trockenätzverfahren: Plasmaätzen im CF_4/O_2-Plasma[8]

Gaszusammensetzung:	CF_4: 90 Vol%; O_2: 10 Vol%
Flußrate:	75 sccm
Quelle:	RF-Plasma, 4.5 MHz
Leistung:	50 W
Plasmabedingungen:	0.2 torr
Ätzrate:	ca. 1.1 nm/s (60 °C)
Ätzrate:	ca. 3.3 nm/s (150 °C)

(zum Mechanismus vgl.[9])

6. Trockenätzverfahren: ECR-Ätzen im $SF_6/CHF_3/He$-Plasma[10] (Ti-dotiertes Wolfram)

Gaszusammensetzung:	SF_6: 6 %; CHF_3: 47 %; He: 47 %
Plasmabedingungen:	1.2 mtorr
Quelle:	RF-Plasma, 4.5 MHz
Temperatur:	–50 °C
Leistung:	rf: 0.34 W/cm^2; 0.2 kW Mikrowelle
Ätzrate:	0.5 nm/s
Leistung:	rf: 0.65 W/cm^2; 0.2 kW Mikrowelle
Ätzrate:	0.8 nm/s
Literatur:	[1] A.F. Holleman und E. Wiberg (1985) [2] W. Kern und J.M. Shaw (1971) [3] A.F. Bogenschütz et al. (1991) [4] R. Petri et al. (1992, 1994) [5] C.R. Eddy Jr. et al. (1994); vgl. auch N. Mutsukara und G. Turban (1990) [6] P.E. Riley und Th.E. Clark (1991) [7] A. Katz et al. (1993) [8] C.C. Tang und D.W. Hess (1984) [9] M.C. Peignon et al. (1993) [10] K. Marumoto (1994)

WO_3 – Wolframoxid

Naßätzen

Leicht lösliche Reaktionsprodukte:	W(VI) bildet in stark alkalischem Milieu Wolframate WO_4^{2-}, die jedoch bei erniedrigtem pH-Wert kondensieren [1]
Naßätzverfahren 1:	Ätzen in verdünnter NaOH-Lösung[2]
Konzentrationen:	NaOH 0.01 mol/l
Temperatur:	Raumtemperatur
Ätzrate:	7 nm/s

Trockenätzen

Leicht bis mäßig flüchtige Verbindungen:	WF_6	subl. 17 °C[1]
	WCl_5	subl. 275.6 °C[1]
	WCl_6	subl. 346 °C[1]
Literatur:	[1] A.F. Holleman und E. Wiberg (1985)	
	[2] Y. Gotoh et al. (1994)	

WSi$_2$ – Wolframsilizid

Naßätzen

Leicht lösliche Reaktionsprodukte:
W(VI) bildet in stark alkalischem Milieu Wolframate WO$_4^{2-}$, die jedoch bei erniedrigtem pH-Wert kondensieren [1]

Si (IV) löslich in von Form von Komplexen, z. B. in stark alkalischem Milieu als [Si(OH)$_6$]$^{2-}$ oder in F$^-$-haltigem Milieu als [SiF$_6$]$^{2-}$

Trockenätzen

Leicht flüchtige Verbindungen:

WF$_6$	subl. 17 °C [1]
WCl$_5$	subl. 275.6 °C [2]
WCl$_6$	subl. 346 °C [2]
SiH$_4$	Kp. −111.6 °C [3]
SiF$_4$	Kp. −95.7 °C [3]
Si$_2$H$_6$	Kp. −15 °C [3]
SiHCl$_3$	Kp. 31.7 °C [3]
SiCl$_4$	Kp. 56.7 °C [3]
Si$_2$OCl$_6$	Kp. 135.5 °C [3]
Si$_2$Cl$_6$	Kp. 147 °C [3]

1. Trockenätzverfahren: Ätzes im NF$_3$/CF$_2$Cl$_2$-Plasma [4]

Gaszusammensetzung: NF$_3$: 83 Vol%; CF$_2$Cl$_2$: 17 Vol%
Flußrate: 18 sccm
Plasmabedingungen: 260 mtorr
Leistung: 200 W/0.1 W/cm^2 (Parallelplattenreaktor)

2. Trockenätzverfahren: Reaktives Ionenätzes im CF$_4$/O$_2$-Plasma [5]

Gaszusammensetzung: CF$_4$: 75 Vol%; O$_2$: 25 Vol%
Ätzrate: 7.5 nm/s

3. Trockenätzverfahren: Ätzes im BCl$_3$/Cl$_2$-Plasma [6]

Flußrate: 50 sccm
Plasmabedingungen: 0.76 torr
Leistung: 2.4 W/cm^2
Ätzrate: 7.5 nm/s

Literatur: ¹⁾A.F. Holleman und E. Wiberg (1985)
²⁾J. D'Ans und E. Lax (1943), 270
³⁾J. D'Ans und E. Lax (1943), 261
⁴⁾J.M. Parks und R.J. Jaccodine (1991)
⁵⁾R.S. Benneth et al. (1981) vgl. auch K. Schade et al. (1990)
⁶⁾K. Schade et al. (1990)

$YBa_2Cu_3O_{7-x}$ – Yttriumbariumcuprat

Naßätzen

Leicht lösliche Reaktionsprodukte:	Yttrium in Form von Y(III)-Salzen im sauren bis neutralen Milieu; Barium als Ba^{2+} in verschiedenen Salzen, jedoch schwerlöslich z.B. als Sulfat oder Carbonat; Kupfer löslich als Cu^{2+} in vielen Salzen, als Cu(I) in Gestalt von Halogeno- oder Pseudohalogenokomplexen oder im stark alkalischen Milieu in Form von Hydroxokomplexen[1]
Ätzbad 1:	Ce(IV)-Salzlösungen[2]

Trockenätzen

schwer flüchtige Verbindungen:	YCl_3	Kp. 1507 °C [1]
	$BaCl_2$	Kp. 1560 °C [1]
	$CuCl_2$	Kp. 655 °C [3]
	$CuBr_2$	Kp. 900 °C [3]

1. Trockenätzverfahren: Reaktives Ionenätzen im Cl_2-Plasma[4]

Gaszusammensetzung:	Cl_2: 100 %; 50 sccm
Plasmabedingungen:	1 Pa; (13.56 MHz)
Leistung:	0.5 kW (60 W/cm^2)
Ätzrate:	0.22 nm/s (bias 0.65 kV)

(Das nichtreaktive Ionenätzen mit Argon (anstelle von Chlor) liefert bei den gleichen Bedingungen ca. 75 % der Ätzrate.)

2. Trockenätzverfahren: Ionenstrahlätzen mit Argon[4]

Gaszusammensetzung:	Ar: 100 Vol%;
Strahlstrom:	20 mA (2.4 mA/cm^2)
Spannung:	0.5 kV
Plasmabedingungen:	0.5 mPa
Leistung:	0.6 W/cm^2
Ätzrate:	0.63 nm/s

Literatur:	[1] A.F. Holleman, E. Wiberg (1985) [2] IPHT-Hausvorschrift [3] J. D'Ans und E. Lax (1943), 239 [4] L. Alff et al. (1992)

Zn – Zink

Naßätzen

Leicht lösliche Reaktionsprodukte: Zink ist in seiner wichtigsten Oxidationsstufe (II) leicht in Säuren als Zn^{2+} bzw. in Gestalt von dessen Komplexen mit vielen Liganden wie z. B. H_2O, Cl^-, NH_3, OH^- löslich. Deshalb kann es sowohl im sauren Milieu als auch in ammoniakalischem oder stark alkalischem Milieu in Lösung gebracht werden.[1]

Naßätzverfahren: Ätzen in verdünnter Salpetersäure[2]

Badzusammensetzung: 1 bis 1.7 M HNO_3

Ätzrate: ca. 400 nm/s

Trockenätzen

Leicht flüchtige Verbindungen:
$Zn(CH_3)_2$ Kp. 46 °C[1]
$Zn(C_2H_5)_2$ Kp. 118 °C[1]
Zn_2Cl_2 flüchtig bei 285–350 °C
(unbeständig bei Raumtemperatur)[1]

Literatur:
[1] A.F. Holleman und E. Wiberg (1985)
[2] R.J. Ryan et al. (1970)

ZnO – Zinkoxid

Naßätzen

Leicht lösliche Reaktionsprodukte:
Zink ist in seiner wichtigsten Oxidationsstufe (II) leicht in Säuren als Zn^{2+} bzw. in Gestalt von dessen Komplexen mit vielen Liganden wie z. B. H_2O, Cl^-, NH_3, OH^- löslich. Deshalb kann es sowohl im sauren Milieu als auch in ammoniakalischem oder stark alkalischem Milieu in Lösung gebracht werden.[1]

Naßätzverfahren: Photoelektrochemisches Ätzen in NaCl[2]

Lichtleistung: 40 mW/cm² (polychromatisches UV-Licht aus Hg-Hochdrucklampe)

Badzusammensetzung: NaCl 0.1 mol/l mit HCl auf pH 3 eingestellt

Ätzrate: 1.5 nm/s

Badzusammensetzung: NaCl 0.1 mol/l mit HCl auf pH 12 eingestellt

Ätzrate: 1 nm/s

Trockenätzen

Leicht flüchtige Verbindungen:
$Zn(CH_3)_2$ Kp. 46 °C[1]
$Zn(C_2H_5)_2$ Kp. 118 °C[1]
Zn_2Cl_2 flüchtig bei 285 – 350 °C (unbeständig bei Raumtemperatur)[1]

Schwerer flüchtige Verbindung: $ZnCl_2$ Kp. 756 °C[1]

1. Trockenätzverfahren: Ätzen im CF_2Cl_2-Plasma[3]

Gaszusammensetzung: 100 % CF_2F_2
Flußrate: 50 sccm
Plasmabedingungen: 240 mtorr (Parallelplattenreaktor)
Leistung: 7.23 mW/cm²
Quelle: 1 MHz

Ätzrate: 0.04 nm/s

Bemerkung: Hohe Selektivität gegenüber Aluminium

Literatur: [1] A.F. Holleman und E. Wiberg (1985)
[2] M. Futsuhara et al. (1996)
[3] G.D. Swanson et al. (1990)

ZnS – Zinksulfid

Naßätzen

Leicht lösliche Reaktionsprodukte: Zink als Metall ist in seiner wichtigsten Oxidationsstufe (II) leicht in Säuren als Zn^{2+} bzw. in Gestalt von dessen Komplexen mit vielen Liganden wie z. B. H_2O, Cl^-, NH_3, OH^- löslich. Deshalb kann es sowohl im sauren Milieu als auch in ammoniakalischem oder stark alkalischem Milieu in Lösung gebracht werden.[1]

Trockenätzen

Leicht flüchtige Verbindungen:
$Zn(CH_3)_2$ Kp. 46 °C[1]
$Zn(C_2H_5)_2$ Kp. 118 °C[1]
Zn_2Cl_2 flüchtig bei 285 – 350 °C
(unbeständig bei Raumtemperatur)[1]
H_2S Kp. –60.3 °C[1]
SF_4 Kp. –40.4 °C[1]
SO_2 Kp. –10 °C[1]
SF_2 Kp. 39 °C[1]
SO_3 Kp. 44.5 °C[1]
SCl_2 Kp. 59.6 °C[1]
S_2Br_2 Kp. 57 °C (bei 0.22 torr)[1]

Trockenätzverfahren: ECR-RIE in reduktivem Plasma $(Ar/H_2(/CH_4))$[2]

Gaszusammensetzung: CH_4 17 Vol%; CH_4 57 Vol%; Ar 26 Vol%
Flußrate: 30 sccm
Plasmabedingungen: 1 mtorr
Leistung: 150 W (Mikrowellenleistung)
Quelle: ECR mit zusätzlicher HF-Leistung 13.56 MHz
dc-bias-Spannung: –250 V
Ätzrate: 0.4 nm/s

Literatur:
[1] A.F. Holleman und E. Wiberg (1985)
[2] S.J. Pearton und F. Ren (1993)

ZnSe – Zinkselenid

Naßätzen

Leicht lösliche Reaktionsprodukte:
Zink ist in seiner wichtigsten Oxidationsstufe (II) leicht in Säuren als Zn^{2+} bzw. in Gestalt von dessen Komplexen mit vielen Liganden wie z. B. H_2O, Cl^-, NH_3, OH^- löslich [1]. Deshalb kann es sowohl im sauren Milieu als auch in ammoniakalischem oder stark alkalischem Milieu in Lösung gebracht werden.[1]

Se(IV) und Se(VI) bilden als in Wasser lösliche Verbindungen Selenige Säure und Selensäure[1]

Trockenätzen

Leicht flüchtige Verbindungen:
$Zn(CH_3)_2$ Kp. 46 °C [1]
$Zn(C_2H_5)_2$ Kp. 118 °C [1]
Zn_2Cl_2 flüchtig bei 285 – 350 °C (unbeständig bei Raumtemperatur)[1]
H_2Se Kp. –41.3 °C [1]
SeO_2F_2 Kp. –9 °C [1]
$SeOF_4$ Kp. 65 °C [1]
$SeOCl_2$ Kp. 178 °C [2]

Trockenätzverfahren: ECR-RIE in reduktivem Plasma $(Ar/H_2(/CH_4))$[3]

Gaszusammensetzung: CH_4 17 Vol%; CH_4 57 Vol%; Ar 26 Vol%
Flußrate: 30 sccm
Plasmabedingungen: 1 mtorr
Leistung: 150 W (Mikrowellenleistung)
Quelle: ECR mit zusätzlicher HF-Leistung 13.56 MHz
dc-bias-Spannung: –250 V

Ätzrate: 0.5 nm/s

Literatur:
[1] A.F. Holleman und E. Wiberg (1985)
[2] J. D'Ans und E. Lax (1943), 259
[3] S.J. Pearton und F. Ren (1993) nnn

Literatur

Aita, C.R.; Gawlak, C.J.: J.Vac. Sci. Technol. A1 (1983), 403
Alavi, M.; Schumacher, A.; Wagner, H.-J.: Proc. Micro System Technologies 92 (VDE Verlag Berlin Offenbach 1992), 227
Alff, L.; Fischer, G.M.; Gross, R.; Kober, F.; Beck, A.; Husemann, K.D.; Nissel, T.: Physica C 200 (1992), 277–286
Allen, D.M.: The principles and practice of photochemical machining and photoetching (Adam Hilger, Bristol 1987)
Allen, D.M. Elektrolytisches Photoätzen. Manuskript (1990)
Allen, D.M., Beristain, L.S. and Gillbanks, P.J. Photochemical Machining of Molybdenum. Annals of the CIRP 35 (1986) 129–132.
Allen, D.M. and Li, M. Etching AISI 316 Stainless Steel with Aqueous Ferric Chloride-Hydrochlorid acid Solutions. The Journal (1988)
Aoki, K.; Osteryoung, J.: J. Electroanal. Chem. 122 (1981), 19
Aoki, K.; Akimoto, K.; Tokuda, K.; Matsuda, H.; Osteryoung, J.: J. Electroanal. Chem. 182 (1985), 218–294
Asano, M.; Cho, T.; Muraoka, H.: Electrochem. Soc. Ext. Abstr. 76-2 (1976), 911, zit. nach M.Schulz und H.Weiss (1984)
Bharadwaj, L.M.; Bonhomme, P.; Faure, J.; Balossier, G.; Bajpaj, R.P.: J. Vac. Sci. Technol. B9,3 (1991), 1440
Baier, V.; Lerm, A.; Völklein, F.; Wiegand, A.: Patent DD 298291 (12.12.1988/ 13.2.1992)
Bailey III, A.D., van de Sanden, M.C.M., Gregus, J.A. and Gottscho, R.A.: J.Vac.Sci.Technol.B 13(1) (1995) 92–104.
Baklanov, M.R.; Badmaeva, I.A.; Donaton, R.A.; Sveshnikova, L.L.; Storm, W.; Maex, K.: J. Electrochem. Soc. 143,10 (1996), 3245
Bardos, L., Berg, S., Blom, H.-O. and Barklund, A.M.: J.Electrochem.Soc. 137 (1990) 1587–1591.
Barrett,N.J.; Grange, J.D.; Sealy, B.J.; Stephens, K.G.: J.Appl. Phys. 57 (1985), 5470
Bartuch, H.; Henneberger, J.; Lerm, A.; Wiegand, A.: Patent DD 160115 (22.5.1980/13.5.1987)
Baude, P.F.; Ye, C.; Tamagawa, T.; Polla, D.L.: J. Appl. Phys. 73,11 (1993), 7960
Beyer, H.; Walter, W.: Lehrbuch der Organischen Chemie (Stuttgart 1991)
Bean, K.E.: IEEE Transact. ED 25, 10 (1978), 1185

Bersin, R.L.: Solid State Technology (1976), 31–36.
Bertz, A.; S. Schubert, Th. Werner (1994): Proc. Micro System Technologies [lsquo]94 (VDI-Verlag Berlin, Offenbach 1994), 331
R.S.Benneth, R.S.; Ephrat, L.N.; Tsai, M.Y.; Luchese, C.J.; Electrochem. Soc. Conf. Minneapolis (May 1981), 81–1, zit. nach T.P.Chow und A.J.Steckl (1984)
Beyer, W.: Untersuchungen zum Einsatz des reaktiven Ionen- und Ionenstrahlätzens zur Strukturierung in der Halbleitertechnologie (Diss. TU Chemnitz 1991) TIB-DW4628
Bharadwaj, L.M., Bonhomme, P., Faure, J., Balossier, G. and Balpai, R.P.: J.Vac.Sci. Technol.B 9(3) (1991) 1440–1444.
Bloomstein, T.M. and Ehrlich, D.J. Laser-Chemical 3D Micromachining. Mater.Res.Soc.Sympo.Proceedings 282 (1993) 165–171.
Bogenschütz, A.F.: Ätzpraxis für Halbleiter (München 1967)
Bogenschütz, A.F.: Metalloberfläche 29 (1975), 451
Bogenschütz, A.F., Knoll, A. and Mussinger, W.: Galvanotechnik 82 (1991) 1192–1196.
Bondur, J.A.: J.Vac.Sci.13,5(1976),1023
Boyd, H.; Tang, M.S.: Solid State Technology (April 1979), 133
Broers; A.N.: Microelectron. Reliab. 4 (1965), 103
Brown, D.M.; Gray, P.V.; Herrmann, F.K; Philipp, H.R.; Taft, E.A.: J.Electrochem. Soc. 115 (1968), 311; zit. nach M.Schulz und H.Weiss (1984)
Brown, D.M.; Engeler, W.E.; Garfinkel, M.; Heumann, F.K.: J.Electrochem. Soc. 114 (1967), 730, zit. nach M.Schulz und H.Weiss (1984)
Bruce, R.H.: Solid State Technol. 24 (1981),64
Bruce, R.H. and Reinberg, A.R. Effects of exitation frequency in plasma etching. (1996)
Bugless, J.G.; McLean, T.D.; Parker, D.G.: J.Electrochem. Soc. 133, 12 (1986), 2565
Burgess, C.F.: The Electrochemical Society (1941); zit. nach A.E.DeBarr und D.A.Oliver (1968): Electrochemical Machining (Macdonald London 1968)
Burggraaf, P.: Semiconductor International (August 1994), 46
Burkhart,R.W.; Silkensen, R.D.; Steving,G.; Weaver,L.R.:IBM Tech.Discl.Bull.24–4 (1981), 2081
Büttgenbach,S.: Mikromechanik: Einführung in Technologie und Anwendungen (Teubner, Stuttgart 1991)
Cahill, S.S., Chu, W.; Ikeda, K.: Transducers 93 (7th internat. conf. on solid state sensors and actuators (Yokohama 1993), 250
Cain, S.R., Egitto, F.D. and Emmi, F.: J.Vac.Sci.Technol.A 5 (1987) 1578–1584.
Camacho, A. and Morgan, D.V. : J.Vac.Sci.Technol.B 12(5) (1994) 2933–2940.
Campbell, S.A.; Schiffrin, D.J.; Tufton, P.J.: Journal of Electroanalytical Chemistry 344 (1993) 211–233.
Canham, L.T. Appl. Phys. Lett. 57 (1990), 1046

Caracciolo, R. and Schmidt, L.D.: Journal of Electrochemical Society 130 (1983) 603–607.
Chapman, B.: Glow discharge processes: Sputtering and Plasma etching (John Wiley&Sons New York-Chichester-Brisbane-Toronto-Singapore 1980)
Chand, N. and Karlicek, R.F.J.: J.Electrochem.Soc. 140 (1993) 703–705.
Chang, C.V.J.M. and Rijpers, J.C.N. : J.Vac.Sci.Technol.B 12(2) (1994) 536–539
Charlet, B.; Peccoud, L.:Proc. 5th Symp. on Plasma Processing (Pennington 1984), 227; zit. nach M.A. Hartney et al. (1989 a)
R.Cheung, R.; Zijlstrata, T.; Van der Drift, E.; Geerligs, A.H.; Verbruggen, A.H.; Werner, K.; Radelaar, S.: J. Vac. Sci. Technol. B 11,6 (1993), 2224
Chow, T.P.; Steckl, A.J.: J.Appl. Phys. 53 (1982), 5531
Chow, T.P. and Steckl, A.J.: J.Electrochem.Soc. 131 (1984) 2325–2335.
Clark, L.D., Jr., Lund, J.L. and Edell, D.J.: Solid-State Sensor and Actuator Workshop (1988)
Coburn, J.W. and Winters, H.F.: Appl.Phys Lett. 55(26) (1989) 2730–2732.
Costa-Kieling,V.: Untersuchungen zum Ätzen von Silizium in alkalischen und fluoridhaltigen Elektrolyten (Diss. TU Berlin 1993)
D'Agostino, R. (Ed.): Plasma deposition, treatment and etching of polymers (Academic Press 1990), ISBN 0-12-200430-2
Dane, D., Gadgil, P., Mantei, T.D., Carlson, M.A. and Weber, M.E.: J.Vac.-Sci Technol.B 10(4) (1992) 1312–1319.
Datta, M.: J.Electrochem.Soc. 142 (1995) 3801–3805.
Datta, M.; Romankiw, L.T.; Vigliotti, D.R.; von Gutfeld, R.J.: J.Electrochem. Soc. 136 (1989), 2251
Datta, M. and Romankiw, L.T. : J.Electrochem.Soc. 136 (1989) 285C–292C.
Davidse, P.D.: J.Electrochem.Soc. 116 (1969) 100–103.
Day, M.E.; Delfino, M.: J. Electrochem. Soc. 143,1 (1996), 264
DeBarr, A.E., Oliver, D.A.: Electrochemical Machining (Elsevier, New York 1968)
Decker, F.: J.Electrochem.Soc. 131 (1984), 1173
Dennison, R.W.; Solid State Technology (Sept. 1980), 117; zit. nach M.Schulz und H.Weiss (1984)
DeSalvo, G.C., Tseng, W.F. and Comas, J.: J.Electrochem.Soc. 139 (1992) 831–835.
DeSalvo, C.G.; Bozada, C.A.; Ebel, J.L.; Look, D.C.; Barette, J.P.; Cerny, C.L.A.; Dettmer, R.W.; Gillespie, J.K.; Havasy, C.K.; Jenkins, T.J.; Nakano, K.; Pettiford, C.I.; Quach, T.K.; Sewell, J.S.; Via, G.D.: J. Electrochem. Soc. 143,11 (1996), 3652
Di Francia, G. and Salerno, A.: J.Electrochem.Soc. 141 (1994) 689–690.
Dijkstra, H.J. : J.Vac.Sci Technol.B 10(5) (1992) 2222–2229.
Donnelly, V.M.; Flamm, D.L.; Dautremont-Smith, W.C.; Werder, D.J.: J.Appl.Phys. 55(1984), 242–252
Drost,A.; Steiner,P. Moser, H.; W.Lang,W.: Sensors and Materials 7 (1995), 111

Duttagupta, S.P., Peng, C., Fauchet, P.M., Kurinec, S.K. and Blanton, T.N.: J.Vac.Sci.Technol.B 13 (1995) 1230–1235.
Eastman Kodak Co.: Rochester N.Y.: pamphlet p-91 (1966); zit. nach M.Schulz und H.Weiss (1984)
Eddy, C.R., Jr., Kosakowski, J., Shirey, L.M., Dobisz, E.A., Rhee, K.W., Chu, W., Foster, K.W., Marrian, C.R.K. and Peckerar, M.C.: J.Vac.Sci.-Technol.B 12(6) (1994) 3351–3355.
Effenhauser, C.S., Manz, A. and Widmer, H.M.: Analytical Chemistry 65 (1993) 2637–2642.
Eggert, L.; Abraham, W.; Stiegert, S.; Hanff, R.; Kreysig, D.: Acta Polymerica 39 (1988), 376
Eggert, L. and Abraham, W.: Acta Polymerica 40 (1989) 726–731.
Ermantraut, E.; Köhler, J.M.; Schulz, T.; Wohlfart, K.: Neuartige Bäder zur Erzeugung von Mikrostrukturen (eingereichtes Patent 1996: Az 196 34 122.1-51)
Erne, B.H.; VanMaekelbergh, D.; Kelly, J.J.: Adv. Mater. 7 (1995), 739
Esashi, M., Takinami, M., Wakabayashi, Y. and Minami, K.: Journal of Micromechanics and Microengineering 5 (1995) 5–10.
Ferreira, N.G.; Soltz, D.; Decker, F.; Cescato, L.: J.Electrochem. Soc. 142 (1995), 1348
Fink, T. and Osgood, R.M., Jr.. J.Electrochem.Soc. 140 (1993) 2572–2581.
Finne, R.M. and Klein, D.L.: J.Electrochem.Soc. 114 (1967) 965–970.
Fischer, B.E. and Spohr, R.: Naturwissenschaften 75 (1988 a) 57–66.
Fischer, B.E. and Spohr, R.: Naturwissenschaften 75 (1988 b) 117–122.
Fischer, P.B., Dai, K., Chen, E. and Chou, S.Y.: J.Vac.Sci.Technol.B 11(6) (1993) 2524–2527.
Flamm,D.L., Donelly, V.M.; Ibbotson, D.E.: Basic principles of plasma etching for silicon devices, in: VLSI-electronics.microstructure science 8, hrsg. von Einspruch, N.G. (Academic press, Orlando 1984),189
D.L.Flamm: J.Appl. Phys. 52 (1981), 3383
Flanders, D.C., Pressman, L.D. and Pinelli, G.: J.Vac.Sci.Technol.B 8 (1990) 1990–1993.
Flemish, J.R. and Jones, K.A.: J.Electrochem.Soc. 140 (1993) 844–847.
Fonash, S.J. : J.Electrochem.Soc. 137 (1990) 3885–3892.
Fracassi, F.; d'Agostino, R.; Lamendola, R.; Mangieri, J. : J.Vac.Sci.Technol. A13 (1995), 335
Fracassi, F.: J.Electrochem.Soc. 143,2 (1996), 701
Frankenthal, R.P. and Eaton, D.H.: J.Electrochem.Soc. 123 (1976) 703–706.
Franz, G.: Oberflächentechnologie mit Niederdruckplasmen, Beschichten und Strukturieren in der Mikrotechnik (2.Aufl. Springer, Berlin 1994), ISBN 0-387-57360-7
Frey, H.: Ionengestützte Halbleitertechnologie (VDI Verlag, Düsseldorf 1992)
Freyhardt, H.C. (Ed.): Silicon chemical etching (Springer New York 1982)
Friedländer, G.; Kennedy, J.W.: Lehrbuch der Kern- und Radiochemie (München 1962) Anhang G

Fujimura, S., Shinagawa, K., Suzuki, M.T. and Nakamura, M.: J.Vac.Sci.-Technol.B 9(2) (1991) 357–361.
Futsuhara, M.; Yosihoka, K.; Ishida, Y.; Takai, O.; Hashimoto, K.; Fujishima, A.: J.Electrochem. Soc. 143,11 (1996), 3743
Gambino, J.P.; Monkowski, M.D.; Shepard, J.F.; Parks, C.C.: J. Electrochem. Soc. 137 (1990), 976
Gamo, K. and Namba, S.: J.Vac.Sci.Technol.B 8 (1990) 1927–1931.
Geldern, W.V.; V.E.Hauser, V.E.: J.Electrochem.Soc.114,8 (1967), 869
Georgiadou, M. and Alkire, R.: J.Electrochem.Soc. 140 (1993 a) 1340–1347
Georgiadou, M. and Alkire, R.: J.Electrochem.Soc. 140 (1993 b) 1348–1355.
Gerischer, H.: Angewandte Chemie 100 (1988) 63–78.
Ghezzo, M.; Brown, D.M.: J.Electrochem. Soc. 120 (1973), 110; zit. nach M.Schulz und H.Weiss (1984)
Gillis, H.P., Clemons, J.L. and Chamberlain, J.P.: J.Vac.Sci.Technol.B 10(6) (1992) 2729–2733.
Gillis, H.P.; Choutov, D.A.; Martin, K.P.; Pearton, S.J.; Abernathy, C.R.: J. Electrochem. Soc. 143,11 (1996), L 251
Givens, J., Geissler, S., Lee, J., Cain, O., Marks, J., Keswick, P. and Cunningham, C.: J.Vac.Sci.Technol.B 12(1) (1994) 427–432.
Glang, R.; Gregor, L.V.: Handbook of Thin Film Technology (New York 1970), zit. nach M. Schulz und H.Weiss (1984)
Gloersen, P.: Solid State Technology (April 1976), 68, zit. nach M.Schulz und H.Weiss (1984)
Glesener, J.W. and Tonucci, R.J.: J.Appl.Phys. 74 (1993) 5280–5281.
Goldstein, I.S; Kalk, F.: J.Vac.Sci.Technol. 19(1981), 743–747
B.Gorowitz und R.Saia: General Electric TIS Report 82CRD249 (1982), zit. nach T.P. Chow und A.J. Steckl (1984)
Gotoh, Y., Inoue, K., Ohtake, T., Ueda, H., Hishida, Y., Tsuji, H. and Ishikawa, J. : Japanese Journal of Applied Physics 33 (1994) L63–L66.
Gottscho, R.A.; Jurgensen, Ch.W.; Vitkavage, D.J.: J. Vac. Sci. Technol. B 10, 5 (1992), 2133
Grande, W.J.; Johnson, J.E.; Tang, C.L.: J.Vac. Sci. Technol. B8,5 (1990), 1075
Gray, D.C., Butterbaugh, J.W., Hiatt, C.F., Lawing, A.S. and Sawin, H.H.: J. Electrochem. Soc. 142 (1995 a) 3919–3923.
Gray, D.C., Butterbaugh, J.W., Hiatt, C.F., Lawing, A.S. and Sawin, H.H.: J. Electrochem. Soc. 142 (1995 b) 3859–3863.
Grossman, J.; Herman, D.S.; J.Electrochem. Soc. 116 (1969), 674; zit. nach M.Schulz und H.Weiss (1984)
Gspann, J.: Sensors and Actuators A 51 (1995) 37–39.
Goldstein, I.S. and Kalk, F.: J.Vac.Sci.Technol. 19 (1981) 743–747.
Gurvitch, M.; Washington, M.A.; Huggins, H.A.: Appl.Phys Lett. 42(1983), 472–474
Gussef, W. (1929): British Patent 335003
Hamerton, Ph.G.: Etching and Etchers (Macmillan London 1876, republished by EP Publishing Limited British Book Cennter 1975)

Harries, D.; Kohl, P.A.; Winnick, J.: J.Electrochem. Soc. 141, 5 (1994)
Harris, W.T.: Chemical Milling (Clarendon Press Oxford 1976)
Harrison, D.J., Fluri, K., Seiler, K., Fan, Z., Effenhauser, C.S. and Manz, A.: Science 261 (1993) 895–897.
Hartney, M.A.; Hess, D.W.; Soane, D.S.: J.Vac. Sci. Technol. B 7,1 (1989 a), 1
Hartney, M.A., Chiang, J.N., Soane, D.S. and Hess, D.W.: Proc. SPIE 1086 (1989 b) 150–161.
Hashimoto, H., Tanaka, S., Sato, K., Ishikawa, I., Kato, S. and Chubachi, N.: Japanese Journal of Applied Physics 1/32 (1993) 2543–2546.
Heard, P.J.; Cleaver, J.R.A.; Ahmed, H.: J. Vac.Sci.Technol.B 3 (1985), 87
Heath, B.A.; Mayer, T.M.: VLSI Electronics: Microstructure Science 8 (1984), 377
Heiman, N., Minkiewicz, V. and Chapman, B. High rate reactive ion etching of Al_2O_3 and Si. J.Vac.Sci.Technol. 17 (1980) 731–734.
Herring, R.; Price, J.B.: Electrochem. Soc. Extend. Abstr. 73-2 (1973, 410; zit. nach M.Schulz und H.Weiss (1984)
Hess, D.W. Plasma etching of Aluminum. SST (1981) 189–194.
Hess, D.W.; Jensen, K.F.: Microelectronics processing: chemical engineering aspects, in: Advances inchemistry series, Vol. 221 (Washington 1989)
Heuberger, A.: Mikromechanik (Springer 1989)
Hiermaier, M.: Elektrochemisches Bohren, in: Moderne Aspekte der Ätztechnik. VDI-TZ; Ulmer Gespräch 12 (Saulgau 1990), 112
Hollemann, A.F.; Wiberg, E.: Lehrbuch der Anorganischen Chemie (de Gryuter Berlin New York 1985)
Hollkott, J., Barth, R., Auge, J., Spangenberg, B., Roskos, H.G. and Kurz, H. Improved dry-etching process with amorphous carbon masks for fabrication of high-Tc submicron structures. Inst.Phys.Conf.Ser. No 148 (1995) 831–834.
Holmes, P.J.: The electrochemistry of semiconductors (Academic Press London 1962)
Holmes, P.J. and Snell, J.E.: Microelectronics and Reliability 5 (1966) 337–341.
Hong, J.; Lee, J.W.; Lambers, E.S.; Abernathy, C.R.; Pearton, S.J.; Constantine, C.; Hobson, W.S.: J.Electrochem. Soc. 143,11 (1996), 3656
Hsiao, R.; Miller, D.: J. Electrochem. Soc. 143, 10 (1996), 3266
Hsieh, H.F.; Yeh, C.C.; Shih, H.C.:J.Electrochem. Soc. 140,2 (1993), 463
Hughes,H.G.; Rand,M.J (Ed.).: Etching (The Electrochemical Society Softbond Sympos.Ser., Princeton NJ 1976)
Hülsenberg, D. (1992): Glas in der Mikrotechnik, in: Sitzungsberichte der Sächsischen Akademie der Wissenschaften zu Leipzig, mathematisch-naturwissenschaftliche Klasse, Bd. 123. Heft 6 (Berlin 1992)
Hur, K.Y., McKenna, T.P. and Kazior, T.E.: J.Vac.Sci.Technol.B 12 (1994) 3046–3047.
Ibbotson, D.E., Flamm, D.L. and Donnelly, V.M.: J.Appl.Phys. 54 (1983) 5974–5981.

Ikossi-Anastasiou, K., Binari, S.C., Kelner, G., Boos, J.B., Kyono, C.S., Mittereder, J. and Griffin, G.L.: J.Electrochem.Soc. 142 (1995) 3558–3564.
IPHT-Hausvorschrift: s. A.Wiegand et al. (1981–1996)
Irving, B.A.: in The electrochemistry of semiconductors ed. P.J.Holmes (London&New York 1962), 256
Irving, S.M: Proc. Kodak Photoresist Seminar 2 (Rochester 1968), 26; zit. nach M.A. Hartney et al. (1989 a)
Jakubke, H.-P.; Jeschkeit, H.: ABC Chemie (Leipzig 1987)
Jansen, H.; Boer, M. de; Wiegerink, R.; Tas, N.; Smulders, E.; Neagu, Ch.; Elwenspoek, M.: Microelectronic Engineering 35 (1997), 45–50
Janus, A.R.: J. Electrochem. Soc. 119 (1972), 392; zit. nach M.Schulz und H.Weiss (1984)
Jaw, S. -0J.; M.Fenton, J.M.; Datta, M.: The Electrochemical Society Proceedings Vol. 94–32 (1994), 217
Jones, S.H.; Walker; D.K.: J. Electrochem. Soc. 137,5 (1990), 1653
John, J.P. and McDonald, J.: 140 (1993) 2622–2625.
Joubert, O.; Pelletier, J.; Arnal, Y.: J.Appl.Phys. 65(1989), 5096–5100
Joubert, O., Pelletier, J., Fiori, C. and Nguyen Tan, T.A.: J.Appl.Phys. 67(9) (1990) 4291–4296.
Juan, W.H. and Pang, S.W.: J.Vac.Sci.Technol.B 12(1) (1994) 422–426.
Juang, C.; Kuhn, K.J.; Darling, R.B.: J. Vac. Sci. Technol. B 8,5 (1990), 1122
Kappelt, M.; Bimberg, D.: J. Electrochem. Soc. 143,10 (1996), 3271
Katz, A., Feingold, A., El-Roy, A., Moriya, N., Pearton, S.J., Rusby, A., Kovalchick, J., Abernathy, C.R., Geva, M. and Lane, E.: Semicond.Sci.-Technol. 8 (1993) 1445–1450.
Kawabe, T., Fuyama, M. and Narishige, S.: Selective ion beam etching of Al_2O_3 films. J.Electrochem.Soc. 138 (1991) 2744–2748.
Kelly, J.J. and De Minjer, C.H.: J.Electrochem.Soc. 122 (1975) 931–936.
Kelly, J.J. und G.J.Koel: J.Electrochem.Soc. 125,6 (1978), 860
Kern, W.: RCA Review 39 (1978) 278–308.
Kern, W.; Deckert, Ch.: Thin Film Processes (New York 1978), 417–421, zit. nach M.Schulz und H.Weiss (1984)
Kern, W. ; Heim, R.C.: J. Electrochem. Soc. 117 (1970), 562; zit. nach M.Schulz und H.Weiss (1984)
Kern, W. and Shaw, J.M.: J.Electrochem.Soc. 118 (1971) 1699–1704.
Khare, R., Hu, E.L., Brown, J.J. and Melendes, M.A.: J.Vac.Sci.Technol.B 11(6) (1993) 2497–2501
Klein, D.L.; D'Stefan, D.J.: J.Electrochem. Soc. 109 (1962), 37; zit. nach M.Schulz und H.Weiss (1984)
Kley, E.B.; Possner, T.; Göring, R.: J. Optoelectronics 8 (1993), 513
Kline, G.R.; Lakin, K.M.: Appl. Phys. Lett. 43 (1983), 750
Ko, K.K. and Pang, S.W.: J.Electrochem.Soc. 142 (1995) 3945–3949.
Kohl, P.A., Harris, D.B. and Winnick, J.: J.Electrochem.Soc. 138 (1991) 608–614.
Köhler, M.; Lerm, A.; Wiegand, A. (1983a): Ätzbad für Wismut und/oder Antimon, Patent DD 300 602 (3.10.83/25.6.92)

Köhler, M.; Lerm, A.; Wiegand, A. (1983b): Antimonätzbad, Patent DD 300 387 (3.10.83/11.6.92)
Köhler, J.M.: Micro System Technologies Conf.92 (Berlin 1992), 253
Köhler, J.M.;Wiegand, A.;Lerm, A.: J. Electroanal. Chem. 213 (1986), 75
Köhler, J.M.:Z. Chem. 30, 3 (1990), 108
Köhler, J.M.; Pechmann, R.; Schaper, A.; Schober, A.; Jovin, Th.M.; Schwienhorst, A.: Microsystem Technologies 1,4 (1995), 202
Korman, C.S.; Chow, T.P. and Bower; D.H.: Solid State Technology Januar (1983) 115–124.
Kosugi, T.; Gamo, K.; Namba, S.; Aihara, R.: J. Vac. Sci. Technol. B. 9,5 (1991, 2660
Kuo, Y.: J.Electrochem.Soc. 137 (1990 a) 1907–1911.
Kuo, Y. : J.Electrochem.Soc. 137 (1990 b) 1235–1239.
Kuo, Y. : J.Electrochem.Soc. 139 (1992) 579–583.
Lamontagne, B.; Wrobel, A.M.; Jalbert, G.; Wertheimer, M.R.: J. Phys. D.Appl. Phys. 20 (1987), 844
Lang, W., Steiner, P., Richter, A., Marusczyk, K., Weimann, G. and Sandmaier, H.: The 7th International Conference on Solid-State Sensors and Actuators (1994) 202–205. Sensors and Actuators A 43 (1994) 239–242
Lang, W., Steiner, P. and Sandmaier, H. Porous silicon: a novel material for microsystems. Sensors and Actuators A 51 (1995) 31–36.
Laznovsky, W.: Vacuum Tehcnology Res./Dev. (August 1975), 47, zit. nach M.Schulz und H.Weiss (1984)
Law, V.J., Tewordt, M., Ingram, S.G. and Jones, G.A.C.: J.Vac.Sci Technol.B 9(3) (1991) 1449–1455.
Lee, D.B.: Journal of Applied Physics 40 (1969) 4569–4574.
Lee, D., Harkness, S.D. and Singh, R.K.: Mat.Res.Soc.Symp.Proc. 339 (1994) 127–132.
Lee, J.W.; Pearton, S.J.; Santana, C.J.; Mileham, J.R.; Lambers, E.S.; Abernathy, C.R.; Ren, F.; Hobson, W.S.: J. Electrochem. Soc 143,3 (1996), 1093
Lee, J.W.; Pearton, S.J.; Abernathy, C.R.; Zavada, J.M.; Chai, B.L.H.: J. Electrochem. Soc. 143, 8 (1996 b), L 169
Lee, Y.H.; Zhou, Z.H.: J. Electrochem. Soc. 138,8 (1991), 2439
Leech, P.W.; Kibel, M.H.; Gwynn, P.J.: J. Electrochem. Soc. 137,2 (1990), 705
Lehmann, V., Mitani, K., Feijoo, D. and Gösele, U.: J. Electrochem.Soc. 138 (1991) L3–L4.
Lehmann, V. and Föll, H.: J. Electrochem.Soc. 137 (1990) 653–659.
Lehmann, V.; Hönlein, W.; Reisinger, H.; Spitzer, A.; Wendt, H.; Willer, J.: Solid State Technology (November 1995), 99
Lerm, A.; Pfeiffer, R.-G.; Wiegand, A: Patent DD 300 622 (26.6.1990/ 25.6.1992)
Li, J.P., Yih, P.H. and Steckl, A.J.: J.Electrochem.Soc. 140 (1993) 178–182.
Licata, T.J. and Scarmozzino, R.: J.Vac.Sci.Technol.B 9 (1991) 249–254.
Light,R.W.; Bell, H.B.: J.Electrochem.Soc. 131 (1984), 459
Lii, Y.-J.T. and Jorné, J: J.Electrochem.Soc. 137 (1990 a) 2837–2845.

Lii, Y.-J., Jorné, J., Cadien, K.C. and Schoenholtz, J.E., Jr.: J.Electrochem. Soc. 137 (1990b) 3633–3689.
Linde, H. and Austin, L.: 139 (1992) 1170–1174.
Lindström, J.L., Oehrlein, G.S. and Lanford, W.A.: J.Electrochem.Soc. 139 (1992) 317–320.
Lishan, D.G.; Hu, E.L.: J.Vac. Sci. Technol. B8,6 (1990), 1951
Long, G.; Foster, L.M.: J.Am.Ceram.Soc. 42 (1959),53
Lothian, J.R., Kuo, J.M., Hobson, W.S., Lane, E., Ren, F. and Pearton, S.J.: J.Vac.Sci Technol.B 10(3) (1992) 1061–1065
Löwe, H.; Keppel, P.; Zach, D.: Halbleiterätzverfahren (Akademie-Verlag Berlin 1990)
Lutze, J.W., Perera, A.H. and Krusius, J.P.: J.Electrochem.Soc. 137 (1990) 249–252.
Macchioni, C.V.: J.Electrochem. Soc. 137,8 (1990) 2595–2599.
Mai, C.C. and Looney, J.C: Solid State Technology January (1966) 19–24.
Mandler, D. and Bard, A.J. : J.Electrochem.Soc. 137 (1990) 2468–2472.
Manos,D.M. (Ed.): Plasma etching (Academic Press 1989) ISBN 0-12-469370-9
Manz, A., Graber, N. and Widmer, H.M.: Sensors and Actuators (1990) 244–248.
Manz, A., Harrison, D.J., Verpoorte, E. and Widmer, H.M.: Advances in Chromatography 33 (1993) 1–66.
Marumoto, K.; Proc. SPIE 2194 (1994), 221
Matsuo, S.: Appl.Phys.Lett. 36 (1980) 768–770.
Matsui, S.; Yamato, H.; Namba, S.: Microcircuit Engineering 80 (1980), 523
Matsuo,S.: Appl.Phys.Lett. 36,9 (1980), 768
Matsutani, A., Koyama, F. and Iga, K. : Japanese Journal of Applied Physics 30 (1991) 428–429.
Matthies, T.; David, C.; Thieme, J.: J.Vac.Sci.Technol. B11,5 (1993), 1873
Matz, R.; Meiler, J.: in: Moderne Aspekte der Ätztechnik. VDI-TZ; Ulmer Gespräch 12 (Saulgau 1990), 74
McGeough, J.A.: Principles of electrochemical machining (Chapman and Hall, London 1974)
McLane, G.F., Casas, L., Reid, J.S., Kolawa, E. and Nicolet, M.-A.: J.Vac.-Sci.Technol.B 12(4) (1994) 2353–2355.
Meier, D.L., Przybysz, J.X. and Kang, J.: IEEE Transactions on Magnetics 27 (1991) 3121–3124.
Melliar-Smith, C.M.: J.Vac.Sci.Technol. 13 (1976) 1008–1022.
Melngailis, J.; Musil, C.R.; Stevens, E.H.; Utlaut, M.; Kellog, E.M.; Post, R.T.; Geis, M.W.; Mountain, R.W. : Vac.Sci.Technol.B 4 (1986), 176
Meyyappan, M., McLane, G.F., Lee, H.S., Eckart, D., Namaroff, M. and Sasserath, J.: J.Vac.Sci Technol.B 10(3) (1992) 1215–1217.
Mattausch, H.J.; B.Hasler, B.; Beinvogel, W.: J.Vac.Sci.Technol.B1 (1983),15,; zit. nach T.P.Chow und A.J.Steckl (1984)
Miki, N., Kikuyama, H., Kawanabe, I., Miyashita, M. and Ohmi, T. : IEEE Transactions on Electron Devices 37 (1990) 107–115.

M.Miyamura: J.Vac.Sci.Technol.B1 (1983), 37; zit. nach B. A.Heath und T.M. Mayer (1984)
Mogab, C.J.: J.Electrochem.Soc. 124(1977), 1262–1268
Mogab, C.J. and Levinstein, H.J.: J.Vac.Sci.Technol. 17 (1980) 721–729.
Mogab, C.J. und Shankoff, T.A.: J.Electrochem. Soc. 124 (1977), 1766
Merck Balzers: ITO-Bearbeitungsempfehlung (o.O.o.J.)
Molloy, J. (1995): J. Electrochem. Soc.142,12 (1995), 4285
Mu, X.-C.; Fonash, S.J.; Oehrlein, G.S.; Chakravarti, S.N.; Park, C.; Keller, J.: J. Appl. Phys. 58 (1985), 2958
Murad, S.K.; Wilkinson, C.D.W.; Wang, P.D.; Parkes, W.; Sotomayor-Torres, C.M.; Cameron, N.: J.Vac. Sci. Technol. B 11,6 (1993), 2237
Murakami, K., Wakabayashi, Y., Minami, K. and Esashi, M.: IEEE Micro Electromechanical Syst. Proc. (1993) 65–70.
Mutsukura, N. and Turban, G.: J.Electrochem.Soc. 137 (1990) 225–229.
Nagy, A.G.: J.Electrochem.Soc. 131(1984), 1871–1875
Namatsu, H.: J.Electrochem.Soc. 136(1989), 2676–2680
Nojiri, K.; Iguchi, E.; Kawamura, K.; Kadota, K.: Extd. abstr. of Conf. on Solid State Devices (Tokyo 1989), 153
Nojiri, K. and Iguchi, E.: J.Vac.Sci.Technol.B 13 (1995) 1451–1455.
Nordheden, K.J.; Ferguson, D.W.; Smith, P.M.: J. Vac. Sci. Technol. B 11,5 (1993), 1879
Novembre, A.E.; Mixon, D.A.; Pierrat, Ch.; Knurek, Ch.; Stohl, M.: SPIE 2087 (1993) 50;
Nowak, R.; Metev, S.; Sepold, G.: SPIE 2207 (1994), 633
Nowak, R.; Metev, S: in: ECLAT Laser Treatment of Materials (1996 a)
Nowak, R.; Metev, S: in: Proc. Micro System Technologies 96 (Potsdam 1996)
Nowak, R.; Metev, S: Appl. Phys. A. (1996), 133–138
Nordheden, K.J., Ferguson, D.W. and Smith, P.M.: J.Vac.Sci.Technol.B 11(5) (1993) 1879–1883.
Northrup, M.A.; Ching, M.T.; White, R.M.; Watson, R.T.: Proc. of 7th internat. conf. on solid states sensors and actuators (Yokohama 1993), 924–926
Northrup, M.A.; Gonzalez, D.; Hadley, D.; Hills,R.F.; Landre, P.; Lehew, S.; Saiki, R.; Sninsky, J.J.; Watson, R.; Watson,R. Jr.: Proc. of 8th internat. conf. on solid states sensors and actuators (Stockholm 1995), 764–767
Nozaki, T.: European Patent 0010910 (1980); zit. nach M.Schulz und H.Weiss (1984)
Oehrlein, G.S.; Bestwick, T.D.; Lones, P.L.; Jaso, M.A.; Lindström, J.L.: J.Electrochem. Soc. 138,5 (1991), 1443
Okamato, F.: Jpn. J. Appl. Phys. 13 (1974), 383; zit. nach M. Schulz und H.Weiss (1984)
Okano, H., Yamazaki, T. and Horiike, Y.: Solid State Technology (1982) 166–170.
Osenbruggen, C. van; De Regt, C.: Philips Technical Review 42(1985), 22–32
E.D.Palik, V.M.Bermudez and O.J.Glembocki: Journal of Electrochemical Society 132 (1985) 871–884.
Palmer, W.G.: The Bell System Technical Journal 35 (1956) 1656–1664.

Pan, W.-S. and Steckl, A.J.: J.Electrochem.Soc. 137 (1990) 212–220.
Pan, W. and Desu, S.B.: J.Vac.Sci.Technol.B 12(6) (1994) 3208–3213.
Pang, S.W.; Ko, K.K.: J. Vac. Sci. Technol. B 10,6 (1992), 2703
Pang, S.W., Sung, K.T. and Ko, K.K.: J.Vac.Sci Technol.B 10(3) (1992) 1118–1123.
Parisi, G.I.; Haszko, S.E.; Rozgonyi, G.A.: Journal of Electrochemical Society 124 (1977) 917–921.
Parks, J.M. and Jaccodine, R.J.: J.Electrochem.Soc. 138 (1991) 2736–2741.
Pearson, R.G.: Survey Prog. Chem. 5 (1969), 1–52
Pearton, S.J., Hobson, W.S., Baiocchi, F.A. and Jones, K.S.: J.Electrochem.Soc. 137 (1990 a) 1924–1934.
Pearton, S.J., Chakrabarti, U.K., Hobson, W.S. and Perley, A.P.: J.Electrochem.Soc. 137 (1990 b) 3188–3202.
Pearton, S.J.; Hobson, W.S.; Chakrabarti, U.K.; Derkits, Jr., G.E.; Kinsella, A.P.: J.Electrochem. Soc.137,12 (1990 c), 3894
Pearton, S.J., Chakrabarti, U.K., Katz, A., Perley, A.P., Hobson, W.S. and Constantine, C.: J.Vac.Sci Technol.B 9(3) (1991 a) 1421–1432.
Pearton, S.J.; Ren, F.; Lothian, J.R.; Fullowan, T.R.; Kopf, R.F.; Chakrabarti, U.K.; Hui, S.P.; Emerson, R.L.; Kostelak, R.L.; Pei, S.S.: J.Vac.Sci Technol.B 9(5) (1991 b) 2487
Pearton, S.J.; Chakrabarti, U.K.; Perley, A.P.; Hobson, W.S.; Geva, M.: J. Electrochem. Soc.137,12 (1991 c), 1432
Pearton, S.J. and Ren, F.: J.Vac.Sci.Technol.B 11(1) (1993) 15–19.
Pederson, L.A.: J.Electrochem.Soc. 129 (1982) 205–208.
Peignon, M.C., Cardinaud, C. and Turban, G.: J.Electrochem.Soc. 140 (1993) 505–512.
Pelka, J., Weiss, M., Hoppe, W. and Mewes, D.: J.Vac.Sci.Technol.B 7(6) (1989) 1483–1487.
Petri, R., Kennedy, B. and Henry, D.: J.Vac.Sci.Technol.B 12(5) (1994) 2970–2975.
Podlesnik, D.V.; Gilgen, H.H.; Osgoord Jr., R.M.: Appl. Phys. Lett. 45 (1984),563
Polasko, K.J.; Ehrlich, D.J.; Tsao, J.Y.; Pease, R.F.W.; Marinero, E.E.: IEEE Electron Device Letters 5,1 (1984), 24
Pouch, J.J.: Plasma properties, deposition and etching (1993)
Probst, E.K., Vogt, K.W. and Kohl, P.A. : J.Electrochem.Soc. 140 (1993) 3631–3635.
Proksche, H., Nagorsen, G. and Ross, D.: J.Electrochem.Soc. 139 (1992) 521–524.
Proksche, H., Nagorsen, G. and Ross, D.: J.Electrochem.Soc. 140 (1993) 3611–3615.
PTI-Hausvorschrift (1985): Interne Dokumentation des Physikalisch-Technischen Institutes Jena, Auszug zu A. Wiegand et al. (1981–1996)
Ragoisha, G.A.; Rogach, A.L.: The Electrochemical Society Proceedings Vol. 94–32(1994), 268

Ralchenko, V.G., Kononenko, T.V., Pimenov, S.M., Chernenko, N.V., Loubnin, E.N., Armeyev, V.Y. and Zlobin, A.Y.: Diamond and Related Materials 2 (1993) 904–909.

Ranade, R.M., Ang, S.S. and Brown, W.D. Reactive Ion Etching of Thin Gold Films. J.Electrochem.Soc. 140 (1993) 3676–3678.

Rand, M.J.; Roberts, J.F.: Appl. Phys. Lett. 24 (1974), 49; zit. nach M.Schulz und H.Weiss (1984)

Reisman, A.; Berkenblit, M.; Chan, S.A.; Kaufman, F.B.; Green, D.C.: J. Electrochem. Soc. 137, 11 (1979), 1406

Ren, F.; W.S.Hobson, W.S.; Lothian, J.R.; Lopata, J.; Pearton, S.J.; Caballero, J.A.; Cole, W.M.: J. Electrochem. Soc. 143, 10 (1996), 3394

Reeves, R.R.; Rutten, M.; Ramaswami, S.; Roessle, P.; Halstead, J.A.: J.Electrochem. Soc. 137,11 (1990), 3517

Richter, A.; Steiner, P.; Kozlowski, F.; Lang, W.: IEEE Elect. Dev. Let. 12 (1991), 691

Riley, P.E. and Clark, T.E. : J.Electrochem.Soc. 138 (1991) 3008–3013.

Robb, F.Y.: J. Electrochem. Soc. 131 (1984), 1670

Robbins, H. and Schwartz, B.: Journal of the Electrochem.Soc. 106 (1959) 505–508.

Robinson, B.; Shivashankar, S.A.: Proc. 5th Symp. of Plasma Processing (Pennington 1984), 206

Rosch, P.: Untersuchungen zur naßchemischen Ätzung von A_{III}/B_V-Verbindungen mit halogenoxidhaltigen Ätzmedien (Dissertation, Berlin 1992)

van Roosmalen, A.J.; Baggerman, J.A.G; Brader, S.J.H.: Dry Etching for VLSI (Plenum Press New York und London 1989)

Rosset, E. und Landolt, D.: Precision Engineering 11,2 (April 1989), 79

Rossnagel, S.M.; Cuomo, J.J.; Westwood, W.D.: Handbook of plasma processing technology (Ottawa 1990), ISBN 0-8155-1220-7

Rotsch, P.: Untersuchungen zur naßchemischen Ätzung von AIIIBV-Verbindungen mit halogenoxidhaltigen Ätzmedien (1992)

Ruberto, M.N., Zhang, X., Scarmozzino, R., Willner, A.E., Podlesnik, D.V. and Osgood, R.M., Jr.: J.Electrochem.Soc. 138 (1991) 1174–1185.

Russell, S.D.; Sexton, D.A.: Mat.Res.Soc.Symp.Proc.Vol. 158 (1990), 325

Ryan, R.J.; Davidson, E.B.; Hook, H.O.: Handbook of Materials and Processes for Electronics (New York 1970), zit. nach M.Schulz und H.Weiss

Saia, R.J., Kwasnick, R.F. and Wei, C.Y.: J.Electrochem.Soc. 138 (1991) 493–496.

Saito, Y., Yamaoka, O. and Yoshida, A.: J.Vac.Sci Technol.B 9(5) (1991) 2503–2506.

Saitoh, H., Kyuno, T., Hosoda, I. and Urao, R.: Journal of Material Science 31 (1996) 603–606.

Sakuma, K., Yagi, S. and Imai, K.: Japanese Journal of Applied Physics 33 (1994) L617–L619.

Schade, K.; Suchaneck, G.; Tiller, H.-J.: Plasmatechnik. Anwendung in der Elektronik (Berlin 1990)

Schmuki, P.; Fraser, J.; Vitus, C.M.; Graham, M.J.; Isaacs, H.M.: J.Electrochem. Soc. 143,10 (1996), 3316
Schnakenberg, U.: IC-Prozeßkompatible anisotrop wirkende Ätzlösungen zur Herstellung integrierter Mikrosysteme in Silizium (Diss. TU Berlin, FB 12, 1993)
Schober, A.; Schwienhorst, A.; Köhler, J.M.; Fuchs, M.; R. Günther, R.; Thürk, M.: Microsystem Technologies 1, 4 (1995), 168
Schreiter, S.; Poll, H.-U.: Sensors and Actuators A 35 (1992), 137
Schwesinger, N.: Micro System Technologies Conf. (Potsdam 1996), 481
Schulz, M.; Weiss, H. (Hrsg.), unter Mitarbeit von W.Dietze, E.Doering, W.Langheinrich, A.Ludsteck, H.Mader, A.Mühlbauer, W.v.Münch, H.Runge, L.Schleicher, M.Schnöller, M.Schulz, E.Sirtl, E.Uden und W.Zulehner: Technologie von Si, Ge und SiC; in: Landolt-Bernstein. Zahlenwerte und Funktionen aus Naturwissenschaft und Technik. Neue Serie (hrsg. von K.-H.Hellwege und O. Madelung). Band 17. Halbleiter. Teilband c (Berlin-Heidelberg-New York Tokyo 1984)
Schumacher, A.; Alavi, M.; Schmidt, B.; Sandmaier, H.: Proc. Micro System Technologies (Potsdam 1996), 633
Schwartz, B. and Robbins, H.: Electrochem.Soc. 108 (1961) 365–372.
Seidel, H., Csepregi, L., Heuberger, A. and Baumgärtel, H.: J.Electrochem.-Soc. 137 (1990) 3612–3626.
Seidel, H., Csepregi, L., Heuberger, A. and Baumgärtel, H.: J.Electrochem.-Soc. 137 (1990) 3626–3632.
Seiler, K., Harrison, D.J. and Manz, A.:Analytical Chemistry 65 (1993) 1481–1488.
Seki, S., Unagami, T. and Tsujiyama, B.: Journal of the Electrochem.Soc. 130 (1983) 2505–2506.
Shaqfeh, E.S.G.; Jurgensen, Ch.W.: J. Appl. Phys. (1989)
Shintani, A.; Minagawa, S. (1976): J.Electrochem. Soc. 123,5 (1976), 706
Shivaram, M.S.; C.M.Svensson, C.M.: J.Electrochem. Soc. 123 (1976), 1258; zit. nach M.Schulz und H.Weiss (1984)
Shoji, A., Shinoki, F., Kosaka, S., Aoyagi, M. and Hayakawa, H.: Appl.Phys Lett. 41 (1982) 1097–1099.
Shor, J.S., Zhang, X.G. and Osgood, R.M.: J.Electrochem.Soc. 139 (1992) 1213–1216.
Shor, J.S. and Kurtz, A.D.: J.Electrochem.Soc. 141 (1994) 778–781.
Shul, R.J.; Howard, A.J.; Pearton, S.J.; Abernathy, C.R.; Vartuli, C.B.: J. Electrochem. Soc. 143,10 (1996), 3285
Simko, J.P.; Oehrlein, G.S.; Mayer, T.M.: J. Electrochem. Soc. 138 (1991), 277
Singh, J.: J.Vac.Sci Technol.B 9(4) (1991) 1911–1919.
Skidmore, J.A., Lishan, D.G., Young, D.B., Hu, E.L. and Coldren, L.A. : J.Electrochem.Soc. 140 (1993) 1802–1804.
Smith, D.L.: VLSI Electronic Microstructure Science 8 (1984), 284

Smith, R.L. Applications of porous silicon to microstructure fabrication. in: Electrochemical microfabrication II, ed. Datta,M; Sheppard, K.; Dukovic, J.O. (Pennington 1995), 281

Snider, G.L., Then, A.M., Soave, R.J. and Tasker, G.W. High aspect ratio dry etching for microchannel plates. J.Vac.Sci.Technol.B 12(6) (1994) 3327–3331.

Soller, B.R.; Shuman, R.F.; Ross, R.R.: J.Electrochem. Soc. 131 (1984), 353; zit. nach M.A. Hartney et al. (1989 a)

Somekh, S.: J.Vac.Sci.Tehcnol. 13 (1976), 1003, zit. nach M.Schulz und H.Weiss (1984)

Spencer, E.G.; Schmidt, P.H.: J.Vac.Sci.Technol. 8 (1971), 552, zit. nach M.Schulz und H.Weiss (1984)

Stassinos, E.C. and Lee, H.H.: J.Electrochem.Soc. 137 (1990) 291–295.

Stewart, T.R. and Bour, D.P.: J.Electrochem.Soc. 139 (1992) 1217–1219.

Stoev, I.: Sensors and Actuators A 51 (1996) 113–116.

Svorcik, V. and Rybka, V.: J.Electrochem.Soc. 138 (1991) 1947–1948.

Swanson, G.D.; Tamagawa, T.; Polla, D.L.: J.Electrochem Soc. 137,9 (1990), 2982

Syau, T., Baliga, B.J. and Hamaker, R.W.: J.Electrochem.Soc. 138 (1991) 3076–3081

Szekeres, A.; Kirov, K.; Alexandrova, S.: Phys. Status Solidi A 63 (1981), 371; zit. nach M.A. Hartney et al. (1989 a)

N.Takado, N.; Kohmoto, S.; Sugimoto, Y.; Ozaki, M.; Sugimoto, M.; Asakawa, K.: J.Vac.Sci.Technol. B 10,6 (1992), 2711

Takahashi, C. and Matsuo, S : J.Vac.Sci.Technol.B 12(6) (1994) 3347–3350.

Takenaka, H., Oishi, Y. and Ueda, D: J.Vac.Sci.Technol.B 12(6) (1994) 3107–3111.

Takinami, M., Minami, K. and Esashi, M.: Technical Digest of the 11th Sensor Symposium (1992) 15–18.

Tang, C.C. and Hess, D.W.: Journal of the Electrochem. Soc. 131 (1984) 115–120.

Taylor, K.M.; Lenie, C.: J.Electrochem. Soc. 107 (1960), 308

Tedesco, S.; Pierrat, C.; Lamure, J.M.; Sourd, C.; Martin, J.; Guibert, J.C.: SPIE Conf. 1264 (1990), 144

Tegert, W.: The electrolytic and chemical polishing of metals (2. edn. Oxford 1959). zit. nach M.Schulz und H.Weiss (1984)

Tenney, A.S.; Ghezzo, M.: J.Electrochem. Soc. 120 (1973), 1091, zit. nach M.Schulz und H.Weiss (1984)

Tokunaga, K. and Hess, D.W.: J.Electrochem.Soc. 127 (1980) 928–932.

Tsao, Y.; Ehrlich, D.J. Appl. Phys. Lett. 43 (1983), 146

Tsou, L.Y.: J.Electrochem.Soc. 140 (1993) 2965–2969.

Tsui, R.T.C.: Solid State Technology (1967) 33–38.

Turban, G.; Rapeaux, M: J.Electrochem. Soc. 130 (1983), 2231; zit. nach M.A.Hartney et al. (1989 a)

Uhlir Jr., A.: The Bell System Technical Journal 35 (1956) 333–347.

Van de Ven, J. and Nabben, H.J.P. : J.Electrochem.Soc. 137 (1990) 1604–1610.
Van de Ven, J. and Nabben, H.J.P.: J.Electrochem.Soc. 138 (1991) 3401–3406.
Van der Putten, A.M.T. and de Bakker, J.W.: J.Electrochem.Soc. 140 (1993) 2221–2228.
Van Osenbruggen, C. and De Regt, C. Electrochemical Micromachining. Philips Technical Review 42 (1985) 22–32.
VanRoosmalen, A.J.: Dry etching for VLSI (Plenum Publ. Corp. 1991) ISBN 0-306-43835-6
Vartuli, C.B.; Pearton, S.J.; Lee, J.W.; Abernathy, C.R.; Mackenzie, J.D.; Zolper, J.C.; Shul, R.J.; Ren, F. (1996 a): J.Electrochem. Soc. 143, 11 (1996), 3681
Vartuli, C.B.; Pearton, S.J.; MacKenzie, J.D.; Abernathy, C.R. (1996 b): J. Electrochem. Soc. 143,10 (1996), L 246
Vasquez, B.; Tompkins, H.G.; Fejes, P.; Lee, T.Y.; Smith, L.: SPIE 1185 (1989), 148
Vetter, K.: Elektrochemische Kinetik (Springer 1962)
Vijay, D.P., Desu, S.B. and Pan, W.: J.Electrochem.Soc. 140 (1993) 2635–2639.
R.Voss, H.Seidel and H.Baumgärtel: Transducers 91 Conf. (1991), 140–143.
Voss, R.: Der Einfluß von elektrochemischen Potentialen und Licht auf das anisotrope Ätzen von Silizium (1992)
Vossen,J.L.; Kern,W. (Ed.): Thin Film Processes (Academic Press New York 1978)
Vukanovic, V., Takacs, G.A., Matuszak, E.A., Egitto, F.D., Emmi, F. and Horwath, R.S.: J.Vac.Sci.Technol.B 6 (1988) 66–71.
Watanabe, H., Ohnishi, S., Honma, I., Kitajima, H.; Ono, H., Wilhelm, R.J. and Sophie, A.J.L.: J.Electrochem.Soc. 142 (1995) 237–243.
Watanabe, H. and Matsui, S.: J.Vac.Sci.Technol.B 11(6) (1993) 2288–2293.
Wechsung, R.; Bräuer, W.: Vakuum-Technik 24(1975),157–166
West, A.C.; Madore, Ch.; Matlosz, Landolt, D.: J. Electrochem. Soc. 139,2 (1992), 499
Wiegand, A.; Lerm, A.; Sossna, M.; Köhler, J.M.: Ätzvorschriften. Unveröffentlichte Vorschriftensammlung des Physikalisch-Technischen Instituts Jena und des Instituts für Physikalische Hochtechnologie Jena (Jena, 1981–1996)
Wimmers, O.J., Veprek-Heijman, M.G.J. and Giesbers, J.B.: J.Electrochem.Soc. 137 (1990) 993–995.
Wipiejewski, T. and Ebeling, K.J.: J.Electrochem.Soc. 140 (1993) 2028–2033.
Wolf, R.; Helbig, R.: J.Electrochem.Soc. 143,3 (1996), 1037
Wong, T.K.S. and Ingram, S.G.: J.Vac.Sci Technol.B 10(6) (1992) 2393–2397.
Wrobel, A.M., Lamontagne, B. and Wertheimer, M.R.: Plasma Chemistry and Plasma Processing 8 (1988) 315–329.
Wu, S., Ho, S.T., Xiong, F. and Chang, R.P.H.: J.Electrochem.Soc. 142 (1995) 3556–3557.

Yamada, M., Nakaishi, M. and Sugishima, K.: J.Electrochem.Soc. 138 (1991) 496–499.

Yeh, J.T.C.; Grebe, K.R.; Palmer, M.J.: J.Vac. Sci. Technol. A2 (1984), 1292; zit. nach M.A.Hartney et al. (1989 a)

Yih, P.H. and Steckl, A.J.: J.Electrochem.Soc. 140 (1993) 1813–1824.

Yih, P.H. and Steckl, A.J.: J.Electrochem.Soc. 142 (1995) 312–319.

Yogi, T.; Saenger, K.; Puroshotaman, S.; Sun, C.P.: Proc. of 5th Int. Symp. on Plasma Chemistry (Pennington 1984); 216; zit. nach M.A.Hartney et al. (1989 a)

Young, C. and Duh, J.: Journal of Material Science 30 (1995) 185–195.

Young, R.J., Cleaver, J.R.A. and Ahmed, H.: J.Vac.Sci.Technol.B 11(2) (1993) 234–241.

Zhou, B.; Ramirez, W.F.: J.Electrochem. Soc. 143,2 (1996), 619

Sachverzeichnis

A
Abdampfen 104
Abflachung 24
Abklingzeiten 144
Abschirmelektrode 147
Abschirmung 144, 175
Abstraktion 141
Abstufung 205
Abtastspitze 61
Abtrag, unspezifischer 165
Abtragsprozeß, isotroper 150
Abtransport 12
Adhäsionskräfte 122
Aktivierung
– lokale 69
– photochemische 92
– thermische 168
Aktivierungsenergie 106, 128
Aktivität 51
Aktoren 120
Aldehyde 143
Aliphate 130
Alkalihydroxide 102
Alkaliionen 102
Alkalikonzentration 104
Alkane 143
Alkohole 143
Alkoxyradikale 154
Alkylammoniumhydroxidlösungen 105
Alkyle 131
Alkylradikale 143, 191
Aluminium 153, 177, 212 ff.
(Aluminium, Gallium)arsenid 216 ff.
(Aluminium, Gallium, Indium)phosphid 221 ff.
Aluminiumgalliumphosphid 219
(Aluminium, Indium)arsenid 223

(Aluminium, Indium)nitrid 225
(Aluminium, Indium)phosphid 226
Aluminiumnitrid 228
Aluminiumoxid 177, 229
Amide 239
Amine 45, 55, 105, 239
Ammoniak 55
Amorphisierung 116
Anhaften („sticking") 122
Anilin 239
Anisotropie 168, 193
Anisotropiegrad 18, 106, 129, 159 ff., 179
Anregung, elektronische 140 ff.
Anregungsgebiet 139
Antimon 320
Arbeitselektrode 83
ARDE 171
Arsenosilikatglas 231
Aspektverhältnis 17, 19, 61, 113 ff.
– hohes 111, 201
Atomradikale 142
Ätzabtrag, lokaler 89
Ätzbadverbrauch 58 ff.
Ätzen
– anisotropes 16 ff., 100
– – anisotropes elektrochemisches 113 ff.
– – anisotropes photoelektrochemisches 113 ff.
– – partiell-anisotropes 103
– außenstromloses 48 ff.
– digitales 39
– elektrochemisches 82 ff.
– elektronenstrahlgestütztes reaktives (EBRE) 181 ff.
– isotropes 16
– kristallografisches 96 ff.

Ätzen
- oxidatives 46
- photochemisches 92
- photoelektrochemisches 92 ff.
- SECM-Ätzen (Nanosonde) 88
Ätzfläche 17
Ätzgas 130, 170
- fluorhaltiges 143
- kohlenstoffhaltiges 192
Ätzgeschwindigkeit 64
Ätzgrube/Ätzgräben 17, 119
- Formen 119
- pyramidenförmige 109
Ätzhilfsmaske 105
Ätzkomponente, laterale 120
Ätzporen 115
Ätzprodukte 30
Ätzprozesse
- enzymatische 47
- partiell anisotrope 118
Ätzrate 9 ff., 171, 177, 193
- flächenverhältnisabhängige 78
- geometrieabhängige 72, 171
- größenabhängige (Size-Effekt) 74
- Ionenstrahlätzen 177
- strukturgrößenabhängige 171
Ätzratebestimmung 31
Ätzratenerhöhung 91, 172
Ätzratenunterschied 24
Ätzratenverhältnis 14, 63, 119
Ätzsimulationsprogramme 99
Ätzspalt 86
Ätzstopp
- kristallografisch-bedingter 112
- kristallografischer 109
- p^+-Ätzstopp 112
- Techniken 111
Ätzstoppschichten, vergrabene 112
Ätztiefe 29
Ätzverfahren
- Klassen 8
- kristallografische 19
- Naßätzverfahren 8, 33 ff., 93
- Trockenätzverfahren 8, 127 ff.
Ätzverhalten 35
Ätzzeiten, positionsabhängige 72
Ätzzyklus 40
Aufheizung 144
Auflösung 40
- laterale 139

- transpassive 57
Aufsprühen 75
Aufsteilung 24
Ausleuchtung 95
AZ-Lacke (Novolak) 157

B
Badtemperatur 68
Bandlücke 95
Bandverbiegung 94
Barrel-Reaktor 145
Bauelemente, optoelektronische 119
„Beam Blanking" 137, 140
Bearbeitungsgrube 87
Bedeckungsgrad 76 ff., 81, 151
Beläge 35
Beschleuniger 204
Beschleunigungsspannung 173
Betriebsarten 167
Bewegung 78
- gerichtete 127
„Bias"-Feldstärken 162
„Bias"-Spannung 161
- äußere 167
Biegebalken 120
Bild, latentes 201
Bindung 40
- koordinative 53
Bindungsenergie 128, 164
Bindungsgerüst 46
Bindungsspaltung, homolytische 141
Biochemie 48
Biokatalysatoren 47
Biopolymere 48
Blei 311
Bleilanthanzirkonattitanat (PLZT) 313
Bleisulfid 312
Bleizirkonattitanat (PZT) 315
Blende 137
Blindstruktur 76
Bogenentladung 175
Bor 112
Boride 165
Borosilikatglas 235
„Bowing" 187 ff.
Breitenschwankung 20
Brenzkatechin 105
Brom 131
Brückenstrukturen 120
Bruttoätzrate 31

Bulk-Mikromechanik 117, 123 ff.
Bürstenreinigung 37

C
Cadmiumsulfid 249
Cadmiumtellurid 250
CAIBE (chemisch unterstütztes Ionenstrahlätzen) 180
Carbide 85, 130, 165
Carbonylgruppen 143
Carboxylgruppen 143
Cer 201
Charakterisierung 98
Chelatbildung 105
Chelatliganden 98, 103
„Chemical milling" 3
Chemisch unterstütztes Ionenstrahlätzen (CAIBE) 180
Chemisorbate 180
p-Chinon 106
Chlor 131, 137, 144
Chloride 131
Chlorkohlenwasserstoffe 131
Chlormethan 142
Chlorspender 131
Chrom 86, 177, 254
Chronopotentiometrie 67
Cobaltchrom 251
Cobaltniobzirkonium 252
Cobaltsilizid 253
Copolymere 45

D
Dampfätzen 134
– elektronenstrahlgestütztes 138
Dampfdruck 129
Dämpfe, reaktive 134 ff.
Datensatz 7
Deckschicht 16, 39, 54, 56 ff., 64
– kontaminierende 10
– nicht-passivierende 65
Deckschichtbildung 36
Deckschichthalbleiter 95
Defektelektronen 90
Design 27
DESIRE-Prozeß 172
Desorbierbarkeit 128 ff.
Diamant 130, 135, 237
Dielektrika
– anorganische 154, 196

– organische 154
Diffusion 11, 72
Diffusionsgrenzschichtdicke 66, 80
Diffusionskontrolle 73
Diffusionsschicht 73
Diffusionsschichtdicke 13, 14, 66, 72, 75
Diffusionszone 80
Dimethyl-Ammoniak 200
Direktschreiben 183
Donatoren, harte 103
Doppelschicht, elektrochemische 93
Dotandeneinfluß 111 ff.
Dotierung 112 ff.
Dotierungsgrenzen 1
„Downstream"-Reaktor 147
Drahtelektrode 174
Druck 89, 133
Drucktechnik 33
Dunkelräume 160
Dünnschichtätzungen 122
Dünnschichtmaterial 16
Dünnschichtsensor 125
Dünnschichtstrukturen 117
– freitragende 117, 126
– mechanisch bewegliche 117
– thermische 117
Dünnschichttechnik 8
Dünnschichtwiderstände 137
Durchmesser, geringer 116
Durchstrahlungsmasken 124
Durchtrittsprozeß 12
Düse 90, 152

E
Ebene, kristallografische 107
EBRE (elektronenstrahlgestütztes reaktives Ätzen) 181 ff.
Ecken, konvexe 124
ECM (electrochemical machining) 85 ff.
ECR (Elektron-Zyklotron-Resonanz) 150, 175
Edelgase 165
Edelgashalogene 134
Edelgashalogen-Verbindung 131
Edelmetalle 165, 196
Edelmetallschichten 85
Edelstahlgefäße 104
EDP 105
Eindringtiefe 112, 204

Einfallsrichtung 163, 168
Einkristall 97, 100 ff.
Einkristalloberfläche 96
Einschlagskrater 185
Einzelsubstratbearbeitung 183
Eisen 177, 257
Eisen(II)oxid 177
Eisennickel 258
Elektrodenpotential 48 ff., 53, 91
– lokales 86
Elektrodenreaktion 48
Elektrolyte 48, 85
Elektronen 91, 138
Elektronenresist 177
Elektronenstrahlbelichter 7
Elektronenstrahlen 138 ff., 182
Elektronenstrahlgestütztes reaktives Ätzen (EBRE) 181 ff.
Elektronenstrahllithografie 3, 6
Elektronentemperatur 161
Elektron-Zyklotron-Resonanz (ECR) 149, 150, 175
Element, galvanisches 64
Emissionslicht 30, 141
EMM (electrochemical micromachining) 85 ff.
Endpunktbestimmung 31
Energie, kinetische 127, 143
Energieeinkopplung 128
Entladungskammer 174
Enzyme 47
Epoxidharz 241
Erwärmung 159
Estergruppen 143
Ethylendiamin 105
Excimerlaser 136
Extraktionsgitter 175

F
„Facetting" 189
Faradaysche Konstante 50
Faradaysches Gesetz 49, 50
Farbstoffschichten 41
Federn 120
Feldemissionsquelle 176
Feldstärke 144
Feldverteilung 171
– homogene 148
Festkörper, poröser 115
Festkörperaufbau 96

Fettfilm 37
FIB (fokussierter Ionenstrahl) 183
Flächenverhältnis 70 ff., 76, 82, 162
Flächenwiderstand 72
Flanke 22
– schräge 187
Flankenbereich 87
Flankengeometrie 20, 24 ff.
Flankenprofil 18, 21, 22
Flankenwinkel 20
– flacher 21
„Float"-Potential 161
Fluor 130
– atomares 153
Fluoralkylgruppen 155
Fluoride 131
Fluoridion 55
Fluorkohlenwasserstoff-Ätzgase 130
Fluorradikale 155
Fluor-Spender 131
Flüssigkeitsreste 122
Flüssigkeitsverlust 104
Flußsäure 55, 114
Fokus 183
Formätzen, elektrochemisches 85
Freistellen 123
Frequenzen 144
Fußpunkt 20

G
GaAs 95, 120, 143, 172
Gallat 105
Galliumantimonid 270 ff.
Galliumarsenid 177, 259 ff.
Galliumindiumarsenid 263
Galliumindiumphosphid 265
Galliumnitrid 267
Galliumphosphid 269
Galvanostat 83
GaP 120
Gasblasen 102
Gasdurchsatz 193
Gase
– Freisetzung 71
– reaktive 133 ff.
Gasfluß 128
Gasphase 127
Gasstrom 147
Gasversorgungssystem 133
Gaszusätze 156

Gefügestruktur 97
Gelatine (Kollagen) 48
Genauigkeit 10, 26
Geometrie 61
Geometrie-Einfluß 151
Germanium 93, 273 ff.
Germaniumsilizid 276
Geschwindigkeitskontrolle 13
Gitter
- kubisches 99
- optisches 91
Gitterschädigungen 202
Gitterstörungen 1
Glas / Gläser 2
- photostrukturierbare 201
Glas-Kohlenstoff 157
Gold 117, 177, 233
Grabenbreite 27
Grabenstruktur 61
Graphit 237
Gras 191
Grubenflanke 123
Grundzustand, elektronischer 141

H
H-Abstraktion 155
Hafnium 278
Halbleiter 48 ff., 92
Halbtonbilder 2
Halogenalkane 131
Halogenalkan-Radikale 191
Halogene 134 ff.
Halogenfluoride 134
Halogenide 55, 129 ff.
Halogenkohlenwasserstoffe 131
Halogenlampe 136
Halogen-Plasma 153
Halogenradikale 136
Halogenspender 131
Halogenverbindungen 170
Harnisch 2
Hautpore 116
Heißkathodenquelle 174
HF-Quelle 175, 181
HF-Sender (Hochfrequenzgenerator) 144
Hilfsschicht 21, 104
Hilfsstrukturen 84
Hochfrequenzgenerator (HF-Sender) 144

Hochrate-Ätzprozesse 144
Hochtemperaturätzen 237
Hochtemperatur-Mikrostrukturierung 135
Hohlleiter 147
„Hot spot" 159, 180
Hydrathülle 34
Hydrazin 105
Hydride 129
Hydroxide 44
Hydroxidion 54
Hydroxokomplexe 46

I
IBAE (ion beam assisted etching) 184
IBE (Ionenstrahlätzen) 172 ff., 179, 180
- chemisch unterstütztes (CAIBE) 180
- magnetfeldgestütztes reaktives (MERIBE) 179
- reaktives (RIBE) 178
Imidazole 45, 239
Imide 45, 239
Implantatschichten 112
Impulsübertragung 158
Indiumantimonid 290
Indiumarsenid 280
Indiumgalliumnitrid 282
Indiumnitrid 284
Indiumphosphid 285 ff.
Indiumtellurid 295
Indiumzinn 292
Indiumzinnoxid (ITO) 293
Indizierung, kristallografische 101
InP 95, 119
in-situ-Messung 30
Interhalogene 131, 134
Intermediate 143
Ionen 157
Ionenätzen
- magnetgestütztes reaktives (MERIE) 172
- reaktives (siehe RIE) 166 ff.
Ionenbeschuß 116
Ionendichte 149
Ionenenergien 157, 162
Ionenoptik 183
Ionenquelle 160, 173 ff.
Ionenschädigungskanäle 203

Ionenstrahl
- fokussierter (FIB) 183
- inerter 176
Ionenstrahlätzen (*siehe* IBE) 172 ff., 179, 180
- reaktives (RIBE) 178
Ionenstrahlätzreaktor 174, 178
Ionenstrahlmikrosonde 204
Ionenstrahlschädigungszonen 202
Ionenstromdichte 163
Ionisationskammer 175
Ionisationsprozesse 139
Iridium 92
IR-Strahlungssensor 125
Isopropanol 105
ITO (Indiumzinnoxid) 293

J
JEM (Jet-Electrochemical Micromachining) 89
Jet 152
Jod 131

K
Kaliumtitanylphosphat (KTP) 296
Kantenbereich 74, 81
Kanteneffekt 75
Kantenrauhigkeit 20, 100
Kantilever, miniaturisierte 120 ff.
Kapillarkräfte 122
Kapillarspalt 122
Kapton 243 ff.
Kationen 94, 166
Kaufman-Quellen 174
Keramik 100 ff.
Kernbereich 204
Kernreaktor 203
Kernspurätztechnik 205
Ketone 155
Kohlenstoff 130, 236 ff.
Kohlenwasserstoffe 143
- perhalogenierte 136
Kohlenwasserstoffradikal 154
Kollagen (Gelatine) 48
Kompensation 28, 77
Komplex 34
Komplexbildung 11, 46
Komplexbildungsgleichgewicht 67
Komplexbildungskonstante 53
Komplexverbindungen 52 ff.

Konstante, chronopotentiometrische 67
Kontakt, galvanischer 64, 82
Kontaktfläche 84
Kontaktunterbrechung 84
Kontamination 36 ff.
Kontaminationsfilme 194
Kontrollierbarkeit 10
Konvektion 12 ff., 75, 78
Konzentrationsgradient 11, 13, 66, 73
Koordinationsverbindungen 52 ff.
Kopplung, galvanische 64
Korngrenzen 16, 97, 100
Korngrößen 16
Korrosion 36
Korrosionsgefahr 193
Kristallebene 107
Kristalleigenschaften 98
Kristallfehler 20
Kristallgitter 99, 202
Kristallisationskeime 201
Kristallorientierung 113
Kristallschnitt 98 ff., 107, 118
Kristallstruktur 1, 98
Kristallsymmetrie 118
KTP (Kaliumtitanylphosphat) 296
Kühlmittel 160
Kühlung 170
Kupfer 95, 255

L
Lackmaskentechnik 28
Lacktechnik 200
Ladungsausgleich 70
Ladungsbilanz 49
Ladungsdurchtritt 70
Ladungsmenge 50
Ladungsträgerkonzentration 114
Ladungstrennung 69, 94
Langzeitstabilität 193
Laser 95, 136
Laserablation 137
Laser-Bestrahlung 91
Laserscanning-Ätzen 136
Lasertrimmen 137
Lebensdauer 145
Leiterplatten 33
Lewis-Basen 53 ff.
Lewis-Säuren 53 ff., 61
Licht 68, 90, 92, 135, 200, 201 ff.

Lichtabsorption 69, 113
Lichtquellen 95
Lichtstempel 95
„Lift-off"-Verfahren 6
Ligand 46, 52, 61, 94
Ligandenaustauschprozesse 55
Ligandenkonzentration 58 ff., 66, 67, 97
– kritische 66
Linie 76, 81 ff., 136
Linienbreitenverlust 27
Lithiumaluminat 297
Lithiumgallat 299
Lithiummetasilikat 201
Lithiumniobat 177, 300
Lithografie 2
– direktschreibende 138
– Elektronenstrahllithografie 3, 6
– Photolithografie 1, 6
– UV-Lithografie 6
„Loading-Effekt" 151, 171
Löcher 91, 115
– zylindrische 114
Lokalelement 69 ff.
Lokalelementbildung 70, 78
Lokalelement-Effekte 78
Lokalstrom 70, 78, 82
Löseprozeß 34, 41
Löslichkeit 199
Löslichkeitsänderung 205
Löslichkeitsprodukt 57, 58, 65, 73, 102
Lösungsmittel 239
Lösungswiderstand 86
Luftausschluß 105
Luftbrücken 126
Luftsauerstoff 105

M
Magnesium 301
Magnetfeld 149
Magnetfelddichte 179
Magnetfeldgestütztes reaktives Ionenstrahlätzen (MERIBE) 179
Magnetgestütztes reaktives Ionenätzen (MERIE) 172
Magnetron 149
Magnetron-Quelle 176
Magnetron-RIE 172
Mangan 177
Masken, katalytische 135

Maskenätzen, elektrochemisches 84
Maskendicke 5
Maskengeometrie 20, 107
Maskenkante 18
Maskenorientierung 110
Maskensubstrat 26
Maskentechnik 5
Maskierung, unerwünschte 194
Maßabweichung 27 ff.
Massenspektrometer 133
Massenspektroskopie 31
Maßhaltigkeit 26
Maßkorrekturen 77
Maßverschiebung 23, 27 ff., 77
Materialien
– amorphe 97
– einkristalline 97
– nanoporöse 115
– passivierbare 92
– polykristalline 97
– teilkristalline 97
Materialkombination 15
Materialkunde 98
Materialschäden 194
Materialveränderung, lokale 199 ff.
Materialzusammensetzung 15
Mehrscheiben-Ätzanlage 151
Mehrschichtstapel 117
Mehrschichtsystem 69 ff.
Membranen 124 ff., 160
– freitragende 109
MERIBE (Magnetfeldgestütztes reaktives Ionenstrahlätzen) 179
MERIE (Magnetgestütztes reaktives Ionenätzen) 172
Metalle 48 ff.
Metallionen 48 ff.
Methacrylat-Copolymer 157
Methanplasma 143
Methylchlorid 142
„Micromachining" 85
– 3D-„Micromachining" 137
Mikrobiegebalken 120
Mikrobrücken 121
Mikrokanäle 101
Mikromechanik 8
Mikrostrukturen
– direktschreibende 136 ff.
– freitragende 120 ff.
Mikrosystemtechnik 3

Mikrowellen 144, 147
Mikrowellenanregung 147, 149
Mikrowellenquelle 175, 181
Miniaturisierung 3
Mischpotential 78
Mischpotentialbildung 71
Molekularbiologie 48
Molekülschichten 41
Molybdän 92, 177, 302
Molybdänsilizid 304
Monitoring 29
Monochlorpentafluorethan 136
Morphologie 16, 100
Mundschutz 37

N
Nadel 176
Nanometerstrukturen 182
Nanopartikel 185
Nanosonde (SECM-Ätzen) 88
Nanoteilchen, energetische 205
Nanoteilchen-Strahlätzen (NPBE) 184 ff.
Naßätzen, photochemisches 90
Naßätzverfahren 8, 33 ff.
Nebenprodukte 129
Negativ-Photolack-Verfahren 199
Neigung 78
Nernstsche Gleichung 51
Netzebene 99
Neutralteilchen 166
– energetische 176
Neutralteilchenätzen, reaktives 142
Nichtmetalle 43
Nickel 308
Nickelchrom 309
Niederschlagsbildung 58
Niob 92, 177, 306
Niobnitrid 307
Nitride 165
Normalpotential 51, 62
Novolak (AZ-Lacke) 143, 157
NPBE (Nanoteilchen-Strahlätzen) 184 ff.
Nuklide 204

O
Oberfläche 5, 35 ff.
Oberflächenbeschaffenheit 35

Oberflächenfilme 134
Oberflächenkontamination 194
Oberflächenmikromechanik 120 ff.
Oberflächenneigungen 186 ff.
Oberflächenspannung 122
Oberflächentemperatur 170, 159
Opferbereich 125
Opfermaterial 117, 120
Opferschichtätzen 120, 122
Opferschichten 18, 121
Opferschichtmaterial 124 ff.
Opfertechnik 117
Opferverfahren 28
Organyle 129
Orientierung 19
Ortsabhängigkeit 71
Oxidationsmittel 49, 62 ff., 102
Oxidationsmittelkonzentration 68
Oxidationsstufe 54, 60 ff.
Oxide 44, 165
Oxidfilm 134
Oxohalogenide 130
Oxoion 54
Oxokomplexe 60
Ozon 140

P
Palladium 92
Parallelogramm 110
Parallel-Platten-Reaktor 160 ff.
Partialprozesse 48 ff., 64, 90, 119
Partialstromdichte 52
Partikel 36
Passivbereich 65
Passivierung 36, 54, 64 ff.
– geometrieabhängige 79
– spontane 66 ff.
– transportkontrollierte 80
Passivierungsgeschwindigkeit 79
Passivierungspotential 64
Passivierungsrisiko 59
Passivierungsschicht 36, 56
Passivierungstendenz 59
Passivpotential 66
Pattern-Generator 7
PCM-("Photochemical Machining")-Technik 33
Peclet-Zahl 152
Peroxiradikale 155
Peroxoionen 60

Phasendurchtritt 12
Phasengrenze 5
Phasentransformation 122
Phenole 105, 239
Phenolharze 45
Phosphosilikatglas (PSG) 316
Photolacke 131, 147
Photolackmaske 27
Photolacktechnik 199
Photolithografie 1, 6
Photolyse 136
Photomaske 7
„Photomechanical Machining"-(PCM)-Technik 33
Photonen 141
Photoresist 177
Photoschädigungszonen 202
pH-Wert 58 ff.
Piezoantrieb 88
Planarplattenreaktor 166 ff.
Planarreaktor 148 ff., 166
Plasma 131, 132, 140 ff.
– chlorhaltiges 193
– hochdichtes 150
– reduktives 131
Plasma-„sheet" 161
Plasmaätzen, magnetfeldgestütztes 149
Plasma-Ätzverfahren 140 ff.
Plasmablase 176
Plasmadichte 145
– erhöhte 149
Plasmaerzeugung 143 ff.
Plasmafrequenz 144
Plasma-Jet-Ätzen 152
Plasmaparameter 166
Plasmastrippen 147, 156
Plasmatron-Quelle 175
Plasma-Veraschen 144
Plasmaverdichtung 181
Platin 85, 92, 318
Platin-Einkristalle 100
PLZT (Bleilanthanzirkonattitanat) 313
PMMA 177
Polierbäder 79
Polycarbonat Lexan 243
Polycyan 240
Polyester Mylar 243
Polyethylen 243
Polyimid 131, 157, 243 ff.
Polyimidschichten 143

Polyisopren 245
Polymere 42, 45, 130, 131, 200
– alipathische 156
– aromatische 156
– Auflösung 42
– organische 156, 197, 239 ff.
– siliziumhaltige 156
Polymerketten 42
Polymethylglutarimid 246
Polymethylmethacrylat 246
Polypeptide 45
Polysilizium 117
Polystyrol 157, 246
Polyvinylalkohol 246
Polyvinylbenzal 157, 247
Polyvinylchlorid 247
Polyvinylformal 247
Polyvinylidenfluorid 157, 248
Polyvinylolacton 157, 248
Polyvinylpyrrolidon 248
Poren 115, 119
Porenätzprozeß 116
Porenentstehung 115
Porennetzwerk 116
Porenstruktur 116
Porenverzweigung 116
Porosität 115
Positiv-Photolack-Verfahren 199
Potential, transientes 66
Potentialabfall 86
Potentialgefälle 93
Potentialgradient 71
Potentialkontrolle 64, 83
Potentialunterschiede 72
Potentialverlauf 164
Potentiostat 83
Probentisch 133
Produktivität 59
Profilausbildung 186 ff.
Profilometer 31
Proximity-Effekt 28
Prozeßgeschwindigkeit 12
Pseudohalogenide 55
PSG (Phosphosilikatglas) 316
Pulsverfahren 85
Purine 45
Pyramide 107, 109
Pyramidenstumpf 107
Pyrazin 106
Pyrimidine 45, 239

Pyrograllol 105
PZT (Bleizirkonattitanat) 315

Q
Quadrate 76, 81 ff.
Qualität 14
Quarzglasapparaturen 104
Quecksilberhöchstdrucklampe 136
Quecksilbertellurid 279
Quellprozeß 43

R
Radikalanionen 141
Radikaldichte 169
Radikale 128, 133, 140, 168
– thermalisierte 179
Radikalkationen 141
Radikalkettenreaktion 141
Randbereich 77, 204
Ratenunterschied 103
Rauhigkeit 92
Raumladungszonen 113, 115
Raumorientierung 97
Raumrichtung 16
Raumstruktur, fraktale 116
RCA-Reinigung 195
Reaktionsfreudigkeit 141
Reaktionskontrolle 73
Reaktions-Konzentrationsgradient 73
Reaktionsüberspannung 71
Reaktionswahrscheinlichkeit 128
Reaktivgas 180
Reaktor (siehe Rezipient) 128, 132, 145
Reaktoreinbauten 178
Redeposition 189, 191 ff.
Redoxmediatoren 102
Redoxpotential 60
Redoxreaktion 11
Reflexion 187 ff.
Reinigung 37 ff.
– reduktive 195
Reinigungsverfahren 39, 195
Rekombination 141
Relaxation 141
Reproduzierbarkeit 10
Resist, anorganischer 200
Retikel 7
Rezipient (Reaktor) 128, 132
– rohrförmiger 145
Rhenium 92

Rhodium 85, 92
RIBE (reaktives Ionenstrahlätzen) 178
Richtungsbevorzugung 19, 96
RIE (reaktives Ionenätzen) 166 ff.
– kryogenes 170
Rohrreaktor 145 ff.
Röntgenlithografie 124
Rückseitenätzen 124
Rückstände 38, 194
Rühren 75
Rutheniumdioxid 319

S
Salze 44
Sauerstoff 130
– atomarer 154
Sauerstoffanteil 156
Saugspannung 175
Säule, elektronenoptische 138
Säure-Basen-Reaktion 44
Säurereinigung 195
Schablone 7
Schädigungszone 195, 202 ff.
Schichtabscheidung 130
Schichtstapel 165
Schichtverlust 82
Schlußphase 10
Schnittrichtungen 101
Schwefelfluoride 131
Schwefeloxide 131
Schwefelverbindungen 130
Schwerkraft 75, 78
Schwingungsanregungsniveau 141
SECM-Ätzen (Nanosonde) 88
Seitenporen 116
Seitenwanddeposition 193
Seitenwandpassivierung 170, 189
Selektivität 9, 15, 33, 62 ff., 106, 166 ff., 178, 205
– gegenseitige 65
Selektivitätsunterschiede, lokale 82
„Self-biasing"-Effekt 152, 161
Sensoren 101, 120
Siedetemperatur 133
Silber 177, 200, 201, 210
Silberkeime 201
Silizium 93, 101 ff., 136, 143, 153, 177, 195, 196, 321 ff.
– poröses 114 ff., 124 ff.
Siliziumätzen 144

Siliziumcarbid   117, 331 ff.
Siliziumdioxid   177, 337 ff.
Silizium-Mikromechanik   101
Siliziumnitrid   334
Siliziumoberflächenatome   103
Siliziumoxinitrid   342
Siliziumtetrachlorid   172
Si-Tiefenätzen   326
Size-Effekt (größenabhängige Ätzrate)   74
Sollabmessungen   20
Sollgeometrie   28
Solvathülle   34
Solvatation   11
Solvatokomplex   52
Spalt   86
Spaltmaske   26
Spaltmaterial   204
Spaltweite   87
Spannungsabfall   86, 161
Spannungsgradienten   122
Spannungsreihe, elektrochemische   62
Spektroskopie   31
Spezifität   47
Sprühvorrichtung   13
Spülbad   38
Spülkaskade   38
Sputterätzen   157 ff.
Sputterausbeuten   158
Sputtereffekt   11, 157
Sputterrate   163 ff.
Sputterreaktor   160
Sputterschwelle   158
Sputterwärme   159
Stahl   85 ff., 257
Standardpotential   51, 62 ff.
Startphase   10
„Sticking" (Anhaften)   122
Stöchiometriekoeffizient   51
Stoffmenge   50
Stofftransport   12
Störstellen   116
Stöße   163 ff.
Stoßkaskade   160
Strahlätzen, elektrochemisches   89 ff.
Strahlenenergie   139
Strahlenlack   6
„Strippen"   156
Strom, äußerer   83

Strombilanz   52
Stromdichteverteilung   85
Stromquelle   82
Strom-Spannungs-Kennlinie   50, 63 ff.
Stromversorgungsgerät   83
Strukturbreite   76, 77
Strukturen, konvexe   99
Strukturerzeugung
– direktschreibende   204
– subtraktive   7 ff.
Strukturflanke   21
Strukturflanken-Geometrie   186 ff.
Strukturierung, direkte   139
Strukturierungstechnologie   15
Strukturkanten   17
– steile   165
Strukturtiefe   17
Sublimationstemperatur   133
Sublimationswärme   164
Sub-Millimeterbereich   87
Substrate, gewölbte   91
Substrat-Mikromechanik   123 ff.
Substrattischheizung   133
Sulfonsäure   239
Symmetrie   118

T
Tantal   92, 345
Tantalnitrid   347
Tantaloxid   348
Tantalsilizid   349
Tantal-Silizium-Nitrid   351
Teilchen
– energetische   157
– thermalisierte   142
Teilchenausbeute   185
Teilchendichte   128
Teilchenenergie   128, 173
Teilchenspurätzen   203
Teilchenstromdichte   173
Teilstrom   49
Tellur   352
Temperaturerhöhung   68
Tenside   37
Textur   1, 16, 100
Tiefätzmaske   105
Tiefenätzen   9, 105, 123
Titan   55, 92, 95, 122, 177, 353
Titandioxid   356
Titannitrid   355

Transitionsphase 81
Transitionszeit 66 ff., 81 ff.
Transpassivbereich 69
Transpassivität 56
Transportkontrolle 12, 64, 65, 73
Transportprozeß 11, 72, 152
„Trenching" 187 ff.
Trifluormethan 142
Trifluormethylradikal 142
Trockenätzen
– photogestütztes 135
– plasmafreies 133 ff.
Trockenätzverfahren 8, 127 ff.
Teilchenbeschleuniger 204
Tunnel-Reaktor 145

U
Überätzzeit 21
Überspannung, anodische 93
Ultramikroelektrode (UME) 88
Unterätzen 21, 26 ff., 77, 110
Unterätzprozeß 120
Unterätzwinkel 187
Urbild 27
UV-Lithografie 6

V
Vakuum-Reaktor 133
Vanadin 177, 357
Verarmungszone 80
Verbindungshalbleiter 91, 118 ff.
Verdünnungsgebiet 204
Verwerfungen 122
Verzögerung 68
Verzweigungsprozeß 116
V-Graben 107 ff.
V-Gruben 124 ff.
Vorschriftensammlung 209 ff.
Vorzugsrichtung 115

W
Wände, senkrechte 110
Wandkontakte 171
Wasser 130
Wasserkonzentration 106
Wasserstoff 130
Wasserstoff-Alkan-Plasma 153
Wasserstoffbildung 102
Wasserstoff-Molekülstrahl 182
Wechselfelder 144
Wechselwirkung 11
Weglänge, freie 143, 169
Wellenlänge 95
Werkzeug 87
Wertigkeit, elektrochemische 62
Widerstand 71, 84
Widerstandsschichten 71
Wiederabscheidung 128
Winkelabhängigkeit 186
Winkelabweichung 110
Wismut 234
Wolfram 92, 358 ff.
Wolfram-Folien 90
Wolfram-Oxid 200, 361
Wolfram-Silizid 362

Y
Yttriumbariumcuprat 364

Z
Zeitbedarf 9
Zellulose 157, 248
Zink 365
Zinkoxid 366
Zinkselenid 369
Zinksulfid 368
Zinn 343
Zinndioxid 344
Zirkonium 92, 177
Zungen 124
Zusätze 192